# 《建筑防火通用规范》
# GB 55037—2022
# 实 施 指 南

《JIANZHU FANGHUO TONGYONG GUIFAN》
GB 55037—2022
SHISHI ZHINAN

规范编制组　编著

中国计划出版社
北　京

**图书在版编目（CIP）数据**

《建筑防火通用规范》GB 55037-2022实施指南 / 规范编制组编著. -- 北京 : 中国计划出版社, 2023.5（2025.8重印）

ISBN 978-7-5182-1532-4

Ⅰ. ①建… Ⅱ. ①规… Ⅲ. ①建筑设计－防火－建筑规范－中国－指南 Ⅳ. ①TU892-65

中国国家版本馆CIP数据核字(2023)第084194号

策划编辑：李　颖　高　明

责任编辑：高　明　　封面设计：钟　辉

责任校对：王　巍　　责任印制：李　晨　王亚军

中国计划出版社出版发行

网址：www.jhpress.com

地址：北京市西城区木樨地北里甲 11 号国宏大厦 C 座 4 层

邮政编码：100038　电话：（010）63906433（发行部）

北京汇瑞嘉合文化发展有限公司印刷

850mm × 1168mm　1 /32　15.25 印张　421 千字

2023 年 5 月第 1 版　2025 年 8 月第 4 次印刷

定价：158.00 元

# 编写人员名单


**主　　编**：倪照鹏

**副 主 编**：刘激扬

**撰 稿 人**：（按姓氏笔画排序）

王宗存　刘激扬　李　昂　胡　锐

倪照鹏　阚　强

# 序

按照国务院《深化标准化工作改革方案》（国发〔2015〕13号）要求，住房和城乡建设部印发了《深化工程建设标准化工作改革的意见》（建标〔2016〕166号），明确提出构建以全文强制性工程建设规范（以下简称“工程规范”）为核心，推荐性标准和团体标准为配套的新型工程建设标准体系。通过制定工程规范，筑牢工程建设技术“底线”，按照工程规范规定完善推荐性工程技术标准和团体标准，细化技术要求，提高技术水平，形成政府与市场共同供给标准的新局面，逐步实现与“技术法规与技术标准相结合”的国际通行做法接轨。

工程规范作为工程建设的“技术法规”，是勘察、设计、施工、验收、维护等建设项目全生命周期必须严格执行的技术准则。在编制方面，与现行工程建设标准规定建设项目技术要求和方法不同，工程规范突出强调对建设项目的规模、布局、功能、性能及关键技术措施的要求。在实施方面，工程规范突出强调以建设目标和结果为导向，在满足性能要求的前提下，技术人员可以结合工程实际合理选择技术方法，创新技术实现路径。

《建筑防火通用规范》GB 55037—2022发布后，我部标准定额研究所组织规范编制单位，在起草说明的基础上编制了本工程规范实施指南，供相关工程建设技术和管理人员在工作中研究参考，希望能为上述人员准确把握、正确执行工程规范提供帮助。

住房和城乡建设部标准定额司

# 前　　言

为适应国际技术法规与技术标准通行规则，2016 年以来，住房和城乡建设部陆续印发《深化工程建设标准化工作改革的意见》等文件，提出政府制定强制性标准、社会团体制定自愿采用性标准的长远目标，明确了逐步用全文强制性工程建设规范取代现行标准中分散的强制性条文的改革任务，逐步形成由法律、行政法规、部门规章中的技术性规定与全文强制性工程建设规范构成的“技术法规”体系，并分别自 2021 年开始陆续批准发布了 40 项全文强制的工程建设规范。《建筑防火通用规范》GB 55037—2022（以下简称“规范”）是其中的一项。

为便于使用人员领会规范条文的本意，把握其实施要点，准确执行规范，我们组织规范的主要起草人员编写了《〈建筑防火通用规范〉GB 55037—2022 实施指南》（以下简称“本指南”）。本指南各章节内容及编号与规范一致，除少数条文外，按照章节和条文顺序给出了【条文要点】和【实施要点】。【条文要点】明确了条文规定是功能、功能目标要求，还是性能要求，或者是关键技术措施要求。【实施要点】紧扣规范条文，着重说明条文规定的内涵和外延，明确如何实现条文规定的功能和性能要求及如何判定实际工程做法是否符合规范要求，并对有关难点问题给出了【示例】。

本指南可供从事建筑防火设计、建筑施工或建筑专项消防工程施工、工程监理、建筑消防设计施工图审查、消防技术咨询服务、消防设施检测、消防设施维护管理、住建部门消防审查和验收、消防救援机构防火监督的相关人员，以及职业学校和高等院校消防工程、建筑与规划及土木工程专业师生等使用。

本指南由倪照鹏主编和审定，其他编写人员有：国家消防救援局刘激扬高级工程师、胡锐高级工程师，应急管理部天津消防研究所阚强副研究员、王宗存副研究员，中国城市规划设计研究院李昂工程师。其中，第 1 章至第 3 章由刘激扬、倪照鹏编写；第 4 章、第 5 章由倪照鹏、胡锐编写；第 6 章至第 8 章由倪照鹏、王宗存编写；第 9 章至第 12 章由阚强、李昂编写。

由于时间仓促，编者水平有限，本指南中难免存在差错，敬请广大读者及时指正，以便再版时修订完善。有关意见和建议请发送至 nizhaopeng@sina.com。

本指南能够在短时间内出版，要特别感谢李丽芬女士在本书编写过程中协助查阅资料，感谢应急管理部沈阳消防研究所姜学赟副研究员为本指南中消防通信指挥系统相关内容撰写提供的帮助，感谢大连东方华辰建筑设计有限公司谢琳高工等专家在编写过程中提供的无私帮助，感谢中国计划出版社李颖和高明老师的鼓励和精心编辑，感谢斯美特（深圳）安全技术顾问有限公司宋小强、谢瑞云先生不辞辛苦地制作了全部插图，丰富了本书内容。

规范编制组

2023 年 4 月

# 目　　次

# 1 总　　则

1.0.1　为预防建筑火灾、减少火灾危害，保障人身和财产的安全，使建筑防火要求安全适用、技术先进、经济合理，依据有关法律、法规，制定本规范。

【条文要点】

本条规定了本规范编制的目的和确定各类建筑的防火要求应遵循的基本原则。本规范规定了各类建筑在规划、设计、施工、使用和维护等方面应满足的基本防火要求。这些要求旨在建筑规划和设计时就使建筑具备与其火灾危险性相适应的本质消防安全性能，在施工、拆除和维护过程中能够有效预防火灾发生，使建筑在使用过程中能够保持其设计要求具备的消防安全性能，从而实现减少火灾危害的目的。

【实施要点】

建筑防火是一个系统工程，在建筑设计、施工和使用过程中要注意全面考虑影响建筑消防安全的各类因素以及各种防火技术和措施在建筑整体防火系统中的作用，并依据以下原则确定建筑的防火措施和相关要求：

（1）从建筑的实际火灾危险性和火灾扑救难度等具体情况出发，使所采用的防火技术措施和防火要求既能保障建筑和人身的安全，所采用的建筑材料、灭火剂、防火保护材料等在正常使用和火灾时对环境和人体健康的影响较小，又具有较强的针对性、有效性、可靠性、可实施性。

（2）建筑的防火要求和措施应符合国家法律法规和技术规范的规定，如住房和城乡建设部门、消防救援机构发布的规定中有关建筑防火的技术要求，技术规范中已明确的技术要求和措施。

（3）在规划、设计时既要考虑建造的建筑（包括改造的既有建筑）发生火灾对周围建筑和环境的危害性影响，又要考虑周围建筑发生火灾对本建筑的不利作用。

（4）积极采用经过工程实际应用并证明是可靠的先进技术、新材料、新产品、新方法和新工艺。

（5）在满足建筑应具备的消防安全性能的前提下，尽可能地降低建筑防火的建设和管理成本，提高建筑防火的投资效益。

1.0.2 除生产和储存民用爆炸物品的建筑外，新建、改建和扩建建筑在规划、设计、施工、使用和维护中的防火，必须执行本规范。

**【实施要点】**

本规范所规定的建筑，包括各类地上和地下的工业与民用建筑等各类房屋建筑，轨道交通工程，城市交通隧道工程，公路隧道工程，平时使用的人民防空工程，加油站、加气站、加氢站及其合建站，管廊或共同沟、电缆隧道及其他市政工程与设施，各类生产装置、塔和筒仓等构筑物；不包括可燃气体和液体的储罐或储罐区，可燃材料堆场，集装箱堆场，核电工程及其建筑，军事建筑和工程，矿山工程，炸药和烟火爆竹等火工品建筑和工程。

本规范的规定包括了各类新建、改建和扩建的建筑从规划、设计、施工至使用和维护或拆除全生命周期的基本防火功能和性能的要求、相关关键防火技术措施和要求，即在建筑的规划和设计中应采取的保证建筑本质安全的防火技术措施和要求；在建筑建造和拆除期间的施工现场应具备的基本防火性能和应采取的防火措施；建筑在投入使用后应具备的基本防火性能和在使用期间预防火灾或爆炸、保持建筑防火措施正常发挥作用的基本要求。

改建建筑一般为改变使用性质或使用功能、建筑结构的建筑；扩建建筑一般为改变建筑高度、建筑面积或建筑体积等建筑规模的建筑。

1.0.3 生产和储存易燃易爆物品的厂房、仓库等，应位于城镇规划区的边缘或相对独立的安全地带。

**【条文要点】**

本条规定了在建筑规划时应将具有爆炸危险性的建筑作为重大危险源，结合城镇规划合理确定其选址和设置位置，尽量避免这些建筑发生的火灾和爆炸事故对周围居民生命和生产、生活及社会秩序等造成大的危害和影响。

【实施要点】

生产和储存易燃易爆物品的厂房、仓库等建筑在规划选址时，一般要事先根据拟建建筑中危险源的数量、物质特性等评估其火灾和爆炸的危害性，结合城镇总体规划和有关专项规划，将这些建筑设置在对城镇公共安全、水源等环境安全影响较小的城镇边缘区域。

城镇的相对独立的安全地带主要为在城镇边缘远离城镇水源地、居民聚居点、工业区、商业区、文化和行政办公区、地铁工程和交通车站、重要的桥梁和交通线的区域，并且通常应处于城镇最大频率风向的下风侧。此外，生产和储存易燃易爆物品的厂房、仓库等建筑的选址，还需要考虑这些建筑的规模、发生火灾和爆炸事故后的影响以及事故时便于应急救援的要求，如与消防水源、公共道路的联系等。

对于城镇中不符合安全要求并具有火灾爆炸危险性的既有建筑，在城镇规划和城镇改造时要根据本条规定同步改造或迁移。

1.0.4 城镇耐火等级低的既有建筑密集区，应采取防火分隔措施、设置消防车通道、完善消防水源和市政消防给水与市政消火栓系统。

【条文要点】

本条规定了老旧城镇高火灾风险区域更新改造的基本消防技术措施。

【实施要点】

城镇耐火等级低的既有建筑密集区主要为城镇中以砖木结构、木结构建筑等三级、四级耐火等级建筑为主的老旧街区。这些街区一旦发生火灾容易导致“火烧连营”的现象，难以有效扑救，火灾后果严重，在我国历史上曾发生过多次严重的老旧街区火灾。例如，1983 年 4 月 17 日哈尔滨市道里区河图街发生火灾，火势波及河清街、河洲街、河润街和河济街，大火持续了 15h，延烧了 5 条街道，烧毁房屋 215 栋（其中楼房 7 栋），过

火面积达 $8.8 \times 10^4 m^2$，共有 758 户，2 856 人和 15 个企事业单位受灾，导致 9 人死亡，10 人被烧伤。2014 年 1 月 11 日，有“月光城”之称的云南香格里拉市独克宗古城发生火灾，经过 10 多个小时才被扑灭。过火面积约 $1km^2$，受灾户数 335 户，烧毁房屋 242 栋，因设置防火隔离带拆除房屋 43 栋，拆除屋顶的房屋 50 栋。

对于耐火等级低的建筑集中的老旧城区，应根据城镇改造规划和街区与历史建筑保护要求，采取拆除对区域消防安全影响大的建筑，根据实际情况结合普通消防站或小型消防站建设、街区管线改造和市政消防供水管网、市政消火栓系统、公共绿化与避难场所等的设置，综合街区道路改造和消防站装备配备情况打通可供消防车通行的街区道路，采取设置防火墙、防火隔离带等方式限制可能发生的火灾影响范围。对于占地面积较大、保护价值高或发生火灾可能产生严重后果的老旧城镇街区，要在开展相应消防安全评估的基础上确定街区规划和改造方案。

1.0.5　既有建筑改造应根据建筑的现状和改造后的建筑规模、火灾危险性和使用用途等因素确定相应的防火技术要求，并达到本规范规定的目标、功能和性能要求。城镇建成区内影响消防安全的既有厂房、仓库等应迁移或改造。

【条文要点】

本规范适用于既有建筑使用期间的防火和既有建筑改造的防火设计、改造和维护施工的防火。本条规定了既有建筑改造的基本防火原则和城镇中影响区域消防安全的既有建筑的改造要求。

【实施要点】

（1）既有建筑改造一般是指不改变建筑使用用途、不增加建筑规模，对既有建筑安全性、功能完整性和品质提升的活动，如节能改造、加装电梯、无障碍改造、水暖电系统等机电设施改造、内外部装修装饰、房屋修缮、结构加固等。根据既有建筑的改造范围可分为修缮和维护工程、装修工程、局部改造工程和整体改造工程等 4 类。

1）修缮和维护工程主要为对既有建筑进行维修、加固和保护，使其保持或恢复原貌，并满足正常使用功能要求和结构安全的工程。

2）装修工程主要为对建筑内部空间和屋顶及外立面进行装修修饰和固定设施安装等，使其满足使用功能或用途要求的工程。

3）局部改造工程主要为对建筑的内部平面布置和用途进行局部调整，更新相应的装修装饰和设施设备、完善功能，加固和修复局部结构，但不改变防火分区划分和分隔的工程。

4）整体改造工程主要为对既有建筑的结构进行加固、修复或更新，调整平面布置，更新内外部装修和设施设备，且可能改变防火分区划分和防火分隔的工程。

（2）既有建筑的情形十分复杂，不仅建筑的耐火性能、建筑本身的属性相差很大，而且建造年代和建造时采用的标准有所不同，往往难以完全按照本规范及现行国家相关消防技术标准改造。尽管如此，既有建筑改造仍应符合本规范的规定，使改造后的既有建筑具备本规范规定的基本消防安全性能。因此，既有建筑改造应符合本规范和现行国家标准《消防设施通用规范》GB 55036 等强制性技术规范的规定，并尽可能执行现行国家工程建设消防技术标准。当条件不具备、执行现行强制性技术规范和技术标准确有困难时，既有建筑改造后的消防安全性能或消防安全水平不应低于原建造时的标准或原建造时的消防安全性能或消防安全水平，并根据建筑的具体用途和火灾危险性等情况，结合改造目标尽可能地改善建筑的消防安全性能，或提升建筑的消防安全水平；当原建造时尚无相应的国家工程建设消防技术标准时，应在消防安全评估的基础上参照现行消防技术标准确定该既有建筑改造的消防安全要求。

（3）既有建筑改造应采取什么防火技术措施满足建筑的基本消防安全性能要求，可综合建筑的实际用途、规模、高度或埋深、建筑的结构类型和耐火性能、与周围建筑的火灾相互影响、所在区域的气候和地理环境等条件、城市消防救援应急响应能力等因素考虑。既有建筑的改造需要在对其现状做充分的调查了解和整体消防安全状况评估的基础上，根据改造后的火灾危险性、使用用途、建筑火灾的扑救难易程度等，确定针对性的防火技术措施及建筑防火系统中各部分应满足的技术要求，结合改造方案和本规范规定的相关建筑防火目标、功能和性能要求，综合评估既有建筑改造后的整体消防安全性能，并评价其是否符合本规范的规定。

（4）随着社会经济发展和城镇区域的不断扩张，城镇街区内分布着各个历史时期建造的建筑，建造标准不一，不少街区存在少数火灾危险性高的建筑，发生火灾对周围建筑的危害性较大，甚至可能引发火灾次生灾害。这些建筑需结合城镇街区改造规划，尽可能地调整或改变其使用功能或用途、设置防火分隔、对建筑进行改造或拆除等。

1.0.6　在城市建成区内不应建设压缩天然气加气母站、一级汽车加油加气站及其合建站。

【条文要点】

本条所规定的加油站、加气站、加氢站，以及不同类型燃料的合建站，均为火灾危险性大、具有较高爆炸危险性的设施，需要严格控制其在城市建成区内的选址。

【实施要点】

（1）根据国家标准《城市规划基本术语标准》GB/T 50280—98，城市建成区简称“建成区”，是指城市行政区内实际已成片开发建设、市政公用设施和公共设施基本具备的地区。在城市建成区内，建筑和各类城市设施密度较高，人员聚集度高，而压缩天然气加气母站、一级汽车加油加气站及其合建站中可燃气体、可燃液体的储存量大，日常加油加气量也大，具有较高的火灾和爆炸危险性，火灾和爆炸后果严重，属于城市的重大危险源之一，应严格控制其建设选址。

（2）本条规定的一级汽车加油加气站及其合建站，包括一级汽车加油站、一级液化石油气（LPG）汽车加气站、一级液化天然气（LNG）汽车加气站、一级液化 - 压缩天然气（L–CNG）汽车加气站、LNG 和 L–CNG 汽车加气合建站、一级汽车加氢站、一级汽车加油加气合建站（包括 LPG、LNG、CNG、L–CNG 等加气方式）、一级汽车加气加氢合建站和一级汽车加油加气加氢合建站。

（3）根据国家标准《汽车加油加气加氢站技术标准》GB 50156—2021 第 3.0.18 条～第 3.0.23 条、第 4.0.4 条～第 4.0.8 条的规定和《加氢站技术规范》GB 50516—2010（2021 年版）第 3.0.2 条、第 4.0.4A 条的规定，此两项国家标准有关加氢站等级划分和相应防火间距的要求还有所不同，应注意区别。此外，根据 GB 50156—2021 第 4.0.2 条的规定，一级汽车加油加气加氢站、CNG 加气母站不应建在城市中心区内；根据 GB 50516—2010（2021 年版）第 4.0.2 条的规定，一级加氢站不应建设在城市中心区内。这两项标准有关规定与本规范的规定也有所差异，应注意区别。在确定相关要求时，应同时符合本规范及 GB 50156—2021 和 GB 50516—2010（2021 年版）的规定，当这几项标准要求不一致时，应符合本规范的规定。

1.0.7　城市消防站应位于易燃易爆危险品场所或设施全年最小频率风向的下风侧，其用地边界距离加油站、加气站、加油加气合建站不应小于 50m，距离甲、乙类厂房和易燃易爆物品储存场所不应小于 200m。城市消防站执勤车辆的主出入口，距离人员密集的大型公共建筑的主要疏散出口不应小于 50m。

【条文要点】

城市消防站是供消防救援人员生活、训练和执勤的驻地，需要 24h 进驻人员并随时接警遂行应急救援任务。城市消防站的建设应保障驻地建筑、人员及设施安全运行，并具有快速、方便出警的条件。本条规定了城市消防站选址、消防站出入口与邻近建筑出入口布置的基本要求，专职消防队站的建设可以参照执行。

【实施要点】

（1）根据我国消防救援队伍的管理体制，消防救援队伍分为：国家综合性消防救援队伍、政府专职消防队伍、企事业单位专职消防队伍。企事业单位专职消防队伍主要为在机场、港口、油田、电厂（包括核电厂）、军事机构和其他火灾危险性较大的大型企业、事业单位建立的专职消防队。

本条规定的城市消防站属于国家综合性消防救援队伍进驻和执勤的消防站，是保证城市安全的重要设施。城市消防站建设应充分保障消防站建筑和消防救援人员的安全，站址选择和出入口布置应便于救援队伍安全、快速地紧急出动。

（2）城市消防站由室外训练场、道路、绿地等场地和训练设施，业务用房、业务附属用房和辅助用房等房屋建筑，消防车辆（船艇、直升机）、灭火器材、灭火药剂、抢险救援器材、消防员防护装备、通信器材、训练器材、战勤保障器材、营具、公众消防宣传教育设施等装备构成。因此，本条规定的间距应按照消防站的用地边界线至相邻加油加气站的加油加气设备和储罐的边缘、甲类或乙类生产厂房的建筑外墙、易燃易爆物品储存建筑的外墙、可燃气体和可燃液体储罐的罐壁、易燃易爆危险品堆场的堆垛边缘的最近水平距离测量；当消防站沿其用地边界线设置围栏或围墙时，应按照消防站的围栏或围墙的外边线起算。对于 LPG 加气站、LNG 加气站和加油加气合建站或加气加氢合建站中的 LPG、LNG 设备与消防站的距离，城市消防站与相关设施设备的间距还应符合现行国家标准《汽车加油加气加氢站技术标准》GB 50156 的规定。例如，该标准 2021 年版第 4.0.5 条和第 4.0.7 条规定，LPG 设备和 LNG 工艺设备与“重要公共建筑”的安全间距分别不应小于 100m 和 80m。参见图 1-1。

（3）本条规定的易燃易爆危险品场所或设施，包括各类可燃液体储罐，各类可燃或助燃气体储罐，易燃易爆危险品堆场，甲、乙类仓库，甲、乙类厂房，加油站、加气站、加油加气合建站包括各个等级的加油站、加气站、加氢站、加油加气合建站、加油加氢合建站、加气加氢合建站、加油加气加氢合建站。

（4）有关城市消防站选址的具体要求，还应符合国家标准《城市消防站设计规范》GB 51054—2014 第 3 章和建设标准《城市消防站建设标准》（建标 152—2017）第三章的规定。

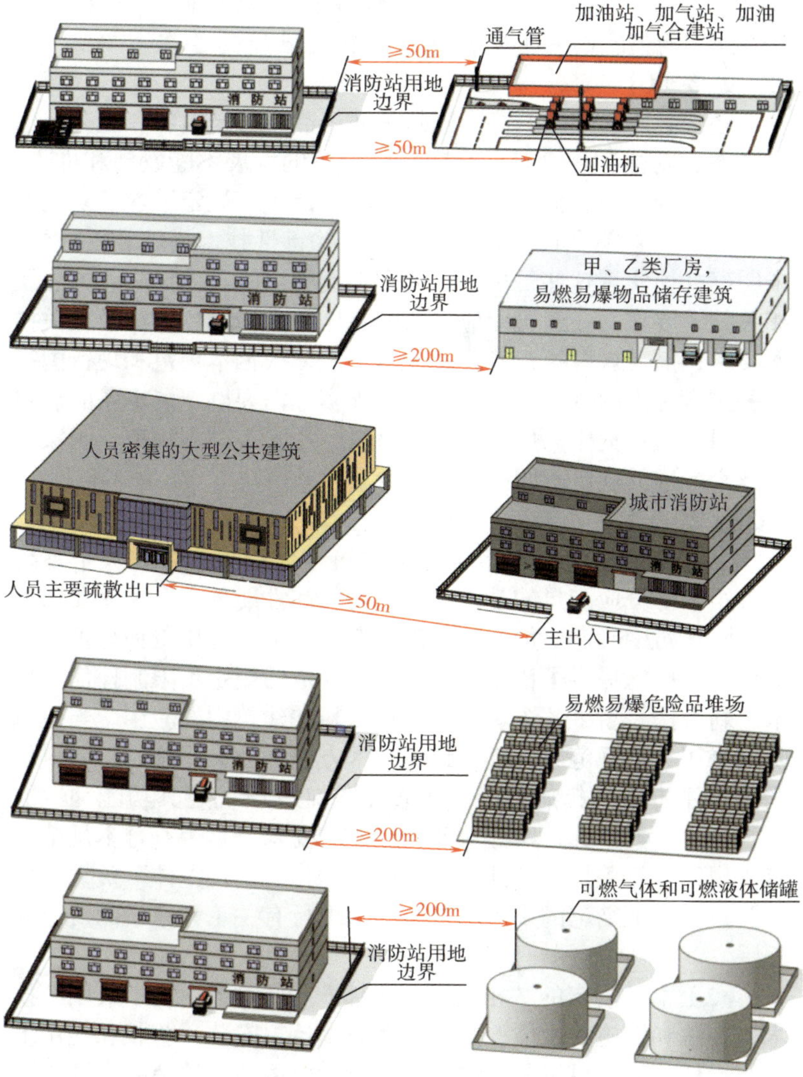


**图 1-1　城市消防站与相邻建筑之间的最小间距要求示意图**

1.0.8 工程建设所采用的技术方法和措施是否符合本规范要求，由相关责任主体判定。其中，创新性的技术方法和措施应进行论证并符合本规范中有关性能的要求。

【条文要点】

建筑技术、建筑制品、建筑消防产品、建筑材料和工艺，建筑形态、功能和用途等均会随社会经济的发展不断发展和进步。为激发社会创新、促进技术进步，本规范重点规定了建筑防火的基本目标、功能和性能要求，除一些关键性技术措施和要求外，未明确如何实现这些目标、功能和性能要求的具体措施、方法及相关技术要求。在建筑中应采取的具体防火措施、方法及相关技术要求，需要规范执行者或相关责任主体根据本规范和现行国家相关技术标准的规定以及建筑的防火实际需要确定。本条的规定是针对建筑防火中采用的方法、材料、技术等与本规范、国家相关技术标准的规定不同或有特殊要求时的解决方案。

【实施要点】

（1）本规范主要规定了各类建筑整体防火、各防火子系统及其组成部分应满足的基本目标、功能和性能要求，这些要求为在实际建筑中确定更加合理的消防安全水平，选用更加合理的针对性防火措施提供了依据和准则。本规范的规定不限制任何新技术、新方法、新工艺、新产品和新材料在建筑中的应用。当建筑防火采用与本规范规定不一致的技术方法和防火措施时，应对采用的技术方法和措施开展专项技术论证，以确定其功能和性能是否满足设置目标、所需功能和性能的要求，是否符合本规范的有关规定。有关技术论证工作可以由“相关责任主体”负责，但相关技术论证结论的采用应符合国家现行有关工程建设的规定和程序。

（2）本条规定的“相关责任主体”，是确定建筑中采用的技术、方法和措施的主体，是建筑消防设计、安装、验收和使用维护的责任主体，可以是建设单位、设计单位、建筑消防设计施工图审查机构、施工单位、监理单位、使用单位、第三方专业消防技术服务机构或消防设施供应商、建筑消防设计审查部门、消防监督管理部门或其授权委托的个人或机构。具体的主要责任和主体责任的主体，应根据其在建筑中采用的技术方法和措施在建筑消防安全中发挥的作用而定。

（3）在建筑的建造和使用过程中采取的技术方法、措施和确定的技术要求，当符合现行国家相关技术标准的规定时，可以直接认定其有关消防安全的功能、性能符合本规范的规定；当不符合现行国家相关技术标准的规定时，应通过试验、实验、技术评估和专家论证等方法确定采取的技术方法、措施和确定的技术要求以及建筑的整体消防安全性能是否符合本规范的规定。

1.0.9　违反本规范规定，依照有关法律法规的规定予以处罚。

**【实施要点】**

本规范是全文强制的工程建设消防技术国家标准，是政府相关部门行政执法的重要技术依据，必须执行。本条依据《中华人民共和国消防法》（2021 年修正）（以下简称《消防法》）、《中华人民共和国建筑法》（2019 年修正）（以下简称《建筑法》）、《建设工程质量管理条例》（国务院令第 279 号，2019 年修订）、《建设工程消防设计审查验收管理暂行规定》（住建部令第 51 号，2020 年）规定了违反本规范的处罚要求。下列摘录了这些法规的相关主要规定。

（1）《消防法》有关规定如下：

> 第九条　建设工程的消防设计、施工必须符合国家工程建设消防技术标准。建设、设计、施工、工程监理等单位依法对建设工程的消防设计、施工质量负责。
>
> 第二十六条　建筑构件、建筑材料和室内装修、装饰材料的防火性能必须符合国家标准；没有国家标准的，必须符合行业标准。
>
> 人员密集场所室内装修、装饰，应当按照消防技术标准的要求，使用不燃、难燃材料。
>
> 第二十七条　电器产品、燃气用具的产品标准，应当符合消防安全的要求。

电器产品、燃气用具的安装、使用及其线路、管路的设计、敷设、维护保养、检测，必须符合消防技术标准和管理规定。

第二十八条　任何单位、个人不得损坏、挪用或者擅自拆除、停用消防设施、器材，不得埋压、圈占、遮挡消火栓或者占用防火间距，不得占用、堵塞、封闭疏散通道、安全出口、消防车通道。人员密集场所的门窗不得设置影响逃生和灭火救援的障碍物。

第五十九条　违反本法规定，有下列行为之一的，由住房和城乡建设主管部门责令改正或者停止施工，并处一万元以上十万元以下罚款：

（一）建设单位要求建筑设计单位或者建筑施工企业降低消防技术标准设计、施工的；

（二）建筑设计单位不按照消防技术标准强制性要求进行消防设计的；

（三）建筑施工企业不按照消防设计文件和消防技术标准施工，降低消防施工质量的；

（四）工程监理单位与建设单位或者建筑施工企业串通，弄虚作假，降低消防施工质量的。

第六十条　单位违反本法规定，有下列行为之一的，责令改正，处五千元以上五万元以下罚款：

（一）消防设施、器材或者消防安全标志的配置、设置不符合国家标准、行业标准，或者未保持完好有效的；

（二）损坏、挪用或者擅自拆除、停用消防设施、器材的；

（三）占用、堵塞、封闭疏散通道、安全出口或者有其他妨碍安全疏散行为的；

（四）埋压、圈占、遮挡消火栓或者占用防火间距的；

（五）占用、堵塞、封闭消防车通道，妨碍消防车通行的；

（六）人员密集场所在门窗上设置影响逃生和灭火救援的障碍物的；

（七）对火灾隐患经消防救援机构通知后不及时采取措施消除的。

个人有前款第二项、第三项、第四项、第五项行为之一的，处警告或者五百元以下罚款。

有本条第一款第三项、第四项、第五项、第六项行为，经责令改正拒不改正的，强制执行，所需费用由违法行为人承担。

（2）《建筑法》有关规定如下：

第三十七条　建筑工程设计应当符合按照国家规定制定的建筑安全规程和技术规范，保证工程的安全性能。

第五十二条　建筑工程勘察、设计、施工的质量必须符合国家有关建筑工程安全标准的要求，具体管理办法由国务院规定。

有关建筑工程安全的国家标准不能适应确保建筑安全的要求时，应当及时修订。

第五十六条　建筑工程的勘察、设计单位必须对其勘察、设计的质量负责。勘察、设计文件应当符合有关法律、行政法规的规定和建筑工程质量、安全标准、建筑工程勘察、设计技术规范以及合同的约定。设计文件选用的建筑材料、建筑构配件和设备，应当注明其规格、型号、性能等技术指标，其质量要求必须符合国家规定的标准。

第七十二条　建设单位违反本法规定，要求建筑设计单位或者建筑施工企业违反建筑工程质量、安全标准，降低工程质量的，责令改正，可以处以罚款；构成犯罪的，依法追究刑事责任。

第七十三条　建筑设计单位不按照建筑工程质量、安全标准进行设计的，责令改正，处以罚款；造成工程质量事故的，责令停业整顿，降低资质等级或者吊销资质证书，没收违法所得，并处罚款；造成损失的，承担赔偿责任；构成犯罪的，依法追究刑事责任。

第七十四条　建筑施工企业在施工中偷工减料的，使用不合格的建筑材料、建筑构配件和设备的，或者有其他不按照工程设计图纸或者施工技术标准施工的行为的，责令改正，处以罚款；情节严重的，责令停业整顿，降低资质等级或者吊销资质证书；造成建筑工程质量不符合规定的质量标准的，负责返工、修理，并赔偿因此造成的损失；构成犯罪的，依法追究刑事责任。

（3）《建设工程质量管理条例》有关规定如下：

第十九条　勘察、设计单位必须按照工程建设强制性标准进行勘察、设计，并对其勘察、设计的质量负责。

注册建筑师、注册结构工程师等注册执业人员应当在设计文件上签字，对设计文件负责。

第六十三条　违反本条例规定，有下列行为之一的，责令改正，处10万元以上30万元以下的罚款：

（一）勘察单位未按照工程建设强制性标准进行勘察的；

（二）设计单位未根据勘察成果文件进行工程设计的；

（三）设计单位指定建筑材料、建筑构配件的生产厂、供应商的；

（四）设计单位未按照工程建设强制性标准进行设计的。

有前款所列行为，造成工程质量事故的，责令停业整顿，降低资质等级；情节严重的，吊销资质证书；造成损失的，依法承担赔偿责任。

第七十二条　违反本条例规定，注册建筑师、注册结构工程师、监理工程师等注册执业人员因过错造成质量事故的，责令停止执业1年；造成重大质量事故的，吊销执业资格证书，5年以内不予注册；情节特别恶劣的，终身不予注册。

（4）《建设工程消防设计审查验收管理暂行规定》有关规定如下：

第九条第（一）款规定，建设单位不得明示或者暗示设计、施工、工程监理、技术服务等单位及其从业人员违反建设工程法律法规和国家工程建设消防技术标准，降低建设工程消防设计、施工质量。

第十条第（一）款规定，设计单位应当按照建设工程法律法规和国家工程建设消防技术标准进行设计，编制符合要求的消防设计文件，不得违反国家工程建设消防技术标准强制性条文。

第十一条第（一）款规定，施工单位应当按照建设工程法律法规、国家工程建设消防技术标准，以及经消防设计审查合格或者满足工程需要的消防设计文件组织施工，不得擅自改变消防设计进行施工，降低消防施工质量；第（二）款规定，按照消防设计要求、施工技术标准和合同约定检验消防产品和具有防火性能要求的建筑材料、建筑构配件和设备的质量，使用合格产品，保证消防施工质量。

第十二条第（一）款规定，工程监理单位按照建设工程法律法规、国家工程建设消防技术标准，以及经消防设计审查合格或者满足工程需要的消防设计文件实施工程监理。

第三十八条规定，建设、设计、施工、工程监理、技术服务等单位及其从业人员违反有关建设工程法律法规和国家工程建设消防技术标准，除依法给予处罚或者追究刑事责任外，还应当依法承担相应的民事责任。

# 2 基本规定

## 2.1 目标与功能

2.1.1 建筑的防火性能和设防标准应与建筑的高度（埋深）、层数、规模、类别、使用性质、功能用途、火灾危险性等相适应。

【条文要点】

本条规定了确定建筑防火设防标准的原则和影响建筑防火性能和火灾风险的主要因素。建筑是为满足人的生产和生活需要而有目的地建造的，其设防标准取决于建筑的火灾风险，建筑的火灾风险与建筑的实际使用用途等密切相关。因此，任何一座建筑物或一项建设工程（以下简称建筑）的防火性能和防火设防标准都可以与其他建筑不一样，都需要根据建筑自身的具体情况及其所在位置的外部条件、建筑的火灾风险和可接受的火灾损失确定。

【实施要点】

（1）建筑的防火性能是建筑本身具备的预防发生火灾、发生火灾后耐受或抵抗火灾并控制火灾损失或危害的能力的综合反映，通过在建筑防火系统中的不同方面采取的防火技术和措施（即设防标准）体现。任何一座建筑均应具备与其实际火灾风险相适应的防火性能，均需要根据建筑的具体情况确定合适的防火设防标准。

（2）影响建筑火灾风险的主要因素有：建筑高度或埋深，建筑体积和面积，建筑的类别，建筑的使用性质及其实际使用功能、用途，建筑的火灾危险性类别和结构类型、耐火等级高低、火灾扑救难易程度、建筑的通风条件等反映的建筑火灾危险性等。

1）建筑高度是针对地上的建筑，埋深是针对位于地下的建筑：建筑高度一般为建筑自其设计地面或可停靠消防车（即设置消防扑救场地、消防车登高操作场地）的地面至建筑屋面面层或檐口的高度；建筑埋深应为地下建筑中计算楼层的室内楼地面与室外出入口地面的高差。建筑的高度或埋深可根据现行国家标准《建筑设计防火规范》GB 50016 的相关规定确定。建筑的层数为建筑的自然层数，当设置夹层时，具有使用功能的夹层一般应计入建筑的总层数；对于住宅建筑，主要按照其建筑高度确定防火标准，通常不考虑建筑的层数。

2）建筑的规模一般采用建筑体积或总建筑面积和占地面积表示。建筑体积应为建筑外围护面所围合的空间体积，包括建筑地下空间的体积；建筑的总建筑面积应为建筑各自然楼层外围护结构外围水平面积之和，包括建筑地下楼层的面积；占地面积一般为建筑首层楼地面的水平投影面积。

3）建筑的类别主要为工业与民用房屋建筑根据建筑高度确定的单层、多层和高层建筑以及高层民用建筑根据其高度和火灾危险性等确定的一类和二类高层民用建筑，交通隧道根据交通流量、通行的机动车辆和隧道封闭段长度等确定的一、二、三和四类城市交通隧道和 A、B、C、D 类等类别的公路隧道，城市综合管廊根据其中敷设管线的类型确定的综合管廊、电缆管廊、燃气管廊等或干线管廊和支线管廊等。

4）建筑的使用性质主要为建筑的使用特性，如工业建筑、民用建筑、城市轨道交通工程、城市管廊工程、平时使用的人民防空工程、港口码头等。实际使用功能、用途主要为在同一种使用性质建筑内的不同使用功能或用途，如工业建筑中的厂房和仓库、不同生产用途的厂房、储存不同物质的仓库以及普通仓库和物流仓库等，民用建筑中的住宅建筑和公共建筑，公共建筑中的商店建筑、办公建筑、展览建筑等不同功能或用途。

5）火灾危险性主要反映建筑发生火灾的可能性和火灾所产生危害的大小及其可能性，如甲、乙、丙、丁、戊类工业建筑发生火灾和爆炸的难易程度和火灾后果严重程度不同，Ⅰ、Ⅱ和Ⅲ类木结构建筑和一、二、三和四级耐火等级其他类型结构建筑的火灾引燃难易程度和火灾蔓延可能导致的后果不同，公共建筑中幼儿园和托儿所、老年人照料设施、百货商店和大型商业综合体、大中型交通枢纽、多线换乘的地铁车站、建筑高度大于100m 的高层建筑的火灾容易导致群死群伤的可能性与其他民用建筑有所差异。

（3）尽管本条列出了在确定建筑的防火性能和设防标准时需要考虑的主要因素，但这些因素并不是全部因素。在实际工程建设中还需要考虑建筑的重要程度和主要设防目标，建筑周围的消防救援力量及其应急响应能力，建筑所处位置的地理、场地等环境条件和气象、水文情况。

此外，虽然建筑的消防安全有时很难用具体的经济价值表达，但还是存在投入与收益的平衡问题。在确定建筑的防火性能和设防标准时，建筑防火的边际成本与边际效益也是应该考虑的因素。当为避免建筑发生意外火灾所需成本（即为保障建筑的消防安全所需防火投入）大于火灾风险（即该建筑发生火灾的概率与火灾后果的综合度量），可以认为建筑的设防标准高于实际需求，不应该再去考虑提高建筑的防火设防标准。因此，对一座建筑的防火进行科学设防、科学管理，是每一位设计者、建设者和管理者的重要职责。

2.1.2　建筑防火应达到下列目标要求：

1　保障人身和财产安全及人身健康；

2　保障重要使用功能、生产、经营或重要设施运行的连续性；

3　保护公共利益；

4　保护环境、节约资源。

**【条文要点】**

本条规定了建筑防火的总目标。一座建筑在规划、设计、施工、使用和维护时的防火，都需要根据这些总目标细化为不同防火部分的功能或功能目标要求，在各功能或功能目标要求的基础上确定为满足这些功能或功能目标要求应具备的防火性能，再确定实现这些防火性能所需技术、方法和措施及相关要求，从而保证建筑防火的总目标得以实现。

【实施要点】

（1）不同建筑的防火目标可以不一样，也不是每一座建筑的防火都需要满足本条规定的全部防火目标。建筑的防火目标与建筑的实际使用用途、规模和火灾可能产生的后果密切相关。例如，对于人员密集场所或经常有人使用的建筑，保障火灾时的人身安全和人体健康是第一位的目标；对于储存物质的仓储建筑，保障物质免受火灾作用、减少财产损失为主要目标；对于城市综合管廊、发电站、变电站、广播电视、水厂、重要的生产厂等，火灾时仍能保证这些设施持续运行或这些设施遭到火灾后能尽快恢复运行，十分重要；对于通信设施、广播电视建筑和危险品仓库等，应以减少这些设施和建筑受火作用后对社会产生的影响和爆炸危害作用，保护公共利益作为主要目标；对于化工生产厂、可燃液体装卸码头和化学品仓库，还应将避免发生火灾后产生的废液和流散有害物质污染环境，尽可能保护水体和土壤不被污染等环境安全作为防火目标之一。

建筑的总防火目标是确定建筑防火系统中各子系统的基础。在建筑规划和设计时，还应在根据建筑的用途和规模、火灾危险性等因素确定的主要目标、次要目标的基础上，进一步确定相应的防火功能目标要求、设防标准和使用时的防火管理要求，有时要同时考虑多个防火目标，综合设防。

（2）有关建筑防火安全目标的含义如下：

1）保障人身安全的目标，包括保障建筑中使用人员在火灾时的人身安全，即建筑中的使用人员在建筑发生火灾时可以安全疏散和逃生，也包括保障消防救援人员在灭火救援过程中的人身安全，即消防救援人员在灭火救援过程中不会因建筑结构破坏、火灾高温或爆炸作用等而受到伤害。

2）保障财产安全的目标，包括减少火灾及其高温作用对建筑中的财物和建筑本身可能造成的损失和破坏、因灭火救援活动对建筑内的物品和建筑设施造成的损失，不包括因生产或商业等活动中断等造成的间接经济损失。

3）减少重要使用功能、生产、经营或重要设施运行的设施中断产生的影响，主要为减少以下建筑和设施受火灾影响中断运行的时间：

——可能因火灾引发社会生活秩序混乱、大面积影响居民正常生活和城市正常运行的建筑。例如，交通指挥中心、发电站和大型变电站、供水设施、城市综合管廊、燃气供气设施、铁路车站、民用机场航站楼、交通枢纽、金融建筑等。

——产品影响面广的生产建筑、重要的实验设施、对国计民生影响大的建筑与设施。例如，重要的医疗检测试剂、大型电力和供水设施，产品处于生产链上游的生产建筑，金融等重要数据中心等。

4）维护公共利益的目标，主要为在确定建筑的防火要求时，应考虑对公共绿化、公共活动场地、公共水源、公共交通等的影响。

5）节约资源和保护人身健康的目标，主要指在建筑防火中采用的消防设施、防火材料和建筑材料或制品本身在平时使用时不会对人身健康产生影响，在火灾燃烧产生的物质对人体健康的影响小。在确定建筑的防火间距和消防救援场地、应急避难场地、建筑消防设施、消防水源等防火技术、方法和措施时，要综合考虑提高资源的有效利用率，提高防火措施的有效性，防止不必要的资源浪费。

6）保护环境的目标，是指在确定建筑消防设施和建筑防火措施时，应考虑合适类型的灭火剂，采取适当的消防废水处理与收集措施，尽量减小灭火药剂和消防废水对公共水源、天然水体、土壤、大气环境（主要为对臭氧层的破坏）等可能造成的污染，尽量降低所用建筑材料、防火材料、阻燃材料等材料的燃烧或受热分解产物对环境产生的危害性作用；通过在建筑中设置适用的消防设施、对重点部位采取合理的分隔措施，提高消防设施灭火控火的有效性，减小火灾的作用范围，尽量减小危害性物质外泄对环境造成污染。

2.1.3 建筑防火应符合下列功能要求：

1 建筑的承重结构应保证其在受到火或高温作用后，

在设计耐火时间内仍能正常发挥承载功能；

2 建筑应设置满足在建筑发生火灾时人员安全疏散或避难需要的设施；

3 建筑内部和外部的防火分隔应能在设定时间内阻止火灾蔓延至相邻建筑或建筑内的其他防火分隔区域；

4 建筑的总平面布局及与相邻建筑的间距应满足消防救援的要求。

【条文要点】

本条从构成建筑防火系统的主要方面对应建筑的防火总目标规定了建筑中不同防火子系统的功能目标要求，包括建筑的结构在受火或高温作用时的功能目标要求、人员安全疏散与避难的功能目标要求、建筑内外部防止火势蔓延的功能目标要求和建筑布局有关消防救援的功能目标要求。

【实施要点】

（1）建筑的承重结构起保持建筑稳定和保障结构安全的作用。建筑的承重结构或构件在受到火灾或高温作用后，由于保护层被破坏或脱落、建筑材料性能退化导致承载力下降，有的甚至出现垮塌、变形过大而失去承载力。任何一种建筑承重结构或构件都具有一定的耐火性能，都只能在一定时间内维持其承载力及隔热、阻火、隔烟的性能。建筑承重结构或构件在设计耐火时间内正常发挥承载的功能，一般可采用其耐火极限表示，该耐火极限应根据国家相关标准经火灾试验或计算确定。例如，国家标准《建筑构件耐火试验方法　第1部分：通用要求》GB/T 9978.1—2008等系列标准规定了各类建筑构件、配件或结构的耐火极限测试方法和判定标准，《建筑钢结构防火技术规范》GB 51249—2017等标准规定了不同材料和不同类型建筑结构或构件的耐火极限计算或验算方法、满足耐火极限要求可采用的防火保护方法及相应技术要求。

不同类型的建筑承重结构或构件在火灾或高温作用下的耐火性能与下列因素有很大关系：

1）结构或构件的受力特点和荷载比；

2）结构或构件的构成材料与构造、几何特性，例如，长细比、断面大小、混凝土的强度、配筋率、钢筋混凝土的骨料大小和混凝土含水率、结构钢的品种、保护层厚度或防火保护方法、木材的密度等；

3）构件的约束情况；

4）火灾特性，例如，火灾热释放速率、火灾的可能延续时间、火灾的升温特性、火灾的类型或强度等；

5）空间特性或结构、构件的受火作用情况，例如，单面受火、两面受火或多面受火等。

在确定和计算建筑承重结构或构件的耐火极限时，要全面考虑影响承重结构或构件耐火极限的各主要因素，以结构的承载能力极限状态为基础，合理选择火灾温升条件，按照建筑火灾发生轰燃时的火灾作用考虑，并对重要建筑和超高层建筑的结构、网架结构、预应力结构、索结构和轮辐式张拉结构等尽量采用基于整体结构在火灾作用下的受力分析方法。对于某些特定空间场所（如高大空间场所），当能够准确确定其火灾特性时，也可以采用实际火灾升温条件进行相应的结构耐火设计。

（2）为人员提供疏散和避难设施是建筑防火应具备的基本功能之一。保障建筑中使用人员在火灾时的疏散安全和消防救援人员在灭火救援时出入建筑的安全，是建筑疏散和避难设施的基本功能目标要求。任何一座建筑、建筑内任何一个区域或楼层均应具有满足人员在火灾时安全逃生或避难要求的设施，包括疏散出口、疏散通道或疏散走道、疏散楼梯、避难层或避难间、疏散照明和疏散指示标志等，疏散出口和疏散楼梯的设置一般应具有一定的冗余，即其中一个疏散出口或一部疏散楼梯被烟火阻断无法正常使用时，该建筑或建筑内的某区域仍具有其他的疏散出口或疏散楼梯可以供人员疏散使用，并能满足安全疏散的要求。

（3）建筑是由不同功能或用途的空间构成的，不同空间的火灾危险性可能存在差异。在建筑内部利用防火墙、防火隔墙、楼板等将建筑内的这些不同功能或用途的空间相互分隔，或将一个大的空间分隔成若干个较小的防火区域，可以控制火灾的过火范围，有效减少火灾的危害；在建筑的外立面通过窗间墙、窗槛墙、防火挑檐、层间防火封堵、在建筑之间设置防火间距或防火墙等，可以控制火灾通过外立面蔓延或阻止火灾蔓延至相邻建筑。此外，在同一个建筑面积较大的防火分隔区域内，利用墙体、挡烟垂壁将该空间划分为多个防烟区域并将烟气和热量排至室外，也可以减小高温烟气的危害作用范围。

在建筑建造时，使建筑在内部和外部均具有防止火灾和烟气蔓延的功能，可以很好地实现减小建筑火灾损失和危害的目标。因此，有必要针对建筑内的不同功能区域、不同火灾危险性的区域采取相应的防火分隔措施；根据建筑内部的防火分隔情况、不同场所的空间高度和面积大小采取适用的防烟和排烟措施；在选用建筑材料或制品、保温材料或制品、建筑内外部装修装饰材料时，应限制材料或制品的燃烧性能并采取必要的防火措施，以预防发生火灾和防止火势增大。

（4）建筑的火灾具有随机性和确定性的特点，建筑在什么时间、什么位置、因何原因引发什么火灾，具有很强的随机性，但一旦在一个确定的空间内发生火灾，该火灾的发展规律则可以预测，具有一定的确定性。因此，任何建筑在总平面布局时均应考虑其发生火灾时的消防救援要求。例如，建筑之间的防火间距或防火分隔，建筑较高侧所处方位，消防车道的设置方式和宽度、转弯半径等，消防救援场地或消防车登高操作场地的布置位置和场地大小，室外消火栓或市政消火栓、消防水泵接合器、消防车取水设施等建筑消防供水设施和消防水源等。防火间距的大小除应满足在一定时间内防止火势蔓延至相邻建筑的要求外，还应考虑建筑外部消防救援的要求。在建筑内部平面布置时，应根据不同区域的实际用途、人员疏散策略及其规划和控制火灾蔓延的需要，合理地进行防火分隔；在建筑的竖向，应尽量采取防止火灾跨越楼层蔓延的隔断措施和防火封堵措施。

2.1.4 在赛事、博览、避险、救灾及灾区生活过渡期间建设的临时建筑或设施，其规划、设计、施工和使用应符合消防安全要求。灾区过渡安置房集中布置区域应按照不同功能区域分别单独划分防火分隔区域。每个防火分隔区域的占地面积不应大于2 500$m^2$，且周围应设置可供消防车通行的道路。

【条文要点】

本条针对举办大型公共活动时的临时建筑或设施和灾区过渡安置房，规定了这些建筑或设施建设和使用的原则性消防安全要求。临时建筑或设施的建设和使用应根据场地情况、有关活动的火灾特点、临时建筑或设施的建设规模和层数、使用人员情况等，设置消防给水系统和可以通行消防车的道路，配置灭火器材和人员避难集散场地，设置清晰的疏散指示标志和防火警示标识，严格管理大功率电器和瓶装或罐装燃气的使用，在总平面布局中对集中布置的临时建筑或设施采取划分必要的防火分隔区域等措施，防止发生“火烧连营”的现象。

【实施要点】

（1）奥运会、亚运会、全运会以及各省市主办的运动赛事和各类博览、航展等大型公共活动，在活动场所搭建并仅供在赛事或博览等活动期间使用的各类运动员检疫、休息和警卫用房、器材存放用房、新闻媒体用房、动力设备房等辅助用房，均应具备基本的防火性能。

在场地总平面布局时，应根据临时建筑或设施的规模和火灾危险性、建设场地周围的环境条件、与相邻建筑的关系，合理确定不同建筑或设施的建设位置，在临时建筑或设施中配备安全疏散设施，采取火灾探测和灭火与控火措施、排烟措施、防火分隔措施、电气防火措施等必要的建筑防火技术和消防安全管理措施；在施工和使用期间严格管理现场的用火、用电和用气活动，并采取必要的防火保护措施；将可燃、易燃建筑和施工材料存放在库房内，或存放在相对安全的位置并采用帆布或不燃材料覆盖，在电焊或电气切割等动火或散发火花的加工点采取防止火花溅散或滴落至可燃物表面的防火保护措施等。

这些临时建筑或设施的防火设计、施工和使用也应符合本规范的规定。有关具体防火措施和要求可以根据现行国家标准《建筑设计防火规范》GB 50016、《建设工程施工现场消防安全技术规范》GB 50720 等技术标准的规定确定。

（2）在灾区生活过渡期间建设的临时建筑或设施，主要为山体崩塌、滑坡、泥石流、地震等地质灾害、风灾和洪灾等气象灾害等自然灾害和特大火灾后的生活过渡用房，有的使用时间较长，如地震灾害的生活过渡安置房。对于预期供短期使用的临时建筑或设施，可以着重于临时建筑本身的防火和安全使用要求；对于预期使用时间较长的临时建筑或设施，一般要根据与永久建筑相当的防火要求确定其设防标准，在建设时既要考虑建筑本身的防火和安全使用要求，也要考虑建筑外的区域消防措施。

为保障灾区居民的生活，灾区过渡安置房一般是在短期突击集中建设，除学校等少数公共用途的设施外，一般为小型的居民生活建筑、社区办事、防疫、医疗和商业服务等公共服务建筑。因此，灾区过渡安置房的建设要根据方便生活、满足卫生防疫和基本的社区公共生活等方面的需要，以防止发生大面积延烧的重大火灾事故为原则，按照不同的功能分区合理确定总平面布局和不同功能区域内的布置，不同功能区域之间应采用满足消防车通行的道路等空间间隔分隔。当一个功能区域的占地面积较大（如居民生活区）时，还应采用道路等将这些占地面积较大的功能区域进一步划分为更小的区域或组团。有关灾区临时用房建设的防火和使用期间消防安全的具体要求，可以根据现行国家标准《灾区过渡安置点防火标准》GB 51324 等技术标准的规定确定。

2.1.5　*厂房内的生产工艺布置和生产过程控制，工艺装置、设备与仪器仪表、材料等的设计和设置，应根据生产部位的火灾危险性采取相应的防火、防爆措施。*

**【条文要点】**

本条明确了生产厂房除应确保建筑本身的防火性能外，还应考虑其生产工艺和生产过程控制的防火防爆技术要求，通过使生产工艺和生产过程控制具有足够的本质安全性能，预防和减少生产建筑的火灾和爆炸危害。

【实施要点】

（1）生产建筑的防火性能高低与建筑的耐火等级，建筑内部的防火分隔情况，建筑中设置的灭火和控火措施及火灾探测与报警设施、防烟与排烟设施，建筑外部的防火分隔情况，建筑室内外的消防救援条件和应急响应能力，建筑的疏散和避难设施设置情况相关。生产建筑的消防安全性能则与建筑的防火性能、建筑内的生产工艺和生产过程的防火防爆性能、建筑使用过程中的消防安全管理状况等有关。例如，两座防火设防标准相同的丙类厂房，采用同样的生产工艺和生产过程控制，如果生产工艺和生产过程控制的防火防爆措施和防火防爆性能不同，则这两座厂房的消防安全性能就会有差别。因此，厂房内的生产工艺和生产过程控制的防火防爆措施，不仅可以改变建筑的整体消防安全性能，而且完善的防火防爆措施能更好地预防发生火灾和爆炸事故，对于减少火灾和爆炸事故往往更有效、更经济、更必要。在生产建筑的建造中，应重视生产工艺、生产过程控制及相关设施设备的本质防火防爆措施，如静电防护、超温或超压保护、事故联锁紧急切断、可燃气体泄漏探测报警与联动控制、强制通风、电流过载保护等。

（2）厂房内生产工艺布置和生产过程控制的防火防爆措施，是一种全方位的系统性预防技术措施，需要对生产的各个环节中可能引发火灾或爆炸的部位和工序采取相应的防火防爆措施。例如，管道和设备的静电防护、可能产生可燃气体或蒸气部位的可燃气体监测、高压管道的管材和高压容器耐压、耐腐蚀性能和防泄漏措施、安全泄放措施、生产过程的事故联锁自动切断系统、易发生火灾部位的火灾探测与灭火装置设置、具有爆炸危险性部位的抑爆和惰化系统设置、合理确定电气线路及其敷设的防火性能和防破损保护、线路接地保护等。

不同生产工艺、生产过程和生产的不同工序或部位的火灾危险性千差万别，生产条件和环境要求也各不相同。在生产的工艺和过程控制设计中，应事先研究和确定针对性的有效防火措施，对设备采购、安装和运行期间的维护提出要求，确保其具有与实际火灾危险性相适应的本质消防安全性能，防止发生意外。不同生产建筑的工程建设技术标准在确定相应的防火要求时，应重视和明确相应生产工艺和生产过程控制的防火防爆技术要求以及具体的保障措施。

2.1.6 交通隧道的防火要求应根据隧道的建设位置、封闭段的长度、交通流量、通行车辆的类型、环境条件及附近消防站设置情况等因素综合确定。

【条文要点】

本条规定了城市交通隧道、公路交通隧道（也称公路隧道）、铁路隧道和城市地下车库间的连通隧道的防火要求确定原则以及影响隧道火灾危险性的主要因素。

【实施要点】

（1）交通隧道根据其建设地点可分为城市交通隧道和公路交通隧道，根据其用途分为机动车交通隧道、人行和非机动车交通隧道、铁路隧道，根据其设置位置可分为水下隧道、地下隧道和山体隧道，根据其施工方式可分为盾构隧道、沉管隧道、明挖或矿山法施工隧道等。城市交通隧道是在城市规划区内建设的供机动车、非机动车和行人通行的交通隧道，公路隧道是在城市规划区外建设的主要供机动车和行人通行的交通隧道。

不同类型的交通隧道的火灾危险性不同；封闭段长度、交通流量、通行车辆的类型、施工方式等不同的隧道，相互间的火灾危险性也有很大差异；地下隧道、山体隧道、水下隧道的防火设防标准相互也有区别。因此，各类交通隧道应根据其建设位置、封闭段的长度、交通流量、通行车辆的类型、环境条件等因素合理确定相应的防火要求，使隧道具有与其实际火灾危险性相协调的防火性能。此外，交通隧道附近的消防站设置情况等消防救援应急响应能力也对隧道的设防标准有一定影响，在确定隧道建设的防火要求时还需适当考虑这些消防救援力量的作用。

（2）隧道建设的防火要求主要包括：隧道结构的耐火性能和防火保护、隧道内的人员安全疏散与避难设施、隧道内的烟气控制和火灾自动报警设施、消防给水和灭火设施、辅助设备用房的防火等。对一些特长隧道、灾后修复难度大的隧道和重要的隧道，除应适当提高设防标准外，还应考虑在隧道一端或两端分别设置专职消防救援站，配备相应的消防救援人员、灭火救援装备和器材。

2.1.7 建筑中有可燃气体、蒸气、粉尘、纤维爆炸危险性的场所或部位，应采取防止形成爆炸条件的措施；当采用泄压、减压、结构抗爆或防爆措施时，应保证建筑的主要承重结构在燃烧爆炸产生的压强作用下仍能发挥其承载功能。

【条文要点】

本条针对建筑中可能发生爆炸的危险性场所或部位，要求应具有预防爆炸的措施，并规定了泄爆、防爆或抗爆设施的功能目标要求。

【实施要点】

（1）建筑中具有爆炸危险性的场所或部位，包括各类生产建筑、仓库和民用建筑中在生产、储存和使用时可能散发可燃气体、蒸气、粉尘或纤维，并可与空气混合形成爆炸性气氛的房间或部位。对于在生产、储存和使用时散发的可燃气体、蒸气、粉尘或纤维数量少，与空气混合后难以形成爆炸性气氛的场所或部位，可以采取加强通风和除尘的措施，不需要采取防爆措施。

居民家庭厨房等生活的燃气用气部位，也属于建筑内具有爆炸危险性的部位，但当该部位根据国家相关标准设置可燃气体探测报警装置、用气部位具有良好的通风条件时，可以不按照具有爆炸危险性的部位采取泄压、减压或结构抗爆等措施。例如，国家标准《城镇燃气设计规范》GB 50028—2006（2020 年版）第 10.4.2 条规定，居民生活用气设备严禁设置在卧室内。第 10.4.3 条规定，住宅厨房内宜设置排气装置和燃气浓度检测报警器。第 10.4.4 条规定，家用燃气灶应安装在有自然通风和自然采光的厨房内；采用无直通室外的门和窗的地上暗厨房时，应选用带有自动熄火保护装置的燃气灶，并应设置燃气浓度检测报警器、自动切断阀和机械通风设施，燃气浓度检测报警器应与自动切断阀和机械通风设施连锁。第 10.4.5 条规定，家用燃气热水器应安装在通风良好的非居住房间、过道或阳台内。第 10.4.6 条规定，单户住宅采用燃气的采暖和制冷系统应有熄火保护装置和排烟设施，应设置在通风良好的走廊、阳台或其他非居住房间内。

常规的爆炸防护措施主要有：防止可燃气体、蒸气、粉尘或纤维与空气形成爆炸性混合物，如通风或惰化；消除潜在的点火源，如使设备接地以防止静电放电，参见本规范第 2.1.8 条；限制形成超压，如爆炸泄压或爆炸抑制。

（2）建筑中可能散发可燃气体、蒸气、粉尘或纤维的场所或部位，必须具备一定条件才会发生爆炸。可燃性气体混合物发生爆炸需要具备可燃物（如可燃气体）、助燃剂（氧气、空气等）、点火能（明火、电火花、静电放电或其他点火能）这三个基本要素。可燃气体、蒸气与空气混合形成的气体混合物只有处于爆炸极限范围内才可能发生爆炸。粉尘着火爆炸应具备粒度合适的可燃性粉尘、这些粉尘在助燃性气体中充分混合并保持浮游状态、足够能量的点火源这三个基本要素。因此，在具有爆炸危险性的场所或部位要采取针对性的措施消除或破坏上述可能产生爆炸的要素，防止形成爆炸危险性条件，从而实现预防爆炸的目标。这些措施包括：

1）建筑本身预防爆炸的措施，例如，改善通风条件、防止可燃气体或蒸气等在室内积聚、加强除尘、采用不发火花的地面、室内不循环使用含有爆炸性气氛的空气、采用不易积尘的光滑墙面等。

2）生产工艺和生产过程控制预防爆炸的措施，例如，在设施设备和管道上采取导除静电或防止产生静电或静电放电的措施，在可能形成爆炸性气氛的密闭容器内充装二氧化碳、氮气等惰性气体，在可能发生可燃气体泄漏的部位设置高灵敏性可燃气体浓度监测装置和紧急切断系统、采用本质安全或具有相应防爆性能的防爆电气设备等。

（3）具有爆炸危险性的建筑，或者建筑中具有爆炸危险性的场所或部位，除应采取预防发生爆炸的措施外，还应具有一旦发生爆炸后可以减轻爆炸作用的功能。保证建筑的主要承重结构在受到爆炸作用后仍能发挥预定的承载功能，是建筑结构防爆或抗爆的基本功能目标要求，在建筑中相应部位采取的爆炸泄压措施、在结构表面采取的减压防护措施、结构自身采用的防爆或抗爆加强措施，均应保证能够实现这一功能目标要求。

在建筑建造时，对于具有爆炸危险性的场所或部位，既要采取预防在其中形成爆炸条件的事前措施，防止发生爆炸，也要考虑一旦发生爆炸时可以减轻爆炸作用的事后措施。例如，在易发生爆炸的部位设置泄压面积，在承重结构表面设置减压板，采取加强配筋、增大结构断面等方式提高承重结构的抗爆或防爆性能等。由于建筑中爆炸危险性物质的特性、数量、爆炸危险性场所的几何特性和密闭性等条件千差万别，而爆炸压强达到峰值并作用于建筑结构的时间极短。因此，需要针对不同的爆炸危险性场所的特性，在认真分析并计算爆炸危险性场所可能的爆炸作用强度以及建筑结构可能受到的爆炸作用强度的基础上，结合该场所的实际条件采取合理、有效的泄压、减压、防爆或抗爆措施，确保建筑主要承重结构的安全。

2.1.8　在有可燃气体、蒸气、粉尘、纤维爆炸危险性的环境内，可能产生静电的设备和管道均应具有防止发生静电或静电积累的性能。

【条文要点】

防止产生静电或静电放电是防止在爆炸危险性环境内发生爆炸的关键技术措施之一。本条规定了位于爆炸危险性环境中的设备和管道均应具备防静电的性能，以消除静电引发爆炸的隐患。

【实施要点】

流体在管道内快速流动，粉尘或纤维通过风管、除尘器和过滤器时，均会因流体与管壁摩擦或者粉尘与粉尘、粉尘与管壁或容器壁不断发生碰撞、摩擦而产生静电，且流速越快，产生的静电越严重。控制管道内的流速，可以减小静电，但难以消除产生的静电。此外，物体与墙面、地面等不良导体发生摩擦也可能产生静电。在这些物体上产生的静电，如不及时导除就会逐渐积累而发生高压放电并产生火花。静电放电产生的火花能量足以引起处于爆炸极限范围内的可燃气体、蒸气、粉尘、纤维与空气的混合物爆炸。在油料装卸等可燃液体的作业场所，或存在气体、蒸气、粉尘、纤维爆炸性混合物的场所（如生产、使用和储存燃气、乙炔的场所，粉煤仓、轮毂抛光车间、面粉加工车间等可能产生煤粉、铝粉、面粉、木粉等物质的场所），均可能因静电火花引起爆炸。

在存在可燃气体、蒸气、粉尘、纤维爆炸危险性的环境内，应重视设施、设备、管道等的静电防护，防止因静电放电导致爆炸事故。不同环境、不同部位的静电防护措施需要根据产生静电和形成静电积累的条件确定。预防设备和管道产生静电的常见技术措施有：

（1）管道采用金属等导电性能良好的材料；

（2）在管道的连接法兰处设置跨接导线；

（3）在管道、管道连接接头处及可能产生静电的设备上设置静电接地线等；

（4）除尘装置的金属部分要完全接地；

（5）吸尘装置要加装金属网；

（6）布袋滤尘器尽量采用容易吸湿和导电的天然纤维织物和抗静电织物。

有关静电防护的措施及技术要求，可参见现行国家标准《防止静电事故通用导则》GB 12158、《防静电工程施工与质量验收规范》GB 50944 等技术标准。

2.1.9 建筑中散发较空气轻的可燃气体、蒸气的场所或部位，应采取防止可燃气体、蒸气在室内积聚的措施；散发较空气重的可燃气体、蒸气或有粉尘、纤维爆炸危险性的场所或部位应符合下列规定：

1 楼地面应具有不发火花的性能；使用绝缘材料铺设的整体楼地面面层应具有防止发生静电的性能；

2 散发可燃粉尘、纤维场所的内表面应平整、光滑、易于清扫；

3 场所内设置地沟时，应采取措施防止可燃气体、蒸气、粉尘、纤维在地沟内积聚，并防止火灾通过地沟与相邻场所的连通处蔓延。

【条文要点】

要求建造的建筑具有防止可燃粉尘或纤维在建筑结构或构件的表面积聚、防止产生静电火花的性能，在建筑使用时能够防止形成具有爆炸危险性的可燃气体或蒸气与空气的混合物、防止可燃粉尘或纤维在建筑内积聚、消除点火源，是防止可燃气体或蒸气、粉尘或纤维发生爆炸的关键性技术要求。本条规定了可能产生可燃气体、蒸气、粉尘或纤维的场所，建筑构造应具备的预防形成爆炸性条件的基本性能要求。

【实施要点】

（1）可燃气体或蒸气的密度不同，在建筑内聚集的部位不同。相对密度大的可燃气体或蒸气容易积聚在室内的较低部位，相对密度小的可燃气体或蒸气则会积聚在室内上部通风不良的部位。长时间积聚不散的可燃气体或蒸气可能在局部区域形成较高浓度的可燃气体或蒸气与空气的混合物，甚至达到爆炸极限。

对于可能存在可燃气体或蒸气的场所，当可燃气体或蒸气的密度较空气密度小时，应在室内空间的上部区域采取防止此类可燃气体积聚不散的措施。例如，采用平整光滑无死角的顶棚，尽量避免采用锯齿状或波形顶棚；在顶棚可能形成死角处设置自然通风口；在建筑室内的上部设置自然通风口或机械通风设施；采用外墙上部开敞并可形成对流条件的建筑等。当可燃气体或蒸气的密度较空气密度大时，应在室内空间的下部采取防止可燃气体或蒸气积聚不散的措施，如加强下部通风等。

对于可能产生可燃粉尘或纤维的场所，粉尘、纤维容易在室内凹凸不平的墙面、结构节点、设备和管道的表面、地面上积聚。因此，在这些场所应设置除尘系统、经常清扫，并采用光滑表面等构造的墙面和设备表面，使结构节点凹凸少。尽管如此，仍往往难以避免粉尘的积聚。因此，在此类场所采取防止产生火花等引发粉尘爆燃条件的技术措施，十分重要。

应注意的是，上述产生可燃气体、蒸气、粉尘或纤维的场所，既包括室内场所，也包括室外半露天场所，如粮食、大豆的装卸平台，液化石油气的加油机附近等。对于这些场所，除需要加强通风、除尘和可燃气体浓度监测外，还要根据可燃气体或蒸气可能积聚不散、可燃粉尘或纤维降落积存的条件，在相应部位采取针对性的预防性技术措施，重点预防产生可能引发爆炸性混合气体爆燃的点火源（如静电放电、火花、电弧、烘烤等），使楼地面（包括室内场所的楼地面和室外具有类似爆炸危险性场所的地面）具有不发火花的性能，楼地面面层使用绝缘材料整体铺设并使其具有防止产生静电的性能，移动的设备或人员穿着的鞋均应具有防静电措施或性能，防止移动设备或人员行走与地面、墙面摩擦产生静电。常见的预防性技术措施有：采用防静电活动地板、防静电砂浆内配钢筋网接地等防静电地面和墙面，采用防爆电气装置或设备，设备和管道应具有本规范第 2.1.8 条规定的性能，采用平整、光滑的地面、墙面，减少建筑构件的凸出台面等。

（2）当建筑内具有地沟、管沟，特别是具有连通不同防火分隔区域或房间的地沟或管沟时，需要采取以下技术措施：

1）采取防止密度较空气密度大的可燃气体、蒸气、粉尘或纤维进入地沟或管沟的技术措施，例如，采用不燃材料制作的密闭盖板封闭地沟或管沟。

2）采取防止进入地沟或管沟的可燃气体或蒸气、粉尘或纤维发生的爆炸或燃烧经过地沟或管沟蔓延至其他防火分隔区域的措施，例如，将不同防火分隔区域或房间的管沟或地沟相互分隔，使之不连通；在管沟上设置严密盖板。在这方面曾有惨痛教训。例如，1987 年 3 月 15 日哈尔滨亚麻厂的粉尘爆炸事故导致 58 人丧生，177 人受伤，13 000$m^2$ 厂房被破坏。该起爆炸事故主要为梳麻、前纺车间设置除尘管道和三条地沟将东部换气室与中央换气室连通在一起，且在这些管道中均缺乏独立分段的隔离设施。当厂房中（具体部位和原因不明）发生初次粉尘爆炸后，这些地沟、管道成了爆炸的传播通道，一处爆炸立即引起连锁反应，周围建筑因地处中央位置的中央换气室爆炸而受到严重破坏。

（3）有关预防可燃气体、蒸气、粉尘或纤维等物质发生爆炸的技术措施，要根据不同可燃气体、蒸气、粉尘或纤维等物质的特性确定，如物质的最小点火能和爆炸极限。表 2–1 列出了部分可燃气体和蒸气在空气中的最小点火能，该表引自国家标准《防止静电事故通用导则》GB 12158—90[①]。有关可燃气体和蒸气、粉尘爆炸的爆炸下限浓度和最小点火能等参数，可参见美国消防工程师学会 *SFPE Handbook of Fire Protection Engineering*、国家标准《防止静电事故通用导则》GB 12158—90 和《粉尘爆炸泄压指南》GB/T 15605—95[②] 等文献。

**表 2–1　部分可燃气体和蒸汽在空气中的最小点火能量 /mJ**

| 物质名称 | 最小点火能量 | 物质名称 | 最小点火能量 |
|---|---|---|---|
| 甲烷 | 0.470 | 丁酮 | 0.680 |
| 乙烷 | 0.285 | 丙酮 | 1.150 |
| 丙烷 | 0.305 | 乙酸乙醇 | 1.420 |
| 庚烷 | 0.700 | 甲醚 | 0.330 |
| 氯丙烷 | 1.080 | 乙醚 | 0.490 |
| 乙烯 | 0.096 | 异丙醚 | 1.140 |
| 丙烯 | 0.282 | 三乙胺 | 0.750 |
| 丁二烯 | 0.175 | 乙胺 | 2.400 |
| 乙炔 | 0.020 | 呋喃 | 0.225 |
| 丙炔 | 0.152 | 苯 | 0.550 |
| 甲醇 | 0.215 | 环氧乙烷 | 0.087 |
| 异丙醇 | 0.650 | 二硫化碳 | 0.015 |
| 乙醛 | 0.325 | 氢 | 0.020 |

（4）有关建筑预防形成爆炸危险性可燃气体、蒸气与空气混合气体、防止粉尘和纤维积聚的措施等，还可参见现行国家标准《建筑设计防火规范》GB 50016、《爆炸危险环境电力装置设计规

① 《防止静电事故通用导则》GB 12158—90 已被《防止静电事故通用导则》GB 12158—2006 替代。

② 《粉尘爆炸泄压指南》GB/T 15605—95 已被《粉尘爆炸泄压指南》GB/T 15605—2008 替代。

范》GB 50058、《粉尘防爆安全规程》GB 15577 等技术标准。

## 2.2 消防救援设施

2.2.1 建筑的消防救援设施应与建筑的高度（埋深）、进深、规模等相适应，并应满足消防救援的要求。

【条文要点】

任何具有火灾危险性的建筑都有发生火灾的可能，在建筑建造时均应在建筑的内部和外部提供一定的供消防救援人员利用的条件和设施。本条规定了建筑有关消防救援设施的功能要求及其功能目标要求。

【实施要点】

（1）建筑的消防救援设施主要包括建筑外的消防车道、消防救援场地或消防车登高操作场地、消防水泵接合器、室外消火栓或市政消火栓，建筑外墙上的竖梯、消防救援口，自建筑外进入建筑的专用出入口或通道，建筑内的消防电梯、消防通信系统、室内消火栓系统、楼梯间等救援通道、消防救援电气插座、应急排烟窗等，建筑屋顶上的直升机停机坪或直升机救助平台等。

（2）建筑消防救援设施的设置应考虑建筑的高度、埋深、进深、规模以及防火间距等，建筑所在位置的地理环境条件、气象条件，消防救援人员的体能和方便、安全救援需要等因素，使设置的消防救援设施不仅能够满足安全、快速展开消防救援的要求，而且合理、有效，有助于提高消防救援效率和灭火效果。消防救援设施不是为了满足规范或标准要求而设，而是为满足消防救援实战要求必需的设施。

（3）建筑火灾的消防救援要求主要为：

1）建筑外部的场地能够满足到场消防车辆展开作业、调度的需要；

2）建筑周围的道路和消防给水设施可以保证消防车接近建筑，并能满足及时取水和向建筑供水的要求，消防车可以快速通行、停靠、避让和进出消防救援场地；

3）建筑之间的空间间隔能够满足消防车安全展开和救援的

要求；

4）消防救援人员可以从建筑立面上的消防救援口和通道进出建筑物，可以采用专用的外窗实施应急排烟排热，可以通过屋顶实施人员救助和投放消防救援人员、物质和器材；

5）消防救援人员能够经楼梯间或消防电梯快速到达着火区域或楼层，并能够在非着火层或楼梯间建立可供消防救援人员进行救援和安全休整的阵地。

**2.2.2** 在建筑与消防车登高操作场地相对应的范围内，应设置直通室外的楼梯或直通楼梯间的入口。

【条文要点】

本条规定是保障消防救援人员可以快速就近进出建筑的重要要求，是建筑保障消防救援人员在灭火过程中实施快速增援和救援人员轮换休整、被困人员救助以及向火场运送救援装备和器材的功能要求。

【实施要点】

（1）消防车登高操作场地主要针对各类高层工业与民用建筑。实际上，地下和半地下建筑、单层或多层工业与民用建筑也需要消防救援场地，只是这些场地多直接利用消防车道或建筑外的人员集散场地或停车场等开阔场地，本规范未强制要求设置。因此，严格地说，建筑除在与消防车登高操作场地相对应的范围内应设置可以直接进出建筑的出入口外，在与设计用作消防救援场地相对应的范围内，也需要设置这样的出入口。对于高层建筑、地上多层建筑、地下多层建筑，这些出入口应直接与建筑内的疏散楼梯间、消防电梯前室连通。

（2）本条的规定不要求建筑在首层或地面的所有出入口均与消防车登高操作场地或消防救援场地对应，但每块消防车登高操作场地或消防救援场地在与建筑对应的范围内必须至少设置1个可供消防救援人员安全进出建筑的出入口。

（3）建筑中直通室外的楼梯应为室外楼梯，或者室内楼梯间的门口在建筑首层或在可供消防救援人员直接出入建筑的地面直接面向室外，不需要经过走道或大堂等室内空间连通；建筑中直通楼梯间的入口是针对消防车登高操作场地或消防救援场地而言，这样的楼梯间是允许经过走道或大堂直接通向室外的室内楼梯间。

建筑中设置的消防电梯在建筑首层或在可供消防救援人员直接出入建筑的地面的入口，正常情况下也应直接通向消防车登高操作场地或消防救援场地，或者位于距离消防车道较近的安全位置。

2.2.3 除有特殊要求的建筑和甲类厂房可不设置消防救援口外，在建筑的外墙上应设置便于消防救援人员出入的消防救援口，并应符合下列规定：

1 沿外墙的每个防火分区在对应消防救援操作面范围内设置的消防救援口不应少于2个；

2 无外窗的建筑应每层设置消防救援口，有外窗的建筑应自第三层起每层设置消防救援口；

3 消防救援口的净高度和净宽度均不应小于1.0m，当利用门时，净高度不应小于1.4m，净宽度不应小于0.8m；

4 消防救援口应易于从室内和室外打开或破拆；采用玻璃窗时，应采用安全玻璃；

5 消防救援口应设置可在室内和室外识别的永久性明显标志。

【条文要点】

消防救援口是在建筑发生火灾时供消防救援人员利用的重要设施之一。本条规定了建筑有关消防救援口的功能和基本性能要求，以便消防救援人员在紧急情况下利用消防救援口实施灭火救援。

【实施要点】

（1）消防救援口是设置在建筑外墙上，当建筑发生火灾时可以供消防救援人员进出建筑的开口。消防救援口应满足方便消防救援人员安全进出建筑和救助人员的功能目标要求。因此，开口的净高度不应小于1.0m，净宽度不应小于1.0m，当为圆形开口时，直径不应小于1.0m。消防救援口可以利用建筑中位置和开口尺寸符合消防救援要求的既有可开启外窗和门。经天津市红桥区西站消防救援站组织全副武装的消防救援人员实测，参见图2-1，利用建筑外窗作为消防救援口时，可保证消防救援人员灵活进出的最小尺寸为 1.32m×0.85m（高度 × 宽度）。根据门窗的尺寸标准和人员救援需要，当建筑外窗窗扇的可开启净高度为 1.0m 时，窗扇的可开启净宽度仍要求不小于 1.0m；当窗扇的可开启净高度不小于 1.4m 时，窗扇的可开启净宽度可以减小至 0.8m；当利用建筑外墙上的门时，门的可开启净宽度不应小于 0.8m，门的开口高度通常满足人员进出要求。

**图 2–1　全副武装的消防救援人员实测情景**

资料来源：图片由应急管理部天津消防研究所第二研究室提供。

（2）建筑内的防火分区划分及其防火分隔方式、每个防火分区内的防火分隔情况，不同使用用途的楼层有较大差异。消防救援口应首先在消防扑救面范围内的外墙上设置，并且每个防火分区在对应消防扑救面范围内的外墙上不应少于 2 个，以相互作为安全备份。消防救援口的间距应以相邻 2 个消防救援口均位于登高平台消防车或云梯消防车的安全工作幅度范围内为原则确定，一般不大于 20m。考虑到住宅建筑中户与户之间的分隔，对于住宅建筑，消防救援口利用建筑的既有外窗、阳台时，应保证位于消防扑救面或消防救援操作面一侧的住户应每户至少有一个消防救援口。

消防救援操作面或消防扑救面是建筑中用于火灾时供消防救援人员进出并可以直接利用该建筑外墙上的开口实施灭火救援的立面，是对应消防救援场地或消防车登高操作场地一侧的建筑外立面，包括位于救援场地范围内和位于救援场地外的同一建筑立面。因此，对于在建筑内部、无外墙的防火分区，可以不设置消防救援口；对于建筑中无法设置或者未设置消防救援场地或消防车登高操作场地一侧的外墙，不属于消防扑救面或消防救援操作面，可以不设置消防救援口。

（3）消防救援口利用外门、外窗时，门、窗可开启扇的净宽度和净高度除应分别满足消防救援口的最小尺寸要求（参见本条【实施要点】第（1）款）外，其设置要求还需要根据建筑外墙上外窗的设置情况，按照以下原则确定：

1）当建筑的每层外墙上均无外窗、外门时，该建筑应从第一层起每层均设置消防救援口。

2）当建筑部分楼层设置外窗、部分楼层无外窗时，应根据外窗的位置确定相应的消防救援口设置要求：当建筑的第一层、第二层外墙上具有外窗或外门时，可以自建筑的第三层起每层设置消防救援口；当第一层和第二层不设置消防救援口时，建筑的外窗或外门的开启扇大小应满足人员逃生的要求，并要尽量满足消防救援口的尺寸要求。当建筑的第一层、第二层外墙上无外窗或外门时，应自第一层起每层均设置消防救援口。

3）当建筑的外墙上每层均设置外窗或外门时，建筑可以自第三层起每层设置消防救援口，第一层和第二层可以不设置消防救援口，直接利用建筑既有的外窗和外门，但当第一层和第二层不设置消防救援口时，建筑的外窗或外门的开启扇大小应满足人员逃生的要求，并要尽量满足消防救援口的尺寸要求。

（4）消防救援口应设置在建筑每层外墙的下部便于人员安全出入的位置，并应具备可以分别从建筑的内部和外部手动打开的功能；消防救援口下沿距离楼地面要尽量小于1.2m，以方便人员安全、快速进出。当采用固定扇的外窗或采用玻璃、围护结构（如冷库外墙上设置消防救援口部位的保温外墙或门斗）等方式封闭的消防救援口，也应具备可以从建筑内部和外部手动打开或方便破拆的功能；当消防救援口为玻璃窗口或玻璃门时，应采用不会产生尖锐碎片的安全玻璃；有条件的建筑，要尽量在消防救援口处设置救援平台，以方便消防救援人员展开救援行动。当建筑设置外幕墙时，应同时在建筑外墙和幕墙上的对应位置设置消防救援口，并采取保障人员安全出入的相关措施，如连接桥板等。

根据《建筑安全玻璃管理规定》（发改运行〔2003〕2116 号）的规定，安全玻璃是指符合现行国家标准（如《建筑用安全玻璃》GB 15763 系列标准）的钢化玻璃、夹层玻璃及由钢化玻璃或夹层玻璃组合加工而成的其他玻璃制品，如安全中空玻璃等。单片半钢化玻璃（热增强玻璃）、单片夹丝玻璃不属于安全玻璃。

（5）建筑设置的消防救援口或兼作消防救援口的外门、外窗，均应在建筑的内部和外部相应位置采用明显的永久性标志标示，并对需要破拆的消防救援口在设计容易破拆的位置标示破拆点。这些标志应具备良好的耐久性能、耐候性能、与消防救援口的结合牢固，在受到阳光、高温和低温、雨、雪、风、腐蚀性环境等的长期作用下不会脱落，不会产生明显褪色。

（6）金库、生物安全实验室、散装粮仓、筒仓、特殊实验室等有特殊要求的建筑，可以不设置消防救援口。例如，金库有特别的安保要求，生物安全实验室需要防止高致病性病毒外泄，有特殊屏蔽要求或防爆要求的实验室。此外，一些建筑中部分特殊场所的外墙上为保证使用功能或者需要满足安全要求，也可以不设置消防救援口。例如，生产建筑中有特殊要求的洁净生产区直接对应的外墙、档案馆和博物馆中重要藏品室的外墙。

甲类厂房大多为单层建筑，少数为多层、高层建筑。甲类厂房中的甲、乙类防火分区发生火灾以爆炸为主要特征，设置消防救援口的作用不大，可以不设置消防救援口。

甲类仓库只允许采用单层建筑，且每个防火分区或每个防火分隔间的建筑面积较小。尽管本条未明确甲类仓库可以不设置消防救援口，但实际上可以直接利用库房的外门或外窗，而不需要设置。同时，消防救援人员在灭火救援时一般不需要从窗口进入室内。

（7）消防救援口及其标志的其他具体设置以及性能和维护要求等，还可参见现行国家标准《建筑设计防火规范》GB 50016 和《消防安全标志　第 1 部分：标志》GB 13495.1 等技术标准的规定。

2.2.4　设置机械加压送风系统并靠外墙或可直通屋面的封闭楼梯间、防烟楼梯间，在楼梯间的顶部或最上一层外墙上应设置常闭式应急排烟窗，且该应急排烟窗应具有手动和联动开启功能。

**【条文要点】**

本条规定了建筑室内疏散楼梯间设置应急排烟窗的基本要求，以便消防救援人员在灭火救援时可以根据火场情况打开应急排烟窗排出进入并积聚在楼梯间内的烟气，更好地保障消防救援人员进出火场或在救援过程中休整的安全。本条规定是疏散楼梯间有关消防救援的功能要求。

**【实施要点】**

（1）建筑的疏散楼梯间平时供人员竖向交通使用，火灾时供人员安全疏散至室外安全区域或避难层等区域，并用作消防救援人员进入建筑、到达火场的主要路径，需要保持这些楼梯间在火灾时具有一定的防火防烟性能和防止外部溢入烟气积聚的性能。建筑的室内疏散楼梯间根据其防烟性能高低可以分为敞开楼梯间、封闭楼梯间和防烟楼梯间。其中，敞开楼梯间依靠自然通风的方式防烟；封闭楼梯间主要依靠在进出楼梯间处设置防烟门和在楼梯间内采用自然通风的方式防烟，不满足自然通风防烟条件的封闭楼梯间需要设置机械加压送风系统，采用强制送风的方式防烟，其防烟性能高于敞开楼梯间；防烟楼梯间需要设置防烟前室，且通常在楼梯间需采用强制加压送风的方式防烟，其防烟性能高于封闭楼梯间。

尽管设置机械加压送风系统的封闭楼梯间和防烟楼梯间在建

筑发生火灾时可以阻止烟气进入楼梯间内，但仍难以防止火场的烟气在人员疏散，特别是在灭火救援过程中进入楼梯间内。对于设置机械加压送风系统并靠外墙或可以直接通向屋面的封闭楼梯间、防烟楼梯间，在楼梯间的顶部或最上一层外墙上设置应急排烟窗，可以在必要时打开应急排烟窗尽快排出进入其中的烟气，避免烟气在楼梯间内积聚，这是保障消防救援人员安全的重要建筑技术措施之一。

（2）应急排烟窗应设置在楼梯间的顶部或最上一层的外墙上部。因此，无自然排烟条件并靠外墙或可以直接通向屋面的封闭楼梯间、防烟楼梯间应设置应急排烟窗；在高层建筑核心筒内位于避难层之间的楼梯间、地下建筑无法在地面设置排烟窗或直通建筑内部的楼梯间等不能直通屋面或地面的疏散楼梯间，可以不设置应急排烟窗；不靠外墙且不能直通屋面或地面的疏散楼梯间可以不设置应急排烟窗。

（3）应急排烟窗主要供消防救援人员在火灾发展的中后期使用。在建筑着火后楼梯间内的机械加压送风系统正常运行期间，应急排烟窗应保持关闭状态，以维持楼梯间防烟所需正压或门洞口的风速；在平时，应急排烟窗可以开启，也可以关闭，一般应保持经常关闭的状态，以防止在楼梯间需要加压送风防烟时不能及时关闭。

（4）应急排烟窗应具有可靠开启、关闭的性能和便于消防救援人员在楼梯间内现场和在消防控制室远程开启的功能。为便于消防救援人员根据楼梯间内的烟气聚集情况紧急开启应急排烟窗，设置应急排烟窗的建筑应在相应的楼梯间内设置可以供消防救援人员在现场手动开启应急排烟窗的就地开启装置。在消防控制室是否需要设置开启此排烟窗的消防联动控制装置，并能够利用联动控制装置上的按钮手动控制远程开启应急排烟窗，可以视建筑中火灾自动报警系统的设置情况和建筑规模或需要开启的应急排烟窗的数量等具体情况确定，这些要求将由建筑防烟排烟系统和火灾自动报警系统等专业技术标准规定。

（5）有关应急排烟窗开启装置的设置位置、方式、标志和联动控制等的设计、施工和维护的具体要求，可参见现行国家标准《建筑防烟排烟系统技术标准》GB 51251 和《火灾自动报警系统设计规范》GB 50116 等技术标准的规定。

2.2.5 除有特殊功能、性能要求或火灾发展缓慢的场所可不在外墙或屋顶设置应急排烟排热设施外，下列无可开启外窗的地上建筑或部位均应在其每层外墙和（或）屋顶上设置应急排烟排热设施，且该应急排烟排热设施应具有手动、联动或依靠烟气温度等方式自动开启的功能：

1 任一层建筑面积大于 2 500m² 的丙类厂房；

2 任一层建筑面积大于 2 500m² 的丙类仓库；

3 任一层建筑面积大于 2 500m² 的商店营业厅、展览厅、会议厅、多功能厅、宴会厅，以及这些建筑中长度大于 60m 的走道；

4 总建筑面积大于 1 000m² 的歌舞娱乐放映游艺场所中的房间和走道；

5 靠外墙或贯通至建筑屋顶的中庭。

【条文要点】

本条规定了应设置应急排烟排热设施的场所及其设置要求和基本性能，以便消防救援人员在灭火救援时可以根据火场情况打开应急排烟排热设施实施火场应急排烟，更好地保障消防救援行动和救援效果。

【实施要点】

（1）本条规定应设置应急排烟排热设施的场所均需要设置机械排烟系统，但是机械排烟系统在排烟过程中很容易受到火灾或烟气高温的作用而停止运行。一般来说，当排烟管道内的烟气温度高于 280℃时，相应部位的排烟防火阀将会自动关闭并可能需要同时联动排烟风机停止运行。此时，室内火灾仍可能在持续发展中，火灾的烟气产生量还将不断增加，室内温度持续升高，导致建筑结构持续受到高温作用，烟气向建筑内其他空间不断蔓延，极大地影响消防救援效果，威胁消防救援人员的安全，必须在灭火的同时尽快排出建筑内的火灾烟气和燃烧释放的热量。本条规定的场所应按下述要求设置应急排烟排热设施：

1）地上建筑中设置机械排烟系统且无外窗或外窗为不可开启窗扇的场所，应在对应楼层的外墙上设置应急排烟排热设施。

2）地上建筑顶层中设置机械排烟系统且无外窗或外窗为不可开启窗扇的场所，应在这些场所对应的屋顶或外墙上设置应急排烟排热设施。

3）对于歌舞娱乐放映游艺场所、生产车间中的辅助用房、仓库内的库房和辅助用房，以及其他存在房间分隔的场所，应在每间房间的外墙或屋顶上设置应急排烟排热设施。对于厂房中的生产车间，商店的营业厅，展览建筑的展览厅，建筑中的开敞办公区、观众厅、宴会厅等开敞空间场所，应在这些开敞区域的外墙或屋顶上设置应急排烟排热设施。

（2）具有特殊功能、性能要求的建筑，主要指为满足建筑的实际使用功能要求，不允许设置应急排烟排热设施的建筑或建筑中的某些区域。例如，具有高洁净度要求的实验室、生产车间，具有高传染性或毒性的生物安全实验室，有特殊防护要求或有高电磁屏蔽性能要求的场所，有特殊安保要求的金库和藏品库等。

火灾发展缓慢的场所主要指室内可燃物的火灾主要以无焰燃烧、阴燃为主，或明火小且燃烧速度缓慢的场所，如煤炭储存场所、粮食仓房等。

（3）本条规定中的厂房和仓库主要指其中的生产车间、库房。例如，一座丙类生产厂房，其中的丁、戊类生产的防火分区，可以不设置应急排烟排热设施。

歌舞娱乐放映游艺场所包括歌舞厅、录像厅、夜总会、卡拉 OK 厅（含具有卡拉 OK 功能的餐厅）、游艺厅（含电子游艺厅）、桑拿浴室（不包括洗浴部分）、网吧等歌舞娱乐放映游艺场所（不含剧场、电影院），其他类似功能场所不属于歌舞娱乐放映游艺场所，是否需要设置应急排烟排热设施，可以比照场所的火灾危险性、使用人员和经营特点等以及国家相关技术标准的要求确定，本规范不作强制要求。

本条未规定应设置应急排烟排热设施的其他建筑或场所，可以根据建筑的实际火灾危险性和灭火救援的实际需要以及国家相关技术标准确定。

（4）为保证能够实现有效排烟排热，应急排烟排热设施应设置在建筑每层外墙的上部或屋顶上。当室内空间处于机械排烟状态时，应急排烟排热设施应处于关闭状态；在平时使用时，应急排烟排热设施一般也应处于关闭状态。有关应急排烟排热设施的具体设置要求，例如，距离楼地面的高度、每个开口的大小和一个区域的开口总面积、设置间距等，可以参见现行国家标准《建筑防烟排烟系统技术标准》GB 51251 等技术标准的规定。

（5）与在楼梯间上部设置的应急排烟窗一样，在建筑外墙或屋顶上设置的应急排烟排热设施也应具有可靠的启闭性能，并应设置可以供消防救援人员在现场手动开启和在消防控制室远程手动控制开启的装置。现场的手动开启装置，一般应能同时开启排烟区域的全部应急排烟排热设施；在消防控制室的远程手动控制开启装置应能远程同时手动开启排烟区域的全部应急排烟排热设施。当屋顶采用易熔材料作为应急排烟排热设施，并依靠烟气温度或电加热熔化相应部位的材料排烟排热时，可以不设置就地和远程手动开启装置，但易熔材料的燃烧性能和熔融温度应满足应急排烟排热的要求。

（6）有关开启装置的设置位置、方式、标志和联动控制等的设计、施工和维护的要求，应急排烟排热用易熔材料的性能和动作温度等，可以参见现行国家标准《建筑防烟排烟系统技术标准》GB 51251 等技术标准的规定。

建筑面积的计算，参见现行国家标准《建筑工程建筑面积计算规范》GB/T 50353 的规定。本规范有关建筑面积计算的规定，均与此相同。

2.2.6 除城市综合管廊、交通隧道和室内无车道且无人员停留的机械式汽车库可不设置消防电梯外，下列建筑均应设置消防电梯，且每个防火分区可供使用的消防电梯不应少于1部：

1　建筑高度大于33m的住宅建筑；

2　5层及以上且建筑面积大于3 000$m^2$（包括设置在其他建筑内第五层及以上楼层）的老年人照料设施；

3　一类高层公共建筑，建筑高度大于32m的二类高层公共建筑；

4　建筑高度大于32m的丙类高层厂房；

5　建筑高度大于32m的封闭或半封闭汽车库；

6　除轨道交通工程外，埋深大于10m且总建筑面积大于3 000$m^2$的地下或半地下建筑（室）。

【条文要点】

消防电梯是在建筑发生火灾时供消防救援人员使用的专用电梯，由消防救援人员控制，是高层建筑和埋深大的地下建筑保障消防救援的重要设施之一。本条规定了应设置消防电梯的基本范围和消防电梯的基本设置要求，以减少消防救援人员的体能消耗，尽快将消防救援人员和救援器材、装备送达着火楼层，将被困人员撤离火场。

【实施要点】

（1）城市综合管廊工程、各类交通隧道工程、地铁的地下区间隧道和地下车站、室内无车道且无人停留的机械式汽车库，均不强制要求设置消防电梯，这些建筑可以根据实际情况和相关技术标准的要求确定是否需要设置消防电梯。地铁工程的地上车站应按照相应建筑高度和建筑类别按照本条第3款的要求设置消防电梯；国家铁路工程、城际铁路工程等其他轨道交通工程的车站站房，应根据相应的建筑高度和建筑类别按照本条第3款、第6款的要求设置消防电梯；地上汽车库和地下汽车库应根据本条第5款、第6款的规定设置消防电梯。

（2）要求设置消防电梯的老年人照料设施或设置老年人照料设施的建筑，本条第2款规定的建筑面积是指老年人照料设施所在区域的建筑面积，不包括非老年人照料设施功能区域的建筑面积。在设置老年人照料设施的建筑中，消防电梯可以只在老年人照料设施所在区域设置，但设置的消防电梯一般应能通至所在部位的上下各层。

（3）本条第6款规定要求设置消防电梯的地下建筑（室）、半地下建筑（室），总建筑面积应为地下各层的建筑面积之和，包括其中半地下楼层的建筑面积以及计入楼层的夹层的建筑面积。

（4）本条要求设置消防电梯的建筑或场所，不强制要求建筑中的每个防火分区均设置消防电梯，但要保证每个防火分区均至少有一部消防电梯可以直接到达，而不需要经过其他防火分区。正常情况下，消防电梯应直接设置在每个防火分区内，也可以设置在相邻两个防火分区的相接处，采用各自独立的消防电梯前室通向对应的防火分区。当建筑中少数防火分区确实难以直接在防火分区内设置消防电梯时，应采用专用的救援通道或具有防火防烟性能的走道将这些防火分区与消防电梯前室连通。专用的救援通道应采用耐火极限不低于2.00h的防火隔墙和耐火极限不低于1.00h的楼板与其他区域分隔，通道上不应开设除出入口门外的其他洞口。不同建筑如何设置消防电梯，还需根据国家相关技术标准的规定确定；消防电梯应具备的基本性能应符合本规范第2.2.10条的规定，消防电梯设置的建筑防火要求，应符合本规范第2.2.8条、第2.2.9条的规定。参见图2-2。

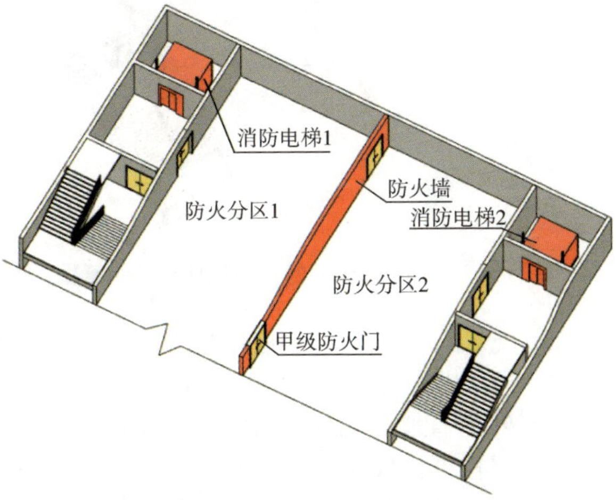

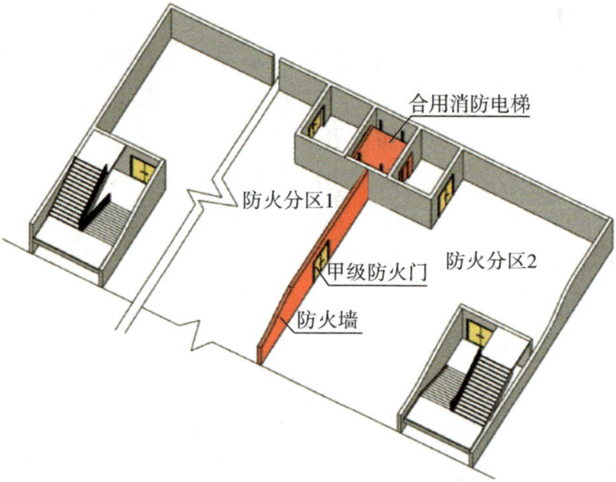


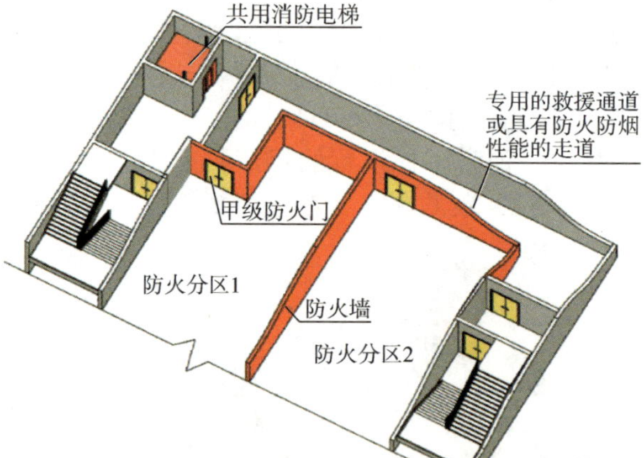


**图 2–2　每个防火分区的消防电梯设置示意图**

（5）本规范规定的“埋深”应按照地下建筑（室）、半地下建筑（室）最下一层可供人员停留的楼地面至地下建筑（室）、半地下建筑（室）室外出口地面的高度计算。对于坡地建筑，情况比较复杂，通常可以根据消防车道和消防救援场地的设置情况、地下楼层的实际埋深、相应区域的总建筑面积确定。参见图 2–3。

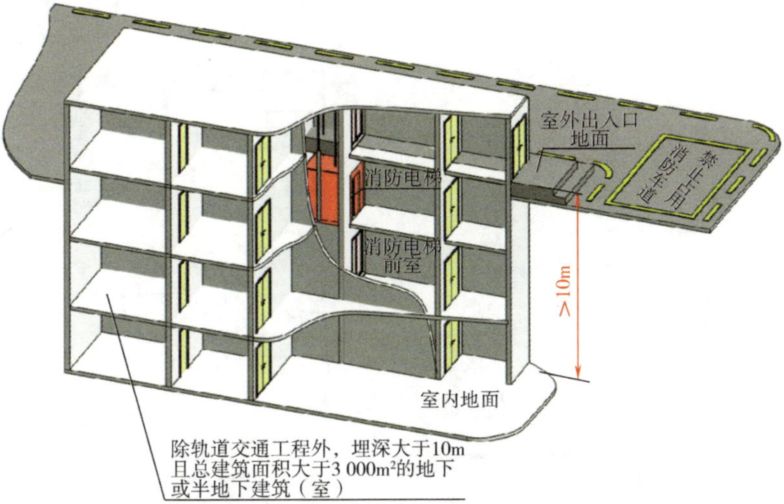


**图 2–3　设置消防电梯的地下建筑（室）埋深计算起止点示意图**

## 【示例 2–1】消防电梯设置示例[①]

一座建筑高度为 33m 的住宅建筑，设置 2 层地下室（局部埋深 11m），其中地下一层为半地下商业、小区配套管理用房及地下车库；地下二层平时为地下车库，战时为人员掩蔽所；建筑东西向为长边方向，在建筑的北侧设置消防车道和消防救援场地。地下室北侧沿街部分平均埋深 5m；地下二层划分 2 个防火分区，每个防火分区均在北侧设置 2 个安全出口，并在地下一层直通室外；消防救援人员可以经北侧的安全出口进出地下一层和地下二层。对于该建筑地下一层具有直通室外的安全出口并可以供消防救援人员进出地下室的情形，地下二层相当于地下一层。因此，该建筑地下二层的实际埋深为平均 5m，可以不按照本条规定的条件设置消防电梯。但是，如果住宅部分设置了消防电梯，则这些消防电梯应自上而下通至地下各层的对应位置。参见图 2–4。

① 本例由大连东方华辰建筑设计有限公司提供素材。

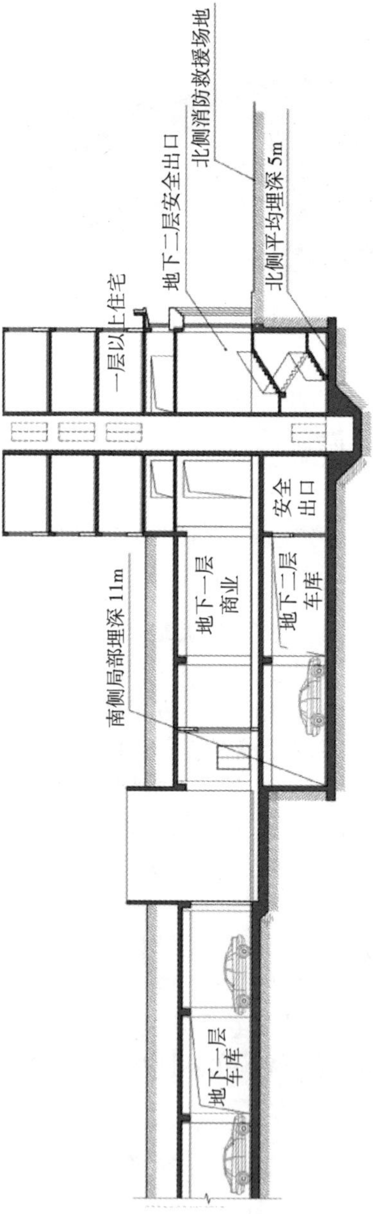


（a）剖面简图

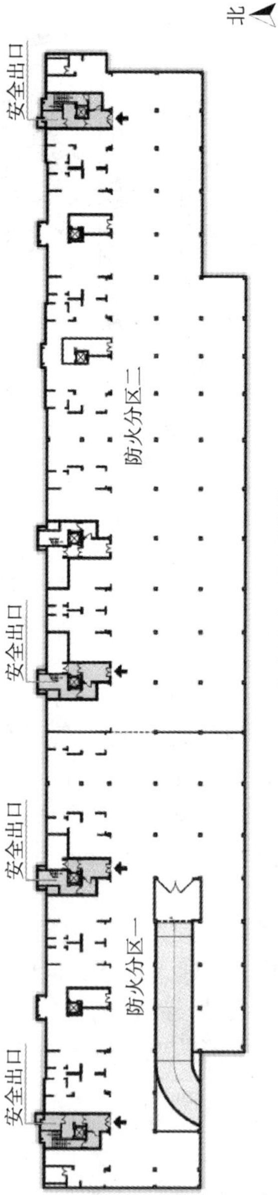


（b）地下二层平面简图

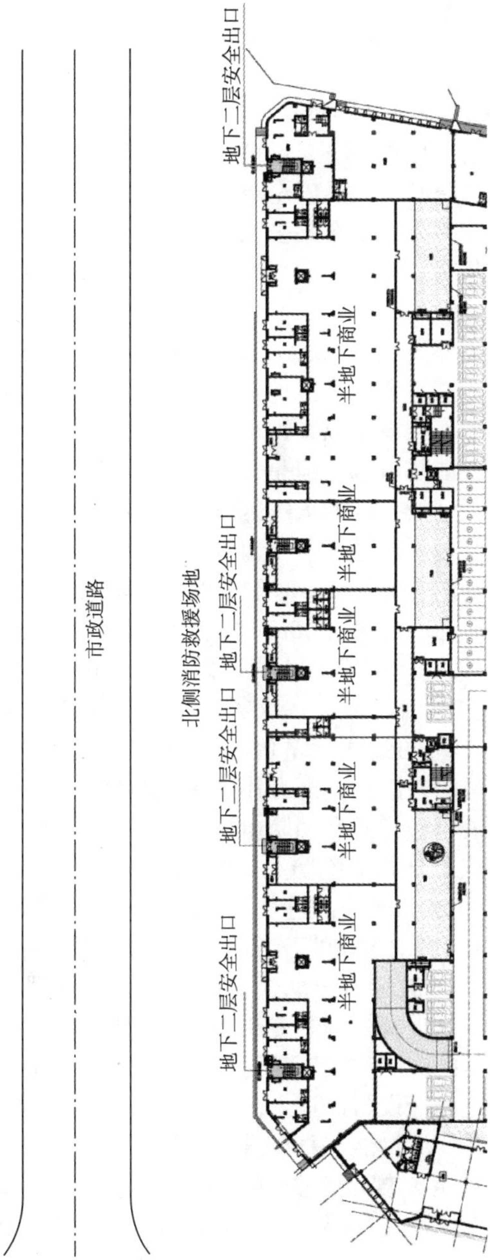


（c）地下一层平面简图

**图 2-4 坡地建筑地下楼层埋深确定示意图**

2.2.7 埋深大于15m的地铁车站公共区应设置消防专用通道。

【条文要点】

本条规定了地铁地下车站的公共区应设置消防专用通道的条件，以保障消防救援人员安全进出火场，并方便开展救援，避免与疏散人群冲突。地铁车站公共区包括地铁地下车站的站台公共区和站厅公共区。

【实施要点】

（1）根据本规范第2.2.6条的规定，地铁地下车站可以不设置消防电梯。这主要考虑到地铁工程若设置消防电梯，消防电梯有时难以出地面或者难以在地面设置电梯机房，因而本规范没有强制要求设置消防电梯。但是，地铁车站的设备区和公共区往往建筑面积大，且设备区的火灾因素也较多，公共区需要疏散的人数也较多，直接通往地面的出口少，埋深较大且有条件的地下车站仍应考虑设置消防电梯。对于未设置消防电梯的地铁地下车站，当车站公共区的埋深大于15m时，应设置供消防救援人员使用的消防专用通道，使消防救援人员可以经此通道进入车站的公共区。

（2）消防专用通道是在火灾时专门用于消防救援人员从地面进入地铁车站的站厅、站台、区间等区域开展灭火救援的通道。本规范规定未限制消防专用通道的具体形式，消防专用通道可以采用坡道、楼梯间和消防电梯，但多采用楼梯间的形式。消防专用通道应具备相应的防火、防烟性能。根据本规范第7.1.10条的规定，当地下楼层的埋深不大于10m或层数为1层或2层时，可以采用封闭楼梯间；当地下楼层的埋深大于10m或层数为3层及以上时，应为防烟楼梯间。因此，为埋深大于15m的地铁车站公共区设置的消防专用通道采用楼梯间时，应为防烟楼梯间，有条件的应同时设置消防电梯。消防专用通道可以设置在设备区，从地面经设备区进入公共区，也可以从地面直接通至车站公共区，并要尽量能够直接进入车站的站厅和站台公共区。

（3）本规范未规定消防专用通道的具体设置要求。有关地铁车站消防专用通道的出入口、防火分隔与防烟、内部装修、指示标志和应急照明等的设置要求，可以参见现行国家标准《地铁设计防火标准》GB 51298 的规定；有关专用救援楼梯间的防火、防烟措施及要求，可以参见现行国家标准《建筑设计防火规范》GB 50016 和《建筑防烟排烟系统技术标准》GB 51251 有关防烟楼梯间的规定。

2.2.8 除仓库连廊、冷库穿堂或筒仓工作塔内的消防电梯可不设置前室外，其他建筑内的消防电梯均应设置前室。消防电梯的前室应符合下列规定：

1 前室在首层应直通室外或经专用通道通向室外，该通道与相邻区域之间应采取防火分隔措施。

2 前室的使用面积不应小于 $6.0m^2$，合用前室的使用面积应符合本规范第 7.1.8 条的规定；前室的短边不应小于 2.4m。

3 前室或合用前室应采用防火门和耐火极限不低于 2.00h 的防火隔墙与其他部位分隔。除兼作消防电梯的货梯前室无法设置防火门的开口可采用防火卷帘分隔外，不应采用防火卷帘或防火玻璃墙等方式替代防火隔墙。

【条文要点】

根据国家标准《消防员电梯制造与安装安全规范》GB/T 26465—2021，消防员电梯为设置在建筑的耐火封闭结构内，具有前室和备用电源，在正常情况下供普通乘客使用，当建筑发生火灾时其附加的保护、控制和信号等功能可专供消防救援人员使用的电梯，能将消防救援人员及其设备送至指定楼层。本规范规定的消防电梯是该标准定义的消防员电梯。简而言之，消防电梯是在建筑发生火灾时专供消防救援人员使用，并由消防救援人员操作和控制的电梯。本条规定了消防电梯前室的基本设置要求，以保障在建筑发生火灾时消防救援人员的安全，同时满足消防救援的使用要求。

【实施要点】

（1）消防电梯在建筑中受其使用要求限制，电梯井在竖向不能分隔。尽管电梯层门具有一定的防火性能，但仍难以有效阻止火灾的烟气进入电梯井道并经电梯井道蔓延至其他各楼层，在建筑发生火灾后可能影响消防电梯的安全使用。在各类地上建筑和地下建筑中设置的消防电梯均应在消防电梯前设置防烟前室，以确保消防救援人员可以在灭火救援过程中安全使用消防电梯。

（2）消防电梯前室要尽量靠建筑的外墙设置，使电梯前室的门可以直接向室外（包括下沉广场）开启，不需要经过其他空间或走道，以便消防救援人员能从建筑首层或设置消防救援场地或消防车登高操作场地的地面的出入口直接进入消防电梯前室；不靠外墙设置的前室可以经过一定长度的专用走道或扩大的前室直通室外。该专用通道或扩大的前室与相邻区域之间应采取防火分隔措施，如采用耐火极限不低于 2.00h 的防火隔墙、乙级防火门与相邻区域分隔，专用通道的长度一般不应大于 30m。有关此专用通道的相关防火要求和长度控制，可以参见现行国家标准《建筑设计防火规范》GB 50016 等技术标准的规定。

（3）消防电梯的前室要尽量独立设置，也可以与防烟楼梯间的前室合用。前室的面积既要考虑满足消防救援人员休整、存放装备的需要，也要考虑救助建筑内被困人员和建筑内未能及时撤离的人员在火灾时安全疏散与避难的要求。因此，消防电梯前室主要是消防救援的前沿阵地，有时需要发挥避难间的作用，前室的面积应尽可能增大。通常，消防电梯前室的使用面积（即净面积）不应小于 $6m^2$；当合用时，对于公共建筑、高层厂房、高层仓库、平时使用的人民防空工程及其他地下工程，不应小于 $10.0m^2$；对于住宅建筑，不应小于 $6.0m^2$。此外，消防电梯前室在正对电梯部位的短边长度不应小于 2.4m，以方便救援单架或担架床进出消防电梯。

（4）消防电梯的前室应具有足够的防烟和防火性能，在建筑火灾延续过程中，能阻止烟气进入前室，能有效阻挡前室外的火势和高温的作用。前室的防烟措施及要求，可以参见现行国家标准《建筑防烟排烟系统技术标准》GB 51251 的规定。前室与相邻走道、房间等其他区域之间应采用耐火极限不低于 2.00h 的防火隔墙分隔，从建筑内进入前室的门应采用耐火性能不低于乙级的防火门，对于埋深大或建筑高度高的建筑（如埋深大于15m的大型地下公共场所、建筑高度大于100m的高层建筑），此门应为甲级防火门。前室的防火隔墙不应采用防火卷帘、防火分隔水幕、防火玻璃墙等替代，以确保该部位防火分隔的可靠性。

消防电梯前室的其他防火分隔、防火封堵的措施和要求，除本规范的有关规定外，可以参见现行国家标准《建筑设计防火规范》GB 50016和《建筑防火封堵应用技术标准》GB/T 51410等技术标准的规定。

2.2.9 消防电梯井和机房应采用耐火极限不低于2.00h且无开口的防火隔墙与相邻井道、机房及其他房间分隔。消防电梯的井底应设置排水设施，排水井的容量不应小于$2m^3$，排水泵的排水量不应小于10L/s。

**【条文要点】**

本条规定了保证消防电梯在消防救援过程中能够正常使用的关键技术措施。

**【实施要点】**

（1）消防电梯是在建筑发生火灾时供消防救援人员使用的重要设施，必须保证其防火安全和在救援过程中能够正常使用。消防电梯的井道应独立设置，与其他消防电梯的井道、非消防电梯的井道、管道竖井和线缆竖井之间应进行防火分隔，消防电梯的机房也应与其他设备用房分隔，在相互分隔的井壁、防火隔墙上均不应设置相互连通的开口。除本条规定的耐火极限外，有关防火分隔的具体要求和其他防火要求还应符合本规范第6.3节的规定，并参见现行国家标准《建筑设计防火规范》GB 50016等标准的规定。对于一些特殊的建筑，如建筑高度大于250m的高层建筑、火灾荷载大的仓储建筑等，还需要根据建筑防火的需要和消防电梯的设置位置适当提高竖井防火和竖井防火分隔的可靠性能，比如提高井壁和防火隔墙的耐火极限。

（2）消防电梯的井底应设置蓄水和排水设施，以防止电梯被淹失去运行性能，排水泵的排水能力应按照不小于2支室内消火栓的水枪出水流量（即不小于10L/s）确定。排水泵应采用专用泵，并采用消防电源保障供电。

2.2.10 消防电梯应符合下列规定：

1 应能在所服务区域每层停靠；

2 电梯的载重量不应小于800kg；

3 电梯的动力与控制线缆与控制面板的连接处、控制面板的外壳防水性能等级不应低于IPX5；

4 在消防电梯的首层入口处，应设置明显的标识和供消防救援人员专用的操作按钮；

5 电梯轿厢内部装修材料的燃烧性能应为A级；

6 电梯轿厢内部应设置专用消防对讲电话和视频监控系统的终端设备。

【条文要点】

本条规定了消防电梯的基本性能要求，以保证消防电梯本身具有足够的防火性能、防水性能，并满足消防救援人员应急操作和开展救援的要求。

【实施要点】

消防电梯不仅在建筑发生火灾后要供消防救援人员使用，要满足应急救援的要求，而且电梯自身应具有良好的防火性能，电梯内部、向电梯供电的线路和控制线路均应具有良好的防水性能，在救援过程中产生的消防废水进入电梯内或淋湿线路、线路板和电气设备后，电气线路和电梯制作材料等可以因具备可靠的防水、防火性能而避免产生故障，自身不会引发火灾，从而保证其正常使用。

消防电梯在建筑发生火灾后为便于消防救援人员使用和接管，应首先降至建筑的首层或升至消防救援人员方便抵达的地面，并由到场消防救援人员控制其去往的楼层。由于着火楼层是随机的，因此消防电梯应能通过控制停靠在所有可能发生火灾和人员需要救助的楼层、设置避难间的楼层以及避难层。在消防电梯的首层入口处（对于地下建筑，有时为室外地面或地下一层下沉广场的电梯间）应设置供消防救援人员专用的操作按钮，在每层前室内的消防电梯入口处均应设置明显的标识，以便在火场的救援人员和平时的使用人员识别。此外，在消防电梯轿厢内应设置视频监控系统，并且应将视频信号传至消防控制室，以便现场救援人员在必要时可以直接与消防控制室通话联系。

消防电梯应至少能承载一个消防救援战斗班齐装满员的重量，消防电梯轿厢的尺寸、电气设备的防水保护及其他性能应符合现行国家标准《消防员电梯制造与安装安全规范》GB/T 26465 的规定。

2.2.11 建筑高度大于 250m 的工业与民用建筑，应在屋顶设置直升机停机坪。

【条文要点】

本条规定了建筑高度大于 250m 的工业与民用建筑有关直升机救援设施的功能要求。

【实施要点】

建筑高度大于 250m 的工业与民用建筑，包括生产建筑、生产与仓库组合的建筑、公共建筑和居住建筑，但主要为公共建筑。这些建筑无论屋顶采用什么形式均要求在屋顶设置直升机停机坪，以便救助被困人员，向建筑快速投放救援人员、装备或器材等。直升机停机坪应尽量直接设置在屋面上，受条件限制时，也可以在屋顶架空设置成高架的停机坪。

2.2.12 屋顶直升机停机坪的尺寸和面积应满足直升机安全起降和救助的要求，并应符合下列规定：

1 停机坪与屋面上突出物的最近水平距离不应小于 5m；

2 建筑通向停机坪的出口不应少于 2 个；

3 停机坪四周应设置航空障碍灯和应急照明装置；

4 停机坪附近应设置消火栓。

【条文要点】

本条规定了建筑屋顶直升机停机坪的基本性能要求和关键设置要求，以保证直升机安全起降和停靠，并安全展开救援行动。

【实施要点】

在建筑的屋顶上通常会设置电梯机房、消防水箱或水池、天线等设施。设置在建筑屋顶上的直升机停机坪应避开这些凸出建筑屋顶的设施，停机坪边缘水平距离这些凸出物的最近边缘均不应小于 5m，以保证直升机的飞行安全。建筑通向停机坪的出口主要指从建筑下部楼层到达屋面的出口，要求此出口不少于 2 个，是要保证从建筑内至屋顶的出口不会因其中一个不能安全使用导致无其他出口可供使用，这也是安全中的冗余设置要求。当在屋顶上设置高架直升机停机坪时，还应保证从屋面至停机坪的楼梯不少于 2 部。

停机坪上设置航空障碍灯和应急照明装置是飞行安全和保障救援的基本要求。有关航空障碍灯的具体设置要求及其他保障直升机飞行安全的设施的设置要求，可以参见现行民用航空行业标准《民用直升机场飞行场地技术标准》MH 5013 的规定。建筑通向停机坪的出口宽度等要求，可以参见现行国家标准《建筑设计防火规范》GB 50016 的规定，通常不应小于疏散门的最小净宽度，即不应小于 0.80m。

在停机坪上应设置消火栓、消防软管卷盘和灭火器，以便快速处置屋顶发生的意外火情。一般来说，还应配备雾化水枪用于驱散建筑火灾蔓延上来的烟雾等。此消火栓应直接接入建筑的室内消火栓系统，以保证水压和水量。有关防冻等要求，可以参见现行国家标准《消防给水及消火栓系统技术规范》GB 50974 的规定。

2.2.13 供直升机救助使用的设施应避免火灾或高温烟气的直接作用，其结构承载力、设备与结构的连接应满足设计允许人数停留和该地区最大风速作用的要求。

【条文要点】

本条规定了直升机救助设施设置的基本性能要求，以保障救助平台在建筑发生火灾时能够安全使用，平时使用期间具有足够的耐久性能和结构安全性能。

【实施要点】

需要在屋顶设置直升机停机坪的建筑，当屋顶无法满足设置直升机停机坪的要求时，应设置直升机救助平台等设施，以满足应急救援的要求。除本规范第 2.2.12 条规定外的其他建筑，当要求在屋顶设置直升机停机坪，但受条件限制难以设置时，需要设置直升机救助平台。有关需要设置屋顶直升机停机坪的其他建筑可以参见现行国家标准《建筑设计防火规范》GB 50016 等技术标准的规定。直升机救援平台等设施一般为定型的成套产品，多为支承在屋顶上或凸出建筑外墙的钢结构平台。由于设置直升机救援设施的建筑多为建筑高度大于 100m 的超高层建筑，平时屋顶的风速大，风对救助设施的作用力大。因此，救助设施的结构以及救助设施与建筑的固定，不仅需要满足救助设施自身荷载、救援人员和被救助人员的荷载需要，而且需要考虑环境风力的作用，确保救助设施能够承受相应的荷载，连接与固定能够抵抗相应的作用力。

对于可能凸出建筑外墙的直升机救援设施，要根据其下部的建筑立面开口和火灾时可能受到的火焰或高温作用情况，采用相应的防火保护措施，避免火灾的高温烟气或火势直接作用。一般来说，在救助设施的下部一定范围内不应设置开口，或开口需采用甲级防火门窗等保护。

有关对建筑通至屋面的出口、航空障碍灯、应急照明灯等的要求，见本规范第 2.2.12 条的规定及其【实施要点】。

2.2.14 消防通信指挥系统应具有下列基本功能：

1 责任辖区和跨区域灭火救援调度指挥；

2 火场及其他灾害事故现场指挥通信；

3 通信指挥信息管理；

4 集中接收和处理责任辖区火灾、以抢救人员生命为主的危险化学品泄漏、道路交通事故、地震及其次生灾害、建筑坍塌、重大安全生产事故、空难、爆炸及恐怖事件和群众遇险事件等灾害事故报警。

**【条文要点】**

消防通信指挥系统是全国各级消防救援队伍实施减少火灾危害，应急抢险救援，保护人身、财产安全，维护公共安全的业务信息系统。本条规定了该系统应具有的基本功能，主要包括警情接收、调度指挥、现场通信及相关信息管理等功能。

【实施要点】

（1）消防通信指挥系统应建设指挥子系统，以实现责任辖区和跨区域灭火救援调度指挥的功能。指挥子系统应具有战备值守、作战指挥、辅助决策、跨区域调度、态势标绘、文件套打等功能，同时应配备移动指挥终端，实现现场作战指挥功能。

（2）消防通信指挥系统应建设无线通信子系统，以实现火场及其他灾害事故现场指挥通信的功能。无线通信子系统应是具备独立运行管理的消防专用无线通信网，或加入当地政府其他部门集群无线通信系统，应具有跨区域联合作战指挥通信的能力，应能保障消防辖区覆盖通信、现场指挥通信、灭火救援战斗通信，在发生自然灾害或突发技术故障造成大范围通信中断时，可以通过卫星电话、北斗有源终端、短波电台等设备，提供应急通信保障手段，能够利用自组网、中继等无线通信技术实现特定场所下的语音、图像及数据的传输，能够基于移动公众通信网络实现语音、图像及数据的传输。消防专用无线通信网的信道规划、设备的工作环境及通信天线杆塔的架设，应符合国家及当地无线电管理部门等的规定。

（3）消防通信指挥系统应建设数据管理子系统，以实现通信指挥信息管理的功能。数据管理子系统应能管理的信息主要包括：消防实力、灾情及现场动态、值班、消防水源（消火栓、消防水池、消防码头、天然水源）、消防安全重点单位、危险化学品、应急物资、灭火救援有关单位、专家信息、社会救援力量、天气、地震、地质、台风、水文等以及其他政府相关部门的数据信息等，应能通过录入、导入或共享交换等不同方式获取上述数据，应具有修改、存储、处理、查询、统计、共享、发布、展示等数据管理功能。系统的数据标准化应符合国家现行有关标准的规定。

（4）消防通信指挥系统应建设接处警子系统，以实现集中接收和处理责任辖区火灾、以抢救人员生命为主的危险化学品泄漏、道路交通事故、地震及其次生灾害、建筑坍塌、重大安全生产事故、空难、爆炸及恐怖事件和群众遇险事件等灾害事故报警的功能。接处警子系统应具有接收报警、警情辨识、编制出动方案、下达出动指令等功能。同时，接处警子系统还应能基于语音或信息系统对接方式向应急、公安、交通、住建、供水、供电、供气、医疗救护、水利、气象、环保及市政管理等灭火救援有关单位、联动单位和相关社会专业救援力量发送警情通报，以及实现不同警情受理终端间警情转移管理等功能。

（5）消防通信指挥系统及各子系统的构成功能和设备性能等，应符合现行国家标准《消防通信指挥系统设计规范》GB 50313 等技术标准的规定。

2.2.15 消防通信指挥系统的主要性能应符合下列规定：

1 应采用北京时间计时，计时最小量度为秒，系统内保持时钟同步；

2 应能同时受理 2 起以上火灾、以抢救人员生命为主的危险化学品泄漏、道路交通事故、地震及其次生灾害、建筑坍塌、重大安全生产事故、空难、爆炸及恐怖事件和群众遇险事件等灾害事故报警；

3 应能同时对 2 起以上火灾、以抢救人员生命为主的危险化学品泄漏、道路交通事故、地震及其次生灾害、建筑坍塌、重大安全生产事故、空难、爆炸及恐怖事件和群众遇险事件等灾害事故进行灭火救援调度指挥；

4 城市消防通信指挥系统从接警到消防站收到第一出动指令的时间不应大于 45s。

【条文要点】

为确保消防通信指挥系统高效运行，满足实际接警和指挥的业务需求，本条规定了建成的消防通信指挥系统应具备的基本性能。

【实施要点】

（1）消防通信指挥系统需建有时钟同步机制，确保上下级或同级系统内各子系统时间一致。考虑到我国的地域时差情况，为与国家授时基准一致，系统应采用北京时间作为基准时间计时，计时最小量度为秒。系统内时间必须准确且一致，该时间还可作为事故调查及认证的依据之一。

（2）消防通信指挥系统应具有同时受理 2 起以上警情的性能，软件能力及受理终端硬件设备数量应与此性能要求匹配，且软件能力要超过硬件终端数量。能够同时受理 2 起警情是系统的基本接警能力要求，消防通信指挥系统的建设应根据各地实际应急救援警情，在本条规定基础上确定合理的系统同时受理报警的能力标准，并适当留有余量，以满足节假日等高峰时段的警情受理需求。例如，在特大城市，消防通信指挥系统要具备能够同时受理 4 起以上警情的能力。

（3）消防通信指挥系统应具有支持同时指挥 2 起以上警情的性能，软件能力及指挥终端硬件设备数量应与此性能要求匹配，且软件能力要超过硬件终端数量。能够同时指挥 2 起警情是系统的基本处警能力要求，消防通信指挥系统的建设应根据各地实际应急救援情况，在本条规定基础上确定合理的系统同时处警的能力标准，以满足动态扩展需求。

（4）消防通信指挥系统从接警到消防救援站接到第一出动指令不应大于 45s，这是城市消防通信指挥系统完成火警受理流程的时间。发生火灾及其他灾害事故时，城市消防通信指挥中心应具有快速反应能力，能够在第一时间调派消防力量到灾害现场处置。这是接处警中可以最大限度减少人身、财产等损失和危害的关键环节。

2.2.16 消防通信指挥系统的运行安全应符合下列规定：

1 重要设备或重要设备的核心部件应有备份；

2 指挥通信网络应相对独立、常年畅通；

3 系统软件不能正常运行时，应能保证电话接警和调度指挥畅通；

4 火警电话呼入线路或设备出现故障时，应能切换到火警应急接警电话线路或设备接警。

**【条文要点】**

本条是保障消防通信指挥系统安全、稳定、可靠运行和发挥基本功能的关键措施要求，以避免延误火灾扑救及其他灾害事故的应急抢险救援时机，更好地降低人身和财产的损失，减少火灾对环境的影响。

【实施要点】

（1）消防通信指挥系统建设的程控交换机应采用热备工作方式，确保报警电话稳定、可靠、及时地被接入。重要的网络交换及安全设备的核心板卡和配件应设置备份，以备在一旦发生故障时能够及时更换，缩短影响时间，确保整个系统稳定运行。重要设备的类型可以根据消防通信指挥系统的构成和各子系统的功能，以确保消防通信指挥系统基本功能为原则确定。有关备份设备或部件的类型和数量，可以参见现行国家标准《消防通信指挥系统设计规范》GB 50313 的规定。

（2）消防通信指挥系统建设需接入消防指挥调度网、政务外网和互联网，要满足不同数据安全、稳定传输和交换的需求。消防通信指挥系统的主体部署在消防指挥调度网，并从政务外网和互联网获取相关资源信息，需要根据有关安全要求建立跨网数据交换安全机制，确保各网络相对独立，互不影响。不同类型网络的带宽应满足语音、数据和图像的多业务应用数据传输需求，建立统一的安全策略、服务质量策略、流量管理策略和系统管理策略，各网络应具有良好的扩展性能，能支持未来扩充需求。

（3）消防通信指挥系统中各子系统建设采用松耦合的方式，各子系统既相互关联又彼此独立，确保其中一方发生故障后对其他关联的子系统的影响最小。特别是在有线电话通信子系统中，应保持最大程度的独立，即使其他软件系统都无法运行，也要确保报警电话及时接收，指挥调度畅通。在消防通信指挥系统中，报警电话数字中继线路应采用双路由方式与本地城市公用电话网相连，应有报警应急接警电话线路，采用双路由方式与本地城市公用电话网相连。当中继线路或所连接设备出现故障时，报警电话呼入应能切换到该报警应急接警电话线路，应能以手工或自动方式测试接警电话线路及设备，出现故障应能及时发出警报，自动方式测试每日不应少于 2 次；应具有连通上、下级消防指挥中心的语音通信专用线路。接警调度语音交换及语音话务管理功能应能满足实际业务需要。

# 3 建筑总平面布局

## 3.1 一般规定

3.1.1 建筑的总平面布局应符合减小火灾危害、方便消防救援的要求。

【条文要点】

建筑的选址应满足城市规划和消防安全的要求，本条规定是针对建筑在选址后的总平面布局，是建筑总平面布局的目标要求。

【实施要点】

（1）建筑的总平面布局应根据建筑的使用性质和使用功能、实际用途、拟建高度和规模确定拟建建筑与周围建筑的相对位置关系和防火间距，布置消防车道、消防救援场地或消防车登高操作场地，并确定相关技术要求，确定消防车道与建筑基地内部道路、外部道路的连接方式和技术要求，根据消防水源的形式确定消防车取水的方式与保障要求。

（2）建筑总平面布局要通过合理处理建筑之间的关系，实现减少建筑火灾的危害，并方便消防救援的目标。这也是判断建筑的总平面布局是否合理的标准。建筑的火灾危害主要为：

1）拟建建筑自身发生火灾时通过热辐射、飞火、延烧等引燃相邻建筑，甚至导致相邻可燃气体或可燃液体储罐等发生爆炸、相邻建筑"火烧连营"等严重后果。

2）相邻建筑发生火灾时通过热辐射、飞火、延烧等引燃拟建建筑。

3）拟建建筑发生火灾产生的消防废水、流散的有毒有害液体和泄漏的有毒有害气体等物质对邻近水体、土壤及周围环境产生危害。

4）拟建建筑发生火灾导致周围交通秩序混乱，生产、经营和居民生活受到较大影响等。

（3）建筑总平面布局中方便消防救援的目标，应主要考虑：

1）建筑基地的道路方便消防车安全、快速通行、会车、环形或快速回车，与外部道路连接通畅。

2）建筑周围具有满足消防车停靠、回转、展开安全作业的救援场地和空间。

3）建筑周围具有方便消防车安全取水和向建筑快捷供水的条件。

4）救援场地或消防车登高操作场地的布置能够较好地避免区域环境风向对灭火救援的影响。

3.1.2 工业与民用建筑应根据建筑使用性质、建筑高度、耐火等级及火灾危险性等合理确定防火间距，建筑之间的防火间距应保证任意一侧建筑外墙受到的相邻建筑火灾辐射强度均低于其临界引燃辐射强度。

【条文要点】

防火间距是防止着火建筑在一定时间内引燃相邻建筑，便于消防扑救的间隔距离。建筑之间的防火间距是一个空间间隔。火灾的蔓延方式有飞火、延烧、热传导、热辐射等。当可燃物呈连续分布时，延烧、飞火、热传导是火灾在可燃物之间蔓延的主要途径；当可燃物呈离散状态分布时，热辐射是火灾在室内及建筑物间蔓延的主要途径。本规范和现行国家相关技术标准对防火间距的规定值主要基于防止火灾的热辐射作用引燃相邻建筑。本条根据影响建筑防火间距的主要因素规定了确定建筑防火间距的基本原则，并规定了判断建筑之间的防火间距是否满足防火要求的主要性能标准。不同建筑之间的防火间距可以依据本条的规定确定。

【实施要点】

（1）工业与民用建筑的使用性质是指建筑可以用作的用途所体现的属性，例如，建筑是生产厂房、仓库等工业建筑，还是住宅、公共建筑等民用建筑。不同使用性质的建筑的火灾危险性不同，例如，工业建筑的火灾危险性与住宅建筑有很大差异。同一种使用性质中不同使用功能的建筑的火灾危险性也有较大差异，例如，甲类生产厂房与丁、戊类生产厂房的火灾危险性差别很大；住宅建筑与商店建筑的火灾危险性差别也不小。同一种使用功能、不同耐火等级或不同建筑高度的建筑防止相邻建筑火灾蔓延的能力也不一样，例如，四级耐火等级的办公建筑就比一、二级耐火等级的办公建筑防止相邻建筑火灾引燃的能力低很多。不同建筑高度的建筑对消防救援空间的要求也有所差别，例如，一座建筑高度为 18m 的民用建筑可以利用救援高度为 32m 的消防车，并可以直接利用消防车道展开救援；而一座建筑高度为 150m 的民用建筑就需要利用救援高度大于 50m 的消防车和专用的消防车登高操作场地实施救援，消防车展开作业所需空间要较多层建筑大，一般要求建筑之间的间距不应小于 13m。由此可以看出，不同建筑高度的两座建筑对消防车所需救援空间和建筑之间的间距要求有明显区别。因此，建筑的防火间距不仅要满足防止火灾在相邻建筑之间蔓延，而且需要满足消防救援的要求，与建筑的使用性质、火灾危险性、建筑高度、耐火等级等关系密切。

（2）建筑之间的防火间距大小，少数建筑需要考虑飞火的作用，但主要取决于相邻建筑在火灾时可能发射的辐射热流、火灾持续时间、非着火建筑可以接受到的辐射热流以及辐射热的作用时间。建筑外墙的耐火性能、外墙构筑材料和外墙装饰材料的燃烧性能因建筑的耐火等级和建筑需求不同而不同，一、二级耐火等级建筑的外墙一般要求采用不燃材料，三、四级耐火等级和木结构建筑允许采用难燃或可燃材料。因此，对于一、二级耐火等级的建筑，主要为外窗、阳台等部位存在被辐射热作用引燃的可能；对于三、四级耐火等级的建筑和木结构建筑，则建筑的外墙、外窗、阳台、屋檐等部位均存在被辐射热作用引燃的可能。

建筑外墙及其开口处可能被引燃的物体主要为可燃固体。可燃固体受到辐射热作用后将发生热解产生可燃气体和碳等热解产物，产生的可燃气体与空气混合形成可燃性混合气体，接近化学计量的混合气体在强烈的辐射热作用下达到自燃温度后发生自燃并进而在建筑室内或外立面形成持续燃烧和蔓延的火灾。不同可燃固体材料被引燃的辐射热流不同，一般采用热流密度或热通量表示。引燃薄型材料的最低辐射热流密度约为 $10kW/m^2$，厚型材料约为 $20kW/m^2$。普通太阳光辐射到地球表面的热流密度一般不会大于 $1kW/m^2$，正常情况不会引发火灾，而大部分火灾燃烧发展后产生的热流密度可达 $10\sim100kW/m^2$。

本条规定建筑之间的防火间距应满足相邻任意一侧建筑发生火灾，另一侧建筑外墙或开口处接受到的火灾辐射热强度均不会高于其最低引燃值的要求。这一规定，可以方便在实际工作中针对建筑的不同情形确定合理的防火间距，或者验证既有防火间距是否满足防火要求。本条规定的辐射热强度在实际中是采用辐射热流密度或辐射热通量表示。

（3）建筑之间的防火间距除本条规定的性能要求外，在建筑之间需用作灭火救援场地的区域，该间距还应满足消防车展开与灭火救援的要求。各类建筑之间的防火间距，除本规范有明确规定外，均可以根据现行国家相关技术标准的要求确定。当建筑之间的防火间距不符合现行国家相关技术标准的规定时，可以将本条规定的性能要求作为判定其是否满足防火要求的准则。

木结构建筑和其他类型结构工业与民用建筑的耐火等级划分，可以按照现行国家标准《建筑设计防火规范》GB 50016 等技术标准的规定确定。

**【示例 3–1】防火间距与辐射热流密度的关系计算示例**[①]

假设相邻两座二级耐火等级的公寓，间距 6m，公寓中房间的室内净高度为 3m，房间尺寸为 10m × 10m × 3m，外窗尺寸为 1.8m × 1.8m，试通过计算分析房间发生火灾后产生的辐射热作用引燃相邻建筑外墙或室内可燃物的可能性。

具有足够温度的火灾烟气会对周围可燃物体产生强烈的热辐射作用，从而引燃这些可燃物，导致火灾蔓延。以下将通过计算得到火源周围区域的辐射热，并根据可燃物的临界引燃辐射热流密度判断引燃相邻建筑的可能性。在工程计算中，通常根据被引燃的难易程度将可燃物分为 3 类，见表 3–1。考虑外窗上可能设置窗帘

① 本例由中国民航大学黄鑫副教授提供。

等易引燃的物质，将临界引燃辐射热流密度确定为 10kW/m$^2$，用于判断火灾是否可以蔓延至相邻建筑的标准。

**表 3–1　可燃物被引燃难易程度的粗略分类**

| 可燃物类别 | 单位面积可燃物表面所需临界引燃辐射热流密度 /（kW/m$^2$） |
|---|---|
| 易引燃的固体可燃物 | 10 |
| 一般可引燃的固体可燃物 | 20 |
| 难引燃的固体可燃物 | 40 |

（1）假设该公寓全面设置自动喷水灭火系统，自动喷水灭火系统正常启动且有效。

在自动喷水灭火系统的作用下，火灾热释放速率将在灭火系统启动和有效作用后不再增加，并在维持此时的火灾热释放速率一定时间后随可燃物的消耗而逐渐衰减。因此，火灾增长至最大热释放速率的时间可近似取喷头动作的时间。喷头启动时间与喷头参数、喷头安装高度、火灾增长速率有关，表 3–2 给出了根据本公寓设置自动喷水灭火系统的实际情况，利用 DETACT 程序计算得到的房间内洒水喷头的启动时间和启动时的火灾热释放速率。

**表 3–2　火灾条件下喷头启动时间及启动时的火灾热释放速率**

| 自动喷水灭火系统的设置参数和火源参数 | 热释放速率 |
|---|---|
| 喷头安装高度 /m | 3 |
| 喷头 RTI/（m$^{1/2}$·s$^{1/2}$） | 50 |
| 环境温度 /℃ | 24 |
| 洒水喷头的动作温度 /℃ | 68 |
| 喷头间距 /m | 2.5 |
| 火灾增长系数 /（kW/s$^2$） | 0.046 89 |
| 自动喷水灭火系统启动时间 /s | 161 |
| 自动喷水灭火系统启动时的火灾热释放速率（考虑 1.2 倍的系数）/MW | 1.5 |

（2）假设该公寓全面设置自动喷水灭火系统，自动喷水灭火系统失效。

房间比较小且可燃物较多，发生火灾时若自动喷水灭火系统失效，很容易发生轰燃。一般认为，当房间热烟气层温度达到500~600℃时会发生轰燃，可以认为，此时火灾热释放速率达到最大。利用托马斯轰燃公式可以计算房间发生轰燃时的热释放速率，该公式是在室内火灾轰燃试验的基础上得到的经验公式，见公式（3–1）：

$$Q_f=7.8A_t+378A_w\sqrt{H_w} \qquad (3\text{–}1)$$

式中：$Q_f$——发生轰燃时的火灾热释放速率 /kW；

$A_t$——房间的内表面积 /$m^2$；

$A_w$——通风口面积 /$m^2$；

$H_w$——通风口高度 /m。

根据房间的几何参数，可以计算出房间内发生轰燃时的火灾最大热释放速率：$Q_f$= 4 143kW，保守考虑取 $Q_f$= 4 500kW。

当着火房间内某可燃物着火后，由于火源和热烟气层的辐射作用，会在一定时间后引燃周围的可燃物。根据火灾动力学原理，在火源周围无遮挡的情况下，距离火源中心 $R$ 处受到的火源辐射热流量和火源热释放速率的关系可见公式（3–2）。邻近可燃物与火源中心的距离 $R$ 可按公式（3–3）计算：

$$R=\left(\frac{Q}{12\pi\dot{q}''}\right)^{1/2} \qquad (3\text{–}2)$$

$$R=r+L \qquad (3\text{–}3)$$

式中：$R$——距火源中心的距离 /m；

$Q$——火源热释放速率 /kW；

$\dot{q}''$——受辐射作用引燃可燃物的最小热流密度 /（$kW/m^2$）；

$r$——火源的等效半径 /m；

$L$——可燃物与火源边界的距离 /m。

当着火房间室内高度较低，冷空气层较低，热烟气层温度较高时，不能忽略热烟气层的热反馈作用。判断相邻可燃物的引燃状况时，除了用公式（3–2）计算火源的辐射热流量外，还要计算热烟气层的辐射热流量。本例中的房间属于室内高度较低的情形。

建筑物之间火灾相互蔓延的情况还需要考虑更多的因素，如建造材料、建筑的相对位置、相邻面开口的面积比例、气候等。当相邻两座建筑平行布置时，若不考虑飞火和热对流的作用，其中一座建筑发生火灾，外墙上的开口对另一座建筑的辐射热流密度可通过下述方法计算。该方法通过引入“角系数”计算离开辐射体一段距离以外某点接受的辐射热流密度。考虑表面一和表面二两个表面，表面一是辐射能为 $E$ 的辐射体，表面二上 1 个小微元面 $dA_2$ 接受的辐射热流密度可通过计算离开表面一上 1 个小微元面 $dA_1$ 而到达 $dA_2$ 上的能力求得，即：

$$d\dot{q}= I_n dA_1 \cos\theta \cdot \frac{dA_2 \cos\theta_2}{r^2} \tag{3–4}$$

于是，$dA_2$ 上的辐射热流密度 $d\dot{q}''$ 为：

$$d\dot{q}''=\frac{d\dot{q}}{dA_2}=I_n \cos\theta_1 \cos\theta_2 \frac{dA_1}{r^2} \tag{3–5}$$

在 $A_1$ 上对上式积分，并代入 $\frac{E}{\pi}=I_n$ 得到：

$$\dot{q}''=E\int_0^{A_1}\frac{\cos\theta_1\cos\theta_2}{\pi r^2}dA_1=\varphi E \tag{3–6}$$

其中角系数 $\varphi$ 为：

$$\varphi=\int_0^{A_1}\frac{\cos\theta_1\cos\theta_2}{\pi r^2}dA_1 \tag{3–7}$$

表 3–3 给出了微元面 $dA_1$ 与表面一平行相对情况下的角系数值。由此，很容易求出图 3–1（a）所示情况下的角系数，并且可以进一步推广求出图 3–1（b）所示情况的角系数：

$$\varphi_{total}=\varphi_A+\varphi_B+\varphi_C+\varphi_D \tag{3–8}$$

根据表 3–3 查角系数就可以估算出处于热辐射中的表面接受的辐射热流密度。

表 3-3 微元面 $dA_1$ 与某一表面平行相对情况下的角系数值

| α | S | | | | | | | | | |
|---|---|---|---|---|---|---|---|---|---|---|
| | 1 | 0.9 | 0.8 | 0.7 | 0.6 | 0.5 | 0.4 | 0.3 | 0.2 | 0.1 |
| 2.0 | 0.178 | 0.178 | 0.177 | 0.175 | 0.172 | 0.167 | 0.161 | 0.149 | 0.132 | 0.102 |
| 1.0 | 0.139 | 0.138 | 0.137 | 0.136 | 0.133 | 0.129 | 0.123 | 0.113 | 0.099 | 0.075 |
| 0.9 | 0.132 | 0.132 | 0.131 | 0.130 | 0.127 | 0.123 | 0.117 | 0.108 | 0.094 | 0.071 |
| 0.8 | 0.125 | 0.125 | 0.124 | 0.122 | 0.120 | 0.116 | 0.111 | 0.102 | 0.089 | 0.067 |
| 0.7 | 0.117 | 0.116 | 0.116 | 0.115 | 0.112 | 0.109 | 0.104 | 0.096 | 0.083 | 0.063 |
| 0.6 | 0.107 | 0.107 | 0.106 | 0.105 | 0.103 | 0.100 | 0.096 | 0.088 | 0.077 | 0.058 |
| 0.5 | 0.097 | 0.096 | 0.096 | 0.095 | 0.093 | 0.090 | 0.086 | 0.080 | 0.070 | 0.053 |
| 0.4 | 0.084 | 0.083 | 0.083 | 0.082 | 0.081 | 0.079 | 0.075 | 0.070 | 0.062 | 0.048 |
| 0.3 | 0.069 | 0.068 | 0.068 | 0.068 | 0.067 | 0.065 | 0.063 | 0.059 | 0.052 | 0.040 |
| 0.2 | 0.051 | 0.051 | 0.050 | 0.050 | 0.049 | 0.048 | 0.047 | 0.045 | 0.040 | 0.032 |
| 0.1 | 0.028 | 0.028 | 0.028 | 0.028 | 0.028 | 0.028 | 0.027 | 0.026 | 0.024 | 0.021 |
| 0.09 | 0.026 | 0.026 | 0.026 | 0.026 | 0.025 | 0.025 | 0.025 | 0.024 | 0.022 | 0.019 |
| 0.08 | 0.023 | 0.023 | 0.023 | 0.023 | 0.023 | 0.023 | 0.022 | 0.022 | 0.020 | 0.017 |
| 0.07 | 0.021 | 0.021 | 0.021 | 0.021 | 0.020 | 0.020 | 0.020 | 0.019 | 0.018 | 0.016 |
| 0.06 | 0.018 | 0.018 | 0.018 | 0.018 | 0.018 | 0.017 | 0.017 | 0.017 | 0.016 | 0.014 |
| 0.05 | 0.015 | 0.015 | 0.015 | 0.015 | 0.015 | 0.015 | 0.015 | 0.014 | 0.014 | 0.013 |
| 0.04 | 0.012 | 0.012 | 0.012 | 0.012 | 0.012 | 0.012 | 0.012 | 0.012 | 0.011 | 0.010 |
| 0.03 | 0.009 | 0.009 | 0.009 | 0.009 | 0.009 | 0.009 | 0.009 | 0.009 | 0.009 | 0.008 |
| 0.02 | 0.006 | 0.006 | 0.006 | 0.006 | 0.006 | 0.006 | 0.006 | 0.006 | 0.006 | 0.006 |
| 0.01 | 0.003 | 0.003 | 0.003 | 0.003 | 0.003 | 0.003 | 0.003 | 0.003 | 0.003 | 0.003 |

注：$\alpha = \frac{L_1 \times L_2}{D^2}$，$S = \frac{L_1}{L_2}$。

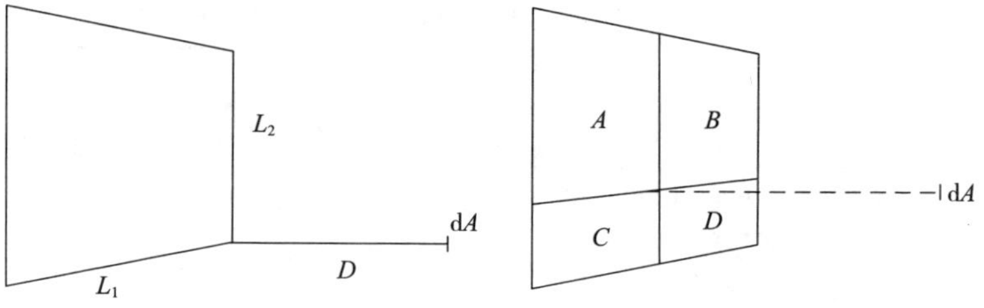


（a）微元与平面角点相对　　（b）微元与平面中点相对

**图 3–1　角系数之间的关系示意图**

一般来说，火灾中建筑物对外辐射热的表面主要是门窗及燃烧着的外部木质物质，当其温度达到接近 1 100℃时，相应的最大辐射热流密度可达到 200kW/m$^2$（若辐射率 $\varepsilon = 1$）。除非火灾荷载很小（这种情况下火灾不能燃烧足够长的时间以达到上述温度），或者是燃料控制型燃烧情况，通常假设火灾中的辐射面具有 170kW/m$^2$ 的辐射热流密度。

分析公寓的房间发生火灾，另一建筑正对房间受到的热辐射作用。计算方法采用求角系数的方法。本例中着火公寓窗户外立面图及与相邻建筑的位置关系如图 3–2 所示。着火公寓的窗户（*ABCD*）开口尺寸为 1.8m × 1.8m。

1）当房间内的自动喷水灭火系统有效时，着火房间的火灾在 179s 时达到最大热释放速率，即 1.5MW；如此时火灾的热释放速率大约为轰燃状态时的 1/3，向外发射的辐射热流密度取 200kW/m$^2$ 的 1/3，即 67kW/m$^2$。

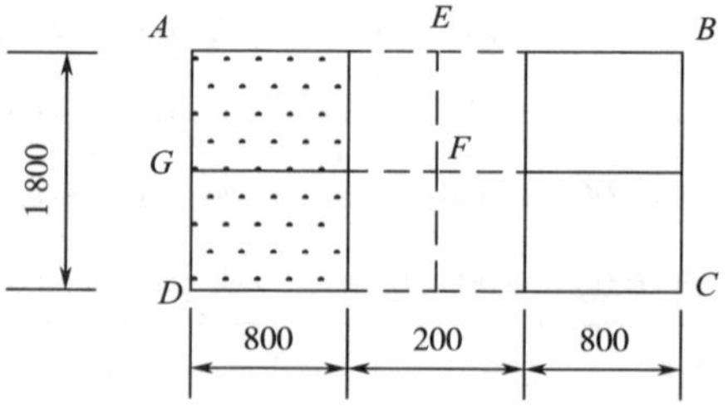


（a）着火公寓窗户外立面图

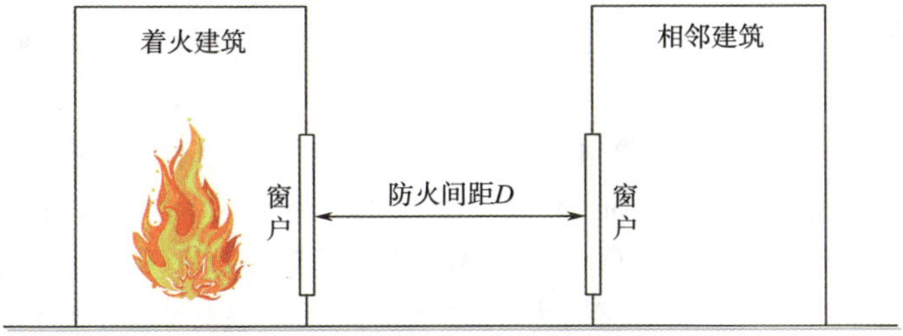


（b）着火公寓与相邻建筑的位置关系示意图

**图 3–2 着火公寓窗户外立面图及与相邻建筑的位置关系（单位：mm）**

因为外窗中点正对位置的辐射热流密度最大，因此以外窗的中点 $F$ 将外窗分成与 $AEFG$ 相同大小的 4 等份。设矩形 $AEFG$ 的角系数为 $\varphi$，则矩形 $ABCD$ 的角系数为 $4\varphi$，矩形 $AEFG$ 的长短边比 $\frac{L_1}{L_2}=\frac{0.9}{0.9}=1$。当 $D=2.5$m 时，$\alpha=\frac{L_1\times L_2}{D^2}=\frac{0.9\times 0.9}{2.5^2}=0.130$，由角系数表（表 3–3）得 $\varphi=0.034\,9$；当 $D=6$m 时，$\alpha=\frac{L_1\times L_2}{D^2}=\frac{0.9\times 0.9}{6^2}=0.023$，由角系数表得 $\varphi=0.006\,9$。

因此，距离起火建筑物 2.5m 处接受到的最大辐射热流密度为：

$$\dot{q}''=4\varphi E'=4\times 0.034\,9\times 67=9.35\ (\text{kW/m}^2)<10\ (\text{kW/m}^2)$$

距离起火建筑物 6m 处接受到的最大辐射热流密度为：

$$\dot{q}''=4\varphi E'=4\times 0.006\,9\times 67=1.85\ (\text{kW/m}^2)<10\ (\text{kW/m}^2)$$

因此，当房间内的自动喷水灭火系统有效时，在距离起火房间 2.5m 及 6m 处的相邻建筑不会被引燃，火灾蔓延的可能性不大。

2）当房间内的自动喷水灭火系统失效时，着火房间的火灾在 310s 时达到最大热释放速率，即 4.5MW。由于房间此时处于轰燃状态，向外发射的辐射热流密度保守取 200kW/m²。

因此，距离起火建筑物 2.5m 处接受到的最大辐射热流密度为：

$$\dot{q}''=4\varphi E'=4\times0.0349\times200=27.92\ (\mathrm{kW/m^2})>10\ (\mathrm{kW/m^2})$$

距离起火建筑物 6m 处接受到的最大辐射热流密度为：

$$\dot{q}''=4\varphi E'=4\times0.0069\times200=5.52\ (\mathrm{kW/m^2})<10\ (\mathrm{kW/m^2})$$

因此，当自动喷水灭火系统失效，在距离起火房间 6m 处的相邻建筑的房间也不会被引燃，火灾蔓延的可能性不大；但距离起火房间 2.5m 处相邻建筑的房间可能被引燃，并可导致火灾在相邻建筑间蔓延。

3.1.3　甲、乙类物品运输车的汽车库、修车库、停车场与人员密集场所的防火间距不应小于 50m，与其他民用建筑的防火间距不应小于 25m；甲类物品运输车的汽车库、修车库、停车场与明火或散发火花地点的防火间距不应小于 30m。

【条文要点】

汽车库是用于停放由内燃机或电力驱动且无轨道的客车、货车、工程车等汽车的建筑物。修车库是用于保养、修理由内燃机或电力驱动且无轨道的客车、货车、工程车等汽车的建（构）筑物。停车场是用于停放由内燃机或电力驱动且无轨道的客车、货车、工程车等汽车的露天场地或构筑物。汽车库、修车库、停车场是一类特殊的建筑或场所，汽车库的防火设防标准主要比照类似火灾危险性类别的库房，修车库的设防标准主要比照甲类厂房确定。汽车库、修车库、停车场发生火灾以一辆车起火为主，蔓延至相邻车辆需要一定时间，这些场所与相邻建筑的防火间距主要取决于建筑的耐火等级和机动车运输物品的火灾危险性类别。本条主要规定了火灾危险性大的汽车库、修车库和停车场与人员密集场所、散发火花或明火地点的防火间距，这些间距是最小间距要求，正常情况下不允许因采用其他替代措施而减小。

【实施要点】

（1）汽车库可以独立建造，在符合一定防火要求的条件下，也可以与工业建筑或民用建筑合建。本条规定的甲、乙类物品运输车，包括装载甲、乙类物品的机动车和已经用于运输甲、乙类物品的运营机动车，不包括新出厂用于运输甲、乙类物品且未载货的机动车。运输甲、乙类物品的车辆或已用于运输甲、乙类物品的车辆的汽车库、修车库和停车场，均应比照甲、乙类厂房和仓库的火灾危险性确定相应的防火间距。

有关甲、乙类物品的火灾危险性类别划分，可以按照现行国家标准《建筑设计防火规范》GB 50016 的规定确定。根据国家标准《建筑设计防火规范》GB 50016—2014（2018 年版）第 3.1.3 条的规定，下列物品的火灾危险性应划分为甲类：

1）闪点小于 28℃的液体，如苯、甲苯、甲醇、乙醇、乙醚、醋酸甲酯、汽油、丙酮等；

2）爆炸下限小于 10% 的气体，受到水或空气中水蒸气的作用能产生爆炸下限小于 10% 气体的固体物质，如乙炔、氢、甲烷、环氧乙烷、水煤气、液化石油气、乙烯、电石等；

3）常温下能自行分解或在空气中氧化能导致迅速自燃或爆炸的物质，如硝化棉、硝化纤维胶片、赛璐珞棉等；

4）常温下受到水或空气中水蒸气的作用，能产生可燃气体并引起燃烧或爆炸的物质，如金属钾、钠、锂、钙、氢化锂、氢化钠等；遇酸、受热、撞击、摩擦以及遇有机物或硫黄等易燃的无机物，极易引起燃烧或爆炸的强氧化剂，如氯酸钾、氯酸钠、硝酸铵等；

5）受撞击、摩擦或与氧化剂、有机物接触时能引起燃烧或爆炸的物质，如赤磷，五硫化二磷，三硫化二磷等。

下列物品质的火灾危险性应划分为乙类：

1）闪点不小于 28℃，但小于 60℃的液体，如煤油、松节油、醋酸丁酯、溶剂油、樟脑油等；

2）爆炸下限不小于 10% 的气体，如氨气等；不属于甲类的氧化剂，如硝酸、发烟硫酸、漂白粉等；

3）不属于甲类的易燃固体，如硫黄、赛璐珞板（片）、樟脑、萘等；

4）助燃气体，如氧气、氯气等；

5）常温下与空气接触能缓慢氧化，积热不散引起自燃的物品，如漆布、油布、油纸及其制品等。

（2）为使本规范具有更强的可操作性，本规范相关规定不再使用国家标准《建筑设计防火规范》GB 50016—2014（2018年版）等标准规定的“重要公共建筑”这一名词，而采用当前国家在消防监管方面需要严格控制的建筑类型“人员密集场所”替代。

本规范规定的“人员密集场所”与《消防法》第七十三条规定的范围一致，即“宾馆、饭店、商场、集贸市场、客运车站候车室、客运码头候船厅、民用机场航站楼、体育场馆、会堂以及公共娱乐场所，医院的门诊楼、病房楼，学校的教学楼、图书馆、食堂和集体宿舍，养老院，福利院，托儿所，幼儿园，公共图书馆的阅览室，公共展览馆、博物馆的展示厅，劳动密集型企业的生产加工车间和员工集体宿舍，旅游、宗教活动场所等。”原“重要公共建筑”中未包括在人员密集场所内的其他建筑，有关防火间距虽本规范不作强制要求，但仍需要根据建筑的重要性，依据本规范第2.1.2条规定的防火目标合理确定。

（3）本条规定的“明火或散发火花地点”，包括明火地点和散发火花地点，即室外固定的或具有经常性明火作业、电焊、金属切割作业的地点，室外变压器，室外的可燃气体放空火炬，钢铁冶金和玻璃加工等生产建筑内具有明火和炽热高温作业的部位或区域，不包括民用建筑内的厨房用火或明火取暖部位。

（4）根据本规范第5.1.5条的规定，甲、乙类物品运输车的汽车库、修车库的耐火等级不应低于一级。本条规定的防火间距是基于此耐火等级汽车库、修车库的要求。

本条规定外其他类别火灾危险性物品运输车的汽车库、修车库和停车场与人员密集场所、明火地点、散发火花地点的防火间距，不同耐火等级、不同类别和不同建筑形式的汽车库之间、修车库之间、汽车库与修车库之间以及各类汽车库、修车库和停车场与其他各类工业与民用建筑之间的防火间距，本规范不作严格限制，均可以按照现行国家标准《汽车库、修车库、停车场设计防火规范》GB 50067 等技术标准的规定确定。

（5）汽车库、修车库和停车场的耐火等级划分，汽车库、修车库和停车场的类别划分，以及不同形式汽车库（如敞开式汽车库、机械式汽车库等）的定义，可以按照现行国家标准《汽车库、修车库、停车场设计防火规范》GB 50067 等技术标准的规定确定。

## 3.2　工业建筑

3.2.1　甲类厂房与人员密集场所的防火间距不应小于 50m，与明火或散发火花地点的防火间距不应小于 30m。

3.2.2　甲类仓库与高层民用建筑和设置人员密集场所的民用建筑的防火间距不应小于 50m，甲类仓库之间的防火间距不应小于 20m。

3.2.3　除乙类第 5 项、第 6 项物品仓库外，乙类仓库与高层民用建筑和设置人员密集场所的民用建筑的防火间距不应小于 50m。

**【条文要点】**

这三条规定的甲类厂房和甲、乙类库房与人员密集场所的防火间距、甲类厂房与明火地点或散发火花的地点的防火间距、甲类厂房之间的防火间距是最小间距要求，正常情况下不允许采用其他替代措施减小。

**【实施要点】**

（1）尽管单层乙类仓库和建筑面积不大于 300m$^2$ 的独立甲、乙类单层厂房可采用三级耐火等级的建筑，但考虑到甲、乙类工业建筑的火灾危害性，这三条有关防火间距的要求适用于一、二级耐火等级的甲类厂房，一、二级耐火等级的甲、乙类仓库，三级耐火等级的甲类厂房，三级耐火等级的乙类仓库。有关甲类厂房和甲、乙类仓库的火灾危险性类别划分，可以按照现行国家标准《建筑设计防火规范》GB 50016 的规定确定。其他要点可参见本规范第 3.1.3 条的【实施要点】。

（2）本规范规定的高层民用建筑包括建筑高度大于 27m 的非单层住宅建筑、建筑高度大于 24m 的非单层其他民用建筑，单层或多层民用建筑包括建筑高度小于或等于 27m 的住宅建筑、建筑高度小于或等于 24m 的其他民用建筑。有关民用建筑的分类，可以按照现行国家标准《建筑设计防火规范》GB 50016 的规定确定。

（3）第 3.2.2 条和第 3.2.3 条规定的“设置人员密集场所的民用建筑”，包括人员密集场所和人员密集场所与其他使用功能的场所合建的建筑。例如，一座上部楼层为宾馆，下部楼层为办公场所的建筑，就属于设置人员密集场所的民用建筑。

3.2.4 飞机库与甲类仓库的防火间距不应小于 20m。飞机库与喷漆机库贴邻建造时，应采用防火墙分隔。

**【条文要点】**

飞机库是用于停放和维修飞机的建筑物，本质上属于从事飞机维修的厂房，不包括喷漆机库和飞机部件喷漆间、飞机座椅维修间、航材库、配电室、动力站等生产辅助用房。飞机库内停放和维修的飞机属于高价值防护对象，本条规定了飞机库与相邻建筑的最小间距要求。

**【实施要点】**

飞机库的主要火灾危险性来自飞机维修过程中机舱内的可燃物和油箱内残留的航空煤油。其中，航空煤油的闪点大多低于 60℃，飞机库的总体火灾危险性要比照乙类生产厂房考虑。因此，飞机库与相邻各类建筑的防火间距不应小于乙类厂房与其他建筑的防火间距要求。

根据本规范第 5.2.1 条和第 5.2.2 条的规定，Ⅰ类飞机库的耐火等级应为一级，Ⅱ、Ⅲ类飞机库的耐火等级不允许低于二级。本条的规定是基于此耐火等级飞机库的要求。尽管现行国家标准《飞机库设计防火规范》GB 50284 规定的飞机库包括机棚，但鉴于机棚属于停放和维修区为敞开或半敞开式的飞机库，本条规定的飞机库不包括机棚。机棚与甲类仓库的防火间距应根据在建筑之间采取的防火措施适当增大，并应符合现行国家标准《飞机库设计防火规范》GB 50284 等技术标准的规定。

除本条规定的甲类仓库外，飞机库之间、飞机库与附属建筑及其他建筑之间、飞机库附属建筑与其他建筑之间的防火间距，可以按照现行国家标准《飞机库设计防火规范》GB 50284 等技术标准的规定确定。

喷漆机库属于甲类生产厂房，正常情况下应独立建造且不应与其他建筑贴邻。但喷漆机库属于飞机库的生产辅助用房，具有较紧密的联系，大多需要贴邻建造以满足飞机维修的要求。因此，在飞机库与喷漆机库之间的防火墙上允许设置一定的开口，但这些开口必须采取可靠的防火分隔措施，以防止相互间的火灾蔓延和可能的爆燃危害。防火分隔措施一般采用设置甲级防火门和防火卷帘，防火墙和防火卷帘的耐火极限均不应低于3.00h。

## 3.3 民用建筑

3.3.1 除裙房与相邻建筑的防火间距可按单、多层建筑确定外，建筑高度大于100m的民用建筑与相邻民用建筑的防火间距应符合下列规定：

1 与高层民用建筑的防火间距不应小于13m；

2 与一、二级耐火等级单、多层民用建筑的防火间距不应小于9m；

3 与三级耐火等级单、多层民用建筑的防火间距不应小于11m；

4 与四级耐火等级单、多层民用建筑和木结构民用建筑的防火间距不应小于14m。

【条文要点】

本条规定了建筑高度大于100m的民用建筑主体与相邻民用建筑的防火间距，且这些间距在正常情况下均不应减小。建筑高度小于或等于100m的民用建筑之间、建筑高度小于或等于100m的民用建筑与其他建筑之间的防火间距，可以按照现行国家现行相关技术标准的要求确定，并在采取可靠的防止火势蔓延的措施后和满足灭火救援所需空间的条件下，可以按照相应标准的要求调整。

【实施要点】

建筑高度大于 100m 的建筑火灾扑救难度大、救援时到场消防车辆多且大部分救援车辆展开救援作业所需空间和场地大，在确定相应的防火间距时，不仅要考虑防止火势蔓延的需要，而且要满足灭火救援的要求。

裙房是在高层建筑主体投影范围外，与高层建筑主体相连且建筑高度不大于 24m 附属建筑。建筑高度大于 100m 的民用建筑的耐火等级不应低于一级。因此，裙房属于一级耐火等级的单层或多层的公共建筑。根据防火间距的定义和确定防火间距的原则，主体建筑高度大于 100m 的高层建筑裙房与相邻建筑的防火间距可以按照一级耐火等级的单、多层建筑与相邻建筑的防火间距要求确定，不需要按照高层主体的相应要求确定，但高层主体在裙房一侧的建筑立面与相邻建筑的间距仍应满足本条规定的防火间距，其他与消防车登高操作场地对应的建筑立面（即建筑的消防扑救面）与相邻建筑的间距应满足消防救援的要求。

例如，一座主体建筑高度为 150m 的高层建筑，裙房的建筑高度为 21m，则该建筑高层主体与相邻高层民用建筑的防火间距不应小于 13m，与相邻一、二级耐火等级单、多层民用建筑的防火间距不应小于 9m，裙房与相邻建筑高度小于 100m 的高层民用建筑的防火间距可以按照不小于 9m，与相邻一、二级耐火等级单、多层民用建筑的防火间距可以按照不小于 6m 确定。但是，如果裙房凸出高层主体的深度为 5m，则还需要满足高层主体与相邻单、多层民用建筑的防火间距不小于 13m 的要求，即裙房与相邻一、二级耐火等级单、多层民用建筑的防火间距不应小于 8m。参见图 3-3。

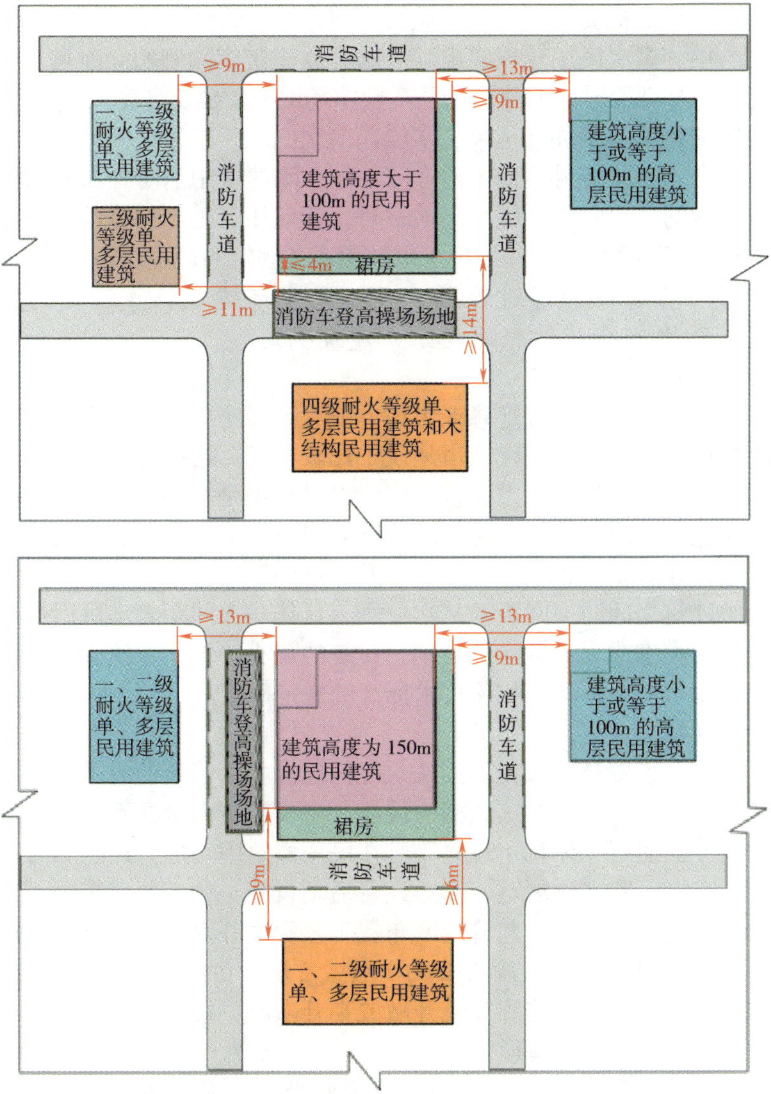


**图 3–3 建筑高度大于 100m 的民用建筑与相邻建筑之间的防火间距和消防救援空间要求示意图**

应注意的是，对于建筑高度大于100m的民用建筑，当该建筑与单、多层民用建筑或单、多层工业建筑相邻侧的立面是主要的消防扑救面时，即消防车登高操作场地位于建筑高度大于100m的民用建筑与相邻其他单、多层建筑之间时，建筑之间的间距除应符合本条规定外，尚不应小于13m；除建筑中消防扑救面对应范围内的防火间距不应小于13m外，建筑中其他不用作消防扑救面对应范围内的防火间距仍可以按照本条规定的最小值确定。

3.3.2 相邻两座通过连廊、天桥或下部建筑物等连接的建筑，防火间距应按照两座独立建筑确定。

【条文要点】

在建筑之间设置连廊或天桥，或者在多座塔楼下部设置同一座裙楼的情形，在现代城市建设中比较常见。这些建筑有时在规划上按照一座建筑考虑，或者在建设过程中是按照一座建筑设计和建造，有时本身是多座不同的独立建筑，但通过连廊等连接在一起，在确定防火间距时，容易产生不同意见。本条规定了确定此类建筑之间防火间距的基本原则，具体防火间距要求可以按照建筑的类别或火灾危险性类别、建筑的耐火等级、建筑高度等按照本规范及现行国家相关技术标准的规定确定。

【实施要点】

（1）连廊是设置在不同建筑之间连接相邻建筑的封闭或半封闭廊道，具有一定的遮风挡雨性能，主要用于人员在不同建筑之间的便捷通行、休息、观光等。在民用建筑中，部分连廊有时还可能布置一些文化展览、商业经营活动设施；在工业建筑中，连廊有时还用于布置工艺管线或布置工艺管线并兼具人员通行的作用。在建筑之间的连廊大多为1层或2层，少数具有多个楼层。当连接不同建筑的连廊完全开敞或半开敞时，可视为天桥，但天桥应为只有1层的情形。

根据建筑之间防火间距的确定原则，无论上述何种情形的连廊和天桥，当在建筑与连廊或天桥的连通处采取防止火势蔓延的措施后，相邻建筑之间的防火间距只与建筑的高度、耐火等级和火灾危险性类别有关，相应建筑的防火间距均可以按照各自独立的建筑确定。在确定建筑之间的防火间距时，要注意准确计算建筑的高度，即每座通过连廊或天桥连接的建筑，建筑高度均应分别计算，并应自各自建筑的室外设计地面、消防救援场地或消防车登高操作场地的地面算至建筑的屋面面层或檐口。有关建筑高度的计算方法，可以按照现行国家标准《建筑设计防火规范》GB 50016 的规定确定。

（2）在同一座裙房或裙楼上部建设的多栋建筑，本身属于一座建筑，但建筑在裙房或裙楼屋面以上的楼层或塔楼之间的防火间距主要受相邻立面的火灾热辐射作用影响。因此，裙房或裙楼屋面上部不同栋建筑之间的防火间距，可以根据其计算建筑高度和本条规定的原则确定。无论裙房或裙楼的屋面是否用作消防救援场地，这些建筑的计算建筑高度均可以从裙房或裙楼的屋面分别算至各栋建筑的屋面面层或檐口。参见图 3–4。对于在地铁车辆基地上盖上建设的建筑，其防火间距也可以按照此原则确定。

## 3.4 消防车道与消防车登高操作场地

3.4.1 工业与民用建筑周围、工厂厂区内、仓库库区内、城市轨道交通的车辆基地内、其他地下工程的地面出入口附近，均应设置可通行消防车并与外部公路或街道连通的道路。

**【条文要点】**

本条规定要求各类单体建筑或建筑群、设置围墙的厂区和库区、采取封闭管理措施的居民小区及其他区域或场所，在建造和使用过程中均应考虑应急救援时消防车的快速通行要求。

**【实施要点】**

建筑火灾的发生时间、地点和位置具有很强的随机性和偶然性。因此，任何建筑物均应考虑发生火灾时灭火救援的要求，应为消防车到达并接近火场提供必要的条件。不同规模和火灾危险性、不同建筑高度的建筑对消防车和消防救援场地的要求可以有所差异，允许有不同的设防标准。例如，规模较小的建筑可以利用市政道路通行消防车并兼作消防救援场地；高层建筑则要设置

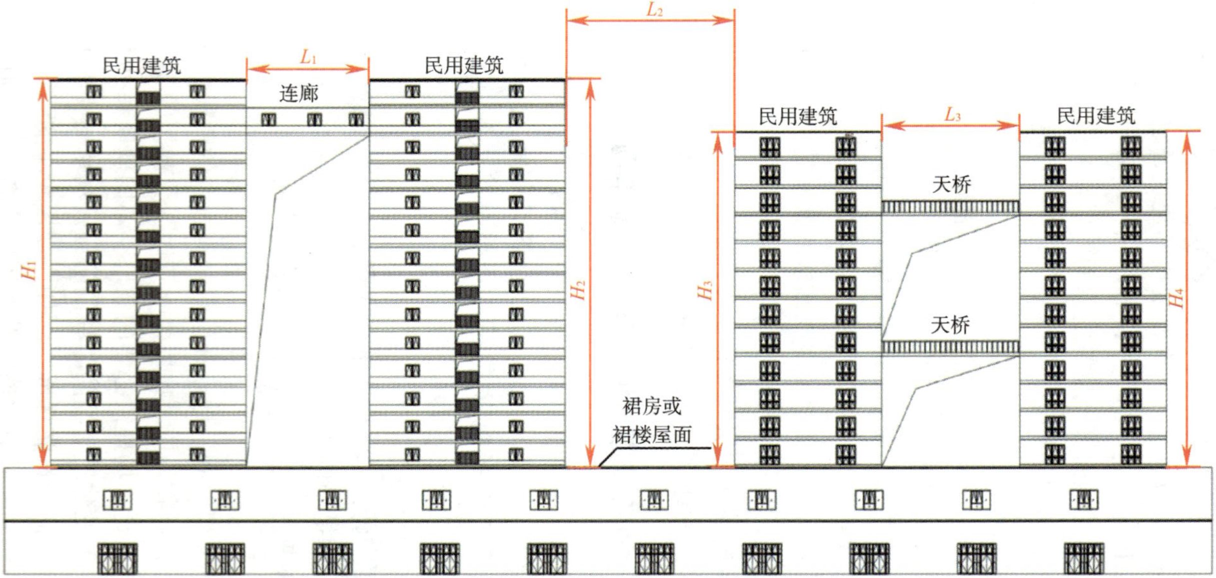


**图 3-4　裙房或裙楼上部建筑确定防火间距时的建筑高度计算示意图**

注：防火间距 *L* 应按照两座独立建筑确定，无论裙房或裙楼的屋面是否用作消防救援场地，这些建筑的计算建筑高度 *H* 均可以从裙房或裙楼的层面分别算至各栋建筑的屋面面层或檐口。

专用的消防车登高操作场地，消防车道一般也需要专门设置，尽量不利于市政道路或外部道路。本条规定各类建筑和场所均应具有满足消防车通行的道路。这些道路可以利用城市街道或公路、建设基地的内部道路；对于按照标准规定要求设置消防车道的建筑，消防车道一般不应利用城市公共道路；道路（包括桥梁）的形式不限，但道路的宽度、净空高度、转弯半径和承载能力等应满足消防车安全和快速通行的要求。道路的具体要求应符合本规范第 3.4.4 条和现行国家相关技术标准的规定。

需要用作消防车停靠并开展灭火救援的道路，除要满足消防车通行的要求外，还应便于消防车接近着火建筑，便于消防车取水和向建筑供水，并满足消防车展开安全作业的要求。因此，车道与建筑外墙、建筑周围的消防供水设施的水平距离应合适。

建筑周围或建设基地内的消防车道或火灾时需要用于通行消防车的道路，应与市政道路或公路直接连通，且连通接口一般不应少于 2 个，相邻两个连通接口之间应保持足够的距离，防止到场或离场消防车发生拥堵。

3.4.2 下列建筑应至少沿建筑的两条长边设置消防车道：

1 高层厂房，占地面积大于 3 000m$^2$ 的单、多层甲、乙、丙类厂房；

2 占地面积大于 1 500m$^2$ 的乙、丙类仓库；

3 飞机库。

3.4.3 除受环境地理条件限制只能设置 1 条消防车道的公共建筑外，其他高层公共建筑和占地面积大于 3 000m$^2$ 的其他单、多层公共建筑应至少沿建筑的两条长边设置消防车道。住宅建筑应至少沿建筑的一条长边设置消防车道。当建筑仅设置 1 条消防车道时，该消防车道应位于建筑的消防车登高操作场地一侧。

【条文要点】

消防车道是保障消防救援队伍到场对建筑火灾实施灭火救援的基本条件，是在火灾时供消防车通行的专用道路。具有一定规模的建筑均应在建筑周围设置消防车道，且正常情况下应在建筑基地范围内设置。这两条规定了应设置至少 2 条消防车道或至少沿一条建筑长边设置消防车道的建筑，这些建筑及其他建筑的消防车道设置要求，还需要根据现行国家标准《建筑设计防火规范》GB 50016 等技术标准的规定确定。

【实施要点】

建筑消防车道的设置受基地及其周围的地形条件影响大，外部气象条件等也会在一定程度上影响建筑火灾的扑救。消防车道的设置应充分考虑建筑的外形、进深、高度、火灾危险性、人员疏散与集散、周围地形条件和主导风向等因素，以保障灭火救援行动取得更好的效果。

（1）这两条规定应至少设置 2 条消防车道的建筑，有条件时应尽量将这两条消防车道连成环形车道，当难以成环状车道时，这两条消防车道应分别与建筑基地外的公共道路连通。建筑的进深和高度对灭火救援的效果有较大影响，特别是当消防救援人员难以深入火场时，对灭火效果的影响更大。因此，当建筑的占地面积大、进深大、高度高时，在建筑选址和平面布局时就应注意结合消防车道、消防救援场地或消防车登高操作场地的设置合理确定建筑的方位，使建筑具有至少可以沿其两条长边设置消防车道的条件，避免出现只能设置 1 条消防车道的情形。

（2）建筑的长边一般可以按照建筑外形几何长度较长的边长确定。当建筑的外形为异形时，建筑的长边长度一般应按照其外形的实际几何长度计算；当建筑的外形为弧形时，建筑的长边长度应按照弧形的实际长度计算；当建筑的外形为不规则形状时，应根据凸出或凹入部位的宽度和深度是否满足设置消防车道的要求、是否影响消防救援作业等因素确定该深度是否计入建筑的长边长度。如果凸出或凹入部位的深度不影响消防救援作业或对救援高度的影响不大时，建筑的边长可以不计入这些部位的深度。否则，应将这些部位的深度计入建筑的长边长度内，并在相应部位设置消防车道。

（3）住宅建筑一般进深较小，且每户大多有多个方位的外窗，设置 1 条消防车道基本可以满足外部救援要求。本条尽管未严格要求高层住宅建筑沿两条长边设置消防车道或在建筑周围设置环形消防车道，但在实际工程中要尽量在高层住宅建筑周围设置环形消防车道或沿建筑的两条长边均设置消防车道。当只设置1条消防车道时，该消防车道应设置在面向住宅建筑首层出入口一侧。

只能设置1条消防车道的公共建筑，其周围的环境地理条件限制主要为建筑周围地形高差大且在另一边设置消防车道的建设成本巨大或没有条件，建筑沿江河湖海等天然水体堤岸临空建设且难以设置高架桥作为消防车道的情形。

（4）只设置1条消防车道的民用建筑，消防车道应位于建筑的消防车登高操作场地一侧，或与消防车登高操作场地联合设置，并应尽量设置在建筑所处位置常年主导风向的上风侧。当建筑不需要设置消防车登高操作场地时，应将此消防车道按照消防救援场地考虑，车道与建筑外墙的水平距离、车道的坡度和宽度均应满足消防车展开灭火救援的要求，车道上空及周围不应有可能影响灭火救援的高大树木、电力电信架空线路等障碍物。尽管第3.4.3条规定主要针对民用建筑，但也适用于只设置1条消防车道的工业建筑。

3.4.4 供消防车取水的天然水源和消防水池应设置消防车道，天然水源和消防水池的最低水位应满足消防车可靠取水的要求。

**【条文要点】**

本条规定了供消防车取水的消防水源保证消防车取水的基本要求，以满足消防车向火场应急供水的需要。有关消防水源的水质、消防水池的容量和位置、天然水源的水量或流量、防吸水口堵塞等技术要求，应符合现行国家标准《消防设施通用规范》GB 55036和《消防给水及消火栓系统技术规范》GB 50974等标准的规定。

**【实施要点】**

供水消防车和灭火消防车前往火场时一般会装满水和灭火介质，但消防车到达火场后受火灾持续时间影响，大多还需要就地利用消防水源吸水并向建筑内的消防给水管网加压供水，有的还需要通过消防车加压实施直接灭火和防护冷却。建筑的室外消防水源主要来自江河湖海等天然水体、水库、水井、单独设置的消防水池、市政消防给水管网等。市政给水管网通过市政消火栓、水鹤或建筑的室外消火栓向消防车供水，消火栓或水鹤均设置在可通行消防车的道路旁边，可以满足消防车取水的要求，不需要设置专门的取水设施。消防水池可以通过消防水泵向室外消火栓系统加压，以满足消防车经室外消火栓取水的需要，消防车也可以通过取水井直接利用消防水池补水。

消防车吸水通常是利用车载泵和车载吸水管取水，吸水时进水管必须保持一定的真空度才能将水吸入车载水罐。受真空作用，消防车采用常规水带吸水难以满足要求，而车载吸水管的长度较短，只能满足较小的真空作用，取水距离和吸水高度受限。因此，供消防车取水的天然水源和消防水池的取水设施处应设置道路或场地与建筑周围的消防车道或火灾时供消防车通行的道路连通，保证消防车可以接近水源，便于快速取水；当连接消防车道与消防水源的车道为尽端式车道时，应根据本规范第 3.4.4 条的规定设置回车场地或回车道。供消防车取水的水源应设置取水码头、取水井等设施供消防车直接安全吸水，并应保证吸水高度（即最低吸水水位到消防车车载水泵标准基面的垂直高度）能够满足消防车可靠吸水和有效利用水源水量的要求。天然水源的最低水位应按照该水源在枯水期的最低水位确定。根据国家标准《消防给水及消火栓系统技术规范》GB 50974—2014 第 4.4.5 条的规定，消防车的最大吸水高度不应超过 6.0m。

我国地域广阔，西高东低，西部海拔高度较高，水泵吸上高度小，水泵的安装位置应谨慎考虑，防止出现水泵气蚀而影响水泵效率和运行寿命。水泵进水口的吸水高度受吸水管阻力、气蚀余量和大气压力的影响。为保证消防车可靠取水，在大气压力超过 10m 水柱的地区，消防车取水口的吸水高度不应大于 6m；在大气压力低于 10m 水柱的地区，消防车取水口的吸水高度可以根据海拔高度计算后确定。不同海拔高度与水泵最大吸上高度的关系参见表 3–4。

**表 3–4 不同海拔高度与水泵最大吸上高度的关系**

| 海拔高度 /m | 大气压 / kPa | 理论吸上高度 /m | 海拔高度 /m | 大气压 / kPa | 理论吸上高度 /m |
|---|---|---|---|---|---|
| 0 | 101.33 | 10.27 | 2 000 | 79.50 | 8.04 |
| 200 | 98.95 | 10.3 | 2 200 | 77.54 | 7.84 |
| 400 | 96.61 | 9.79 | 2 400 | 75.63 | 7.65 |
| 600 | 94.32 | 9.56 | 2 600 | 73.75 | 7.46 |
| 800 | 92.08 | 9.33 | 2 800 | 71.91 | 7.27 |
| 1 000 | 89.87 | 9.10 | 3 000 | 70.11 | 7.09 |
| 1 200 | 87.72 | 8.88 | 3 200 | 68.34 | 6.91 |
| 1 400 | 85.60 | 8.67 | 3 400 | 66.62 | 6.73 |
| 1 600 | 83.52 | 8.45 | 3 600 | 64.92 | 6.56 |
| 1 800 | 81.49 | 8.25 | 3 800 | 63.26 | 6.39 |

大气压下允许吸上真空高度与允许气蚀余量的关系见下式：

$$H_s=\frac{P_a-P_z}{\rho g}-NPSH+\frac{v_s^2}{2g} \qquad (3\text{–}9)$$

式中：$H_s$——大气压下允许吸上真空高度 /m；

$P_a$——水泵吸入口处的压力，对于开口容器，为安装地点的大气压 /Pa；

$P_z$——不同温度下水的饱和蒸汽压（见表 3–5）/Pa；

$NPSH$——水泵允许气蚀余量（由水泵供应商给定）/m；

$v_s$——水泵吸水口流速 /（m/s）；

$\rho$——水的密度 /（$kg/m^3$）；

$g$——重力加速度 /（$m/s^2$）。

水泵安装地点的水泵吸上真空高度，见下式：

$$H_s'=H_s-\left(10.33-\frac{P_g}{\rho g}\right)+\left(0.24-\frac{P_z}{\rho g}\right) \tag{3-10}$$

式中：$H_s'$ ——水泵安装地点的水泵吸上真空高度 /m；

$P_g$——水泵安装地点的大气压力（见表 3-6）/Pa。

**表 3-5　不同温度下水的饱和蒸汽压**

| 水温 /<br>℃ | 饱和蒸汽压 /<br>kPa | 水温 /<br>℃ | 饱和蒸汽压 /<br>kPa |
|---|---|---|---|
| 0 | 0.6 | 50 | 12.5 |
| 5 | 0.9 | 60 | 20.2 |
| 10 | 1.2 | 70 | 31.7 |
| 15 | 1.7 | 80 | 48.2 |
| 20 | 2.4 | 90 | 71.4 |
| 30 | 4.3 | 100 | 103.3 |
| 40 | 7.5 | | |

**表 3-6　不同海拔高度的大气压力**

| 海拔高度 /<br>m | 大气压力 /<br>MPa | 海拔高度 /<br>m | 大气压力 /<br>MPa |
|---|---|---|---|
| –600 | 0.113 | 700 | 0.095 |
| 0 | 0.103 | 800 | 0.094 |
| 100 | 0.102 | 900 | 0.093 |
| 200 | 0.101 | 1 000 | 0.092 |
| 300 | 0.100 | 1 500 | 0.086 |
| 400 | 0.098 | 2 000 | 0.084 |
| 500 | 0.097 | 3 000 | 0.073 |
| 600 | 0.096 | 4 000 | 0.063 |

3.4.5 消防车道或兼作消防车道的道路应符合下列规定：

1 道路的净宽度和净空高度应满足消防车安全、快速通行的要求；

2 转弯半径应满足消防车转弯的要求；

3 路面及其下面的建筑结构、管道、管沟等，应满足承受消防车满载时压力的要求；

4 坡度应满足消防车满载时正常通行的要求，且不应大于10%；兼作消防救援场地的消防车道，坡度应满足消防车停靠与消防救援作业的要求；

5 消防车道与建筑外墙的水平距离应满足消防车安全通行的要求，位于建筑消防扑救面一侧兼作消防救援场地的消防车道应满足消防救援作业的要求；

6 长度大于40m的尽头式消防车道应设置满足消防车回转要求的场地或道路；

7 消防车道与建筑消防扑救面之间不应有妨碍消防车操作的障碍物，不应有影响消防车安全作业的架空高压电线。

【条文要点】

本条规定了消防车道的基本功能和性能要求，不同建筑高度、规模、火灾危险性的建筑发生火灾对消防车的需求不同，不同地区消防救援站配备的消防车的种类也各不相同，不同类型消防车对消防车道或兼作消防车通行的道路的技术要求也有所差异。保障各类建筑灭火救援并需要通行消防车的道路是否满足到场消防车的使用需要，可以根据本条规定和建筑的高度、规模、火灾危险性等因素综合判定。有关消防车道性能要求的具体指标应根据不同类型建筑或场所对消防车的需要，在征询属地消防救援机构意见的基础上，按照现行国家有关技术标准的规定经校核后确定。国家标准《建筑设计防火规范》GB 50016—2014（2018年版）第7.1.8条和第7.1.9条、《飞机库设计防火规范》GB 50284—2008第4.3.2条和第4.3.3条、《汽车库、修车库、停车场设计防火规范》GB 50067—2014第4.3.2条和第4.3.3条对消防车道的性能要求均有较详细的规定。

【实施要点】

（1）消防车道是火灾时供消防车通行的应急车道，可以是设置用于专门通行消防车的道路，也可以平时兼作其他机动车通行的道路，但在任何情况下均应能保证消防车快速通行。因此，在消防车道或火灾时需要通行消防车的道路上不允许设置任何影响消防车通行的停车泊位、构筑物、固定隔离桩等障碍物，也不应设置铁桩、石墩、水泥墩等路障以及道路限高杆、架空管线、广告牌等影响消防车通行的其他固定障碍物。建筑周围的消防车通道应根据国家和各地消防救援机构的要求设置“消防车道 禁止占用”等字样的明显警示标识。

（2）城市和乡村的建设历经多个不同时期，建筑和道路的情况复杂。工厂厂区和仓库库区的情况略好些。一方面，消防救援站的建设和城镇与乡村的改造需要结合规划和消防救援、应急避难等要求考虑。另一方面，相应区域的消防车道或火灾时供消防车通行的道路的净宽度、净空高度和转弯半径，也需要根据实际灭火救援需要和属地消防救援站的消防车配备情况合理确定。当城镇老旧城区的道路难以改造，只能通行小型或微型消防车辆时，则需要通过加密设置小型消防救援站并配备相应的消防车辆和装备，以满足这些区域的消防安全要求。即使如此，这些道路仍应满足区域内的消防救援站所配备消防车安全、快速通行的基本要求。

不同高度和规模的建筑火灾扑救所需消防车的类型不同，因此不同建筑对建筑周围消防车道的净宽度、净空高度和转弯半径的要求可以有所区别。在道路规划和建筑的建设中，要特别注意穿过建筑物、桥梁、城市地道的车道及地下车道需要通行消防车时的道路净宽度和净空高度应满足消防车通行的要求。常用消防车的宽度为 2.5 ~3.5m，高度为 2.5~4.2m，转弯半径为 9~12m，常用消防车通道的净宽度和净空高度若分别不小于 4.0m，基本能满足实际需要。但是，对于建筑高度大于 100m 的建筑，要考虑到场车辆多且到场车辆大多为大型车辆，消防车道的净宽度应满足消防车会车和周转通行的需要，一般不应小于 7.0m，净空高度也要有所增加，一般不应小于 4.5m。例如，民用机场多配备尺寸为 11.7m × 3.2m × 3.87m（长 × 宽 × 高）的消防车。据此，国家标准《民用机场航站楼设计防火规范》GB 51236—2017 第 3.1.5 条规定：航站楼消防车道的净宽度和净空高度均不宜小于 4.5m，消防车道的转弯半径不宜小于 9.0m；国家标准《飞机库设计防火规范》GB 50284—2008 第 4.3.2 条和第 4.3.3 条规定：消防车道出入飞机库的门净宽度不应小于车宽加 1.0m，门净高度不应低于车高加 0.5m，且门的净宽度和净高度均不应小于 4.5m；消防车道的净宽度不应小于 6.0m，消防车道上空 4.5m 以下范围内不应有障碍物。

（3）火灾时供消防车通行的道路，在建筑基地外多利用城市道路或公路，在建筑周围大多为专用的消防车道，部分道路需利用城市高架桥或建筑自身的高架桥（如大中型高铁车站和航站楼的送客车道、一些仓储建筑和展览建筑的高架车道），部分道路还直接位于地下空间的上部。这些道路的路面及其下面的建筑结构、管道、管沟等的承载能力，不应小于消防车满载时的轮压作用；消防车道的坡度应满足消防车满载时正常通行的要求，一般按照不大于 8% 考虑，最大坡度不应大于 10%。道路及其下部结构的承载力应根据建筑的高度、规模、当地现役或未来可能配备的消防车的型号和满载总重量核算。道路的承载力核算可以根据消防车满载时的重量，按照行业标准《城市道路工程设计规范》CJJ 37—2012（2016 年版）第 3.6.1 条规定计算标准轴压后，再根据行业标准《城镇道路路面设计规范》CJJ 169—2012 的规定设计消防车道的路面承载力。常见消防车满载时的重量见表 3–7。

当建筑允许不设置专用的消防救援场地，而直接利用消防车道开展灭火救援时，此消防车道在建筑消防扑救面对应范围内的承载力还应根据消防车的类型，按照其轮压或支腿的作用压强核算道路及其下部结构的承载力，该范围内的道路坡度不能影响消防车展开后的稳定和安全作业，一般不应大于 3%。

**表 3–7　常见消防车的满载总重量 /kg**

| 名称 | 型号 | 满载重量 | 名称 | 型号 | 满载重量 |
|---|---|---|---|---|---|
| 水罐车 | SG65、SG65A | 17 286 | 泡沫车 | CPP181 | 2 900 |
| | SHX5350、GXFSG160 | 35 300 | | PM35GD | 11 000 |
| | CG60 | 17 000 | | PM50ZD | 12 500 |
| | SG120 | 26 000 | 供水车 | GS140ZP | 26 325 |
| | SG40 | 13 320 | | GS150ZP | 31 500 |
| | SG55 | 14 500 | | GS150P | 14 100 |
| | SG60 | 14 100 | | 东风 144 | 5 500 |
| | SG170 | 31 200 | | GS70 | 13 315 |
| | SG35ZP | 9 365 | | GS1802P | 31 500 |
| | SG80 | 19 000 | 干粉车 | GF30 | 1 800 |
| | SG85 | 18 525 | | GF60 | 2 600 |
| | SG70 | 13 260 | 干粉 - 泡沫联用消防车 | PF45 | 17 286 |
| | SP30 | 9 210 | | PF110 | 2 600 |
| | EQ144 | 5 000 | 登高平台车、举高喷射消防车、抢险救援车 | CDZ53 | 33 000 |
| | SG36 | 9 700 | | CDZ40 | 2 630 |
| | EQ153A–F | 5 500 | | CDZ32 | 2 700 |
| | SG110 | 26 450 | | CDZ20 | 9 600 |
| | SG35GD | 11 000 | | CJQ25 | 11 095 |
| | SH5140GXF SG55GD | 4 000 | | SHX5110 TTXFQJ73 | 14 500 |
| 泡沫车 | PM40ZP | 11 500 | 消防通信指挥车 | CX10 | 3 230 |
| | PM55 | 14 100 | | FXZ25 | 2 160 |
| | PM60ZP | 1 900 | 火场供给消防车 | FXZ25A | 2 470 |
| | PM80、PM85 | 18 525 | | FXZ10 | 2 200 |
| | PM120 | 26 000 | | XXFZM10 | 3 864 |
| | PM35ZP | 9 210 | | XXFZM12 | 5 300 |
| | PM55GD | 14 500 | | TQXZ20 | 5 020 |
| | PP30 | 9 410 | | QXZ16 | 4 095 |
| | EQ140 | 3 000 | | | |

（4）消防车道应与建筑外墙保持一定的安全距离，以便于车辆快速通行，同时避免建筑火灾坠落物体阻碍车辆通行，一般不小于 5m，具体距离还要视建筑立面形状和装饰情况确定。例如，建筑采用上部凸出，下部凹进的倒金字塔立面或为球形立面时，则最好将消防车道设置在建筑的水平投影外。受利用消防车展开灭火和救援时的安全俯仰操作角度限制，位于建筑消防扑救面一侧兼作消防救援场地的消防车道距离建筑外墙不能太近，也不能太远，以免影响灭火救援能力，该距离一般应为 5~10m，且不应大于 10m。兼作消防救援场地的消防车道是否满足消防车伸展救援作业的要求，可以根据现行国家标准《建筑设计防火规范》GB 50016 的相关规定判定。

（5）长度大于 40m 的尽头式消防车道应设置消防车回车场地或道路；长度小于或等于 40m 的尽头式消防车道可以直接倒车回转，不严格要求设置回车场或回车道，但有条件时，仍要尽量设置回车场地。回车场或回车道的大小应视建筑所需消防车的类型而定。常见类型消防车所需回转场地和转弯半径的参数见表 3–8。

**表 3–8　常见类型消防车所需回车场地和转弯半径参数**

| 消防车类型 | 转弯半径 $R$/m | 回车场（长 × 宽，m × m） | 最大允许纵坡（$i$）/% |
|---|---|---|---|
| 普通消防车 | ⩾ 9 | 12 × 12 | $i \leqslant 8$ |
| 消防登高车 | ⩾ 12 | 15 × 15 | |
| 重型消防车 | ⩾ 16 | 18 × 18 | |

（6）消防车道与建筑消防扑救面之间妨碍消防车操作的障碍物，主要为树高且树冠大或密植的树木、架空的电力线和通信线路、架空管道、凸出建筑主体外墙大于 4m 的裙房或架空道路、占据消防扑救面所在边长较大的雨篷等。当消防车道不兼作消防救援场地时，对在消防车道与建筑之间的这些物体不作要求。

本条规定的架空高压电线是指电压在 6kV 及以上的电力线路。

3.4.6 高层建筑应至少沿一条长边设置消防车登高操作场地。未连续布置的消防车登高操作场地，应保证消防车的救援作业范围能覆盖该建筑的全部消防扑救面。

【条文要点】

本条规定了高层工业与民用建筑在消防车登高操作场地方面的功能要求。单层和多层工业与民用建筑以及地下建筑不严格要求设置消防车登高操作场地，但仍要视建筑的火灾危险性和火灾扑救需要设置与否，如多层的大型丙类仓库、物流建筑和丙类厂房，大型的商业综合体、大型的地下建筑等。各类建筑的消防车登高操作场地，还需根据现行国家相关技术标准的要求进一步确定其具体设置要求。例如，消防车登高操作场地在什么情况下需要沿建筑的两条边设置、什么条件下需要连续设置、消防救援场地的总长度要求等。

【实施要点】

任何建筑在建造时均应确定其消防扑救面。一座建筑可以将每个立面均作为消防扑救面，但至少应有一个位于建筑长边的立面是消防扑救面。建筑的消防扑救面对应的场地是消防救援场地，其中用于云梯消防车或登高平台消防车等举高类消防车展开登高操作的场地是消防车登高操作场地。

高层工业与民用建筑的灭火救援需要使用举高喷射消防车、登高平台消防车或云梯消防车。这类消防车的高度较高、载重量较大，通常需要较宽的场地和空间供车辆展开并支腿固定、升出悬臂作业，常规的消防车道往往难以满足这些消防车辆的操作要求，应设置专用的消防车登高操作场地。

为便于消防车根据建筑着火位置和蔓延情况就近停靠和展开作业，消防车登高操作场地要尽量连续布置；当消防车登高操作场地受建筑立面形状、入口雨篷或基地场地条件等限制难以连续布置时，允许间隔设置，但这种间隔布置的场地要保证消防车的回转工作范围能够完全覆盖间隔区对应的建筑消防扑救面。参见图 3-5。尽管允许这种做法，但这样做肯定会损失消防车的救援高度，而我国当前举高类消防车的主要救援高度为 52m 左右，少数地方配备了救援高度更高的云梯平台消防车。因此，当建筑的建筑高度大于 50m 时，要避免间隔设置消防车登高操作场地。

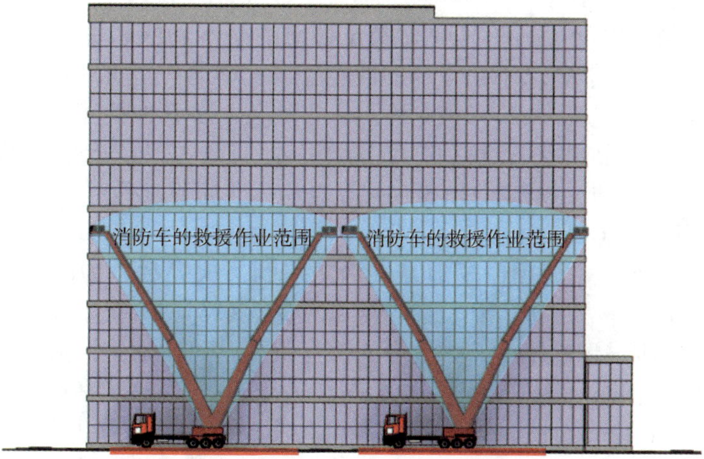


**图 3–5　消防车登高操作场地间隔布置时的间距确定方法示意图**

有关消防车登高操作场地间隔设置的技术要求，可参见国家标准《建筑设计防火规范》GB 50016—2014（2018 年版）的规定。例如，该标准第 7.2.1 条规定，建筑高度不大于 50m 的建筑连续布置消防车登高操作场地确有困难时，可间隔布置，但间隔距离不宜大于 30m，且消防车登高操作场地的总长度仍不应小于建筑周长的 1/4 和一条长边的长度。在实际工程建设中，消防车登高操作场地的间隔距离，应根据建筑的高度和属地消防救援车辆配置情况，在征询消防救援机构意见后确定，以更好地满足实际消防救援的需要。

3.4.7　消防车登高操作场地应符合下列规定：

1　场地与建筑之间不应有进深大于 4m 的裙房及其他妨碍消防车操作的障碍物或影响消防车作业的架空高压电线；

2　场地及其下面的建筑结构、管道和管沟等应满足承受消防车满载时压力的要求；

3　场地的坡度应满足消防车安全停靠与消防救援作业的要求。

【条文要点】

本条规定了消防车登高操作场地的基本功能和关键性能要求，有关性能要求不是全部的性能要求。场地与建筑外墙的水平距离、与建筑出入口和汽车库出入口的关系等其他性能要求和具体参数，还应根据建筑的高度和类型等因素，按照现行国家标准《建筑设计防火规范》GB 50016 等技术标准的要求确定。

【实施要点】

消防车登高操作场地是供消防车到达火场后，为满足举高类消防车停靠、展开和从建筑外部实施灭火与救援行动要求而在建筑周围设置的场地，主要针对高层工业与民用建筑的火灾扑救和人员救助。根据国家标准《消防车　第 12 部分：举高消防车》GB 7956.12—2015 的规定，举高消防车应有上、下车互锁功能，臂架（梯架）在支腿展开调平并支撑可靠之前不能运动，下车支腿在臂架（梯架）未收回到支撑托架之前不能收回。上、下车互锁功能应自动实现。臂架（梯架）在运动过程中，当任一支腿出现不受力情况，应有声光报警信号，并且臂架（梯架）不能继续向危险方向运动，但可以向安全方向运动。举高车应有支腿调平或回转平台调平的能力，调节范围不应小于 5°。登高平台消防车支腿伸展、支撑并调平的时间不应大于 50s，云梯消防车和举高喷射消防车支腿伸展、支撑并调平的时间不应大于 40s。因此，消防车登高操作场地的宽度、平整度和坡度应满足举高类消防车安全停靠和展开操作的要求。

以国产 32m 登高平台消防车为例，支腿架的纵向跨距不小于 6m，横向跨距不小于 5.7m。因此，消防车登高操作场地的最小长度和宽度分别不应小于 15m 和 8m，场地的大小还要结合与消防车道的关系、需使用的消防车的类型、建筑的救援高度综合考虑，并尽可能增大。

消防车登高操作场地或其他消防车操作场地以及场地下面的建筑结构、管道和暗沟等的承载力，应根据建筑的高度、规模、当地现役或未来可能配备的消防车的型号和满载总重量，按照消防车轮压或支腿的作用压强核算，详见本指南第3.4.4条的【实施要点】。在实际工程建设的规划和设计阶段，应详细调查当地消防救援机构装备的消防车辆的参数，并积极征询当地消防救援机构的意见。

# 4 建筑平面布置与防火分隔

## 4.1 一般规定

4.1.1 建筑的平面布置应便于建筑发生火灾时的人员疏散和避难，有利于减小火灾危害及控制火势和烟气的蔓延。同一建筑内的不同使用功能区域之间应进行防火分隔。

【条文要点】

建筑的平面布置是针对建筑内不同功能或不同用途区域的布置与分隔、交通路线与疏散路线的规划。本条规定了建筑平面布置的基本原则和功能要求，即应综合考虑建筑不同区域、房间的用途和火灾危险性，建筑整体的耐火性能，火灾时人员的疏散路径，空间视线与室内净空高度，使用人员的密度、构成和分布等，以及其他可能影响人员疏散安全和火灾、烟气蔓延的因素，通过建筑内平面的合理布置控制火灾与烟气蔓延，提高人员疏散的安全性，有利于灭火救援和降低火灾风险。

【实施要点】

（1）不同使用性质或使用功能的建筑由多种不同使用用途的空间构成，不同使用用途的场所对建筑内部空间、人员疏散和防止火灾蔓延的要求不同，仓库建筑和住宅建筑的平面布置较简单，生产性建筑和多功能的公共建筑较复杂。无论何种使用功能的建筑，建筑内部的平面布置均应满足建筑功能和消防安全的需要。

建筑在平面布置上的消防安全主要体现在：

1）可以降低火灾危险性大的部位或区域在发生火灾时对相邻其他区域的危害，如有利于缩短影响生产、商业经营和公用设施的持续性或恢复时间。

2）可以减少火灾带来的经济损失，如可以更有效地将火灾的过火面积和烟气蔓延限制在较小的范围内。

3）有利于人员疏散和消防救援人员安全进入并展开人员救助和内攻灭火，如在建筑对应救援场地的范围内设置救援通道和人员疏散通道与出口、消防救援口，并与内部疏散通道或疏散走道连通。

（2）在建筑防火方面，建筑的平面布置一般要符合以下基本要求：

1）火灾危险性较大的场所尽量布置在建筑的上部，或者将火灾危险性较大的场所尽量集中布置在发生火灾或爆炸时对建筑结构、人员疏散影响较小、不容易蔓延扩大和容易扑救与控制的部位。例如，在生产厂房中将甲、乙类生产工段或部位布置在建筑的上部；在存放丁类、丙类物质的仓库中，将丙类库房设置在建筑的上部；将具有爆炸危险性的生产工序布置在靠近外墙的部位。但这些布置方式又是相对的，并且还要区别火灾危险性的不同方面，综合方便和提高外部救援效果等影响进行平面布置。因为火灾危险性大的场所既包括火灾扑救难度大的场所，又包括人员疏散难度大的场所，或者两者兼具的场所。

2）供疏散行为能力较弱的人员使用的场所、人员密集的场所（应注意区别"人员密集场所"）要尽量布置在建筑的下部或较低楼层。例如，儿童活动场所、老年人照料设施、病房、残障人员活动室等场所。这些场所除需与其他区域防火分隔外，还要尽量布置在建筑的下部楼层，并具有独立的疏散出口；建筑面积较大的会议室、多功能厅、展厅等"人员密集的场所"，以及歌舞厅、游艺厅、夜总会、卡拉 OK 厅、剧本杀活动室、密室逃生类场所等易引发群死群伤的高火灾风险场所，要尽量布置在建筑的下部楼层或者严格控制相应房间的大小。

3）疏散路径应明确、顺畅，疏散出口和疏散楼梯的布置应便于人员发现和疏散。例如，将疏散出口布置在人员经常出入和火灾时易于发现的位置，疏散楼梯间尽量靠建筑的外墙布置，使疏散楼梯间具有较好的自然通风条件、疏散人员到达首层后可以直接通至室外安全地点；为疏散能力弱的人员疏散设置专用的疏散出口或疏散楼梯等。

4）当在同一使用性质的建筑物内混合设置多种不同使用功能的场所时，应对这些场所进行防火分隔。例如，在一座商业综合体内设置影剧院或电影放映厅，则影剧院或电影放映厅应与其他功能场所分隔，并且一般需要独立划分防火分区；在一座公共建筑内，餐饮场所与办公场所之间应采取防火分隔措施，并应分别划分防火分区；在一座生产厂房内设置中间仓库，则库房应与生产区域分隔，并一般也需要独立划分防火分区。

在同一使用功能的建筑中，火灾危险性大的房间或区域与火灾危险性小的房间或区域之间也要采取防火分隔措施。例如，在一座公共建筑内，变电站、锅炉房和柴油发电机房等用房与其他部位之间，应采用防火墙或耐火极限不低于 2.00h 的防火隔墙、甲级或乙级防火门分隔；在一座办公建筑内，图书室、报告厅、多功能厅与其他房间或部位之间应采用防火隔墙分隔；在一座生产厂房内，锅炉房等公用设施、辅助办公室、控制室等应采用防火隔墙或防火墙与生产区分隔。

（3）不同使用性质的场所不能组合在同一座建筑内建造。例如，在民用建筑内不允许设置生产场所，各类火灾危险性的生产场所和仓库不应与民用建筑上、下组合或水平组合建造。但是，在民用建筑内，允许布置为满足所在建筑使用功能和方便使用的常用物品储藏室。详见本指南第 4.3.1 条的【实施要点】。

直接为生产服务的办公场所、实验室等（如产品质量在线抽查、在线监控、员工临时休息等场所）可以与生产场所合建或设置在厂房内，但应符合相应的防火要求。为全厂服务的办公建筑、员工宿舍等场所，不是生产过程中必须设置在车间或厂房内的生产辅助设施，应独立建造，不应与生产场所合建。这些办公建筑、宿舍建筑等应符合民用建筑的相关防火要求。

（4）同一使用性质的建筑由多种不同使用功能组合建造时，不同使用功能区域之间应进行防火分隔，是一项重要的防火技术要求。在同一座建筑中，不同使用功能的区域通过合理分隔后，可以结合建筑的高度和各自功能区域的实际火灾危险性确定相应区域内的防火标准。有关防火分隔应满足的要求，需要根据建筑中这些功能区域的规模、火灾危险性、建筑高度，以及位于地上还是地下等因素确定。例如，办公建筑与旅馆建筑组合建造，两者之间在横向可以设置防火墙，在竖向可以根据所在建筑的耐火等级对楼板的耐火性能要求采用相应耐火性能的楼板分隔，但对于三、四级耐火等级的建筑，则应相应提高分隔部位楼板的耐火性能；建筑的地上楼层与地下楼层之间应在首层采用楼板分隔，楼板的耐火性能不应低于一级耐火等级相应使用性质的建筑对楼板的耐火性能要求，且耐火极限不应低于 1.50h。

对于一些特殊的建筑，不同功能之间的防火分隔要求应相应提高。例如，国家标准《地铁设计防火标准》GB 51298—2018 第 4.1.6 条规定，在站厅公共区同层布置的商业等非地铁功能的场所应采用防火墙与站厅公共区进行分隔，相互间宜采用下沉广场或连接通道等方式连通，不应直接连通；第 4.1.7 条规定，车辆基地建筑的上部不宜设置其他使用功能的场所或建筑，确需设置时，车辆基地与其他功能场所之间应采用耐火极限不低于 3.00h 的楼板分隔，车辆基地建筑的承重构件的耐火极限不应低于 3.00h，楼板的耐火极限不应低于 2.00h。采用这样的防火分隔措施分隔后，地铁部分与非地铁功能部分的防火设防标准可以分别确定。又如，国家标准《建筑设计防火规范》GB 50016—2014（2018 年版）第 5.4.10 条规定，住宅建筑与除商业服务网点外的其他使用功能的建筑合建时，住宅部分与非住宅部分之间应采用耐火极限不低于 2.00h 且无门窗、洞口的防火隔墙和 1.50h 的不燃性楼板完全分隔；当住宅建筑和非住宅部分的总建筑高度大于 24m 时，应采用无门窗、洞口的防火墙和耐火极限不低于 2.00h 的不燃性楼板完全分隔。采用这样的防火分隔措施分隔后，住宅和非住宅部分的防火设防标准可以区别对待。

4.1.2 工业与民用建筑、地铁车站、平时使用的人民防空工程应综合其高度（埋深）、使用功能和火灾危险性等因素，根据有利于消防救援、控制火灾及降低火灾危害的原则划分防火分区。防火分区的划分应符合下列规定：

1 建筑内横向应采用防火墙等划分防火分区，且防火分隔应保证火灾不会蔓延至相邻防火分区；

2　建筑内竖向按自然楼层划分防火分区时，除允许设置敞开楼梯间的建筑外，防火分区的建筑面积应按上、下楼层中在火灾时未封闭的开口所连通区域的建筑面积之和计算；

3　高层建筑主体与裙房之间未采用防火墙和甲级防火门分隔时，裙房的防火分区应按高层建筑主体的相应要求划分；

4　除建筑内游泳池、消防水池等的水面、冰面或雪面面积，射击场的靶道面积，污水沉降池面积，开敞式的外走廊或阳台面积等可不计入防火分区的建筑面积外，其他建筑面积均应计入所在防火分区的建筑面积。

【条文要点】

本条规定了在各类房屋建筑内划分防火分区的基本原则和防火分区的基本功能要求。平时使用的人民防空工程，地铁工程的车站、设备区和车辆基地，隧道的辅助设备用房等建筑的防火分区划分也应符合本条的规定。

【实施要点】

（1）防火分区是在建筑内部采用防火墙、楼板及其他防火分隔设施分隔而成，能在一定时间内防止火灾向同一建筑的其余部分蔓延的局部空间。在建筑内划分防火分区有利于控制火灾蔓延和减少火灾损失，是建筑防火中一项重要的被动防火技术措施。因此，防火分区是在建筑内部划分的一个用于控制火灾蔓延、减少火灾危害或损失的局部空间，用分区的建筑面积表示。

（2）防火分区周围应采用楼板、墙体、防火门等能够防止火势和烟气蔓延的耐火构配件、结构或其他防火分隔设施围合封闭。防火分区的主要作用为：

1）将建筑内发生的火灾控制在一个限定的空间内，以减少火灾对建筑结构、生产生活设施以及室内财产等造成的破坏或损失。

2）为建筑内其他防火分区内的人员争取更多的疏散与逃生时间。

3）便于组织应急救援和灭火。

因此，建筑需要根据其内部空间的特点（如空间高度、几何形状、上下层或水平方向的连通情况）、不同空间内的功能或用途（如生产的连续性、汽车库的车道、商业的动线设计、居室的私密性等）合理地划分防火分区。

（3）防火分区主要有按竖向和水平方向划分两种方式，因而防火分区也有水平防火分区和竖向防火分区两种类型。水平防火分区用以防止火灾在水平方向扩大蔓延，竖向防火分区用以防止火灾在多层或高层建筑的层与层之间竖向蔓延。

1）水平防火分区是指采用防火墙、防火卷帘、防火门及防火分隔水幕等分隔设施，在各楼层的水平方向分隔出的防火区域，它可以阻止火灾在楼层的水平方向蔓延。

2）竖向防火分区是利用耐火楼板等在建筑之间划分的防火分隔区域。火灾常常沿着建筑物各种竖向井道和开口向上部或下部楼层蔓延，烟气在建筑内竖向向上蔓延的速度是水平方向蔓延速度的数倍，人员竖向的疏散速度远小于烟气竖向向上的蔓延速度，且相互逆向运动，烟气对上部楼层人员的疏散安全威胁更大。因此，竖向防火分区在多层、高层建筑防火中发挥着重要的作用。

在建筑的竖向，不仅要采用耐火楼板分隔，而且建筑外部还通常需要采用在外墙开口处设置防火挑檐、窗槛墙等方法防止火灾经建筑外立面的开口蔓延。建筑内部设置的敞开楼梯、自动扶梯、中庭、工艺开口，以及电线电缆井、管道竖井、电梯井等，也是容易蔓延火灾和烟气的途径，需要采用防火分隔墙体等分别划分为单独的防火区域，以实现竖向防火分隔的目标。

3）无论竖向的防火分区还是水平方向的防火分区，均要控制一个防火分区的建筑面积，确保防火分区之间分隔措施的可靠性和有效性，尽可能减少火灾的危害。防火分区的建筑面积是建筑防火的一项重要控制指标。对此，国家相关技术标准根据建筑的火灾危险性类别、建筑高度、使用功能、耐火等级或结构类型等，并区别地上建筑与地下建筑，分别规定了不同建筑中一个防火分区的最大允许建筑面积。在实际建筑中，除本规范有明确规定者外，各类建筑中一个防火分区的最大允许建筑面积均可以根据国家相应技术标准的规定确定。例如，国家标准《建筑设计防火规范》GB 50016—2014（2018 年版）第 5.3.1 条规定了不同耐火等级民用建筑中一个防火分区最大允许建筑面积的基本值，即不同耐火等级建筑的防火分区最大允许建筑面积应符合表 4–1 的要求。

**表 4–1　不同耐火等级建筑的防火分区最大允许建筑面积**

<table>
<tr><th>名称</th><th>耐火等级</th><th>防火分区的最大允许建筑面积 /m²</th><th>备注</th></tr>
<tr><td>高层民用建筑</td><td>一、二级</td><td>1 500</td><td rowspan="2">对于体育馆、剧场的观众厅，防火分区的最大允许建筑面积可适当增加</td></tr>
<tr><td rowspan="3">单、多层民用建筑</td><td>一、二级</td><td>2 500</td></tr>
<tr><td>三级</td><td>1 200</td><td>—</td></tr>
<tr><td>四级</td><td>600</td><td>—</td></tr>
<tr><td>地下或半地下建筑（室）</td><td>一级</td><td>500</td><td>设备用房的防火分区最大允许建筑面积不应大于 1 000m²</td></tr>
</table>

（4）作为建筑中一项重要的被动防火措施，建筑内的人员安全疏散和消防给水排水、通风、电气等的防火设计，均与防火分区的划分和分隔方式紧密相关。在建筑内划分防火分区可以在建筑中某部位发生火灾时有效地把火灾控制在限定的防火分隔区域内，并可以为人员安全疏散、消防扑救提供有利条件。防火分区的划分应综合考虑建筑的使用性质、火灾危险性、建筑高度、耐火等级、消防设施配置等因素，并应遵循如下基本原则：

1）应结合建筑的使用功能需要，以有利于减少火灾损失为原则划分防火分区，尽量与建筑内的使用功能分区协调，使防火分区不仅能满足防火的需要，而且能更好地满足生产、生活等使用功能的需要。在一座建筑内可能具有多种用途的场所，火灾危险性可能各不相同，因此不同使用功能或火灾危险性类别场所的防火分区允许有所区别。如建筑中商店营业厅的防火分区建筑面积允许较办公区域的防火分区大些；火灾危险性大的建筑，防火分区的面积应控制严格些。反之，可以划分得大些。如甲类生产车间的防火分区应小于丙类生产车间的防火分区。

2）应结合区域内的火灾荷载高低、可燃物的形态和分布对火灾蔓延速度和作用范围的影响划分防火分区。火灾蔓延速度快或短时间蔓延面积大的区域、使用性质重要的建筑（如一类高层建筑）、火灾危险性类别高的场所和建筑（如甲、乙类工业建筑）、扑救难度大的建筑和场所（如地下建筑和高层建筑），防火分区的建筑面积应严格控制。

有关建筑火灾荷载的分类、调查和统计的方法，参见国家现行消防行业标准《建筑火灾荷载调查与统计分析方法》XF/T 1427 等标准。

3）应结合火灾对建筑结构的作用和火灾控制难度划分防火分区。建筑的防火分区与建筑的耐火等级关系密切。建筑的耐火等级高，防火分区可以大些；建筑高度高或位于地下，火灾扑救难度大，应严格控制防火分区面积的大小。耐火等级低的建筑、难燃和可燃结构较多的建筑，有关结构的耐火性能要求较低，要控制和减小防火分区的建筑面积，使火灾的作用时间短，并便于灭火救援和控制火灾规模。如高层建筑或地下建筑的防火分区要比单、多层地上建筑的防火分区要小，三级和四级耐火等级建筑的防火分区要较一级和二级耐火等级建筑的防火分区小。

4）自身具有较强灭火、控火能力的建筑，防火分区可以划分大些。例如，设置自动喷水灭火系统的防火分区，建筑面积允许增加。

5）建筑内的防火分区大小与建筑的安全疏散相关，但在划分防火分区时不应以防火分区的建筑面积大小未超过其最大允许值而弱化疏散设施的安全性。例如，一座二级耐火等级的3层小型商店建筑，每层建筑面积为500$m^2$，则该商店建筑每层至少应设置2座封闭楼梯间，不能因该建筑3层的总建筑面积不大于一个防火分区的最大允许建筑面积（2 500$m^2$）而采用敞开楼梯间。

（5）在计算建筑中防火分区的建筑面积时，应注意以下事项：

1）建筑内的水面、冰面和雪面所处区域、射击场的靶道、污水沉降池对火灾及其危害的贡献很小，在计算这些区域所在防火分区的最大允许建筑面积时，可以扣除建筑内游泳池和消防水池的水面面积、溜冰场的冰面面积、滑雪场的雪面面积、射击场的靶道面积、污水沉降池的面积。

2）建筑中开敞式的外走廊、阳台以及天桥，属于建筑外围护结构外的区域，不属于室内空间，这些区域的面积可以不计入相应防火分区。建筑之间的连廊应视其功能和分隔情况确定是否需要单独划分防火分区，或将其建筑面积计入相邻任一建筑的防火分区。

3）建筑内上下楼层的连通开口破坏了建筑竖向防火分区的完整性，会导致火灾在不同楼层之间蔓延。所有通过这些开口连通的区域的建筑面积，除上述第1）项中可不计入的面积外，均应叠加计算后计入同一个防火分区的建筑面积。

4）在生产厂房内因生产工艺要求设置的局部工艺夹层、操作平台、检修平台，一般无人操作或者操作人员、检修人员的数量少。当平时在上述区域内的使用人数少于10人时，相应防火分区的建筑面积通常可以不计算这些区域的建筑面积。

4.1.3　下列场所应采用防火门或防火窗、耐火极限不低于2.00h的防火隔墙和耐火极限不低于1.00h的楼板与其他区域分隔：

1　住宅建筑中的汽车库和锅炉房；

2　除居住建筑中的套内自用厨房可不分隔外，建筑内的厨房；

3 医疗建筑中的手术室或手术部、产房、重症监护室、贵重精密医疗装备用房、储藏间、实验室、胶片室等；

4 建筑中的儿童活动场所、老年人照料设施；

5 除消防水泵房的防火分隔应符合本规范第 4.1.7 条的规定，消防控制室的防火分隔应符合本规范第 4.1.8 条的规定外，其他消防设备或器材用房。

【条文要点】

本条规定了各类建筑中需要重点防火保护的房间应进行防火分隔，并规定了这些部位防火分隔的基本性能要求，使这些房间的火灾不会蔓延和危及其他相邻区域，或者其他区域的火灾不会影响这些房间的消防安全。

【实施要点】

（1）本条规定的场所与相邻区域之间的防火隔墙和防火分隔楼板，一般应为不燃性墙体，但木结构建筑和耐火等级低的建筑也可以根据建筑相应部位的构造情况采用难燃性墙体，但耐火极限不应低于本条规定。本条未明确设置在防火隔墙上的门、窗的耐火性能要求，有关要求统一在本规范第 6.4 节中作了规定。在实际建筑中，这些门、窗的耐火性能应根据所在防火隔墙的耐火性能要求，按照本规范第 6.4 节的相关规定确定。

（2）本条规定住宅建筑主要针对新建、改建和扩建的独立式住宅建筑、小型住宅建筑，以及既有住宅建筑的改造。这些建筑设置的汽车库和锅炉房规模小，但火灾危险性大，对建筑的火灾危害大，容易忽视而不采取防火分隔措施。因此，为住宅建筑服务的汽车库和锅炉房尽可能独立设置；需要设置在住宅建筑内时，应按照本条要求分隔。例如，国家标准《锅炉房设计标准》GB 50041—2020 第 4.1.4 条规定，住宅建筑物内不宜设置锅炉房。对于规模较大的住宅建筑，公用汽车库和锅炉房大多独立设置，或者根据本规范第 4.1.5 条和第 4.3.2 条的规定已经要求采取相应的防火分隔措施。

（3）本条规定的居住建筑包括住宅建筑、宿舍建筑、公寓建筑等供特定人员较长时间固定居住的建筑。这些建筑中的套内或户内独立的自用厨房，考虑到使用方便和不同生活方式的需要，在与起居室等房间之间可以不进行防火分隔，但一般应与卧室分隔。其他工业与民用建筑内的厨房，包括居住建筑中的共用厨房，均应与其他区域分隔，相应的防火分隔要求除应符合本条规定外，还应根据厨房内使用燃料和建筑面积大小采取更加安全、可靠的防火分隔措施。例如，使用燃气部位较多的厨房，应在燃气使用部位采用防爆墙或抗爆墙与相邻场所分隔；建筑面积大的工业厨房，应适当提高防火隔墙和隔墙上门、窗的耐火极限。

（4）医疗建筑中的手术室、手术部、产房、重症监护室，在防火分隔时要注意兼顾使用上的便利性和防止火灾蔓延的需要。相关规定还可以参见现行国家标准《综合医院建筑设计规范》GB 51039、《医院洁净手术部建筑技术规范》GB 50333 等技术标准。这些标准均要求综合医院建筑、洁净手术部建筑以及设置洁净手术部的建筑，耐火等级不应低于二级，并且规定了在这些建筑中相应场所的防火分隔要求。

本条规定的“贵重精密医疗装备用房”，可以根据现行国家标准《综合医院建筑设计规范》GB 51039 的规定确定；医疗建筑中的储藏间，主要为医疗建筑中存放医疗用品、药品的房间以及病案室等。

（5）本条规定的场所，除明确具体用途的房间外，一般为由多个不同用途的房间构成的一个区域，不一定是一个独立的房间。在这些区域内的房间之间、房间与疏散走道之间，可以根据相应技术标准的要求采取防火分隔措施。例如，现行国家标准《建筑设计防火规范》GB 50016、现行行业标准《托儿所、幼儿园建筑设计规范》JGJ 39、《老年人照料设施建筑设计标准》JGJ 450 等技术标准的规定。

（6）本规范规定的“儿童活动场所”均指托儿所、托育机构和幼儿园的儿童用房，用于 12 周岁及以下儿童游艺、校外培训等活动的场所；不包括小学学校的教学用房。

老年人照料设施是指为老年人提供集中照料服务的设施，是老年人全日照料设施和老年人日间照料设施的统称，包括日间照料设施、全日照料设施。本规范规定的“老年人照料设施”均是指床位总数大于或等于20床的老年人全日照料设施、可容纳的老年人总数大于或等于20人的老年人日间照料设施；不包括床位总数少于20床的老年人全日照料设施、可容纳的老年人总数少于20人的老年人日间照料设施，也不包括老年大学、老年活动中心等其他专供老年人使用的设施或场所。

（7）设置在建筑内的消防水泵房和消防控制室，与相邻区域的防火分隔应分别符合本规范第4.1.7条和第4.1.8条的规定。其他消防设备或器材用房，包括微型消防站、自动灭火系统的设备室（如气体灭火系统的灭火剂储瓶间、干粉灭火系统的灭火剂储瓶间）、机械加压送风防烟系统中的送风机房、机械排烟系统中的排烟风机房、消防电梯机房、应急救援器材间、除本规范有关条文规定外的应急发电机房或应急电源室等。

应注意的是，根据国家标准《建筑设计防火规范》GB 50016—2014（2018年版）第7.3.6条的规定，消防电梯机房之间除应采用耐火极限不低于2.00h的防火隔墙分隔外，设置在防火隔墙上的连通门应采用甲级防火门，而不是乙级防火门；楼板的耐火极限不应低于所在建筑的相应要求，即对于一级耐火等级的建筑，楼板的耐火极限不应低于1.50h，对于二级耐火等级的建筑，楼板的耐火极限不应低于1.00h。

4.1.4 燃油或燃气锅炉房、可燃油油浸变压器室、充有可燃油的高压电容器和多油开关、柴油发电机房等独立建造的设备用房与民用建筑贴邻时，应采用防火墙分隔，且不应贴邻建筑中人员聚集的场所。上述设备用房附设在建筑内时，应符合下列规定：

1 当位于人员密集的场所的上一层、下一层或贴邻时，应采取防止设备用房的爆炸作用危及上一层、下一层或相邻场所的措施；

2 设备用房的疏散门应直通室外或安全出口；

3 设备用房应采用耐火极限不低于2.00h的防火隔墙和耐火极限不低于1.50h的不燃性楼板与其他部位分隔，

防火隔墙上的门、窗应为甲级防火门、窗。

【条文要点】

本条规定了燃油或燃气锅炉房、可燃油油浸变压器室、充有可燃油的高压电容器室、多油开关室、柴油发电机房等具有较大火灾危险性场所单独建造和附设在建筑内时的基本防火要求。有关防火分隔的其他要求、平面布置的要求，还需要根据这些设施相应建筑设计标准的规定确定，例如，现行国家标准《锅炉房设计标准》GB 50041、《民用建筑电气设计标准》GB 51348、《火力发电厂与变电站设计防火标准》GB 50229、《城镇燃气设计规范》GB 50028 等技术标准的规定。

【实施要点】

（1）锅炉房的火灾危险性与丁类厂房相当，可燃油油浸变压器室、充有可燃油的高压电容器室、多油开关室、柴油发电机房等的火灾危险性大部分与丙类厂房相当。这些设备用房实际上是保证各类建筑使用功能的附属设施，不能简单地将其视为某一类别火灾危险性的生产厂房。这些设备用房当独立建造时，相应的防火设计要求可以比照相应类别火灾危险性生产厂房的要求确定；当设置在工业或民用建筑、地铁车站、隧道工程等建筑内时，应视为工业或民用建筑中的一部分，比照相应的火灾危险性采取必要的防火分隔等措施，但应控制相应的设备规模或容量，以确保建筑的消防安全。

（2）本条规定的设备用房以及与这些设备用房火灾危险性相当的其他设备用房，均具有一定的火灾危险性，有的还具有爆炸危险性，应尽量独立建造且不与其他建筑贴邻。当受条件限制（如城市用地或地形条件不满足设置防火间距的要求等）需与其他建筑贴邻，甚至采用嵌入等方式与其他建筑合建时，需视具体部位的火灾与爆炸危险性采用抗爆墙、防爆墙或防火墙分隔，并应避开会议室、多功能厅、餐厅、营业厅、站厅、观众厅、教室等人员密集的场所；当受条件限制需布置在建筑内时，应采用防火墙或耐火极限不低于 2.00h 的防火隔墙、耐火极限不低于 1.50h 的不燃性楼板与其他部位分隔，且在正常情况下不允许直接设置在建筑中人员密集的场所的上一层、下一层，也不应直接与人员密集的场所相邻。这些设备用房之间的防火分隔尚应符合本规范第 4.1.5 条、第 4.1.6 条的规定。

燃油或燃气锅炉、可燃油油浸变压器、充有可燃油的高压电容器和多油开关等在建筑内的布置，除应符合本规范的基本要求外，还应符合现行国家相关技术标准的规定。例如，国家标准《汽车库、修车库、停车场设计防火规范》GB 50067—2014 第 4.1.11 条规定，燃油或燃气锅炉、可燃油油浸变压器、充有可燃油的高压电容器和多油开关等不应设置在汽车库、修车库内。

（3）当这些设备用房受建筑平面布置限制，不得不设置在人员密集的场所的上一层、下一层或贴邻时，应采取防止设备用房的火灾或爆炸作用危及上一层、下一层或相邻场所的措施。例如，提高分隔楼板、墙体及下部承重梁、柱的结构强度和抗爆性能，在连接处设置双层楼板隔腔或双墙体隔腔，在承重结构表面设置减压设施等吸能设施等。对于可以确定在使用过程中不存在爆炸危险性的设备用房，只需要采取不低于本条第 3 款规定的防火分隔措施，不需要采取防爆分隔、爆炸泄压等技术措施。

（4）这些设备用房与其他部位的防火分隔楼板，耐火性能不应低于本条的规定，即使建筑的耐火等级低于一级，建筑允许采用耐火极限低于 1.50h 或难燃性的楼板时，也不允许降低防火分隔楼板的耐火极限。例如，在木结构建筑中，楼层间的防火分隔楼板允许采用难燃性楼板；在二级及以下耐火等级的其他类型结构建筑中，楼层间的防火分隔楼板允许采用耐火极限低于 1.50h 的不燃性或难燃性楼板，但在设置本条规定的设备用房处的上、下层防火分隔楼板，均应为耐火极限不低于 1.50h 的不燃性楼板。

（5）设备用房的疏散门应直通室外或安全出口。以下疏散门均符合此要求：

1）设备用房的疏散门直接通向室外地坪、下沉式广场或庭院的地面。

2）设备用房的疏散门直接通向疏散楼梯间，经过疏散走道或门厅等区域，但不需要经过其他使用功能的区域就可以到达室外。

3）设备用房的疏散门经过疏散走道或门厅等直接进入安全出口。

因此，这些设备用房应注意结合建筑内的不同功能区域和本规范第 4.1.5 条的规定合理选择设置位置。

（6）对于采用六氟化硫气体和氟碳绝缘冷却液等不燃介质绝缘的变压器，变压器的容量及相关设置位置和防火分隔等要求，本规范不作强制规定，可以按照现行国家标准《建筑设计防火规范》GB 50016 等技术标准的规定确定。其中，充装六氟化硫气体等介质的干式变压器尽管火灾危险性较小，但工作时易升温，仍存在一定火灾危险性，应设置在专用房间内，并使之具有良好的通风条件或设置相应的散热措施。

4.1.5 附设在建筑内的燃油或燃气锅炉房、柴油发电机房，除应符合本规范第 4.1.4 条的规定外，尚应符合下列规定：

1 常（负）压燃油或燃气锅炉房不应位于地下二层及以下，位于屋顶的常（负）压燃气锅炉房与通向屋面的安全出口的最小水平距离不应小于 6m；其他燃油或燃气锅炉房应位于建筑首层的靠外墙部位或地下一层的靠外侧部位，不应贴邻消防救援专用出入口、疏散楼梯（间）或人员的主要疏散通道。

2 建筑内单间储油间的燃油储存量不应大于 $1m^3$。油箱的通气管设置应满足防火要求，油箱的下部应设置防止油品流散的设施。储油间应采用耐火极限不低于 3.00h 的防火隔墙与发电机间、锅炉间分隔。

3 柴油机的排烟管、柴油机房的通风管、与储油间无关的电气线路等，不应穿过储油间。

4 燃油或燃气管道在设备间内及进入建筑物前，应分别设置具有自动和手动关闭功能的切断阀。

4.1.6 附设在建筑内的可燃油油浸变压器、充有可燃油的高压电容器和多油开关等设备用房，除应符合本规范第 4.1.4 条的规定外，尚应符合下列规定：

1 油浸变压器室、多油开关室、高压电容器室均应设置防止油品流散的设施；

2 变压器室应位于建筑的靠外侧部位，不应设置在地下二层及以下楼层；

3 变压器室之间、变压器室与配电室之间应采用防火门和耐火极限不低于 2.00h 的防火隔墙分隔。

【条文要点】

这两条根据燃油或燃气锅炉房、柴油发电机房、可燃油油浸变压器室、充有可燃油的高压电容器室和多油开关室的火灾危险性，进一步明确规定了这些设备用房附设在其他建筑内的具体设置位置要求以及减少相应火灾危害的关键技术措施。本规范第 4.1.6 条规定的变电站不包括嵌入式或贴邻式变电站，有关嵌入式或贴邻式变电站的平面布置要求应符合国家现行相关标准的规定。

【实施要点】

（1）在建筑平面布置中，应严格限制燃油或燃气锅炉房、柴油发电机房、可燃油油浸变压器室、充有可燃油的高压电容器室和多油开关室在建筑内的楼层位置，尽量减小这些设施发生事故对建筑本身及相邻区域的危害性作用，同时也便于通风换气和灭火救援。其中，燃气锅炉房的设置位置还需考虑方便设置必要的泄压设施或泄压面积。

在建筑中，可燃油油浸变压器室、充有可燃油的高压电容器室和多油开关室不应直接贴邻建筑中的疏散楼梯间（包括室外疏散楼梯、下沉式庭院或广场中通向地面的疏散楼梯等），人员密集的场所的主要疏散通道、疏散走道（包括地铁车站的出入口通道、建筑的室外疏散小巷等通道），消防救援专用出入口。

消防救援专用出入口包括深埋地铁车站的消防专用通道的出入口、隧道工程中的消防专用通道的出入口、建筑中连接消防电梯的专用通道在建筑内和建筑外墙上的出入口。消防专用通道是建筑中供消防救援人员从地面进入建筑展开灭火救援的专用通道和楼梯间等。

（2）燃油锅炉房的用油量相对较大，一般应将燃油采用储罐设置在建筑外，并通过管道输送进锅炉房。因此，本规范主要针对柴油发电机房，也包括用油量较少的小型锅炉房。考虑到有些用途的建筑中设置的柴油发电机组较多且可能比较分散的情形（如电信建筑、数据存储建筑、大中型计算中心等建筑中的应急发电机房），本规范以一座建筑在同一时间内只发生一次火灾为基础确定了相应的防火基准，因此未严格限制设置在建筑内的储油罐的总储油量，只限制单间储油间内的总储油量。

此外，储油间在使用过程中存在可燃蒸气聚集的情形，除需要加强通风外，在储油间内不应敷设和穿过与储油间使用用途无关的其他供油管道、电气线路及其他管道。

（3）燃油或燃气锅炉房存在一定的爆炸危险性，储油间和可燃油油浸变压器具有在事故时形成流淌火蔓延的危险性。因此，在平面布置中，对储油间、油浸变压器室不仅要做好防火分隔与流散油的收集措施，而且要限制充油量大的变压器附设在建筑内，降低火灾及其蔓延的危险性。防止逸漏的可燃液体流散的措施主要有：设置事故油池、围堰和采用管道将收集的可燃液体外引集中处理。当事故油池容量较大时，应采取铺设鹅卵石等隔油措施。

有关事故油池的容量及其设置标准参见现行国家标准《3~110kV 高压配电装置设计规范》GB 50060、《20kV 及以下变电所设计规范》GB 50053 和《火力发电厂与变电站设计防火标准》GB 50229 等技术标准的规定。例如，国家标准《3~110kV 高压配电装置设计规范》GB 50060—2008 第 5.5.2 条规定，屋内单台电气设备的油量在 100kg 以上时，应设置贮油设施或挡油设施。挡油设施的容量应按容纳 20% 油量设计，并应有将事故油排至安全处的设施。当不能满足上述要求时，应设置能容纳 100% 油量的贮油设施。第 5.5.3 条规定，室外贮油和挡油设施应高出地面 100mm，贮油设施内铺设的卵石层厚度不应小于 250mm，卵石直径为 50~80mm。国家标准《火力发电厂与变电站设计防火标准》GB 50229—2019 第 11.3.3 条规定，屋内单台总油量为 100kg 以上的电气设备应设置挡油设施及将事故油排至安全处的设施。挡油设施的容积宜按油量的 20% 设计。第 11.3.5 条规定，地下变电站的变压器应设置能贮存最大一台变压器油量的事故贮油池。

（4）采用管道从建筑外引入燃油或燃气的锅炉房和发电机房，具有比直接在建筑内设置储油间更高的消防安全性能。在这些管道进入锅炉房和发电机房前的室外设置应急切断阀，可以在事故时及时切断燃油或燃气供应，在设备房内的燃油或燃气输送干管上方便人员安全快速操作的位置设置应急切断阀，可以方便人员就地快速切断燃料供应。在这些位置设置切断阀均是隔断燃料源、阻止火灾进一步扩大，预防发生次生事故的有效措施。应急切断阀应具有自动和手动关闭的功能，其自动关闭功能应与设备用房内的火灾自动报警系统，或锅炉、发电机的事故应急系统联锁。

（5）变压器室之间、变压器室与配电室之间的连通门应采用防火门。变压器室之间、变压器室与配电室之间防火隔墙和防火门的耐火性能，除应符合本规范第 4.1.6 条和第 6.4 节的规定外，还应符合国家现行相关标准的规定，且不应低于本规范的规定。

4.1.7 消防水泵房的布置和防火分隔应符合下列规定：

1 单独建造的消防水泵房，耐火等级不应低于二级；

2 附设在建筑内的消防水泵房应采用防火门、防火窗、耐火极限不低于 2.00h 的防火隔墙和耐火极限不低于 1.50h 的楼板与其他部位分隔；

3 除地铁工程、水利水电工程和其他特殊工程中的地下消防水泵房可根据工程要求确定其设置楼层外，其他建筑中的消防水泵房不应设置在建筑的地下三层及以下楼层；

4 消防水泵房的疏散门应直通室外或安全出口；

5 消防水泵房的室内环境温度不应低于 5℃；

6 消防水泵房应采取防水淹等的措施。

4.1.8 消防控制室的布置和防火分隔应符合下列规定：

1 单独建造的消防控制室，耐火等级不应低于二级；

2 附设在建筑内的消防控制室应采用防火门、防火窗、耐火极限不低于 2.00h 的防火隔墙和耐火极限不低于 1.50h 的楼板与其他部位分隔；

3 消防控制室应位于建筑的首层或地下一层，疏散门应直通室外或安全出口；

4 消防控制室的环境条件不应干扰或影响消防控制室内火灾报警与控制设备的正常运行；

5 消防控制室内不应敷设或穿过与消防控制室无关的管线；

6 消防控制室应采取防水淹、防潮、防啮齿动物等的措施。

【条文要点】

消防水泵房和消防控制室是建筑发生火灾时仍需要人员坚持工作的关键场所。这两条规定了消防水泵房和消防控制室设置的基本防火要求，以及保证消防设施、设备正常运行的关键技术要求，以确保这些设备用房的消防安全，保证设置于其中的消防设备在火灾时仍能正常发挥作用。

【实施要点】

（1）消防水泵房和消防控制室的布置位置应有利于防止外部火灾的危害，与相邻区域的防火分隔应保证其中的设施、设备在建筑发生火灾时仍能正常安全运行。

消防水泵房是保障建筑消防供水的重要场所，消防控制室是建筑物内火灾自动报警和警报设施、设备联动控制设施，以及其他相关防火、灭火设施的显示、控制中心，必须保证消防水泵房和消防控制室内的设施、设备在火灾时不会受到火灾和高温的作用，使之能在消防救援时间内一直正常工作，确保火灾时需进入消防水泵房内的人员和坚持在消防控制室内的人员不会受到火灾和烟气的威胁。因此，消防水泵房和消防控制室应具备较高的耐火和防火性能。当单独建造时，消防水泵房和消防控制室的耐火等级不应低于二级；当附设在建筑内时，无论建筑自身的耐火等级高低，消防水泵房和消防控制室均应采取不低于二级耐火等级建筑相应耐火和防火性能要求的措施与相邻区域分隔。其中，防火隔墙的耐火极限不应低于 2.00h，楼板的耐火极限不应低于 1.50h，防火隔墙和楼板均应采用不燃性结构；防火隔墙上的门、窗的耐火性能应符合本规范第 6.4 节的规定和现行国家相关技术标准的规定，如现行国家标准《消防给水及消火栓系统技术规范》GB 50974 和《建筑设计防火规范》GB 50016 等。

（2）消防水泵房和消防控制室的布置位置应有利于建筑发生火灾时消防救援人员和其他应急人员快速接近、安全进出。

消防控制室要尽量设置在建筑的首层，允许设置在地下一层，不允许设置在其他楼层。对于坡地建筑，可以根据消防救援场地的设置情况确定相应的首层位置。消防控制室设置在首层时，要尽量设置直通室外的疏散门，允许消防控制室的疏散门经过扩大的前室、扩大的封闭楼梯间、疏散走道通至室外，不允许经过其他使用功能的房间或区域通至室外；设置在地下一层时，疏散门的设置应符合本指南第 4.1.4 条【实施要点】第（5）款的释义。

消防水泵房可以根据建筑的高度、埋深确定合适的位置，当建筑设置多个消防水泵房时，主消防水泵房应位于便于人员进出的较低地上楼层或地下一、二层。设置在地下楼层的消防水泵房和消防控制室要尽量避免设置在最下一层，防止消防水泵房和消防控制室在灭火过程中被水淹而不能发挥作用；难以避免而必须设置在地下的最下一层时，需要采取防止水淹的措施；设置在其他楼层时，也要采取疏水和挡水措施。

此外，根据本规范第 7.1.10 条的规定，层数大于或等于 3 层的地下建筑、埋深大于 10m 的地下建筑，其竖向疏散距离大，楼梯间需要采用防烟楼梯间。这种楼梯间不利于消防救援人员快速进出。对于无特殊功能要求的工业与民用建筑，消防水泵房不应设置在地下三层及以下楼层；对于水利工程、水电工程、地铁工程、隧道工程和一些科研设施工程等特殊建筑和工程，受建筑或工程建设条件本身和特殊使用功能要求的限制，允许消防水泵房设置在地下三层及以下楼层以及埋深大的其他楼层。但是，无论消防水泵房设置在地下哪个楼层，均应满足消防救援人员快速和安全到达与进出以及相应人员安全疏散的要求，满足相应水基消防设施、室内消防给水系统的消防设计流量和设计工作压力的要求。

（3）消防水泵房和消防控制室的布置位置、室内环境，应在平时和建筑发生火灾时能保证消防水泵及其控制装置、火灾自动报警设备和消防控制设备等设施、设备正常运行。尽管水常态下的结冰临界温度为0℃，但在4℃时的密度最大。消防水泵房通常无人值守，大多不需要供暖。为安全起见，设置在冬季存在冰冻危险的地区且无供暖的消防水泵房，要确保消防水泵房的室内环境温度不低于5℃，防止水和阀门、水泵等被冻结。当无法保证消防水泵房正常使用的环境温度要求时，应采取相应的供暖措施，或其他防止水和阀门、水泵等被冻结的措施。

消防水泵房和消防控制室当设置在潮湿环境（如部分隧道工程、地下工程等）、具有一定腐蚀性的环境（如海岸附近、部分具有腐蚀性环境的工业场所等），以及电气线路和装置设置场所存在被老鼠等啮齿动物撕咬的情形时，应采取相应的防护措施，以保证消防设施设备始终处于正常运行状态。

消防控制室的位置还应注意避开强电磁干扰，当设置环境存在对火灾自动报警与控制系统、消防通信系统的有害电磁干扰且难以避开时，应采取相应的电磁屏蔽措施和保证火灾自动报警与控制系统、消防通信系统等正常运行的措施。

4.1.9 汽车库不应与甲、乙类的生产场所或库房贴邻或组合建造。

**【条文要点】**

本条规定严格限制各类汽车库与甲、乙类的生产场所，甲、乙类库房贴邻或组合建造，但不限制与其他建筑贴邻或组合建造。

**【实施要点】**

（1）汽车库与甲、乙类生产厂房或车间，甲、乙类仓库，生产厂房内靠外墙的甲、乙类中间仓库之间，应按照本规范的要求设置防火间距。本规范未明确的间距，应按照本规范确定的性能要求和现行国家相关技术标准的规定确定，如国家标准《汽车库、修车库、停车场设计防火规范》GB 50067—2014 第4.2节的规定。

本条规定的甲、乙类生产场所，甲、乙类库房，不包括直接为汽车库服务且火灾危险性类别为甲、乙类的附属设施，如设置1个车位的地上非封闭喷漆间、车位数不大于2个的地上封闭喷漆间、建筑面积不大于200m$^2$的充电间等场所。

（2）汽车库与其他建筑的防火间距、汽车库与其他建筑贴邻或组合建造的要求，应符合本规范和现行国家相关标准有关防火间距、防火分隔的规定。例如，国家标准《汽车库、修车库、停车场设计防火规范》GB 50067—2014第4.1.4条规定，汽车库不应与托儿所、幼儿园、老年人建筑、中小学校的教学楼、病房楼等组合建造，当采用耐火极限不低于2.00h的楼板完全分隔且安全出口和疏散楼梯分别独立设置时，可设置在托儿所、幼儿园，老年人建筑，中小学校的教学楼，病房楼等的地下楼层。

## 4.2 工业建筑

4.2.1 除特殊工艺要求外，下列场所不应设置在地下或半地下：

1 甲、乙类生产场所；

2 甲、乙类仓库；

3 有粉尘爆炸危险生产场所、滤尘设备间；

4 邮袋库、丝麻棉毛类物质库。

【条文要点】

本条规定限制在地下或半地下设置甲、乙类工业场所，以控制和减小爆炸危险性生产和储存场所的火灾与爆炸危害。这些场所包括生产与储存氧气等本身不具备爆炸危险性助燃气体的场所。

【实施要点】

（1）本条规定的“特殊工艺要求”，主要指生产装置或设备因工艺需要必须布置在地下、半地下才能实现生产过程，如不这样做将无法满足正常生产需要的情形。当本条规定的生产场所必须设置在地下、半地下时，应按照本规范第1.0.8条的规定经专项论证确定相应的防火技术措施和要求以及相关使用、维护管理的防火要求。

（2）本条规定的甲、乙类生产场所，包括独立的甲、乙类生产厂房，各类生产厂房内的甲、乙类生产车间或部位；甲、乙类仓库包括独立的甲、乙类仓库，与其他类别火灾危险性库房合建的甲、乙类库房，设置在生产建筑内的甲、乙类中间库房，医疗建筑内附设的氧气供应间，自来水厂的加氯间等。

（3）邮袋、丝麻棉毛类物质的燃烧发热量和产烟量均很大，并且容易发展成为深位火，此类物质的火灾扑救不仅用水量大，而且难以在短时间内有效扑灭和控制。受外部扑救进出和消防救援装备等条件的限制，这些物质的库房设置在地下会给灭火救援和有效灭火带来巨大困难，应严格限制设置在地下、半地下。

（4）本条第 3 款规定的“有粉尘爆炸危险生产场所、滤尘设备间”主要指有粉尘爆炸危险生产场所的滤尘设备间，而有粉尘爆炸危险的生产场所已包含在本条第 1 款中；本条第 4 款规定的邮袋库主要为存放空邮袋的库房，丝麻棉毛类物质包括丝麻棉毛的原料、成品和半成品。

4.2.2　厂房内不应设置宿舍。直接服务于生产的办公室、休息室等辅助用房的设置，应符合下列规定：

1　不应设置在甲、乙类厂房内；

2　与甲、乙类厂房贴邻的辅助用房的耐火等级不应低于二级，并应采用耐火极限不低于 3.00h 的抗爆墙与厂房中的爆炸危险性区域分隔，安全出口应独立设置；

3　设置在丙类厂房内的辅助用房应采用防火门、防火窗、耐火极限不低于 2.00h 的防火隔墙和耐火极限不低于 1.00h 的楼板与厂房内的其他部位分隔，并应设置至少 1 个独立的安全出口。

**【条文要点】**

（1）本条规定限制在生产厂房内设置与生产过程控制、质量控制无直接关系的其他房间，特别是要限制建造住宿与生产储存、经营合用的场所，即住宿与生产、储存、经营等一种或几种用途不应混合设置在同一座建筑内，或设置在生产厂房中同一连通空间内。

（2）本条明确了生产厂房内生产区域与生产辅助用房之间的防火分隔和人员安全疏散的要求。

【实施要点】

（1）住宿与生产、储存、经营合建的场所，在我国发生过多起重特大火灾，教训深刻。为此，还专门制定并发布了行业标准《住宿与生产储存经营合用场所消防安全技术要求》XF 703—2007，以满足既有住宿与生产、储存、经营合用场所的消防安全治理需要。因此，在新建、改建、扩建建筑中要禁止建造此类形式的建筑，既有建筑改造也不允许将类似功能组合在同一座建筑内。

（2）本条规定的宿舍是用于保障员工生活的宿舍，不包括在车间内设置的在岗人员值班休息室。宿舍与生产车间属于不同使用性质的场所，相应的火灾危险性相差很大，因而不允许合建在同一座建筑内。宿舍建筑属于民用建筑，其防火技术要求应符合宿舍建筑的相关要求，如国家现行标准《宿舍建筑设计规范》JGJ 36 和《建筑设计防火规范》GB 50016 等标准的规定。

（3）直接为生产服务的办公室、休息室等辅助用房，是为满足连续生产、产品质量控制所需控制与调度、在线监测、检验与检测的房间，保障生产作业人员职业健康所需临时休息室，保障生产所需设备用房等房间，属于生产性建筑中的不同用途的房间，允许与生产车间合建或直接设置在丙、丁、戊类生产厂房或车间内，不允许设置在甲、乙类生产车间或厂房内。但是，这些生产辅助用房与生产场所的火灾危险性不同，因此仍需要合理确定其布置位置、设置必要的独立安全出口，采取满足防火要求的分隔措施，以减少火灾的危害。这些生产辅助用房的设置可以按照以下情形区别对待：

1）当生产辅助用房的建筑面积较小且分散布置时，可以视作生产过程中具有一定围护结构的工位，其防火要求与所在区域对应类别火灾危险性的生产场所相同。

2）当生产辅助用房的建筑面积较大时，应避开生产厂房中火灾危险性较大的位置集中布置，并设置独立的安全出口。在此情况下，尽管这些生产辅助用房与生产厂房是组合建造的，但除设备用房和库房外，其他辅助用房的防火要求应符合相应民用建筑的相关要求。

3）当生产厂房或车间为丁、戊类火灾危险性时，生产辅助用房无论建筑面积大小，均允许设置在生产厂房或车间内。生产辅助用房与生产区域之间的防火分隔、生产辅助用房的人员疏散设施，可以根据实际情况和国家相关技术标准的规定，按照减少火灾危害和保障火灾时的人员疏散安全为原则确定，本规范不作强制要求。

（4）满足生产必需的辅助用房允许与甲、乙类厂房贴邻建造。此时，实际上是将本来应该按照一定防火间距布置并独立建造的生产辅助建筑，为满足生产需要而允许与甲、乙类厂房贴邻建造，但应采用防爆墙或抗爆墙分隔，一般只允许一面贴邻，不允许多面贴邻。生产辅助用房的耐火等级可以与甲、乙类厂房的耐火等级不同，但不应低于二级，甲、乙类厂房的耐火等级可以根据其规模等按照本规范第 5.2 节的规定确定。

（5）所谓独立的安全出口，是指该出口不需要经过生产区域即可直接通向室外或疏散楼梯间。对于多层和高层生产厂房，当辅助用房通过单独的安全出口连通至疏散楼梯间的前室或封闭楼梯间，并与生产区域共用疏散楼梯间时，该出口可以视为独立的安全出口。但是，对于甲、乙类厂房，应在甲、乙类生产区域进入疏散楼梯间前设置防爆门斗。参见图 4–1。

4.2.3　设置在厂房内的甲、乙、丙类中间仓库，应采用防火墙和耐火极限不低于 1.50h 的不燃性楼板与其他部位分隔。

**【条文要点】**

本条规定了设置在厂房内的甲、乙、丙类中间仓库的基本防火分隔要求，未规定中间仓库的布置位置、规模、建筑耐火性能、在防火墙等墙体上的开口防火措施等的具体要求，未规定丁、戊类中间仓库的设置要求。这些未规定的要求需要视建筑的具体情况，按照国家现行相关技术标准的规定确定。

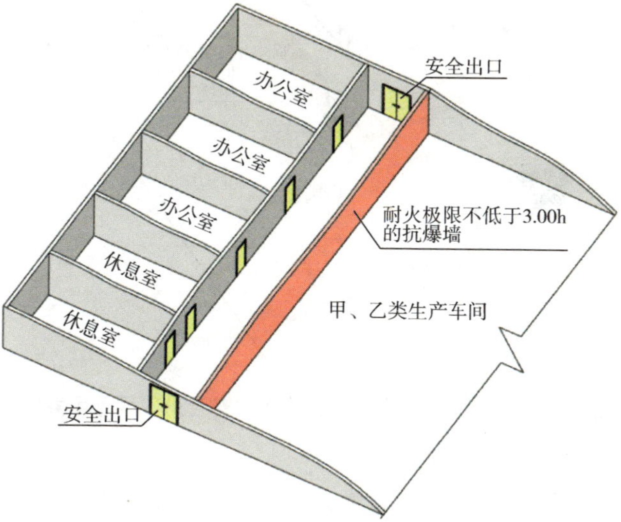
安全出口
办公室
办公室
办公室
休息室
休息室
耐火极限不低于3.00h的抗爆墙
甲、乙类生产车间
安全出口

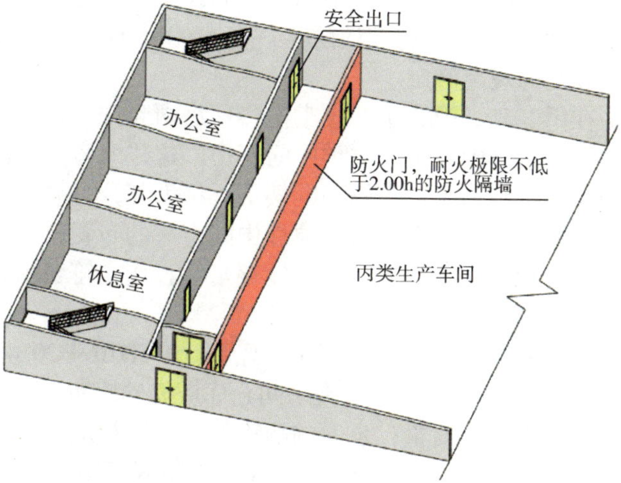
安全出口
办公室
办公室
休息室
防火门，耐火极限不低于2.00h的防火隔墙
丙类生产车间

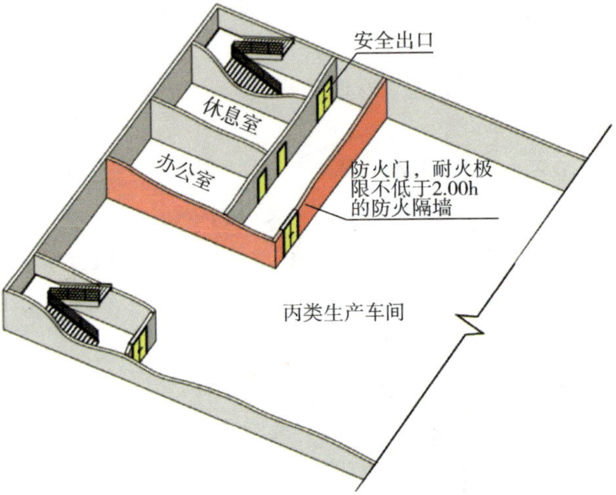


**图 4–1　生产厂房中辅助用房独立的安全出口设置示意图**

## 【实施要点】

（1）本条规定的中间仓库，实际上是设置在厂房内的库房。中间仓库是为满足日常连续生产需要，在厂房内存放从库房或上道工序取得的原材料、半成品、辅助材料，或临时存放产品的周转场所，属于厂房的一部分。中间仓库的火灾危险性分类，可以参照现行国家标准《建筑设计防火规范》GB 50016 有关仓库火灾危险性分类的规定确定。

（2）在甲、乙、丙、丁、戊类生产厂房内允许设置为满足连续生产的甲、乙、丙、丁、戊类中间库房。这些库房大多数与生产车间同层，少数与生产车间不同楼层，绝大部分是靠近厂房的外墙集中布置。不同类别火灾危险性中间仓库的布置位置、耐火等级、占地面积、建筑面积、物品储存量等，均应符合国家现行相关技术标准的规定。

例如，国家标准《建筑设计防火规范》GB 50016—2014（2018 年版）第 3.3.6 条规定，甲、乙类中间仓库应靠外墙布置，其储量不宜超过 1 昼夜的需要量；仓库的耐火等级和面积应符合国家标准《建筑设计防火规范》GB 50016—2014（2018 年版）第 3.3.2 条和第 3.3.3 条的规定，即库房的耐火等级不应低于所在厂房的耐火等级，并应符合相关标准对仓库耐火等级的要求；中间仓库的占地面积和中间仓库内一个防火分区的最大允许建筑面积，应符合相关标准对相应耐火等级和相应类别火灾危险性仓库的要求。同时，中间仓库的建筑面积与所服务生产区的建筑面积之和，不应大于该中间仓库所在厂房一个防火分区的最大允许建筑面积。

（3）本条规定了甲、乙、丙类中间仓库应采用防火墙和耐火极限不低于 1.50h 的不燃性楼板与生产厂房内的其他部位分隔，中间仓库内不同防火分区或不同库房之间的防火分隔应符合国家现行相关技术标准的规定，如现行国家标准《建筑设计防火规范》GB 50016。根据国家标准《建筑设计防火规范》GB 50016—2014（2018 年版）第 3.3.6 条的规定，甲、乙、丙类中间仓库与厂房内其他部位分隔的防火墙、中间仓库内不同防火分区或不同库房之间的防火墙，耐火极限均不应低于 4.00h。对于棉麻丝毛、橡胶及其制品等发生火灾难以有效扑灭的储存物品中间仓库，还需结合库房的内部防火分隔、每间库房的建筑面积、储存物品的数量、类型和吸水特性等情况，适当提高防火分隔楼板的耐火性能和承载力。

对于丁、戊类中间仓库，可燃物数量少，以燃烧速度较慢的物品为主，总体火灾危险性较小。此时，主要考虑生产区的火灾对库房的危害性作用，允许采用耐火极限不低于 2.00h 的防火隔墙和耐火极限不低于 1.00h 的不燃性楼板与生产厂房内的其他部位分隔，不要求采用防火墙和耐火极限不低于 1.50h 的不燃性楼板。但是，当生产区内的火灾危险较高时，仍需要提高生产区与中间仓库的防火分隔要求。丁、戊类仓库内不同防火分区或不同库房之间仍要求采用耐火极限不低于 3.00h 的防火墙分隔。

（4）在甲、乙类中间仓库内不同防火分区或不同库房之间的防火墙上，不允许设置任何开口。在甲、乙、丙、丁、戊类中间仓库与厂房内其他部位分隔的防火墙上，在丙、丁、戊类中间仓库内不同防火分区或不同库房之间的防火墙上，可以设置为满足方便操作要求必需的开口。这些开口的大小和防火分隔措施，均需要综合库房内物品的燃烧特性、状态、存放方式，库房内部的防火分隔、灭火设施设置情况、防火分隔的可靠性等因素，以有效控制火灾蔓延和减少火灾损失为目标确定。当采用防火卷帘时，要严格控制防火卷帘的使用宽度和高度，提高防火卷帘动作的可靠性，确保动作电源的可靠性；当采取防火分隔水幕时，要限制防火分隔部位的高度和宽度，保证水源和电源的可靠性，保证具有足够的用水量、分隔布水强度和厚度。

4.2.4 与甲、乙类厂房贴邻并供该甲、乙类厂房专用的10kV及以下的变（配）电站，应采用无开口的防火墙或抗爆墙一面贴邻，与乙类厂房贴邻的防火墙上的开口应为甲级防火窗。其他变（配）电站应设置在甲、乙类厂房以及爆炸危险性区域外，不应与甲、乙类厂房贴邻。

**【条文要点】**

本条规定了各类变电站布置和防火分隔的基本要求，明确了各类变电站与甲、乙类厂房的关系；未规定变电站与丙、丁、戊类厂房的关系，以及变电站与甲、乙类厂房分隔的防火墙、抗爆墙的具体耐火性能与构造要求。

**【实施要点】**

（1）10kV以上的变电站，无论是否专门服务于甲、乙类厂房，均应独立设置在甲、乙类厂房外，并按照相关技术标准的规定设置防火间距，不允许与甲、乙类厂房贴邻。不是专门服务于甲、乙类厂房的10kV及以下的变电站，与甲、乙类厂房之间应按照相关技术标准的规定设置防火间距，不允许设置在甲、乙类厂房内，也不允许与甲、乙类厂房贴邻。

上述各类变电站还应位于爆炸危险性区域外。这些区域包括：受甲、乙类厂房影响而在甲、乙类厂房外形成的可燃气体、蒸气、粉尘等物质的爆炸危险性区域，因装卸、储存或充装可燃气体、可燃液体而形成的爆炸危险性区域，因装卸粮食、大豆等作业活动产生可燃粉尘而在作业期间形成的爆炸危险性区域。后两种情形可能与甲、乙类厂房有关，也可能与甲、乙类厂房无关。

例如，在液化石油气装卸码头的可燃气体爆炸危险性区域内，在加油加气站内的可燃气体或可燃蒸气爆炸危险性区域内，不允许设置任何变电站。爆炸危险性区域的划分可以参考现行国家标准《爆炸危险环境电力装置设计规范》GB 50058 的规定。

（2）专门服务于甲、乙类厂房的 10kV 及以下的变电站，应设置在甲、乙类厂房外，不允许直接设置在甲、乙类厂房内，允许与所服务的甲、乙类厂房一面贴邻，但不允许多面贴邻建造。

1）当变电站与甲、乙类厂房贴邻时，相互间需要采用防火墙或抗爆墙分隔；当变电站与甲、乙类厂房之间未采用防火墙或抗爆墙分隔时，应按照国家现行相关标准的规定设置防火间距。

2）当变电站与甲、乙类厂房贴邻时，甲、乙类厂房和变电站需要按照不同的独立建筑考虑，两者必然属于不同的防火分区。因此，根据国家标准《建筑设计防火规范》GB 50016—2014（2018 年版）第 3.2.9 条的规定，变电站与甲、乙类厂房贴邻处的防火墙和抗爆墙的耐火极限均不应低于 4.00h。

3）在与甲类厂房分隔的抗爆墙、防火墙上不允许设置任何开口。与乙类厂房贴邻的变电站采用防火墙分隔时，在防火墙上可以设置与乙类厂房相通的观察窗等窗口，但不允许设置连通门，也不允许设置其他开口，有关电气线路穿越墙体的缝隙和孔口均需要采取防火封堵措施。窗口应采用甲级防火窗。

（3）变电站与甲、乙类厂房贴邻时防火分隔墙体的防火、防爆性能，可以根据贴邻侧变电站或厂房内的实际火灾危险性，按照下述原则确定：

1）当甲、乙类厂房与变电站贴邻一侧的区域不具有爆炸危险性时，可以采用防火墙。

2）当变电站贴邻甲、乙类厂房一侧的房间为无爆炸危险性的配电装置室、无功补偿装置室、干式变压器室或充装不可燃液体的变压器室时，可以采用防火墙。

3）当甲、乙类厂房与变电站贴邻一侧的区域具有爆炸危险性，或者变电站贴邻甲、乙类厂房一侧的房间为可燃油油浸变压器室时，应采用抗爆墙，不允许采用防火墙。

4.2.5　甲、乙类仓库和储存丙类可燃液体的仓库应为单、多层建筑。

【实施要点】

甲、乙类仓库内储存的物品大部分是以先爆炸后燃烧为主要表现形式的材料，少数为加速燃烧的助燃物品或快速燃烧的易燃材料；储存丙类可燃液体的仓库火灾以流散液体火为主，容易导致大面积火，有时甚至可能引发可燃蒸气爆炸的严重后果。根据现行国家标准《建筑设计防火规范》GB 50016 等标准的规定，上述三类仓库尽管采用防火墙分隔的每间库房或防火分区的建筑面积比较小，仓库的占地面积也控制较严格，但是库房一旦发生爆炸或火灾，往往会导致建筑结构严重受损。因此，要严格限制这些仓库的建造层数。通常，可以按照以下原则考虑：

（1）仓库的层数应综合库房内储存物品的数量和储存方式、火灾或爆炸特性、仓库的耐火等级和结构抗爆性能、与相邻建筑的间距、便于火灾扑救等因素确定。

（2）甲类仓库火灾事故以爆炸为主，需要采用单层建筑。

（3）乙类仓库存储的物品有的具有爆炸危险性，有的不具有爆炸危险性。乙类仓库的层数可以根据储存物品的火灾或爆炸特性区别对待，但具有爆炸危险性的乙类仓库一旦发生爆炸，其后果与甲类仓库差别不大。因此，乙类仓库仍要尽量采用单层建筑。

（4）储存丙类可燃液体的仓库大多采用中小型储罐储存润滑油、动植物油以及小包装的酒类液体，火灾荷载大。火灾多为意外泄漏或破损产生的流散可燃液体燃烧，但容易引发更多储存容器受损而导致更大的火灾，且火势发展迅速，控制难度大。储存丙类可燃液体的仓库层数需要根据储存容器的大小和存放方式、建筑上下楼层的防火分隔和防渗漏等情况考虑。储存容器容积较大的仓库、在库房内多层存放可燃液体的仓库，要尽量采用单层建筑；其他情形的仓库，可以根据建设用地情况和便于安全、有效扑救火灾的需要，按照现行国家相关技术标准的规定确定，如国家标准《建筑设计防火规范》GB 50016—2014（2018 年版）第 3.3.2 条。

4.2.6 仓库内的防火分区或库房之间应采用防火墙分隔，甲、乙类库房内的防火分区或库房之间应采用无任何开口的防火墙分隔。

【条文要点】

在仓库建筑内，可以根据安全出口和疏散楼梯的设置情况，采用防火分区或防火分隔间（即每间库房）的方式将仓库划分为更小的防火区域，以减少仓库火灾的危害，参见本指南第7.2.3条的【实施要点】。本条规定了仓库中不同防火分区或不同库房之间的防火分隔措施，重点在于确保防火分隔的可靠性。

【实施要点】

（1）在各类火灾危险性的仓库内，防火分区之间必须采用实体防火墙分隔，除防火墙上必需的开口外，不允许采用防火卷帘、防火分隔水幕等方式替代防火墙。对于丁、戊类仓库，每个防火分区的最大允许建筑面积大，尽管每个防火分区的总体火灾危险性小，但仍存在一定的火灾危险性，防火分区之间仍需采用防火墙分隔。

（2）对于甲、乙类仓库，在防火分区之间的防火墙上不允许开设任何开口。对于丙、丁、戊类仓库，在防火分区之间的防火墙上尽管允许设置为便于运输、通行或满足自动化操作工艺要求的开口，但也要尽量不设置开口。这些开口除要设置在火灾时可以自动或联动关闭的甲级防火门或防火卷帘等设施外，还要严格限制每个开口的宽度、高度，以及在同一防火分隔部位上的开口总宽度；当设置防火卷帘时，应同时在防火卷帘附近设置甲级防火门作为逃生门。在平时，防火门和防火卷帘要尽量保持关闭状态。

本条有关甲、乙类仓库内的防火墙，是指仓库中储存甲类物品的防火分区或库房之间的防火墙、储存甲类物品与储存乙、丙、丁、戊类物品的防火分区或库房之间的防火墙、储存乙类物品的防火分区或库房之间的防火墙、储存乙类物品与储存甲、丙、丁、戊类物品的防火分区或库房之间的防火墙，不包括仓库中储存丙、丁、戊类物品的防火分区或库房之间的防火墙。例如，在一座乙类仓库中，当存在储存丙、丁、戊类物品的防火分区或库房时，在储存丙、丁、戊类物品的防火分区或库房之间的防火墙上，仍然允许开设必要的开口。参见图4-2。

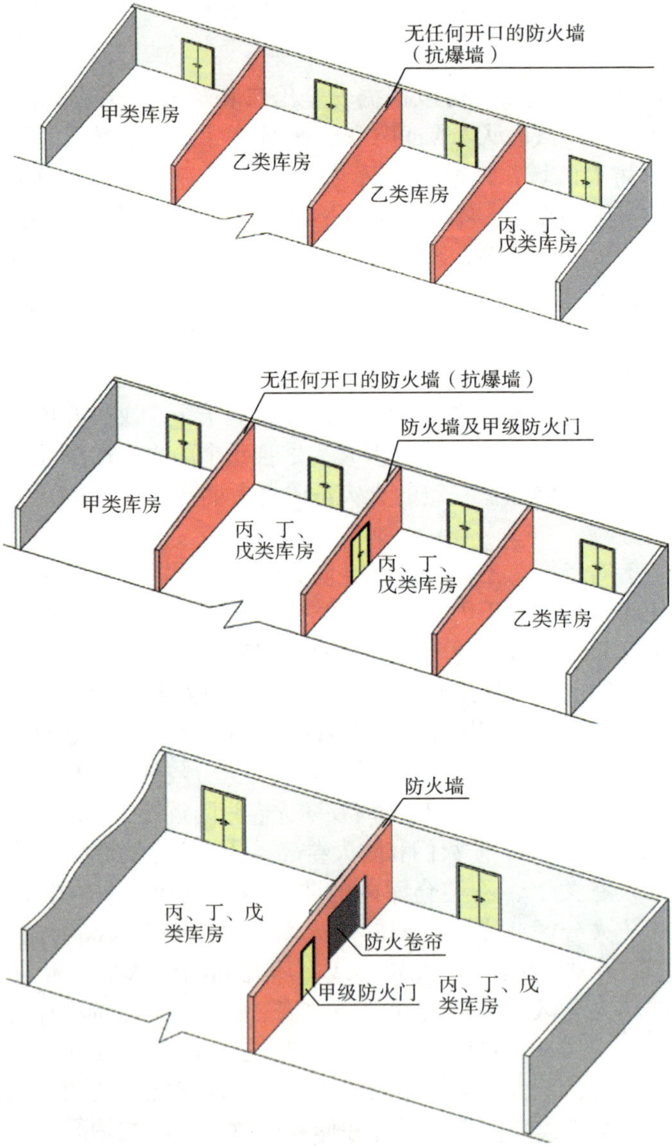


**图 4–2　甲、乙类库房之间及与丙、丁、戊类库房之间，丙、丁、戊类库房之间的防火墙设置要求示意图**

（3）近些年，出于环保的原因，过去开敞的露天煤场正逐步被封闭式储煤仓替代，形式上属于单层的可燃固体物质仓库。随着煤库的机械化程度不断提高，一座煤库的建筑面积越来越大。考虑到煤的燃烧过程以无焰燃烧为主，火势发展、蔓延缓慢，在短时间内难以出现跨越防火分隔区域蔓延的情形，在平房式煤库或煤均化库内，允许采用空间间隔分隔为多个一定规模的储煤区作为防火分隔区域，在防火分隔区域之间可以不采用防火墙分隔，实际上是允许不严格按照其他储存物质仓库有关防火分区的要求进行分隔。因此，对于存放发生火灾后发展缓慢的物质或物品仓库，可以根据仓库内物质或物品的存放条件、操作要求、场地条件和空间特性确定其防止火灾蔓延和减小火灾损失的措施。有关技术要求可以参见国家现行相关技术标准的规定。

4.2.7　仓库内不应设置员工宿舍及与库房运行、管理无直接关系的其他用房。甲、乙类仓库内不应设置办公室、休息室等辅助用房，不应与办公室、休息室等辅助用房及其他场所贴邻。丙、丁类仓库内的办公室、休息室等辅助用房，应采用防火门、防火窗、耐火极限不低于2.00h的防火隔墙和耐火极限不低于1.00h的楼板与其他部位分隔，并应设置独立的安全出口。

**【条文要点】**

本条规定与本规范第4.2.2条的规定，目的和目标一致，参见本指南第4.2.2条的【条文要点】。

**【实施要点】**

（1）设置在丙、丁类仓库内的办公室等辅助用房，允许设置与库房相通的门窗，但应采用乙级防火门和乙级防火窗分隔。为尽可能降低休息室内的火灾蔓延至库房内，或库房内的火灾危及休息室内的人员安全，休息室要尽量避免设置门与丙类库房相通。为提高辅助用房与库房之间防火分隔的可靠性，与库房相通的门要采用常闭式防火门。这些辅助用房无论建筑面积大小，均应设置独立的安全出口。参见图4–3。所谓独立的安全出口，是指该出口不需要经过库房即可直接通向室外或疏散楼梯间。对于多层和高层仓库，当辅助用房通过单独的安全出口连通至疏散楼梯间的前室或封闭楼梯间，并与仓库共用疏散楼梯间时，该出口可以视为独立的安全出口。

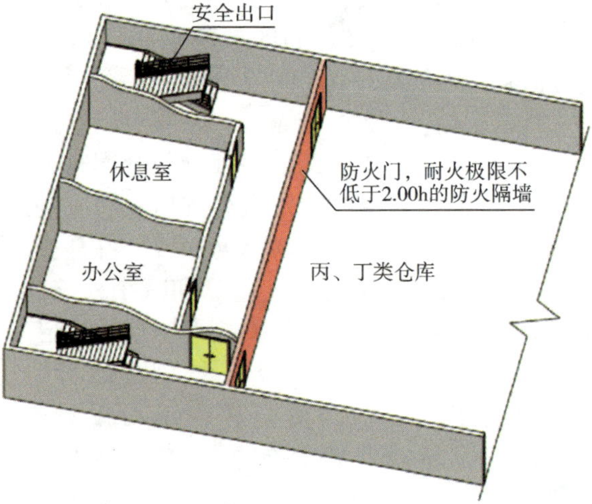


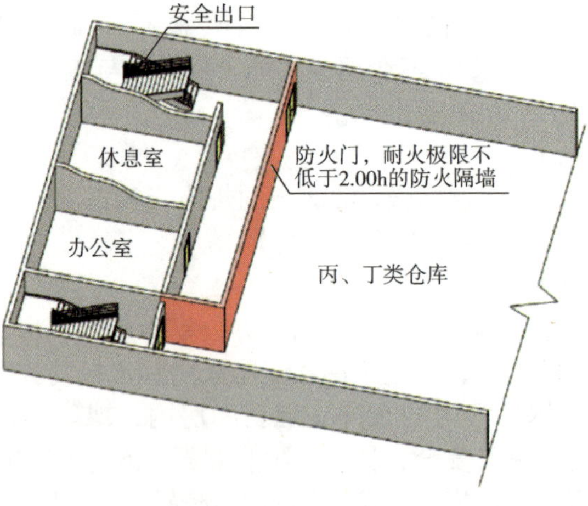


**图 4–3　仓库中辅助用房的独立安全出口设置示意图**

（2）本条的其他实施要点，参见本指南第 4.2.2 条的【实施要点】。

4.2.8 使用和生产甲、乙、丙类液体的场所中，管、沟不应与相邻建筑或场所的管、沟相通，下水道应采取防止含可燃液体的污水流入的措施。

【条文要点】

本条规定了各类可能存在可燃液体流散的场所，应采取防止泄漏的可燃液体经由管、沟扩散、可燃液体火灾经由管、沟蔓延引发更大灾害事故的技术措施。

【实施要点】

（1）本条规定的场所包括使用和生产甲、乙、丙类液体的生产车间、生产装置区，加油站或加油加气合建站，甲、乙、丙类液体的装卸场所等室内外场所。

（2）本条规定的管、沟，是使用和生产可燃液体场所地面下用于输送可燃液体的管道，地面下敷设各类管线并与使用和生产可燃液体场所相通的管沟，地面下与使用和生产可燃液体场所相通的其他工艺沟槽、风管、下水道、废液沟槽等。

（3）在使用和生产甲、乙、丙类液体场所内，容易积存可燃液体或蒸气的沟槽均应按照本规范第 2.1.9 条的规定采取防止流散的可燃液体进入，防止可燃的油气在其中积聚的措施，并单独设置，不允许与其他建筑或场所连通；输送可燃液体的管道应在进入建筑室内前设置应急切断阀，不允许与其他建筑或场所相通，正常情况下不允许穿过防火墙或防火隔墙，当必须穿过防火墙或防火隔墙时，应符合国家相关技术标准的规定，并采取防止灾情扩大的相应措施。相关要点还可参见本指南第 6.1.3 条的【实施要点】。

（4）在建筑的建造过程中，应结合生产工艺过程和实际使用需要，在生产或使用甲、乙、丙类液体并且容易产生可燃液体滴漏或流散的重点部位，设置收纳可燃液体的相应设施；输送可燃液体或导除可燃性废液的沟槽，应直接进出建筑或相关使用场所，并在进入下水道前设置隔油设施，避免可燃液体进入其他区域；水溶性可燃液体尽管与水混合后的火灾与爆炸危险性有所降低，但仍应根据具体使用和生产情况采取相应的排放处理措施。

## 4.3 民用建筑

4.3.1 民用建筑内不应设置经营、存放或使用甲、乙类火灾危险性物品的商店、作坊或储藏间等。民用建筑内除可设置为满足建筑使用功能的附属库房外，不应设置生产场所或其他库房，不应与工业建筑组合建造。

【条文要点】

本条规定了民用建筑中不允许设置经营、存放或使用甲、乙类火灾危险性物品的场所，包括操作间、加工用房、储藏室或库房、零售商店、批发商店；明确了民用建筑不允许与工业建筑竖向或水平组合建造的要求。

【实施要点】

（1）本条规定的经营、存放或使用甲、乙类物品的场所，主要为各类商店、建筑的配套库房、食品等加工作坊，不包括必须设置在民用建筑内的燃气锅炉间，燃气发电机组间，使用燃气灶具的厨房，家庭内使用燃气热水器的卫生间，经营化妆品的商店，存放和经营 38° 及以上白酒（包装量为 5L 及以下）和医用酒精（包装量为 1L 及以下）的商店，不包括使用甲、乙类物品的实验室、治疗室、药房等。但在实验室、医疗建筑等民用建筑内存放和使用甲、乙类物品时，应按照国家有关化学危险品管理规定，严格控制用量或存放量，并采取相应的防护与保管措施。例如，采用危险品储存柜存放易燃易爆物品。燃气锅炉房、燃气发电机组间、居民和商业用气场所等在建筑内的设置要求、安全使用要求等，应符合燃气用户工程技术标准等标准和用气安全管理规定的要求。相关设置需要符合下述基本要求：

1）在民用建筑内不允许设置经营除上述物品外的其他甲、乙类物品的商店，如销售油漆、稀料、燃气等物质的商店。如果需要销售此类商品，应将充装油漆、稀料或其他可燃液体、可燃气体或固体等物质的桶或罐存放在专门的单独仓储建筑内，不应存放民用建筑内。

2）在民用建筑内不允许设置存放甲、乙类火灾危险性物品的库房，如汽油、煤油、充装燃气的储罐等。甲、乙类物品的分类和名称，可以参见现行国家标准《建筑设计防火规范》GB 50016、《化学品分类和危险性公示 通则》GB 13690 等标准。

3）在民用建筑内不允许设置加工油漆家具、使用燃气或乙类燃油进行食品加工等类似作业的作坊或操作间。设置在民用建筑内的燃油锅炉或燃油发电机组，不应使用闪点低于60℃的轻柴油。

（2）在民用建筑内，允许设置为满足所在建筑使用功能和方便使用的常用物品储藏室或库房。例如，办公建筑和学校建筑内的档案室、图书室、资料室，旅馆建筑内的餐具、客房用品等的储存间，商店建筑内的商品暂存库、周转库房，医疗建筑中的药品和医疗器械库房，档案馆或图书馆建筑内的档案库、书库，博物馆的藏品库等。这些库房由于火灾荷载大，需要根据库房的建筑面积大小合理确定其位置，采取相应的防火分隔措施、设置灭火等消防设施，尽可能远离安全出口和人员密集的场所，并靠近外墙布置。图书馆、档案馆和博物馆建筑中的库房还需要根据各自用途和档案资料、图书、藏品的重要性，按照国家相关技术标准确定相应的防火分隔标准（包括库房或每个防火分区的大小）。

（3）民用建筑与工业建筑属于不同使用性质的建筑。民用建筑不允许与各类火灾危险性的生产场所和仓库上、下组合或水平组合建造，也不允许在民用建筑内设置生产场所及与建筑使用功能无关的库房。例如，制衣车间、电子产品加工和组装车间、物流仓库、应急保障物质储备仓库等。直接为生产服务的办公、实验室等（如产品质量在线抽查、在线监控、员工临时休息等）生产辅助用房的设置，当与生产场所合建或设置在厂房内时，应符合本规范第 4.2.2 条和第 4.2.3 条的规定；为全厂服务的办公建筑等，不是生产过程中必需的设施，应独立建造，不应与生产场所合建，参见本指南第 4.2.2 条和第 4.2.3 条的【实施要点】。

4.3.2 住宅与非住宅功能合建的建筑应符合下列规定：

1 除汽车库的疏散出口外，住宅部分与非住宅部分之间应采用耐火极限不低于 2.00h，且无开口的防火隔墙和耐火极限不低于 2.00h 的不燃性楼板完全分隔。

2 住宅部分与非住宅部分的安全出口和疏散楼梯应分别独立设置。

3 为住宅服务的地上车库应设置独立的安全出口或疏散楼梯，地下车库的疏散楼梯间应按本规范第 7.1.10 条的规定分隔。

4 住宅与商业设施合建的建筑按照住宅建筑的防火要求建造的，应符合下列规定：

1）商业设施中每个独立单元之间应采用耐火极限不低于 2.00h 且无开口的防火隔墙分隔；

2）每个独立单元的层数不应大于 2 层，且 2 层的总建筑面积不应大于 $300m^2$；

3）每个独立单元中建筑面积大于 $200m^2$ 的任一楼层均应设置至少 2 个疏散出口。

【条文要点】

本条规定了住宅与非住宅功能合建建筑有关平面布置和防火分隔的基本防火功能要求和关键防火措施。这些非住宅功能包括汽车库、非机动车库、商店等商业服务设施、办公场所、旅馆、餐饮场所等，不包括住宅建筑中保障建筑使用的设备用房、供居民自用的独立库房等场所，也不包括供一户自用的独栋住宅建筑和多户联排拼接式住宅建筑中供居民自用的汽车库。本条规定的商业服务设施的有些用途可以与商店类似或相同，但与商店建筑仍有所区别。

【实施要点】

（1）本条规定的住宅与非住宅功能组合建造的建筑，包括竖向组合和水平组合两种情形。对于水平组合建造的情形，可以直接将住宅部分与非住宅部分视为两座不同建筑贴邻建造考虑各自的防火要求，但建筑的室外消防给水和室外消火栓、消防车道、消防车登高操作场地以及防火间距等的设置和要求，仍需将住宅部分和非住宅部分整体按照一座建筑，根据建筑的总规模、建筑类别和公共建筑的相应要求确定。对于竖向组合建造的情形，应依据本条【实施要点】第（2）款～第（6）款原则和要求确定防火设计要求。

（2）住宅与非住宅功能竖向组合建造的建筑，主要为在多层或高层住宅建筑的下部布置商店等商业服务设施、办公场所、旅馆等非住宅功能的单层或多层公共活动场所，非住宅功能部分的建筑高度大多不大于 24m。无论建筑的耐火等级为哪一级，也无论是否为木结构建筑，非住宅功能部分与住宅部分之间，在水平方向均应采用耐火极限不低于 2.00h 的不燃性防火隔墙分隔，在竖向应采用耐火极限不低于 2.00h 的不燃性楼板分隔；除不能在楼层处分隔的管线竖井、汽车库内连通住宅部分的普通电梯和消防电梯的井道外，防火隔墙和楼板上均不应设置其他任何开口，必须穿越的管线孔口和缝隙均应采取防火封堵措施。参见图 4–4。

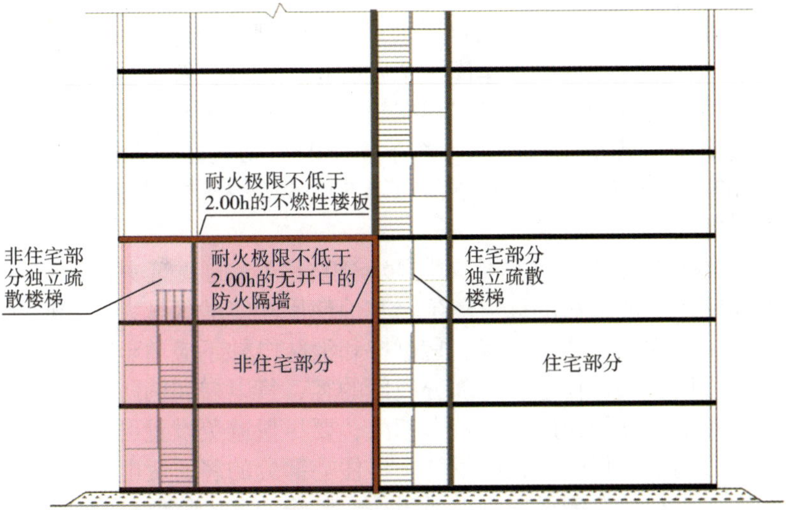


**图 4–4　住宅部分与非住宅部分的防火分隔与安全出口、疏散楼梯设置示意图**

（3）在住宅与非住宅功能竖向组合建造的建筑中，服务于住宅部分的疏散楼梯和安全出口与服务于非住宅功能部分的疏散楼梯和安全出口应分别独立设置，不应共用。疏散楼梯间的形式、安全出口和疏散楼梯的净宽度可以分别按照疏散楼梯的各自服务高度、服务的楼层数、服务区域的建筑使用功能或用途，按照本规范第 7 章及现行国家标准《建筑设计防火规范》GB 50016 的规定确定。

（4）本条规定的汽车库是为住宅服务的公共汽车库。这种汽车库的布置有三种情形，一种为布置在建筑中住宅部分下部的地上楼层，另一种为布置在建筑中住宅部分下部的地下楼层，还有一种为布置在建筑中住宅部分下部的地上和地下楼层。汽车库与住宅部分的防火分隔应符合本条第一款的规定，除地下汽车库外，汽车库与住宅部分的疏散楼梯和安全出口应各自独立设置，不应共用。地下汽车库中借用住宅部分的疏散楼梯的设置要求，应符合现行国家标准《汽车库、修车库、停车场设计防火规范》GB 50067 的规定。

在住宅建筑中设置的自用汽车库，大部分为设置在独立式和联排式住宅建筑内的汽车库，个别有将汽车库设置在每层各户套内的情形。这种汽车库可以根据建筑的耐火等级和结构类型，按照现行国家标准《汽车库、修车库、停车场设计防火规范》GB 50067 和《建筑设计防火规范》GB 50016 等技术标准的规定确定相应的防火分隔要求。

（5）在住宅与非住宅功能竖向组合建造的建筑中，为减少不同使用功能区域的火灾蔓延至其他使用功能的区域，正常情况下，供住宅部分使用的客、货电梯和消防电梯不应通至非住宅功能的楼层，供非住宅功能部分使用的客、货电梯和消防电梯不应通至住宅部分的楼层。在汽车库内，要尽量避免设置可以通至住宅部分的客、货电梯，但不禁止将住宅部分的客、货电梯通至汽车库；当在汽车库设置可以通至住宅部分的客、货电梯时，应在汽车库内采用防烟前室将电梯与汽车库分隔。住宅建筑设置的消防电梯，可以供汽车库灭火救援用，应通至汽车库各层。

（6）住宅与商业设施竖向组合建造的建筑，当建筑整体按照住宅建筑的防火要求建造时，应按照本条规定限制每个商业设施的大小和用途、在每个商业设施之间及商业设施与住宅之间采取防火分隔措施、住宅和商业设施分别设置独立的安全出口，商业设施应布置在建筑的首层或一层及二层，不应布置在其他楼层。其他防火技术要求，可以参照现行国家标准《建筑设计防火规范》GB 50016 中有关商业服务网点的要求确定。

本条规定的商业设施应是为小区居民服务的各类经营性小型商业服务场所和物业管理等配套用房，包括位于住宅投影下部的商业设施和位于住宅投影外的商业设施。这些商业设施除应符合本条第 4 款的规定外，尚应符合本条第 1 款和第 2 款的规定。参见图 4–5。

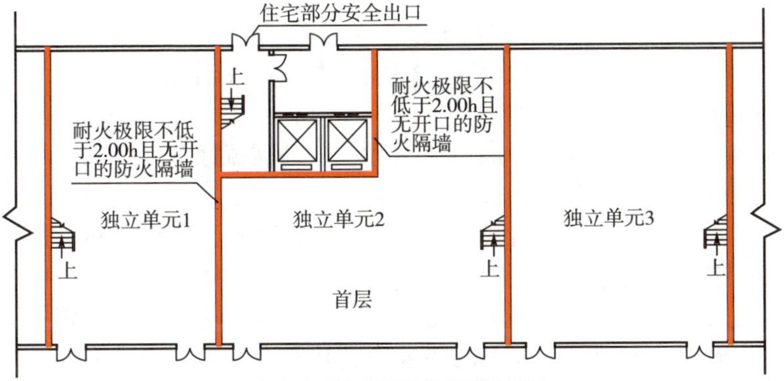


（a）商业服务设施首层平面图

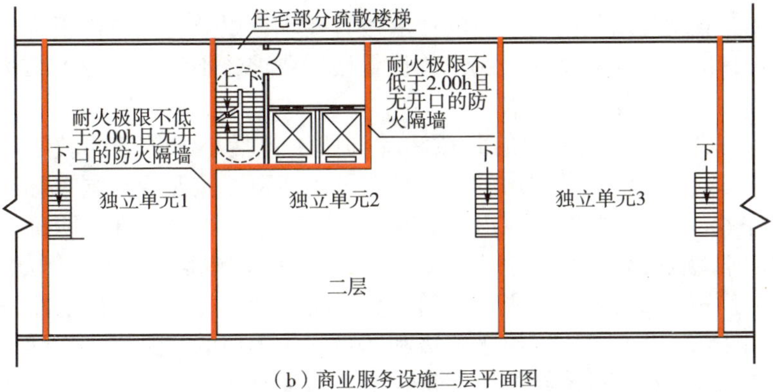


（b）商业服务设施二层平面图

**图 4–5 住宅与商业服务设施组合建造且建筑整体按照住宅建筑定性时的防火分隔与安全出口或疏散楼梯设置要求示意图**

4.3.3 商店营业厅、公共展览厅等的布置应符合下列规定：

1 对于一、二级耐火等级建筑，应布置在地下二层及以上的楼层；

2 对于三级耐火等级建筑，应布置在首层或二层；

3 对于四级耐火等级建筑，应布置在首层。

4.3.4 儿童活动场所的布置应符合下列规定：

1 不应布置在地下或半地下；

2 对于一、二级耐火等级建筑，应布置在首层、二层或三层；

3 对于三级耐火等级建筑，应布置在首层或二层；

4 对于四级耐火等级建筑，应布置在首层。

**【实施要点】**

（1）这两条规定了商店营业厅、公共展览厅和儿童活动场所在建筑中允许设置的楼层位置，包括商店建筑、展览建筑和儿童活动场所独立建造和设置在其他建筑内的情形。商店建筑和展览建筑中其他用途的房间或场所，应根据建筑的耐火等级和相应场所的火灾危险性，按照本规范和现行国家相关标准（如《建筑设计防火规范》GB 50016）的要求确定其允许设置的楼层位置。

（2）这两条规定包括在新建、改建和扩建的建筑和既有建筑改造中设置相关用途场所的楼层位置要求，以及在木结构组合建筑中非木结构部分的楼层内的设置楼层要求，不包括在纯木结构建筑中的设置楼层要求。

（3）本规范规定的儿童活动场所不包括小学学校的教学用房。小学学校教学用房的设置楼层要求，可以按照现行国家标准《中小学校设计规范》GB 50099 的规定确定，当该标准无明确规定时，应符合本规范有关儿童活动场所的布置楼层要求。例如，对于一、二级耐火等级的建筑，允许将小学学校的教学用房布置在四层及以下各层；对于三级和四级耐火等级的建筑，小学学校教学用房的设置楼层位置应符合本条的规定。

托儿所、托育机构和幼儿园的儿童用房的设置楼层位置，除应符合本规范的规定外，还应符合国家现行标准《托儿所、幼儿园建筑设计规范》JGJ 39 的规定。例如，对于一、二级耐火等级的建筑，幼儿园生活用房应布置在三层及以下。无论建筑的耐火等级高低，托儿所生活用房均应布置在首层；当托儿所生活用房布置在首层确有困难时，可将托儿所大班布置在一、二级耐火等级建筑的二层，但人数不应超过 60 人，并应符合有关防火和安全疏散的要求。

4.3.5 老年人照料设施的布置应符合下列规定：

1 对于一、二级耐火等级建筑，不应布置在楼地面设计标高大于 54m 的楼层上；

2 对于三级耐火等级建筑，应布置在首层或二层；

3 居室和休息室不应布置在地下或半地下；

4 老年人公共活动用房、康复与医疗用房，应布置在地下一层及以上楼层，当布置在半地下或地下一层、地上四层及以上楼层时，每个房间的建筑面积不应大于 $200m^2$ 且使用人数不应大于 30 人。

【条文要点】

本条根据老年人照料设施中主要使用人员的行为能力，规定了独立建造和与其他建筑组合建造的老年人照料设施及其部分用房有关设置楼层的基本要求，以保障老年人在建筑发生火灾时疏散的安全，并便于消防救援人员提供救助。老年人照料设施中本条未规定的其他用房，有关设置楼层的要求应符合国家相关标准，如国家现行标准《建筑设计防火规范》GB 50016 和《老年人照料设施建筑设计标准》JGJ 450 的规定。

【实施要点】

（1）本条规定的老年人照料设施包括独立建造的老年人照料设施、与其他功能竖向和水平组合建造的老年人照料设施。与其他功能水平组合的老年人照料设施，当相互间采用防火墙分隔后，可以将老年人照料设施按照独立建造的建筑确定相应的防火技术要求。

独立建造的一级和二级耐火等级的老年人照料设施，建筑高度不应大于 54m；与其他功能竖向组合建造且建筑的耐火等级为一级或二级时，老年人照料设施应设置在距离设计地面高度小于或等于 54m 的楼层（即楼层的地面标高小于或等于 54m）上，供老年人照料设施中工作人员集中办公的场所等不供老年人使用的房间可以设置在其他楼层上，包括楼层地面标高大于 54m 的楼层。

（2）老年人居室包括公寓式的居室、住宅单元式的起居厅和卧室。休息室是指日间照料设施中供老年人静养、睡眠和休息的房间，不包括供老年人使用的阅览室、餐厅、棋牌室及其他文化娱乐和健身活动室等公共活动用房，也不包括生活单元内的起居室及供老年人休息、家属探视等用房。

（3）老年人公共活动用房、康复与医疗用房要尽量布置在地上首层、二层、三层，不允许布置在地下二层及以下各层。当老年人公共活动用房、康复与医疗用房布置在半地下或地下一层、地上四层及以上楼层时，要严格限制每间房间的建筑面积不大于 $200m^2$，使用人数不大于 30 人。这些房间内的使用人数应为平时使用时同时在房间内的人数，包括服务人员和管理人员的人数。当使用人数可能超过规定数量时，应按照设计使用人数要求采取进出人数管理和控制措施。当老年人公共活动用房、康复与医疗用房布置在地上一层至三层时，可以不限制每间房间的建筑面积和房间内的使用人数。

（4）本条规定了一、二、三级耐火等级老年人照料设施的设置楼层要求，老年人照料设施不允许采用四级耐火等级的建筑，也不允许设置在四级耐火等级的建筑中。

4.3.6 医疗建筑中住院病房的布置和分隔应符合下列规定：

1 不应布置在地下或半地下；

2 对于三级耐火等级建筑，应布置在首层或二层；

3 建筑内相邻护理单元之间应采用耐火极限不低于 2.00h 的防火隔墙和甲级防火门分隔。

【实施要点】

（1）医疗建筑是为医院、卫生院、疗养院、独立门诊部、诊所、卫生所（室）等从事疾病诊断、治疗活动的机构服务的建筑，不包括无治疗功能的休养和疗养建筑、无治疗功能的孕妇待产和产妇与婴儿康复场所。医疗建筑中的住院病房多为行为能力受限，正在接受治疗的病人和部分护理与陪伴人员，需要建筑具有较高的消防安全性能，能在建筑发生火灾时为这些人员提供更长的安全疏散与避难时间。因此，医疗建筑中的住院病房不允许采用四级耐火等级的建筑，也不允许设置在四级耐火等级建筑中。当设置在一、二级耐火等级的建筑中时，病房的楼层位置不限。

（2）护理单元是在住院病房楼层中由一定数量床位、设施和相对固定的护理人员组成，对同一病种住院病人进行诊断治疗和护理工作的一个病区，具有使用上的独立性。通常，一个护理单元分病室和附属房间两个部分，建筑面积约为 1 500$m^2$。病室按病情轻重，设抢救室、重危病室和普通病室；附属房间包括医生办公室、护理办公室、治疗室、处置室、换药室、配膳室、储藏室、洗漱室、厕所、医护值班及研究室等。

当住院病房楼每层的建筑面积较大，需要划分为多个不同护理单元时，应在相邻护理单元之间采取防火分隔措施，以提高每个护理单元的消防安全性能，尽量减小火灾的危害。每个护理单元可以单独划为一个防火分区，但通常只是一个防火分区中的一个相对独立的防火分隔区域，不是独立的防火分区。考虑到护理单元的建筑面积多在 1 200~2 000$m^2$，要求相邻防护单元防火分隔处的连通门应采用甲级防火门，不应采用防火卷帘或其他方式替代。

设置在疏散走道或防火分隔处的走道上的防火门，平常尽量保持关闭状态。当采用常开防火门时，防火门应具有在火灾时能与火灾自动报警系统联动自行关闭的功能和反馈相应状态信号的功能。当建筑的这些区域设置火灾自动报警系统时，这些常开防火门均应能与火灾自动报警系统联动关闭，并能监视防火门的启闭状态；当建筑的这些区域按照标准规定不需要设置且未设置火灾自动报警系统时，可以不设置专门的火灾自动报警系统以实现本条规定的常开防火门联动关闭和监视防火门启闭状态的功能。

4.3.7 歌舞娱乐放映游艺场所的布置和分隔应符合下列规定：

1 应布置在地下一层及以上且埋深不大于 10m 的楼层；

2 当布置在地下一层或地上四层及以上楼层时，每个房间的建筑面积不应大于 $200m^2$；

3 房间之间应采用耐火极限不低于 2.00h 的防火隔墙分隔；

4 与建筑的其他部位之间应采用防火门、耐火极限不低于 2.00h 的防火隔墙和耐火极限不低于 1.00h 的不燃性楼板分隔。

【实施要点】

（1）歌舞娱乐放映游艺场所的厅、室通常需要封闭，且具有较多可燃或阻燃材料，火灾烟气毒性大，娱乐人员大多对火灾信息或火警不敏感，具有较大的火灾危险性，并在历史上发生过多起重特大火灾。因此，要严格限制这些场所的设置楼层位置，提高这些场所中每个房间之间、这些场所与建筑中其他场所之间的防火分隔的要求，提高这些场所中保障人员安全疏散设施的要求，确保这些场所内的使用人员具有良好的疏散条件，并能够及时、有效地将火灾控制在着火房间内。

（2）歌舞娱乐放映游艺场所当采用一、二级耐火等级的独立建筑，或设置在一、二级耐火等级的其他建筑内时，要尽量设置在首层、二层和三层，但不禁止设置在建筑的其他楼层；当采用三级耐火等级的独立建筑，或设置在三级耐火等级建筑内时，应设置在首层或二层；不允许采用四级耐火等级的独立建筑，也不允许设置在四级耐火等级的其他建筑内。

（3）在歌舞娱乐放映游艺场所内，房间之间应采用耐火极限不低于 2.00h 的防火隔墙分隔，在房间之间的防火隔墙上不应设置门、窗。应注意的是，在房间与疏散走道之间也应采用耐火极限不低于 2.00h 的防火隔墙分隔，不应采用耐火极限不低于 1.00h 的防火隔墙分隔，房间疏散门的耐火性能不应低于乙级防火门的相应要求。在分隔房间时，不允许将相邻几个独立使用并需要按本条规定分隔的房间合并为一个房间后再按本条规定分隔。参见图 4–6。例如，一个总建筑面积为 1 500m² 的歌舞娱乐场所，设置了 10 间娱乐室，每间娱乐室的建筑面积为 40m²。在进行防火分隔时，不应将这 10 间娱乐室采用耐火极限不低于 2.00h 的防火隔墙分隔为 2 个大的区域，而应在每间建筑面积为 40m² 的房间之间分别采用耐火极限不低于 2.00h 的防火隔墙分隔。参见图 4–7。

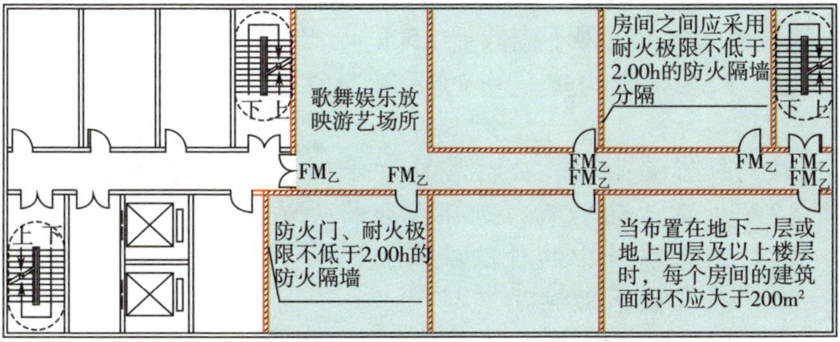


**图 4–6　歌舞娱乐放映游艺场所与相邻其他功能区域之间的防火分隔<br>歌舞娱乐放映游艺场所内部不同房间的防火分隔要求示意图**

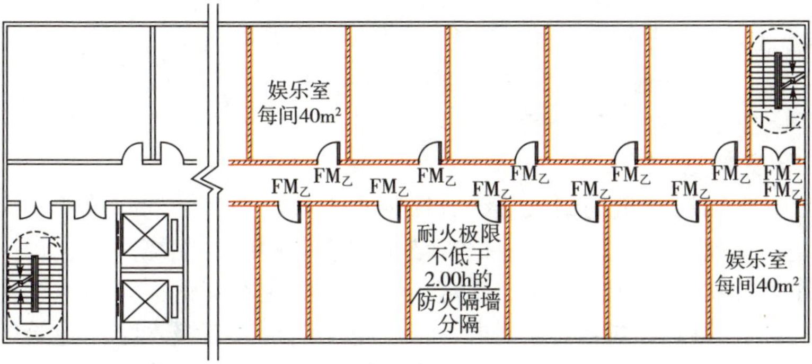


**图 4–7　歌舞娱乐放映游艺场所内部不同房间的防火分隔要求示意图**

在歌舞娱乐放映游艺场所与建筑中其他场所之间，应按下述要求采用防火隔墙和楼板分隔：

1）分隔墙体和门：当歌舞娱乐放映游艺场所与其他场所划

分为不同防火分区时，应采用防火墙分隔，连通门应为甲级防火门；当歌舞娱乐放映游艺场所与其他场所划分为同一防火分区时，可以按照本条规定采用耐火极限不低于 2.00h 的防火隔墙分隔，连通门的耐火性能不应低于乙级防火门的相应要求。

2）分隔楼板：当建筑的耐火等级为二级和三级时，歌舞娱乐放映游艺场所与其他场所分隔楼板的耐火极限不应低于 1.00h；当建筑的耐火等级为一级时，歌舞娱乐放映游艺场所与其他场所分隔楼板的耐火极限不应低于 1.50h。

4.3.8　Ⅰ级木结构建筑中的下列场所应布置在首层、二层或三层：

1　商店营业厅、公共展览厅等；

2　儿童活动场所、老年人照料设施；

3　医疗建筑中的住院病房；

4　歌舞娱乐放映游艺场所。

4.3.9　Ⅱ级木结构建筑中的下列场所应布置在首层或二层：

1　商店营业厅、公共展览厅等；

2　儿童活动场所、老年人照料设施；

3　医疗建筑中的住院病房。

4.3.10　Ⅲ级木结构建筑中的下列场所应布置在首层：

1　商店营业厅、公共展览厅等；

2　儿童活动场所。

【条文要点】

木结构建筑的耐火等级分级独立于其他类型结构建筑的耐火等级分级体系。这三条根据木结构建筑中构件的燃烧性能、耐火等级及其整体设防标准，规定了各类场所在不同耐火等级木结构建筑中的设置楼层位置要求，未规定不同耐火等级木结构建筑的最多允许层数。不同耐火等级木结构建筑的最多允许层数应按照国家现行相关技术标准的规定确定。

【实施要点】

（1）本条规定为在木结构建筑中布置商店营业厅、公共展览厅、儿童活动场所、老年人照料设施、医疗建筑中的住院病房、歌舞娱乐放映游艺场所等场所时的设置楼层要求，包括符合相应建筑构件耐火性能要求的纯木结构建筑和按照木结构建筑的设防标准确定防火技术要求的木结构组合建筑，不包括按照四级耐火等级要求确定的传统木结构、砖木结构建筑。

当木结构组合建筑中的木结构部分与非木结构部分采用耐火极限不低于 2.00h 的不燃性楼板完全分隔后，上述场所在建筑中非木结构部分的楼层位置，可以根据非木结构部分的耐火等级和本规范第 4.3.3 条 ~ 第 4.3.7 条的规定确定；当非木结构部分的耐火等级为一、二级，层数只有 1~2 层，且需要同时在非木结构部分和木结构部分设置上述场所时，原则上楼层位置应符合上述三条规定的要求，不能分别考虑。只有当木结构部分的人员疏散和消防救援可以利用下部非木结构部分的屋顶，且该屋顶满足相应的人员疏散和消防救援要求时，可以分别按照本规范第 4.3.3 条 ~ 第 4.3.7 条和第 4.3.8 条 ~ 第 4.3.10 条的规定确定上述场所的楼层位置。例如，一座 6 层的木结构组合建筑，由下部 2 层的二级耐火等级钢筋混凝土结构和上部 4 层的 I 级耐火等级木结构组成。在该建筑中设置商店营业厅、儿童活动场所等场所时，设置楼层的确定有以下几种情形：

1）当该建筑在木结构部分与钢筋混凝土结构部分之间采用耐火极限为 2.00h 的钢筋混凝土楼板分隔，木结构部分的消防救援场地和人员疏散需要利用室外设计地面时，商店营业厅、儿童活动场所等场所应设置在建筑的三层及以下楼层。

2）当该建筑在木结构部分与钢筋混凝土结构部分之间采用耐火极限为 2.00h 的钢筋混凝土楼板分隔，且钢筋混凝土结构的屋面满足消防救援场地和人员疏散的要求，人员进出木结构部分均可以直接从钢筋混凝土结构的屋面出入，不需要经过下部钢筋混凝土结构部分的室内（包括楼梯间和电梯）时，商店营业厅等场所允许同时设置在该建筑的五层及以下楼层。

3）无论该建筑在木结构部分与钢筋混凝土结构之间是采用耐火极限不低于 1.00h 还是耐火极限不低于 2.00h 的钢筋混凝土楼板分隔，只要该建筑是按照木结构建筑的防火技术要求建造，商店营业厅等场所都只允许设置在建筑的三层及以下楼层。

（2）木结构建筑的耐火等级分类应符合现行国家标准《建筑设计防火规范》GB 50016 的规定。现代木结构建筑主要采用工程木、多层胶合板等构筑。采用胶合木等重型木构件的梁和柱，虽然构件为可燃材料，但在受火作用后会在木材表面形成一定厚度的炭化层，并可因此降低木材内部的烧蚀速度，构件的截面尺寸可以根据不同种类木材的炭化速率、构件的设计耐火极限和设计荷载确定，允许梁和柱采用不经防火处理的木构件。轻型木结构建筑中的框架构件和面板之间存在许多空腔，对墙体、楼板、封闭吊顶或屋顶下的密闭空间内的空腔采取防火分隔措施，可阻止因构件内某处着火产生的火焰、高温气体和烟气在这些空腔内蔓延。因此，木结构建筑主要通过构造防火措施保证建筑的耐火性能，这与传统木结构建筑有较大差异。如果构件的燃烧性能和耐火时间采用现行建筑耐火等级分级体系中的相应规定，将难以体现现代木结构建筑的真实耐火性能，也不能很好地系统规定木结构建筑的防火技术要求。为此，现行国家标准《建筑设计防火规范》GB 50016 在与现行国家相关标准规定协调的基础上，建立了独立的木结构建筑耐火等级分级体系。

Ⅰ级耐火等级木结构建筑的整体耐火性能略低于二级耐火等级其他类型结构建筑的耐火性能，Ⅱ级、Ⅲ级耐火等级木结构建筑的整体耐火性能与三级耐火等级其他类型结构建筑的耐火性能相当，Ⅲ级耐火等级木结构建筑的整体耐火性能低于三级、高于四级耐火等级其他类型结构建筑的耐火性能。因此，Ⅰ级耐火等级木结构建筑的防火分区在竖向允许采用楼板分隔，并按照单个楼层的建筑面积划分，且不限制防火分区的长度；Ⅱ级、Ⅲ级耐火等级木结构建筑的防火分区在竖向则需要将相邻两道防火墙之间的全部楼层划入同一个防火分区，并需要限制每个防火分区的长度。这三条规定的相关场所在木结构建筑中的设置楼层要求，分别与二级、三级和四级耐火等级其他类型结构建筑的相关要求对应。

小学学校的教学建筑，当采用Ⅰ级耐火等级木结构建筑时，可以比照二级耐火等级其他类型结构建筑的设置楼层要求，将教学用房设置在四层及以下的楼层，不应设置在五层及以上楼层；当采用Ⅱ级、Ⅲ级耐火等级木结构建筑时，应将教学用房设置在首层和二层，不应设置在三层及以上楼层。对于组合木结构建筑，当在非木结构的楼层设置上述场所时，仍可以按照本规范第4.3.3条～第4.3.7条的规定和非木结构部分的耐火等级确定相应的楼层位置。例如，在一座6层的木结构组合建筑中，下部3层采用二级耐火等级的钢筋混凝土结构，上部3层采用Ⅱ级耐火等级纯木结构，则儿童活动场所可以设置在该建筑的三层及以下各层；老年人照料设施可以设置在该建筑的五层及以下各层；歌舞娱乐放映游艺场所可以设置该建筑的三层及以下各层，不允许设置在木结构部分的楼层中，即不允许设置在该建筑的四层及以上楼层。

（3）考虑到Ⅱ级、Ⅲ级耐火等级木结构建筑的整体耐火性能，歌舞娱乐放映游艺场所不允许设置在Ⅱ级、Ⅲ级耐火等级的木结构建筑中。

4.3.11 燃气调压用房、瓶装液化石油气瓶组用房应独立建造，不应与居住建筑、人员密集的场所及其他高层民用建筑贴邻；贴邻其他民用建筑的，应采用防火墙分隔，门、窗应向室外开启。瓶装液化石油气瓶组用房应符合下列规定：

1 当与所服务建筑贴邻布置时，液化石油气瓶组的总容积不应大于1$m^3$，并应采用自然气化方式供气；

2 瓶组用房的总出气管道上应设置紧急事故自动切断阀；

3 瓶组用房内应设置可燃气体探测报警装置。

**【实施要点】**

（1）燃气调压用房是设置调压装置并承担调节用气压力的专用建筑。本条规定的燃气调压用房是设置将较高燃气压力降至服务建筑所需较低压力的调压器及其附属设备的用房。本条规定的瓶装液化石油气瓶组用房是指配置2个以上15kg、2个及以上50kg气瓶，采用自然或强制气化方式将液态液化石油气转换为气态液化石油气后向用户供气的设施。

燃气调压用房、瓶装液化石油气瓶组用房应设置在民用建筑外的独立房间内。当所服务建筑为居住建筑（住宅建筑、公寓建筑和宿舍建筑）、高层民用建筑、各类民用建筑中设置人员密集的场所（会议室、多功能厅、餐厅或食堂、营业厅等）时，应按照有关技术标准的要求设置防火间距，不应贴邻；服务其他建筑时，允许在其他建筑和单、多层民用建筑中的非人员密集的场所与燃气调压用房、瓶装液化石油气瓶组用房之间设置防火墙后贴邻，一般应只与一面墙贴邻。

（2）本条规定的瓶装液化石油气瓶组的总容积应按配置气瓶间内的气瓶个数与单个气瓶的几何容积的乘积计算。例如，我国充装 15kg 液化石油气的气瓶以 35.5L 用量最多，以充装系数为 0.42kg/L 计算，1 个气瓶可以满足一般家庭一个月的正常用气需要。因此，若一间瓶装液化石油气瓶组用房内采用 15kg 的液化石油气气瓶，则该用房内最多允许设置 28 个气瓶。

在瓶组用房的总出气管道上应设置紧急事故自动切断阀，该阀的自动切断功能应与可燃气体探测报警装置连锁。此外，紧急事故自动切断阀还应具有手动应急切断的功能。

（3）燃气调压用房和瓶装液化石油气瓶组的设置，除应符合本条的规定外，还应符合现行国家标准《燃气工程项目规范》GB 55009、《液化石油气供应工程设计规范》GB 51142、《城镇燃气设计规范》GB 50028 和《建筑设计防火规范》GB 50016 等标准的规定。如《燃气工程项目规范》GB 55009—2021 第 4.3.1 条规定，液化天然气和容积大于 $10m^3$ 液化石油气储罐不应固定安装在建筑物内。充气的或有残气的液化天然气钢瓶不得存放在建筑内。《城镇燃气设计规范》GB 50028—2006（2020 年版）第 6.6.2 条规定，液化石油气和相对密度大于 0.75 燃气的调压装置不得设于地下室、半地下室内和地下单独的箱体内。《液化石油气供应工程设计规范》GB 51142—2015 第 7.0.4 条规定了液化石油气瓶组气化站的独立瓶组间与其他民用建筑的防火间距，《建筑设计防火规范》GB 50016—2014（2018 年版）第 5.4.17 条规定了液化石油气气瓶的独立瓶组间与所服务建筑的防火间距。

4.3.12 建筑内使用天然气的部位应便于通风和防爆泄压。

【条文要点】

本条规定了民用建筑中天然气、液化石油气、沼气、煤气等燃气使用部位的设置位置要求，以确保这些部位在一旦发生燃气泄漏时能够尽快稀释和排除，防止燃气在室内积聚并形成爆炸性气氛；或者使建筑在爆炸时具有一定泄压条件，以便发生燃气爆燃后能够及时泄压，降低对建筑其他区域的破坏性作用。使用燃气的部位是否需要设置泄压设施，应根据有关技术标准的要求确定，如国家标准《建筑设计防火规范》GB 50016、《锅炉房设计标准》GB 50041、《城镇燃气设计规范》GB 50028 等。根据国家现行有关标准的规定，住宅建筑套内使用燃气的部位，可以不设置泄压设施。

【实施要点】

（1）民用建筑内使用燃气的部位，主要为住宅和公寓建筑内的厨房、燃气热水器安装部位、使用燃气取暖的部位，餐饮场所的烹饪部位，美容院和理发店的燃气热水器设置部位，机关企事业单位食堂中厨房的烹饪部位，燃气锅炉房，燃气发电机组房等。

（2）在民用建筑中应尽量采用天然气作为燃气，并采用管道供气；采用储罐等其他方式供气时，应根据燃气的特性（如液化天然气具有超低温的特性、液化石油气具有容易积聚在低洼处的特性）设置在通风良好，避免日晒的地点，并应尽量将储罐放置在建筑外，或在建筑外单独设置储瓶间。自然通风方式的可靠性较高。建筑中使用燃气的部位均要尽量靠建筑的外墙布置，使其具有可开启的外窗，具有良好的直接自然通风条件。例如，将燃气热水器设置在不封闭的阳台上，避免设置在通风不畅的卫生间或厨房内。建筑在建造或改造时要尽量依据本条要求设置或调整使用燃气的部位。当使用燃气的部位难以满足自然通风条件时，应按照燃气工程项目规范、燃气工程技术标准和建筑防火技术标准等技术标准采取强制通风等措施。有泄压要求的燃气使用部位应设置在靠外墙、可以利用屋面或天井泄压的位置。

考虑到建筑中使用燃气的房间大多需要采取防爆泄压措施，使用燃气的部位需要在同一楼层的平面上和在竖向楼层上避开人员密集的房间、档案室、指挥调度室、贵重设备房等聚集人数多或使用性质重要的房间，墙体上用于泄压的部位要避开人员经常通行的走道或道路。

（3）不同民用建筑，使用燃气部位的数量和燃气的使用量有较大差异，连续使用燃气的时间也各不相同。因此，建筑中使用燃气部位的正常通风和事故通风措施、静电防护、电气防爆、爆炸泄压等预防爆炸和减少爆炸危害作用的技术措施，均有很大差别。这些防火防爆的具体技术要求和措施，均需要根据本标准第2章有关要求，在相关的燃气工程技术标准和建筑防火技术标准中进一步明确。

例如，燃气用气部位的位置、燃气用具的类型、用气房间与相邻房间的分隔、防火防爆措施等要求，应符合本规范第2.1.7条、第2.1.9条、第4.1.4条、第4.1.5条和现行国家标准《燃气工程项目规范》GB 55009、《城镇燃气设计规范》GB 50028等标准的规定。例如，《燃气工程项目规范》GB 55009—2021第2.2.7条规定，设置燃气设备、管道和燃具的场所不应存在燃气泄漏后聚集的条件。燃气相对密度大于或等于0.75的燃气管道、调压装置和燃具不得设置在地下室、半地下室、地下箱体、地下综合管廊及其他地下空间内。《城镇燃气设计规范》GB 50028—2006（2020年版）第10.4.2条规定，居民生活用气设备严禁设置在卧室内。第10.4.4条规定，家用燃气灶应安装在有自然通风和自然采光的厨房内。利用卧室的套间（厅或利用与卧室连接的走廊作厨房时，厨房应设门并与卧室隔开；安装燃气灶的房间净高不宜低于2.2m；燃气灶与墙面的净距不得小于10cm。当墙面为可燃或难燃材料时，应加防火隔热板；燃气灶的灶面边缘和烤箱的侧壁距木质家具的净距不得小于20cm，当达不到时，应加防火隔热板；放置燃气灶的灶台应采用不燃烧材料，当采用难燃材料时，应加防火隔热板；厨房为地上暗厨房（无直通室外的门和窗）时，应选用带有自动熄火保护装置的燃气灶，并应设置燃气浓度检测报警器、自动切断阀和机械通风设施，燃气浓度检测报警器应与自动切断阀和机械通风设施连锁。第 10.4.5 条规定，家用燃气热水器应安装在通风良好的非居住房间、过道或阳台内；有外墙的卫生间内，可安装密闭式热水器，但不得安装其他类型热水器；装有半密闭式热水器的房间，房间门或墙的下部应设有效截面面积不小于 $0.02m^2$ 的格栅，或在门与地面之间留有不小于 30mm 的间隙；房间净高宜大于 2.4m；可燃或难燃烧的墙壁和地板上安装热水器时，应采取有效的防火隔热措施；热水器的给排气筒宜采用金属管道连接。第 10.5.2 条规定，商业用气设备应设置在通风良好的专用房间内，商业用气设备不得安装在易燃易爆物品的堆存处，亦不得设置在兼作卧室的警卫室、值班室、人防工程等处。

（4）本条规定的是建筑内使用燃气的部位在平面布置时应考虑的主要影响和需要满足的条件，以便建筑结构和暖通等专业设计人员在设计时可以根据燃气设施设备的实际用途采取相应的防火、防爆等技术措施，有关人员在使用燃气时能保持室内通风，确保建筑内的用气安全。在建筑内使用燃气的部位，其具体通风措施、防爆泄压措施及相关技术要求，应根据使用燃气的设施设备的规模、用途、设置位置和建筑的功能等，按照国家相关技术标准的规定确定。例如，现行国家标准《锅炉房设计标准》GB 50041—2020 第 15.1.2 条规定，锅炉房的外墙、楼地面或屋面应有相应的防爆措施，并应有相当于锅炉间占地面积 10% 的泄压面积，泄压方向不得朝向人员聚集的场所、房间和人行通道，泄压处也不得与这些地方相邻。地下锅炉房采用竖井泄爆方式时，竖井的净横断面积应满足泄压面积的要求。第 15.3.7 条规定，设在其他建筑物内的燃气锅炉房的锅炉间，应设置独立的送排风系统，其通风装置应防爆。设置在首层的燃气锅炉房，正常换气次数每小时不应少于 6 次，事故换气次数每小时不应少于 12 次；设置在半地下或半地下室的燃气锅炉房，正常换气次数每小时不应少于 6 次，事故换气次数每小时不应少于 12 次；设置在地下或地下室的燃气锅炉房，换气次数每小时不应少于 12 次。

4.3.13　四级生物安全实验室应独立划分防火分区，或与三级生物安全实验室共用一个防火分区。

【实施要点】

（1）生物安全实验室的分级应符合现行国家标准《生物安全实验室建筑技术规范》GB 50346 的规定。根据该标准的规定，生物安全实验室根据实验室处理对象的生物危害程度和采取的防护措施分为一、二、三和四级共 4 级，一级对生物安全隔绝的要求最低，四级对生物安全隔绝的要求最高。三级和四级生物安全实验室处理对象对人体、动物和环境具有高度危险性。

（2）本条只规定了四级生物安全实验室的防火分区划分，其他等级生物安全实验室的防火分区划分可以根据现行国家标准《生物安全实验室建筑技术规范》GB 50346 有关平面布置和分隔的要求，按照本规范第 4.3.16 条的规定确定，建筑的耐火等级应符合本规范、现行国家标准《建筑设计防火规范》GB 50016 和《生物安全实验室建筑技术规范》GB 50346 的规定。

鉴于四级生物安全实验室的处理对象可通过气溶胶途径流传或流传途径不明使人染上严重的甚至是致命疾病，或对动植物和环境具有未知的、危险的致病因子，没有预防治疗的措施；三级生物安全实验室的处理对象尽管主要通过气溶胶使人染上严重的甚至是致命疾病，或对动植物和环境具有高度危害的治病因子，但往往具有预防治疗的措施，三级和四级生物安全实验室的防火必须考虑有效防止病原微生物扩散。根据本规范第 5.3.1 条规定和第 5.3.2 条的规定，四级生物安全实验室建筑的耐火等级应为一级，三级生物安全实验室建筑的耐火等级不应低于二级。因此，当四级生物安全实验室与三级生物安全实验室共用一个防火分区时，建筑的耐火等级应为一级。

4.3.14 交通车站、码头和机场的候车（船、机）建筑乘客公共区、交通换乘区和通道的布置应符合下列规定：

1 不应设置公共娱乐、演艺或经营性住宿等场所；

2 乘客通行的区域内不应设置商业设施，用于防火隔离的区域内不应布置任何可燃物体；

3 商业设施内不应使用明火。

【条文要点】

本条规定了在各类交通建筑中供乘客使用的公共区、不同交通设施的换乘区和连接通道内禁止布置的设施。这些建筑的防火分区划分以及每个防火分区内不同场所的防火分隔，其他非交通功能设施与交通车站等组合建造时的布置和防火分隔，应符合本规范及国家现行有关技术标准的规定。

【实施要点】

（1）本条规定交通车站、码头和机场的候车（船、机）建筑的乘客公共区，包括各种铁路、地铁、公路、水路、空路交通方式的车站或进出港建筑中供乘客使用的区域。例如，公交等市域交通车站的乘客候车区，城际或省际长途汽车交通车站的乘客候车厅和到达厅的公共区，国铁或城际铁路车站的乘客候车厅和到达厅的公共区，城市轨道交通车站等的站厅公共区、站台公共区，轮船和轮渡码头的乘客候船厅和到达厅的公共区，城市航站楼的办票和候车区，民用机场航站楼的出发厅、到达厅及候机厅等的公共区等。

交通车站、码头和机场的交通换乘区，是主要供乘客转换不同交通工具或不同班次、不同线路交通的场所，有时是独立的换乘厅，有时与地铁站厅公共区或其他交通方式的乘客候乘区合用。交通车站、码头和机场的通道，主要包括供乘客进出站、连接候车（船、机）区域至站台或登机桥的通道，连接站台或登机桥至到达厅或迎客厅的通道，乘客转换交通方式或线路的换乘通道，交通车站、码头和机场的候车（船、机）建筑与其他功能设施或建筑的连接通道。

（2）在上述区域内，不允许设置公共娱乐场所、演艺场所、经营性住宿场所等场所。公共娱乐场所的范围应符合《公共娱乐场所消防安全管理规定》（公安部令第 39 号）的规定，主要包括影剧院、录像厅、礼堂等演出、放映场所，舞厅、卡拉 OK 厅等歌舞娱乐场所，具有娱乐功能的夜总会、音乐茶座和餐饮场所，游艺、游乐场所和保龄球馆、旱冰场、桑拿浴室等营业性健身、休闲场所。

（3）乘客通行的区域是指公共区、换乘厅和换乘通道内规划用于人员通行的区域。商业设施应为服务乘客出行的配套小型商铺或摊位。用于防火隔离的区域，大多称作防火隔离带，在火灾荷载较低且呈离散分布，烟气层热反馈对可燃物的作用较小的场所，可以通过此种防火隔离带阻止火灾通过热辐射作用蔓延至其他区域。用于防火隔离的区域是具有一定宽度的空间间隔，在其中不应有任何可燃物及其他可能传播火势的物体，在特定空间条件下可以用于替代防火墙、防火隔墙、防火卷帘、防火分隔水幕等防火分隔措施。用于防火隔离的区域应满足的要求，应根据使用场所内的可燃物分布形态、类型和数量、空间的室内高度、建筑面积、人员疏散要求等情况确定。

（4）有关甲、乙类物品的范围，参见本指南第 4.3.1 条的【实施要点】。

4.3.15　一、二级耐火等级建筑内的商店营业厅，当设置自动灭火系统和火灾自动报警系统并采用不燃或难燃装修材料时，每个防火分区的最大允许建筑面积应符合下列规定：

1　设置在高层建筑内时，不应大于 4 000$m^2$；

2　设置在单层建筑内或仅设置在多层建筑的首层时，不应大于 10 000$m^2$；

3　设置在地下或半地下时，不应大于 2 000$m^2$。

【实施要点】

（1）本条有关商店营业厅中每个防火分区的最大允许建筑面积的规定，仅限于本条规定条件下的情形。建筑中未设置自动灭火系统，或内部装修材料的燃烧性能不符合本条规定的商店营业厅，每个防火分区的最大允许建筑面积应符合本规范第 4.3.16 条的规定；当商店建筑为三级、四级耐火等级的独立建筑，或商店营业厅设置在三级、四级耐火等级的其他建筑内时，营业厅内每个防火分区的最大允许建筑面积应符合本规范第 4.3.16 条的规定。

（2）设置在高层建筑内的商店营业厅，由于高层建筑的耐火等级不应低于二级，因此无论位于高层建筑的地上哪个楼层，也无论共有几层设置了营业厅，当设置自动灭火系统、火灾自动报警系统，并且室内装修采用不燃或难燃装修材料时，每个防火分区的最大允许建筑面积均不应大于 4 000m$^2$。

（3）设置在多层建筑内多个楼层的商店营业厅，无论位于建筑的首层还是地上其他楼层，每个防火分区的最大允许建筑面积均应符合本规范第 4.3.16 条的规定。

（4）设置在单层建筑内的商店营业厅、只在多层建筑中首层一个楼层设置的商店营业厅（在其他楼层未设置商店营业厅），当设置自动灭火系统、火灾自动报警系统，并且室内装修采用不燃或难燃装修材料时，每个防火分区的最大允许建筑面积不应大于 10 000m$^2$。

（5）位于地下、半地下的商店营业厅，无论是独立的地下、半地下建筑，还是单层、多层或高层民用建筑的地下、半地下室，当设置自动灭火系统、火灾自动报警系统，并且室内装修采用不燃或难燃装修材料时，每个防火分区的最大允许建筑面积均不应大于 2 000m$^2$。

（6）在按照本条要求确定商店营业厅中每个防火分区的最大允许建筑面积时，室内装修材料的燃烧性能应为 A 级或不低于 $B_1$ 级。商店营业厅中各具体部位装修材料的燃烧性能，还应符合现行国家标准《建筑内部装修设计防火规范》GB 50222 有关单层、多层、高层商店建筑和地下、半地下商店建筑的规定。但是，根据现行国家标准《建筑内部装修设计防火规范》GB 50222 对商店营业厅中某些部位装修材料的燃烧性能要求，当允许采用低于 $B_1$ 级的装修材料，或者允许降低相应部位装修材料的燃烧性能时，装修材料的燃烧性能仍应为 A 级或不应低于 $B_1$ 级，不应降低至 $B_2$ 或 $B_3$ 级，且该标准要求采用 A 级装修材料的部位，应采用 A 级材料。

4.3.16　除有特殊要求的建筑、木结构建筑和附建于民用建筑中的汽车库外，其他公共建筑中每个防火分区的最大允许建筑面积应符合下列规定：

1　对于高层建筑，不应大于 1 500m$^2$。

2　对于一、二级耐火等级的单、多层建筑，不应大于

2 500m$^2$；对于三级耐火等级的单、多层建筑，不应大于1 200m$^2$；对于四级耐火等级的单、多层建筑，不应大于600m$^2$。

3　对于地下设备房，不应大于1 000m$^2$；对于地下其他区域，不应大于500m$^2$。

4　当防火分区全部设置自动灭火系统时，上述面积可以增加1.0倍；当局部设置自动灭火系统时，可按该局部区域建筑面积的1/2计入所在防火分区的总建筑面积。

【条文要点】

本条根据本规范第4.1.2条的规定，明确了各类公共建筑中每个防火分区的最大允许建筑面积。这些建筑不包括音乐厅、展览厅、剧场的观众厅、体育馆的观众厅和比赛厅等具有特殊功能要求的建筑，木结构建筑，设置在公共建筑内的汽车库，以及本规范第4.3.15条已有规定的商店营业厅。

【实施要点】

（1）本条规定的有特殊要求的建筑，主要指有特殊功能要求、防火分区按照本条规定划分无法满足实际使用功能需要的建筑，受空间条件限制难以分隔的建筑，如展览建筑和歌剧院的前厅或序厅，音乐厅，剧场的观众厅和前厅或序厅，体育馆的观众厅和比赛厅，有高大空间要求的展览厅，使用功能对空间的面积和高度有特殊要求的实验室等。除商店营业厅的防火分区应符合本规范第4.3.15条的规定划分外，其他有特殊功能要求的建筑中难以按照本条规定划分防火分区的场所，可以依据本规范第1.0.8条和第2.1节的规定，经专项技术论证和合规判定后确定相应的防火分区大小、划分方法以及保障消防安全的相关技术措施。上述建筑中无特殊功能要求的其他区域仍应按照本条的规定划分防火分区。例如，剧场的设备用房等辅助用房区，商店建筑中的库房、辅助办公等区域，体育馆建筑中的设备区、训练用房、辅助办公等用房区。

（2）木结构建筑中每个防火分区的最大允许建筑面积，应根据木结构建筑的耐火等级，按照现行国家标准《建筑设计防火规范》GB 50016等标准的要求确定。根据不同耐火等级木结构建筑的耐火性能和防止火灾蔓延的性能，Ⅰ级耐火等级木结构建筑中每个防火分区的最大允许建筑面积不应大于1 200m²，Ⅱ级耐火等级木结构建筑中防火墙间的最大允许总建筑面积不应大于1 800m²，Ⅲ级耐火等级木结构建筑中防火墙间的最大允许总建筑面积不应大于600m²，允许建筑长度应符合表4–2的要求。当设置自动喷水灭火系统时，丁、戊类地上厂房防火墙间的最大允许总建筑面积不限，其他建筑每个防火分区的最大允许建筑面积或防火墙间的最大允许总建筑面积和允许建筑长度可分别按上述数值及表4–2的规定值增加1.0倍。

**表4–2　木结构建筑中防火墙间的允许建筑长度**

| 耐火等级 | Ⅰ级 | Ⅱ级 | | | Ⅲ级 | |
|---|---|---|---|---|---|---|
| 层数/层 | 1~8 | 1 | 2 | 3或4 | 1 | 2 |
| 防火墙间的允许建筑长度/m | 不限 | 100 | 80 | 60 | 60 | |

注：体育馆等高大空间建筑的建筑高度和建筑面积可适当增加。

对于木结构组合建筑，在采用耐火极限不低于2.00h的不燃性耐火楼板与木结构部分分隔后，非木结构部分可以根据该部分的建筑耐火等级、层数、高度和功能等确定相应的防火技术要求。

（3）设置在民用建筑内的汽车库，每个防火分区的最大允许建筑面积可以根据所在建筑的耐火等级、汽车库的类型和设置的楼层高度，按照现行国家标准《汽车库、修车库、停车场设计防火规范》GB 50067的规定确定。例如，《汽车库、修车库、停车场设计防火规范》GB 50067—2014第5.1.1条规定：汽车库防火分区的最大允许建筑面积应符合表4–3的规定。其中，敞开式、错层式、斜楼板式汽车库的上下连通层面积应叠加计算，每个防火分区的最大允许建筑面积不应大于表4–3规定的2.0倍；室内有车道且有人员停留的机械式汽车库，其防火分区最大允许建筑面积应按表4–3的规定减少35%。设置自动灭火系统的汽车库，每个防火分区的最大允许建筑面积不应大于上述规定值的2.0倍。

**表 4–3 汽车库防火分区的最大允许建筑面积 /m²**

| 耐火等级 | 单层汽车库 | 多层汽车库、半地下汽车库 | 高层汽车库、地下汽车库 |
|---|---|---|---|
| 一、二级 | 3 000 | 2 500 | 2 000 |
| 三级 | 1 000 | 不允许 | 不允许 |

（4）本条规定的地下设备房和其他地下区域，包括独立建造的半地下、地下建筑，地上建筑的半地下、地下室。位于半地下、地下的场所，除设备用房、本条规定的具有特殊功能并允许设置在半地下或地下的场所外，其他场所均应按照每个防火分区最大允许建筑面积不大于 500m² 划分防火分区。

（5）除有特殊要求的建筑、商店营业厅、木结构建筑和附建于民用建筑中的汽车库外，在公共建筑中的防火分区内全部设置自动灭火系统时，该防火分区的建筑面积允许按照本条规定的基本数值增加 1.0 倍；如在防火分区内只局部区域设置自动灭火系统，在与本条规定的基本数值对比时，该防火分区的建筑面积增加值应为设置自动灭火系统区域建筑面积的 1/2。例如，一个由多个设备用房组成且总建筑面积为 1 500m² 的地下设备区，划分一个防火分区。其中，有三个设备用房需要设置自动灭火系统且设置了细水雾灭火系统，这三个设备用房的总建筑面积为 1 000m²。在校验该设备区的防火分区划分是否符合标准规定时，应将这三个设备用房总建筑面积的 1/2（即 500m²）计入所在防火分区的建筑面积，即该地下设备区的防火分区校核用建筑面积为 1 000m²，符合本规范规定的“不应大于 1 000m²”。

（6）本条规定的“有特殊要求的建筑”，包括一些有特殊功能要求的建筑和建筑中有特殊功能要求的场所。例如，体育馆建筑、室内运动场、剧院建筑、特殊的会议建筑或会议厅、展览建筑中的公共展览厅、博物馆建筑的地下展厅、民用机场航站楼的出发厅和到达厅、轨道交通车站的站厅公共区等。这些建筑应在满足使用功能的同时，从建筑消防安全的整体需求出发，认真研究与实际划分的防火分区大小相适应的防火技术措施及相关要求，确保符合本规范规定的建筑防火目标、功能和性能要求。

4.3.17　总建筑面积大于 $20\,000m^2$ 的地下或半地下商店，应分隔为多个建筑面积不大于 $20\,000m^2$ 的区域且防火分隔措施应可靠、有效。

**【条文要点】**

本条明确了规模巨大的地下、半地下商店应分隔成多个较小的区域，规定了防火分隔措施的基本性能要求。有关防火分隔的具体措施和技术要求，可以根据地下空间的构成特点，结合地面条件按照现行国家标准《建筑设计防火规范》GB 50016 和《人民防空工程设计防火规范》GB 50098 等技术标准的规定确定。

**【实施要点】**

（1）根据本规范第 4.3.15 条的规定，在地下、半地下商店建筑中，商店营业厅内每个防火分区的最大允许建筑面积可达 $2\,000m^2$。为保证正常的顾客流线和通行方便，满足商店经营的需要，营业厅内的防火分区往往采用大量防火卷帘进行分隔。尽管这些年来防火卷帘的质量和可靠性有所提升，建筑自动灭火系统的维护与管理水平也在不断提高，但采用防火卷帘保证不同防火分区之间防火分隔的可靠度还需进一步提高，自动灭火系统的可靠性及其控火、灭火的有效性还不能很好地满足大型地下、半地下建筑消防安全的需要，导致规模大的地下、半地下商店一旦失火往往产生严重的后果。因此，本条规定要求采用可靠、有效的防火分隔措施将总建筑面积大于 $20\,000m^2$ 的地下、半地下商店分隔成多个相对独立的商店区域，且每个独立区域的总建筑面积均不应大于 $20\,000m^2$，实现一旦其中某个区域的火灾失控后不会蔓延至其他独立的防火分隔区域。

本条规定的商店的总建筑面积，应按照商店营业厅、配套库房、配套设备用房、配套办公用房等构成地下商店的所有用房和区域的建筑面积之和计算，包括按照本规范第 4.1.2 条规定允许不计入防火分区建筑面积的区域的面积。

（2）用于分隔总建筑面积大于 $20\,000m^2$ 的地下、半地下商店的措施，可以根据构成地下商店各区域的布置情况，结合地面条件确定，重点应保证防火分隔措施的可靠性和有效性。例如，当地下商店为多个楼层时，可以采用防烟楼梯间和楼板以及下沉庭院或下沉式广场分隔；当地下商店为单层时，可以采用避难走道、下沉庭院或下沉式广场、防火隔间分隔。不同防火分隔措施应满足的具体技术要求，可以参见国家标准《建筑设计防火规范》GB 50016—2014（2018年版）第6.4.12条、第6.4.13条和第6.4.14条的规定，防烟楼梯间的要求应符合本规范第7.1.8条的规定。

（3）在地下、半地下商店分隔后每个总建筑面积小于20 000$m^2$的区域内，应按照本规范第4.1.2条和第4.3.15条的规定进一步划分防火分区，防火分区之间的防火分隔应符合本规范第4.1.2条和第6章的相关规定，其他要求可以参见现行国家标准《建筑设计防火规范》GB 50016的规定，并应尽可能提高防火分区之间防火分隔措施的可靠性和有效性。

## 4.4 其他工程

4.4.1 地铁车站的公共区与设备区之间应采取防火分隔措施，车站内的商业设施和非地铁功能设施的布置应符合下列规定：

1 公共区内不应设置公共娱乐场所；

2 在站厅的乘客疏散区、站台层、出入口通道和其他用于乘客疏散的专用通道内，不应布置商业设施或非地铁功能设施；

3 站厅公共区内的商业设施不应经营或储存甲、乙类火灾危险物品，不应储存可燃性液体类物品。

**【实施要点】**

（1）本规范规定的地铁车站，除有明确规定外，均包括地上车站和地下车站。除车站轨行区外，地铁车站主要由站台、站厅、出入口通道、换乘通道等组成。站台区包括站台公共区（即乘客候车区）和端部的设备区，站厅包括站厅公共区和站厅设备管理区，站厅公共区包括付费区和非付费区。车站的公共区由站台的公共区和站厅的公共区构成，供乘客候车、进出站和换乘通行用；设备区或设备管理区布置了保障列车正常运行、事故应急的设备用房和相关管理人员办公用房。公共区与设备区的火灾危险性不同，使用人员的特性和数量不同，需要分别独立划分防火分区。因此，在站台的公共区和站厅的公共区与设备区之间应采用防火墙分隔，在车站的公共区、设备区内，不同防火分区之间应采用防火墙分隔，同一防火分区内不同用房之间可以根据房间的实际火灾危险性，采用相应耐火极限的防火隔墙分隔。

（2）在地铁车站站台的公共区和站厅的公共区内不应设置公共娱乐场所。这些场所包括向公众开放的下列场所：影剧院、录像厅、礼堂等演出、放映场所，舞厅、卡拉 OK 厅等歌舞娱乐场所，具有娱乐功能的夜总会、音乐茶座和餐饮场所，游艺、游乐场所，保龄球馆、旱冰场、桑拿浴室等营业性健身、休闲场所。

（3）本条规定地铁车站中不允许布置商业设施或非地铁功能设施的区域包括：站厅的乘客疏散区（包括站厅中的付费区和非付费区）、站台层、出入口通道、车站中其他用于乘客疏散的专用通道。乘客的疏散区主要为供乘客疏散通行的区域，应根据设计的人员疏散路径和宽度等边界要求，采用明显的标志线标示。在其他区域内布置配套商业设施时，应符合现行国家标准《地铁设计防火标准》GB 51298 等标准的规定。在地铁车站内不应布置非地铁功能的设施，地铁车站与非地铁功能设施之间的防火分隔应符合本规范第 4.4.2 条的规定。

（4）在站厅公共区内布置的配套商业设施，是为方便乘客出行的便利店，主要经营日用杂品、书报、点心、水和饮料等商品，尽量控制经营可燃物较多、容易被点燃或燃烧速度快的物品，不应经营或储存甲、乙类物品，不应储存可燃性液体类物品。配套商业设施的防火分隔措施等防火技术要求，可以根据现行国家标准《地铁设计防火标准》GB 51298 等标准的规定确定。

甲、乙类物品的范围，请参见本指南第 4.3.1 条的【实施要点】；可燃性液体类物品的范围，请参见现行国家标准《建筑设计防火规范》GB 50016 有关丙类液体的分类和举例，如动植物油、润滑油、机油等。

4.4.2 地铁车站的站厅、站台、出入口通道、换乘通道、换乘厅与非地铁功能设施之间应采取防火分隔措施。

【实施要点】

（1）地铁车站的站厅、站台、出入口通道、换乘通道、换乘厅均为地铁车站内的功能场所，属于地铁功能设施。地铁车站的站厅公共区通常与站台公共区划分为同一个防火分区，且站厅公共区大多作为站台公共区的人员疏散安全区。出入口通道为站厅公共区安全出口外的疏散区，相当于建筑内的疏散楼梯竖井。换乘通道和换乘厅大多为连接不同车站站厅公共区或站台公共区的独立区域，换乘厅有时与站厅公共区合用。除地铁列车本身的火灾作用外，地铁车站内的这些区域主要供人员通行、候车和上下车，均为火灾危险性较小、但在车站运行时属于人员集中的场所，应与非地铁功能设施分隔。在车站站厅和站台层设置的设备用房，均为保证地铁安全、正常运行，并供地铁专用的房间，必须确保其安全，也应与非地铁功能设施分隔。

（2）与地铁车站相邻建设的非地铁功能设施主要有商店、餐饮、旅馆等商业服务设施，办公场所，人防工程，城市综合管廊及其他市政公用设施。这些设施有的具有较大的火灾危险性，有的还同时具有人员密度大的特点。尽管其中一些设施具有与地铁车站连通的需求，以方便公众出行，提升城市设施的服务品质，但都需要考虑地铁车站与非地铁功能设施发生火灾时的相互影响，应采取相应的防火分隔措施。

（3）地铁车站的站厅、站台与出入口通道、换乘通道、换乘厅之间的防火分隔措施及其技术要求，地铁车站内这些区域与非地铁功能设施之间的具体防火分隔措施及其技术要求，除本规范的规定外，其他要求均可以根据现行国家标准《地铁设计防火标准》GB 51298 等标准的规定确定。

例如，国家标准《地铁设计防火标准》GB 51298—2018 规定，在站厅非付费区连通商业等非地铁功能场所的楼梯或扶梯的开口部位，应设置耐火极限不低于 3.00h 的防火卷帘，防火卷帘应能分别由地铁、商业等非地铁功能的场所控制，在楼梯或扶梯周围的其他临界面应设置防火墙。在站厅层与站台层之间设置商业等非地铁功能的场所时，站台公共区至站厅公共区的楼梯或扶梯不应与商业等非地铁功能的场所连通，楼梯或扶梯穿越商业等非地铁功能的场所的部位周围应设置无门窗洞口的防火墙。在站厅公共区同层布置的商业等非地铁功能的场所，应采用防火墙与站厅公共区进行分隔，相互间宜采用下沉广场或连接通道等方式连通，不应直接连通。下沉广场的宽度不应小于 13m；连接通道的长度不应小于 10m、宽度不应大于 8m，连接通道内应设置两道分别由地铁和商业等非地铁功能的场所控制且耐火极限均不低于 3.00h 的防火卷帘。

4.4.3 地铁工程中的下列场所应分别独立设置，并应采用防火门（窗）、耐火极限不低于 2.00h 的防火隔墙和耐火极限不低于 1.50h 的楼板与其他部位分隔：

1 车站控制室（含防灾报警设备室）、车辆基地控制室（含防灾报警设备室）、环控电控室、站台门控制室；

2 变电站、配电室、通信及信号机房；

3 固定灭火装置设备室、消防水泵房；

4 废水泵房、通风机房、蓄电池室；

5 车站和车辆基地内火灾时需继续运行的其他房间。

【条文要点】

本条规定了地铁工程中各类在火灾时需要继续使用的重要用房的布置和基本防火分隔要求，以防止火灾危险性大的房间发生火灾危及其他场所，确保这些房间内的设施设备在建筑其他部位发生火灾时仍能满足正常工作的要求。

【实施要点】

（1）地铁工程中的设备室往往设备多、建筑面积大。本条规定地铁工程中为保证地铁正常运行所需各类房间均不允许与其他用途合并设置在同一个房间内，应分别独立设置，但可以设置在其他功能的建筑内，如车站控制室允许设置在办公建筑内，通风机房允许设置在车站的设备区等。

（2）本条规定的车站控制室、车辆基地控制室、环控电控室、站台门控制室、变电站、配电室、通信及信号机房、废水泵房、通风机房、蓄电池室等房间，均应为地铁车站和车辆基地中在火灾时需要继续运行的房间。在火灾时不需要继续运行的其他房间，可以根据其实际火灾危险性和重要性确定是否需要防火分隔。对于排烟风机，如果设置排烟风机房，则排烟风机房应按照本条规定的防火分隔要求与相邻部位或区域分隔。

（3）设置在防火隔墙上的门大部分应采用乙级防火门，少数房间的门应采用甲级防火门。防火门的耐火、防烟等性能应符合本规范相关条文的规定。本规范未规定的，可以按照现行国家标准《地铁设计防火标准》GB 51298、《建筑设计防火规范》GB 50016 的规定确定。

4.4.4　在地铁车辆基地建筑的上部建造其他功能的建筑时，车辆基地建筑与其他功能的建筑之间应采用耐火极限不低于 3.00h 的楼板分隔，车辆基地建筑中承重的柱、梁和墙体的耐火极限均不应低于 3.00h，楼板的耐火极限不应低于 2.00h。

【条文要点】

本条规定了利用地铁车辆基地盖上空间建设其他各类设施时的基本防火分隔和结构耐火性能要求，确保地铁车辆基地在与其他功能的建筑上、下组合建造时，各自发生的火灾不会对建筑安全产生相互危害。

【实施要点】

（1）地铁车辆基地主要用于地铁列车的停放和检修，包括停车库、列检库、停车列检库、运用库、联合检修库、物资总库及易燃物品库等，是地铁车辆维修、停放、运用管理以及办公、培训的场所。地铁车辆基地占地和建筑规模一般都很大，停放车辆和储存物资多，具有一定的火灾危险性。为高效利用土地资源，我国大部分城市在地铁车辆基地的上盖建设了住宅建筑、办公建筑、旅馆建筑、商店建筑和汽车库等，设置了幼儿园、托儿所、中小学校、变电站等配套设施。

（2）地铁车辆基地本身属于服务于地铁的配套设施，防火技术要求可以比照相应类别火灾危险性的厂房和仓库确定，但并不是严格意义的厂房，而是类似汽车库和修车库的功能。因此，在地铁车辆基地的上盖允许建设其他使用功能的设施和建筑，但地铁车辆基地与上盖建筑的消防系统、疏散设施和消防救援保障设施等需要各自完全独立设置，以保证在同一时间内各自发生至少1次火灾时的火灾控制与消防救援需要。在这方面，在地铁车辆基地的上盖建设各类建筑和设施的情形，与多种不同使用功能的设施竖向组合建造有所区别。

（3）在地铁车辆基地与上盖建筑或设施之间，应采用耐火极限不低于3.00h的不燃性楼板分隔。当在上盖直接设置可燃油油浸变压器室等具有一定爆炸危险性的场所时，还应对相应部位的分隔楼板采取防爆或抗爆措施。例如，设置一定厚度的隔离土层，加强分隔楼板的抗爆性能，采用双层楼板设置隔离空腔等。鉴于目前有关耐火极限不低于3.00h的楼板的构造数据还不够充分，当分隔盖上与盖下的楼板要求耐火极限不低于3.00h时，该楼板的构造应根据楼板的受力情况、边界约束条件、跨度大小等经计算或火灾测试验证确定。参见图4–8。

（4）本条规定了地铁车辆基地建筑中楼板和承重的柱、梁、墙体的最低耐火极限，上盖建筑的楼板和承重的柱、梁、墙体等建筑构配件的耐火极限仍可以根据建筑的使用性质和建筑的耐火等级对相关构件的耐火极限要求确定，如现行国家标准《建筑设计防火规范》GB 50016、《汽车库、修车库、停车场设计防火规范》GB 50067等标准。地铁车辆基地的建筑之间及建筑内的防火分隔、上盖建筑之间及建筑内的防火分隔，可以分别按照本规范第4.4.3条和现行国家标准《地铁设计防火标准》GB 51298、《建筑设计防火规范》GB 50016等标准的规定确定。

4.4.5 交通隧道内的变电站、管廊、专用疏散通道、通风机房及其他辅助用房等，应采用耐火极限不低于2.00h的防火隔墙等与车行隧道分隔。

【实施要点】

（1）本条规定的交通隧道包括城市交通隧道和公路隧道，不

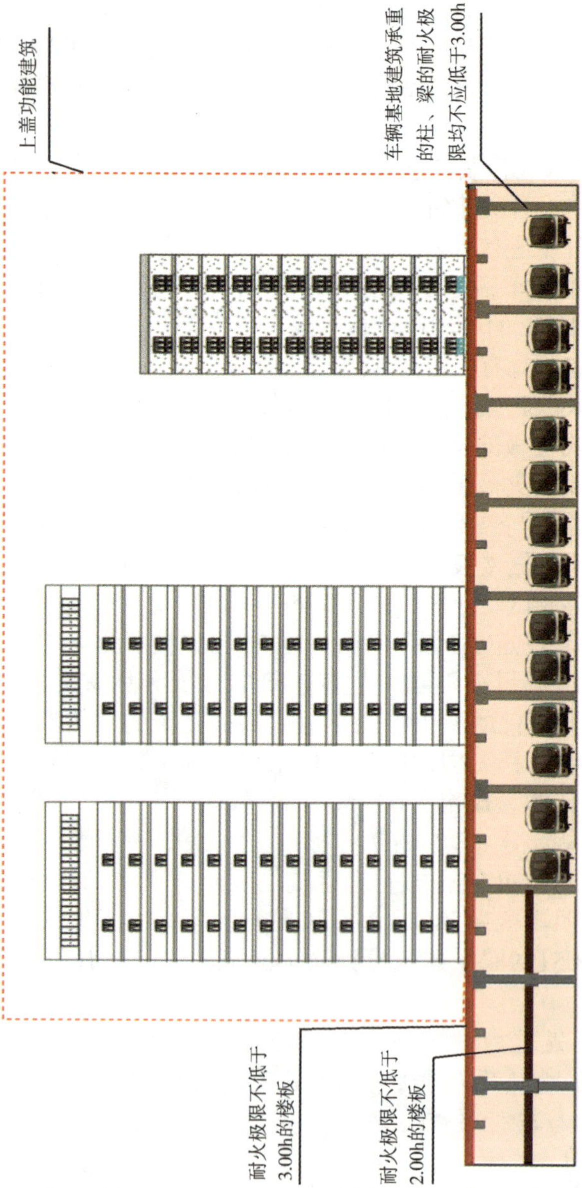


图 4-8　地铁车辆基地内主要承重结构的耐火性能及与上盖建筑之间防火分隔板的耐火性能要求示意图

包括铁路隧道。设置在交通隧道内的变电站、管廊、通风机房及其他辅助用房，均是服务于隧道的配套用房和电力、排水等廊道，其中的管廊还可以是借助隧道的电力管廊。专用疏散通道是设置在交通隧道中单洞双向或单向通行的车行隧道任一侧，或位于双洞单向通行的车行隧道中间，供人员在火灾及其他应急情况下疏散至隧道外的专用通道。

（2）设置在交通隧道内的辅助用房应独立划分防火分区，防火分区的最大允许建筑面积可以根据这些用房的火灾危险性和设置位置，按照本规范和国家现行相关技术标准的要求确定。在各类辅助用房和专用疏散通道与车行隧道之间，应采用耐火极限不低于 2.00h 防火隔墙和乙级防火门（见本规范第 6.4.3 条）分隔，不应采用防火卷帘等防火分隔措施分隔。

有关辅助用房防火隔墙的耐火极限测试条件、试验方法和判定标准，应符合现行国家标准《建筑构件耐火试验方法　第 1 部分：通用要求》GB/T 9978.1、《建筑构件耐火试验方法　第 4 部分：承重垂直分隔构件的特殊要求》GB/T 9978.4、《建筑构件耐火试验方法　第 8 部分：非承重垂直分隔构件的特殊要求》GB/T 9978.8 有关建筑构件耐火极限测试、判定和结果推论等的规定，可以不按照国家标准《建筑构件耐火试验　可供选择和附加的试验程序》GB/T 26784 有关碳氢升温条件或隧道火灾 RABT-ZTV 升温曲线等升温条件和隧道结构的耐火极限判定标准考虑。但是，如果这些辅助用房直接设置在隧道内，并且可能受到隧道内通行车辆火灾的直接作用时，应按照相应隧道结构耐火极限的试验条件、试验方法和判定标准确定其耐火极限，即需要按照碳氢升温条件等进行测试。

（3）当专用疏散通道设置在车行隧道的上方时，疏散通道下方的隧道结构应满足隧道结构本身的耐性性能要求；当专用疏散通道设置在车行隧道的下方时，疏散通道上方的车行道路应满足隧道结构本身的耐性性能和通行车辆的承载要求。此时，分隔专用疏散通道的隧道结构的耐火性能不应低于 2.00h，相关耐火性能的试验条件、试验方法和判定标准见本条【实施指南】第（2）款。

# 5 建筑结构耐火

## 5.1 一般规定

5.1.1 建筑的耐火等级或工程结构的耐火性能，应与其火灾危险性，建筑高度、使用功能和重要性，火灾扑救难度等相适应。

【条文要点】

本条规定是对建筑结构和工程结构耐火的基本性能要求。建筑和工程的整体耐火性能是保证建筑和工程结构在火灾时不发生较大破坏或垮塌，保持建筑和工程结构功能的根本，可以由建筑结构或构件、工程结构的燃烧性能和耐火极限体现。建筑或工程的火灾危险性、建筑高度、埋深、使用功能、重要性、火灾扑救难易程度不同，相应的耐火性能要求可以有所差异，应根据建筑和工程自身的实际情况区别对待，使建筑和工程具有合理的耐火等级，并据此确定适度的防火设防标准。

【实施要点】

（1）建筑的耐火等级或工程结构的耐火性能，体现了建筑或工程结构自身在无灭火干预情况下耐受火灾作用，并在火灾或高温作用下仍能正常发挥承载功能的能力，是确定相应结构、构件的耐火极限和燃烧性能、疏散设施和消防设施设置、救援保障条件等建筑防火技术要求的基础。建筑的耐火等级或工程结构的耐火性能高低，与建筑或工程的火灾危险性、建筑高度、埋深、建筑或工程的重要性、火灾扑救难度等因素关系密切，火灾危险性越高、建筑高度越高或埋深越大、建筑或工程的性质越重要、火灾扑救难度越大，建筑的耐火等级应越高或工程结构越应具备更高的耐火性能。例如，地下建筑和超高层建筑，火灾扑救十分困难，建筑的耐火等级不应低于一级；其他高层建筑的火灾扑救和疏散难度也较单、多层建筑大，耐火等级不应低于二级；甲、乙类厂房的火灾危险性高，耐火等级一般不应低于二级；党政机关办公楼、指挥调度中心、重要的城市公共设施等公共建筑，使用性质重要，耐火等级不应低于二级。对于水底隧道、暗埋段较长的特长隧道，火灾扑救和灾后修复的难度大，建造时应按照可能的实际火灾作用使隧道结构具有较高的耐火性能。反之，建筑的耐火等级或工程结构的耐火性能可以低一些。

（2）建筑的整体耐火性能可以采用耐火等级表示，不同耐火等级建筑的耐火性能可以采用建筑结构、构件的燃烧性能和耐火极限衡量。除木结构建筑外，其他类型结构建筑的耐火等级可以分为一级、二级、三级和四级，木结构建筑的耐火等级可以分为Ⅰ级、Ⅱ级和Ⅲ级。对于隧道和管廊等工程，结构的耐火性能与隧道的类别、管廊中敷设管线的火灾危险性相关。不同建筑、不同类别工程的结构耐火性能要求应在符合本规范的基础上，按照国家现行相关技术标准的要求确定。例如，隧道工程结构的耐火性能应按照本规范第5.4.2条规定的原则确定；建筑的耐火等级分级、不同耐火等级建筑中相应结构或构件的耐火性能要求、城市交通隧道的分类，可以按照现行国家标准《建筑设计防火规范》GB 50016和《汽车库、修车库、停车场设计防火规范》GB 50067等技术标准的规定确定，参见表5-1~表5-4；管廊工程中相应结构的耐火性能要求可以根据现行国家标准《城市综合管廊工程技术规范》GB 50838的规定确定。

（3）对于新建、改建、扩建的建筑和工程，只要确定了建筑的耐火等级或工程的类别，就可以确定建筑中不同部位的结构、构件或工程结构应具备的耐火极限和燃烧性能；对于既有建筑，只要能够明确既有建筑中主要受力或承重构件的耐火极限和燃烧性能，就可以确定该建筑可以达到的耐火等级，并可以进一步确定该建筑改造时的相应设防标准、结构加固与防火保护措施，以及其他消防安全保障措施。

**表 5-1　不同耐火等级工业建筑构件的燃烧性能和耐火极限 /h**

| 构件名称 | | 耐火等级 | | | |
|---|---|---|---|---|---|
| | | 一级 | 二级 | 三级 | 四级 |
| 墙 | 防火墙 | 不燃性<br>3.00 | 不燃性<br>3.00 | 不燃性<br>3.00 | 不燃性<br>3.00 |
| | 承重墙 | 不燃性<br>3.00 | 不燃性<br>2.50 | 不燃性<br>2.00 | 难燃性<br>0.50 |
| | 楼梯间和前室的墙、电梯井的墙 | 不燃性<br>2.00 | 不燃性<br>2.00 | 不燃性<br>1.50 | 难燃性<br>0.50 |
| | 疏散走道两侧的隔墙 | 不燃性<br>1.00 | 不燃性<br>1.00 | 不燃性<br>0.50 | 难燃性<br>0.25 |
| | 非承重外墙、房间隔墙 | 不燃性<br>0.75 | 不燃性<br>0.50 | 难燃性<br>0.50 | 难燃性<br>0.25 |
| 柱 | | 不燃性<br>3.00 | 不燃性<br>2.50 | 不燃性<br>2.00 | 难燃性<br>0.50 |
| 梁 | | 不燃性<br>2.00 | 不燃性<br>1.50 | 不燃性<br>1.00 | 难燃性<br>0.50 |
| 楼板 | | 不燃性<br>1.50 | 不燃性<br>1.00 | 不燃性<br>0.75 | 难燃性<br>0.50 |
| 屋顶承重构件 | | 不燃性<br>1.50 | 不燃性<br>1.00 | 难燃性<br>0.50 | 可燃性 |
| 疏散楼梯 | | 不燃性<br>1.50 | 不燃性<br>1.00 | 不燃性<br>0.75 | 可燃性 |
| 吊顶（包括吊顶搁栅） | | 不燃性<br>0.25 | 难燃性<br>0.25 | 难燃性<br>0.15 | 可燃性 |

注：二级耐火等级建筑内采用不燃材料的吊顶，其耐火极限不限。

**表 5-2 不同耐火等级民用建筑构件的燃烧性能和耐火极限 /h**

| 构件名称 | | 耐火等级 | | | |
|---|---|---|---|---|---|
| | | 一级 | 二级 | 三级 | 四级 |
| 墙 | 防火墙 | 不燃性<br>3.00 | 不燃性<br>3.00 | 不燃性<br>3.00 | 不燃性<br>3.00 |
| | 承重墙 | 不燃性<br>3.00 | 不燃性<br>2.50 | 不燃性<br>2.00 | 难燃性<br>0.50 |
| | 非承重外墙 | 不燃性<br>1.00 | 不燃性<br>1.00 | 不燃性<br>0.50 | 可燃性 |
| | 楼梯间和前室的墙、电梯井的墙、住宅建筑单元之间的墙和分户墙 | 不燃性<br>2.00 | 不燃性<br>2.00 | 不燃性<br>1.50 | 难燃性<br>0.50 |
| | 疏散走道两侧的隔墙 | 不燃性<br>1.00 | 不燃性<br>1.00 | 不燃性<br>0.50 | 难燃性<br>0.25 |
| | 房间隔墙 | 不燃性<br>0.75 | 不燃性<br>0.50 | 难燃性<br>0.50 | 难燃性<br>0.25 |
| 柱 | | 不燃性<br>3.00 | 不燃性<br>2.50 | 不燃性<br>2.00 | 难燃性<br>0.50 |
| 梁 | | 不燃性<br>2.00 | 不燃性<br>1.50 | 不燃性<br>1.00 | 难燃性<br>0.50 |
| 楼板 | | 不燃性<br>1.50 | 不燃性<br>1.00 | 不燃性<br>0.50 | 可燃性 |
| 屋顶承重构件 | | 不燃性<br>1.50 | 不燃性<br>1.00 | 可燃性<br>0.50 | 可燃性 |
| 疏散楼梯 | | 不燃性<br>1.50 | 不燃性<br>1.00 | 不燃性<br>0.50 | 可燃性 |
| 吊顶（包括吊顶搁栅） | | 不燃性<br>0.25 | 难燃性<br>0.25 | 难燃性<br>0.15 | 可燃性 |

注：以木柱承重且墙体采用不燃材料的建筑，耐火等级应按四级确定。

**表 5-3　不同耐火等级木结构建筑构件的燃烧性能和耐火极限 /h**

| 构件名称 | | Ⅰ级 | Ⅱ级 | Ⅲ级 |
|---|---|---|---|---|
| 墙 | 防火墙 | 不燃性<br>3.00 | 不燃性<br>3.00 | 不燃性<br>3.00 |
| | 承重墙 | 难燃性<br>2.00 | 难燃性<br>1.00 | 难燃性<br>0.50 |
| | 非承重外墙 | 难燃性<br>1.00 | 难燃性<br>0.75 | 可燃性 |
| | 电梯井的墙 | 不燃性<br>1.00 | 难燃性<br>1.00 | 难燃性<br>0.50 |
| | 楼梯间和前室的墙、住宅建筑单元之间的墙和分户墙 | 难燃性<br>2.00 | 难燃性<br>1.00 | 难燃性<br>0.50 |
| | 疏散走道两侧的隔墙 | 难燃性<br>1.00 | 难燃性<br>0.75 | 难燃性<br>0.25 |
| | 房间隔墙 | 难燃性<br>0.75 | 难燃性<br>0.50 | 难燃性<br>0.25 |
| 承重柱 | | 可燃性<br>2.50 | 可燃性<br>1.00 | 可燃性<br>1.00 |
| 梁 | | 可燃性<br>2.00 | 可燃性<br>1.00 | 可燃性<br>1.00 |
| 楼板 | | 难燃性<br>1.50 | 难燃性<br>0.75 | 可燃性 |
| 屋顶承重构件 | | 可燃性<br>1.00 | 可燃性<br>0.50 | 可燃性 |

续表 5–3

| 构件名称 | Ⅰ级 | Ⅱ级 | Ⅲ级 |
|---|---|---|---|
| 疏散楼梯 | 难燃性<br>1.50 | 难燃性<br>0.50 | 可燃性 |
| 吊顶 | 难燃性<br>0.25 | 难燃性<br>0.15 | 可燃性 |

注：1 除另有规定外，当同一座Ⅱ级、Ⅲ级耐火等级木结构建筑存在不同高度的屋顶时，较低部分的屋面不应采用可燃性屋面，且Ⅱ级耐火等级木结构建筑中较低部分的屋面采用难燃性屋面时，屋面的耐火极限不应低于0.75h，屋顶承重构件的燃烧性能和耐火极限应与梁相同。

2 轻型木屋顶除防水层、保温层及屋面板外，其余部分均应视为屋顶承重构件且不应采用可燃性构件，耐火极限不应低于0.50h。

3 4层的Ⅱ级耐火等级木结构建筑，承重墙、承重柱、楼梯间和前室的墙、电梯井的墙、住宅建筑单元之间的墙和分户墙、疏散楼梯的耐火极限应按表中规定分别提高0.50h，楼板的耐火极限不应低于1.00h。

4 除房间隔墙和吊顶外，Ⅰ级木结构建筑的构件不应使用轻型木结构构件。

5.1.2 地下、半地下建筑（室）的耐火等级应为一级。

【实施要点】

（1）地下、半地下建筑和建筑的地下、半地下室内的火灾，具有烟热难以排出、火场温度高、烟雾大、火灾延续时间长、疏散和扑救难度大、易造成人员伤亡或财产损失等特点，需要具备较高的耐火性能，以保证建筑结构的安全和消防救援人员的安全，保障消防救援工作顺利进行。

对于设置地下、半地下室的建筑，建筑地面以上部分的耐火等级可以依据其地面以上的建筑高度、规模、使用功能、与相邻建筑的防火间距等因素确定，不需要与地下部分的耐火等级一致，但地下、半地下室部分的承重结构和围护结构的耐火性能应按照不低于一级耐火等级建筑的相应要求确定。

（2）除本规范有专门明确地下、半地下建筑范围的条文外，本规范规定的“地下、半地下建筑”均包括地下、半地下的工业与民用建筑，平时使用的人民防空工程，地下、半地下汽车库，交通隧道和管廊工程中的地下设备用房、避难间，城市轨道交通的地下车站、地下设备用房、地下联络通道、地下风井和风道、地下变电所，地下车辆基地内各类建筑物，城际和国铁的地下车站、地下设备用房、地下出入口通道等，地下人行通道和非机动车道等。当在本规范的同一章或同一节中对不同地下、半地下建筑分别有明确规定时，不需要同时满足这些规定。

5.1.3 建筑高度大于 100m 的工业与民用建筑楼板的耐火极限不应低于 2.00h。一级耐火等级工业与民用建筑的上人平屋顶，屋面板的耐火极限不应低于 1.50h；二级耐火等级工业与民用建筑的上人平屋顶，屋面板的耐火极限不应低于 1.00h。

【条文要点】

本条规定了各类工业与民用建筑上人屋面、建筑高度大于 100m 建筑的楼板应具备的最低耐火极限，建筑中其他构件的耐火极限应根据建筑的耐火等级要求和建筑高度，按照国家现行相关技术标准的规定确定。建筑的高度越高、火灾扑救难度越大、火灾延续时间越长，对建筑自身耐火性能的要求越高。一些特殊建筑和建筑内的一些特殊部位楼板的耐火极限，如丙类仓库、避难层等的楼板，还需根据其使用功能和防火需要提高。

【实施要点】

（1）根据国家标准《民用建筑设计统一标准》GB 50352—2019 第 3.1.2 条的规定，民用建筑按地上建筑高度或层数划分为低层或多层民用建筑、高层民用建筑、超高层民用建筑。建筑高度不大于 27.0m 的住宅建筑、建筑高度不大于 24.0m 的公共建筑、建筑高度大于 24.0m 的单层公共建筑划分为低层或多层民用建筑；建筑高度大于 27.0m 的住宅建筑、建筑高度大于 24.0m 且不大于 100.0m 的非单层公共建筑，划分为高层民用建筑；建筑高度大于 100m 的民用建筑划分为超高层民用建筑。根据国家标准《建筑设计防火规范》GB 50016—2014（2018 年版）的规定，建筑高度大于 27m 的住宅建筑，建筑高度大于 24m 的非单层厂房、仓库和其他民用建筑，划分为高层建筑；建筑高度不大于 27m 的住宅建筑，建筑高度不大于 24m 的非单层厂房、仓库和其他民用建筑，划分为单层或多层建筑。

由于我国当前的消防救援装备和救援能力难以很好地满足扑救建筑高度大于 100m 的高层工业与民用建筑火灾的需要，有必要增强建筑自身的被动防火性能，提高建筑内部和外部防止火灾蔓延的防火分隔措施的可靠性，相关防火技术要求均应较其他工业与民用建筑的要求有所提高。具体要求可以根据现行国家标准《建筑设计防火规范》GB 50016 等标准的规定确定。

（2）建筑的上人平屋顶可以用于人员在火灾时疏散、临时避难、开设消防救援阵地，具有满足人员安全到达地面的设施和符合人员停留面积要求的上人平屋面，还可以作为建筑的室外安全地点。鉴于现行国家相关标准在对应一级、二级耐火等级建筑的构件耐火性能基本要求中只规定了楼板和屋顶承重结构的最低耐火极限，未规定屋面板的耐火极限要求，为确保屋面板能够满足在建筑发生火灾时安全使用的要求，规定了一级、二级耐火等级建筑上人平屋顶上屋面板的耐火极限分别不应低于国家相关标准对相应耐火等级建筑楼板和屋顶承重结构的最低耐火极限要求，且屋面板的燃烧性能应为 A 级，不应采用耐火极限低于 1.50h 或 1.00h 的难燃性或可燃性屋面板。当建筑的屋顶需要用作消防救援场地时，尚应符合消防车停留、展开和供水等承载与灭火救援保障的要求。

（3）对于一些由不同功能组合建造的建筑，还应从有效防止火灾蔓延，减小火灾的相互作用考虑，适当提高竖向防火分隔楼板的耐火性能。例如，本规范第 4.3.2 条、第 4.4.4 条和第 5.2.4 条的规定，国家标准《建筑设计防火规范》GB 50016—2014（2018 年版）第 11.0.12 条对木结构组合建筑的竖向防火分隔要求。其他建筑也应比照此原则合理确定防火分隔楼板的耐火性能。

5.1.4 建筑中承重的下列结构或构件应根据设计耐火极限和受力情况等进行耐火性能验算和防火保护，或采用耐火试验验证其耐火性能：

1 金属结构或构件；

2 木结构或构件；

3 组合结构或构件；

4 钢筋混凝土结构或构件。

【条文要点】

本条要求对各类建筑结构、构件进行耐火性能验算或测试验证，以确保建筑的结构、构件的耐火性能满足设计要求；当耐火性能验算不满足设计要求时，应对结构、构件采取防火保护措施，并通过防火保护使建筑结构、构件达到设计要求的耐火极限。

【实施要点】

（1）如前所述，建筑结构、构件的耐火极限是衡量建筑结构在火灾作用下安全性的重要指标，是建筑整体或局部耐火性能的重要体现。一方面，建筑主要承重构件、受力结构在火灾作用下的破坏实际上是由于结构或构件受到火灾、高温作用后的变形随其温度的升高而增大，导致承载力下降，结构、构件不能承受外部荷载或作用而失效破坏。另一方面，现行国家标准［如《建筑设计防火规范》GB 50016—2014（2018 年版）的条文说明］给出的部分建筑构件的耐火极限，均是在特定构件构造、约束条件和受力条件等状态下的试验结果。这些结果受试验条件限制，不能真实反映构件在其他构造、受力条件、荷载比、升温条件等情况下的耐火性能，更不能准确反映建筑结构整体的耐火性能。在实际工程建设中，只有当建筑构件的实际应用条件与标准或标准条文说明所列情况完全一样时，才可以直接采用标准或标准条文说明给出的数值。因此，为保证建筑结构、构件在设计耐火时间内安全承载，应根据结构、构件在建筑中的实际状态验算其耐火性能，并视验算结果采取防火保护措施。耐火性能验算一般应按照结构的耐火承载力极限状态进行。当前，不少建筑结构和构件设计未根据实际建造情形验算其耐火性能，导致增加了不必要的建设成本或给建筑结构的消防安全带来一定隐患。

通常，结构、构件的耐火极限可以通过实体火灾试验测定，但受火灾试验等条件的限制，工程中大部分结构、构件的耐火极限难以完全通过实体火灾试验直接确定，而需要采用理论计算和实体火灾测试验证相结合的方法确定。当前，木结构和构件、建筑钢结构和构件（包括组合结构和构件）、钢筋混凝土结构和构件的耐火极限计算方法日趋成熟，已经发布实施了现行国家标准《建筑钢结构防火技术规范》GB 51249、《木结构设计标准》GB 50005、《胶合木结构技术规范》GB/T 50708 等标准，正在制定国家标准《建筑钢筋混凝土结构防火技术标准》，有关标准体系也正逐步完善，具备在实体火灾测试的基础上采用理论计算的方法确定建筑结构、构件耐火极限的条件。

（2）建筑结构、构件的耐火极限验算根据验算对象和层次的不同，可以分为基于构件的耐火极限验算方法和基于建筑整体结构的耐火极限验算方法。具体采用何种方法，应根据建筑结构的重要性、结构类型及荷载特征等，根据现行国家标准《建筑钢结构防火技术规范》GB 51249 等技术标准的规定选择。例如，大跨度钢结构和车辐结构，局部构件失效有可能造成结构连续性破坏甚至倒塌；预应力的钢结构或钢筋混凝土结构对温度敏感性高，构件的热膨胀很可能导致预应力丧失，改变结构受力方式。这样的建筑结构有必要考虑采用基于建筑整体结构的耐火极限验算方法。

（3）钢材等金属材料导热系数大，火灾下金属构件升温快，材料强度随温度升高而迅速降低。例如，无防火保护的钢结构耐火时间通常为 15~20min，与钢筋混凝土结构相比，钢结构的耐火性能较差，易在火灾作用下因力学性能退化而被破坏。为了保证建筑中金属结构的安全，必须在结构耐火极限验算的基础上对钢结构等金属结构进行科学的防火设计，采取安全可靠、经济合理的防火保护措施。另外，在钢材中添加耐高温的合金元素钼（Mo）等也可提高钢材的高温强度。耐火钢不同于耐热钢。耐火钢的合金元素含量稍高于结构钢，但比同强度级别的耐热钢低；

耐热钢对钢的高温性能（如高温持久强度、蠕变强度等）要求严格，耐火钢只要求在构件设计耐火极限内能保持较高的强度。有关钢结构耐火极限验算准则、验算方法、防火保护措施的要求和选用原则等，可以参见现行国家标准《建筑钢结构防火技术规范》GB 51249 的规定。

有些金属材料，如铝合金、不锈钢，常规的防火保护措施难以实施，或者难以保证其长期保护效应。因此，应限制这类金属结构用于高火灾危险性、金属结构距离可能的火源较近的场所，以确保金属结构承载的安全性。

对于建筑中的金属结构，当根据现行国家标准《建筑设计防火规范》GB 50016 的有关规定允许不采取防火保护措施时，可以不进行耐火极限验算，并且可以不进行防火保护。例如，二级耐火等级丁、戊类厂房（仓库）中采用金属结构的梁、柱（包括斜撑）、屋顶承重结构，除其中能受到甲、乙、丙类液体或可燃气体火焰影响的部位或热辐射温度高于 200℃的部位应采取防火隔热保护措施外，其他部位可以不采取防火保护措施。当金属结构根据其所在空间可能发生的实际火灾，经耐火极限验算允许不采取防火保护措施时，也可以不对金属结构进行防火保护。

（4）钢筋混凝土结构和构件可采用普通混凝土、高强混凝土、预应力混凝土、型钢混凝土和加固混凝土等。不同类型混凝土的结构和构件对高温作用的反应不同，在断面、荷载比和受力情况等相同的条件下表现为不同的耐火性能。例如，高强混凝土构件受高温作用发生爆裂会导致截面减小、钢筋温度和内部混凝土温度快速升高，使耐火极限降低；L 形、T 形、十字形等异型钢筋混凝土柱的耐火极限会因表面积明显增大而可能显著低于圆形柱和矩形柱的耐火极限。另外，受力构件的长细比、荷载比、荷载偏心率、约束条件等主要因素不同，构造钢筋伸入板内长度等构造细部因素改变，均会影响结构或构件的耐火性能。

（5）木结构建筑中的梁、柱允许采用可燃的胶合木或重型木构件。相关火灾试验表明，胶合木、重型木构件受火作用时会在木材表面形成一定厚度的炭化层，并且木材的炭化速率在火灾作用下具有一定的发展规律。木构件因受热在其表面形成炭化层而使木材内部的烧蚀速度变得缓慢，因而木结构构件的耐火极限可以根据不同种类木材的炭化速率、荷载作用、结构截面尺寸等经计算确定，也可以根据木结构构件的木材种类、荷载作用和所需耐火极限等确定构件的截面尺寸。

（6）耐火性能验算结果不满足建造要求耐火极限的结构和构件，应采取防火保护措施。防火保护的方法、材料和构造，需要根据构件或结构的形状、耐火极限要求、使用环境条件等因素合理选用，并应做到安全环保、技术先进、经济合理。采用外包覆防护保护方法时，外包覆防火保护层的厚度应经过结构或构件耐火验算确定，保证结构或构件的耐火极限满足要求。

不同材质和不同类型的结构，防火保护方法不同，主要情况说明如下：

1）对于建筑钢结构，主要的防火保护方法有：包覆钢结构防火涂料，包覆硅酸钙铝板、蛭石板等防火板，包覆混凝土或钢丝网砂浆，在钢结构外采用砌体保护，包覆柔性隔热材料，在钢管内充水，以及上述几种保护方法的组合。建筑钢结构的防火保护措施，应根据构件的受力方式、空间位置、环境条件，以及方便施工、易于保证施工质量等因素确定。

2）对于木结构构件，可以采用增大构件的断面尺寸提高耐火极限，也可以采用外包覆木结构防火涂料、防火板等方法保护。

3）对于钢筋混凝土结构或构件，可以采用增大结构断面尺寸和受力钢筋防护层厚度的方法，也可以采用外包覆混凝土防火涂料、防火板等方法保护；对于高强混凝土结构或构件，还可以采用在混凝土中联合掺加钢纤维、聚丙烯纤维等抗爆裂材料的方法提高混凝土结构和构件的耐火极限。

（7）本条规定的建筑结构和构件验算，既包括新建、改建和扩建建筑的结构和构件，也包括既有建筑构件加固和替换构件的耐火极限验算。

组合结构或构件主要是指钢与混凝土组合并共同受力的结构或构件，如参与受力的压型钢板与混凝土的组合楼板、钢与混凝土组合梁、钢管混凝土柱、型钢混凝土结构等，也包括钢与木组合并共同受力的结构或构件。

5.1.5 下列汽车库的耐火等级应为一级：

1 Ⅰ类汽车库，Ⅰ类修车库；

2 甲、乙类物品运输车的汽车库或修车库；

3 其他高层汽车库。

【实施要点】

（1）汽车库、修车库的耐火等级划分，不同耐火等级汽车库、修车库建筑构件的耐火性能要求，可以按照现行国家标准《汽车库、修车库、停车场设计防火规范》GB 50067 的规定确定。例如，国家标准《汽车库、修车库、停车场设计防火规范》GB 50067—2014 第 3.0.2 条规定，汽车库、修车库的耐火等级应分为一级、二级和三级，建筑构件的燃烧性能和耐火极限均不应低于表 5-4 的规定。

**表 5-4 汽车库、修车库建筑构件的燃烧性能和耐火极限 /h**

| 建筑构件名称 | | 对应耐火等级建筑构件的燃烧性能和耐火极限 | | |
|---|---|---|---|---|
| | | 一级 | 二级 | 三级 |
| 墙 | 防火墙 | 不燃性<br>3.00 | 不燃性<br>3.00 | 不燃性<br>3.00 |
| | 承重墙 | 不燃性<br>3.00 | 不燃性<br>2.50 | 不燃性<br>2.00 |
| | 楼梯间和前室的墙、防火隔墙 | 不燃性<br>2.00 | 不燃性<br>2.00 | 不燃性<br>2.00 |
| | 隔墙、非承重外墙 | 不燃性<br>1.00 | 不燃性<br>1.00 | 不燃性<br>0.50 |
| 柱 | | 不燃性<br>3.00 | 不燃性<br>2.50 | 不燃性<br>2.00 |

续表 5-4

| 建筑构件名称 | 对应耐火等级建筑构件的燃烧性能和耐火极限 | | |
|---|---|---|---|
| | 一级 | 二级 | 三级 |
| 梁 | 不燃性<br>2.00 | 不燃性<br>1.50 | 不燃性<br>1.00 |
| 楼板 | 不燃性<br>1.50 | 不燃性<br>1.00 | 不燃性<br>0.50 |
| 疏散楼梯、坡道 | 不燃性<br>1.50 | 不燃性<br>1.00 | 不燃性<br>1.00 |
| 屋顶承重构件 | 不燃性<br>1.50 | 不燃性<br>1.00 | 可燃性<br>0.50 |
| 吊顶（包括吊顶格栅） | 不燃性<br>0.25 | 不燃性<br>0.25 | 难燃性<br>0.15 |

注：预制钢筋混凝土构件的节点缝隙或金属承重构件的外露部位应加设防火保护层，其耐火极限不应低于表中相应构件的规定。

（2）汽车库、修车库的分类需要考虑停车（车位）数量和汽车库或修车库的总建筑面积，可以按照现行国家标准《汽车库、修车库、停车场设计防火规范》GB 50067 的规定确定。根据国家标准《汽车库、修车库、修车场设计防火规范》GB 50067—2014 第 3.0.1 条的规定，汽车库、修车库可以分别根据停车（车位）数量、汽车库或修车库的总建筑面积划分为 I 类、Ⅱ类、Ⅲ类和Ⅳ类。例如，机动车停车数量大于 300 辆的汽车库、总建筑面积大于 10 000$m^2$ 的汽车库，应划分为 I 类汽车库。

甲、乙类物品的分类，可以按照现行国家标准《建筑设计防火规范》GB 50016 有关储存物品的火灾危险性分类的规定确定。

本条规定的高层汽车库，是指独立建造且建筑高度大于 24m 的汽车库、设置在高层建筑中地上楼层（不包括首层或地面层）内的汽车库。

（3）根据国家标准《汽车库、修车库、修车场设计防火规范》GB 50067—2014 第 4.1.5 条和第 4.1.6 条的规定，Ⅰ类修车库应单独建造。甲、乙类物品运输车的汽车库、修车库应为单层建筑且应独立建造。当停车数量不大于 3 辆时，可与一、二级耐火等级的Ⅳ类汽车库贴邻，但应采用防火墙隔开。因此，尽管本条是对汽车库、修车库的耐火等级要求，但是，当Ⅰ类汽车库设置在其他建筑内的首层和地上其他楼层时，所在建筑的耐火等级也应为一级；当汽车库仅设置在地下室时，建筑地上部分的耐火等级仍可以根据其实际功能和建筑高度确定，即使不要求也需达到一级耐火等级。甲、乙类物品运输车的汽车库或修车库应为一级耐火等级的独立建筑。

（4）本条规定的场所不允许采用木结构建筑，但可以采用木结构与非木结构组合建造并分别按不同类型结构设防的木结构组合建筑。例如，一座由下部 2 层钢筋混凝土结构和上部 3 层木结构组合建造的木结构组合建筑，允许在首层和第二层设置各类别的汽车库。当在下部设置Ⅰ类汽车库时，这两层钢筋混凝土结构的耐火性能不应低于一级耐火等级建筑的相应要求，并且应采用耐火极限不低于 2.00h 的不燃性楼板与上部木结构部分分隔，汽车库和木结构部分应分别符合相应使用功能和耐火等级建筑的防火技术要求。此时，木结构部分的耐火等级允许按照木结构建筑的耐火等级Ⅰ级、Ⅱ级或Ⅲ级确定，不需要按照Ⅰ类汽车库的耐火等级要求必须达到一级耐火等级。

5.1.6　电动汽车充电站建筑、Ⅱ类汽车库、Ⅱ类修车库、变电站的耐火等级不应低于二级。

**【实施要点】**

（1）电动汽车充电站是采用整车充电模式为电动汽车提供电能的场所，包括 3 台及以上电动汽车充电设备（至少有 1 台非车载充电机），以及相关供电设备、监控设备等配套设备。电动汽车是指全部或部分由电机驱动的汽车，关键部件包括动力蓄电池、电池管理系统、动力系统、车身底盘等，目前主要有纯电动汽车（BEV）、混合动力汽车（HEV）、燃料电池电动汽车

（FCEV）以及外接充电式混合动力汽车（PHEV）。电动汽车在充电过程中易发生火灾，常难以控制且易蔓延扩大，应要求电动汽车充电站建筑具有较高的耐火性能。

（2）根据国家标准《汽车库、修车库、修车场设计防火规范》GB 50067—2014 第 3.0.1 条的规定，Ⅱ类汽车库是停车数量为 151~300 辆，或汽车库的总建筑面积大于 5 000$m^2$，且不大于 10 000$m^2$ 的汽车库；Ⅱ类修车库是车位数量为 6~15 个，或修车库的总建筑面积大于 1 000$m^2$，且不大于 3 000$m^2$ 的修车库。变电站对保证社会正常生产、生活、商业经营等活动，列车或地铁运行，以及其他建筑设施正常运行十分重要。这些建筑均具有较高的火灾危险性，因此需要具备较高的耐火性能。

上述建筑大多为独立建造的建筑，也可以设置在其他建筑内或与其他建筑组合建造。当电动汽车充电站建筑、Ⅱ类汽车库、Ⅱ类修车库、变电站采用独立建筑时，建筑的耐火等级不应低于二级。

（3）当电动汽车充电站、Ⅱ类汽车库、Ⅱ类修车库、变电站设置在其他建筑内时，可以按照下述原则确定所在建筑的耐火等级：

1）当仅设置在地下室时，建筑地上部分的耐火等级可以根据其实际使用功能、火灾危险性类别和建筑高度等确定，既可以采用一级、二级、三级和四级耐火等级中的任何一级，也可以采用任何一级耐火等级的木结构建筑。

2）当设置在建筑的地上楼层时，建筑地上部分的耐火等级不应低于二级；当为水平组合建造时，可以采用符合要求的防火墙分隔后按照分别独立建造的建筑确定各自的耐火等级。对于变电站，当采用嵌入式建造时，变电站及所在建筑的耐火等级均不应低于二级。

3）当汽车库、修车库、充电站设置在地上建筑的下部楼层且采用耐火极限不低于 2.00h 的楼板分隔，板上与板下建筑的疏散系统各自独立时，汽车库、修车库、充电站的耐火等级不应低于二级，板上其他功能部分的建筑耐火等级可以分别按照其实际使用功能、火灾危险性类别和建筑高度确定。有关木结构组合建筑的耐火等级要求，还可参见本指南第 5.1.5 条的【实施要点】。

4）当汽车库、修车库、充电站设置在地上建筑的上部楼层且采用耐火极限不低于 2.00h 的楼板分隔，板上与板下建筑的疏散系统各自独立时，汽车库、修车库、充电站的耐火等级不应低于二级，板下其他功能部分的建筑耐火等级也不应低于二级。

5.1.7 *裙房的耐火等级不应低于高层建筑主体的耐火等级。除可采用木结构的建筑外，其他建筑的耐火等级应符合本章的规定。*

**【实施要点】**

（1）根据国家标准《建筑设计防火规范》GB 50016—2014（2018 年版）的规定，裙房是在高层建筑主体投影范围外，与建筑主体相连且建筑高度不大于 24m 的附属建筑。因此，裙房是针对高层建筑而言，作为高层建筑主体的单层或多层附属建筑，与高层建筑主体属于同一座建筑，建筑结构相互联系，一旦裙房发生结构破坏可能影响到高层建筑主体结构的安全。但是，当附属建筑的建筑高度大于 24m 时，该附属建筑不属于裙房，而是高层建筑主体的高层副楼或裙楼，其防火设防标准应与高层主体相同。

在建造时，要统一考虑建筑的耐火等级，保证裙房的整体耐火性能不低于高层建筑主体的耐火性能。根据本规范第 5.3.1 条和第 5.3.2 条的规定，一类高层建筑的耐火等级不应低于一级，二类高层建筑的耐火等级不应低于二级。因此，一类高层建筑裙房的耐火等级不应低于一级，二类高层建筑裙房的耐火等级不应低于二级。

（2）木结构建筑的耐火等级分级是独立的一套分级体系，有别于其他类型结构建筑的耐火等级分级。允许采用木结构建筑的使用功能、不同木结构建筑的耐火等级要求，可以根据现行国家标准《建筑设计防火规范》GB 50016 等标准的规定确定。

本规范各章规定的耐火等级，除已明确为木结构建筑外，均指钢筋混凝土、钢结构、砌体结构等类型结构建筑的耐火等级，且建筑的耐火等级应符合本章的规定，不包括木结构建筑。本章对建筑的耐火等级无明确规定者，可以根据国家相关技术标准的规定确定；当本规范规定的建筑耐火等级低于国家有关技术标准的要求时，尚应符合相应标准的规定。当按照相关技术标准的规定允许建筑采用木结构时，建筑的耐火等级可以按照木结构建筑的耐火等级确定，不受本章相关条文的限制。

## 5.2　工业建筑

5.2.1　下列工业建筑的耐火等级应为一级：

1　建筑高度大于50m的高层厂房；

2　建筑高度大于32m的高层丙类仓库，储存可燃液体的多层丙类仓库，每个防火分隔间建筑面积大于3 000m²的其他多层丙类仓库；

3　Ⅰ类飞机库。

【实施要点】

（1）当前，我国消防救援车辆的救援高度主要为32m和52m，这种状况短期内难以改变。对于建筑高度较高、可燃物数量大、火灾难以扑救的建筑，应提高建筑结构的耐火性能，以确保建筑在火灾作用下的结构安全，特别是保证消防救援人员的人身安全。

飞机库的分类可以按照现行国家标准《飞机库设计防火规范》GB 50284的规定确定。根据国家标准《飞机库设计防火规范》GB 50284—2008的规定，飞机库是用于停放和维修飞机的建筑物，由飞机停放、维修区及附属的生产辅助用房组成。根据飞机停放和维修区的防火分区最大允许建筑面积分为Ⅰ、Ⅱ、Ⅲ类飞机库，其中Ⅰ类飞机库每个防火分区的最大允许建筑面积达50 000m²，且不小于5 000m²。这类建筑内的防护对象价值昂贵，但建筑空间高大，主要承重结构为钢结构，需要提高建筑的耐火等级以确保结构的耐火性能。

（2）本条规定“储存可燃液体的多层丙类仓库”包括以下几种情形：

1）在仓库的各层均储存可燃液体。

2）只在仓库中一个楼层或几个楼层储存可燃液体，其他楼层储存可燃固体。

3）只在仓库中一个楼层或几个楼层储存可燃液体，其他楼层储存丙类、丁类、戊类物品，但仓库的火灾危险性类别为丙类。

（3）本条规定的“防火分隔间”，包括仓库建筑内每个独立的防火分区、按照防火分区防火分隔要求分隔的每间库房。这些防火分隔间的防火性能与防火分区的防火性能相当，但不完全具有独立的安全出口，而是几个防火分隔间在防火分隔间外通过疏散走道共用安全出口和疏散楼梯。

本条规定的“仓库”包括物流建筑的库房，其中，任意一个防火分隔间建筑面积大于 3 000$m^2$ 的多层丙类仓库，主要为存储型和综合型物流建筑的库房。这些建筑只要其中有一个库房的防火分区或防火分隔间的建筑面积符合本条规定，建筑的耐火等级就应为一级。

对于作业型和综合型物流建筑，当建筑高度大于 50m 时，建筑的耐火等级也应为一级，而不能按照本规范第 5.2.4 条的规定采用二级耐火等级；对于多层存储型物流建筑，当库房中任意一个防火分区或防火分隔间的建筑面积大于 3 000$m^2$ 时，无论是否设置自动灭火系统，建筑的耐火等级均应为一级。

5.2.2　除本规范第 5.2.1 条规定的建筑外，下列工业建筑的耐火等级不应低于二级：

1　建筑面积大于 300$m^2$ 的单层甲、乙类厂房，多层甲、乙类厂房；

2　高架仓库；

3　Ⅱ、Ⅲ类飞机库；

4　使用或储存特殊贵重的机器、仪表、仪器等设备或物品的建筑；

5 高层厂房、高层仓库。

【实施要点】

（1）建筑面积大于 300m$^2$ 的单层甲、乙类厂房，多层和高层甲、乙类厂房，以及高层厂房的火灾危险性大，火灾后果严重，应具备较高的耐火性能。建筑面积小于或等于 300m$^2$ 的单层甲、乙类厂房发生火灾后对周围建筑的危害较小，允许采用三级耐火等级的独立建筑。其中，建筑高度大于 50m 的各类别火灾危险性的高层厂房，耐火等级均应符合本规范第 5.2.1 条的规定，即应为一级。

（2）本条规定的“高层仓库”，包括丁、戊类高层仓库，建筑高度小于或等于 32m 的高层丙类仓库（含存储型物流建筑的仓库）。高架仓库是货架高度大于 7m 的机械化操作或自动化控制的货架仓库，具有货架密集、货架间距小、货物存放高度高、储存物品数量大和疏散扑救困难大的特点。

（3）根据国家标准《飞机库设计防火规范》GB 50284—2008 的规定，Ⅱ类飞机库是每个防火分区的最大允许建筑面积为 5 000m$^2$，且不小于 3 000m$^2$ 的飞机库，能停放和维修 1~2 架中型飞机；Ⅲ类飞机库是每个防火分区的最大允许建筑面积小于或等于 3 000m$^2$ 的飞机库，能停放和维修小型飞机。因此，这些飞机库的总体重要性较 I 类飞机库小，但仍然是存放高价值物品的建筑，建筑的耐火等级适当降低，并要求不应低于二级。有关飞机库的规定，还应参见本指南第 5.2.1 条的【实施要点】。

（4）特殊贵重的设备或物品，主要指价格昂贵或稀缺的设备、物品，影响工厂或地区生产全局以及城市生命线供给的关键设施和重要设施、设备。

5.2.3 除本规范第 5.2.1 条和第 5.2.2 条规定的建筑外，下列工业建筑的耐火等级不应低于三级：

1 甲、乙类厂房；

2 单、多层丙类厂房；

3　多层丁类厂房；

4　单、多层丙类仓库；

5　多层丁类仓库。

【实施要点】

（1）本条规定的建筑为建筑规模小，总体火灾危险性较小的建筑。其中，甲、乙类厂房是建筑面积不大于 300m² 的单层甲、乙类厂房；丙类厂房主要为每个防火分区的建筑面积小于 3 000m² 的单层厂房、每个防火分区的建筑面积小于 2 000m² 的多层厂房；丁类厂房主要为每个防火分区的建筑面积小于 4 000m² 的单层厂房、每个防火分区的建筑面积小于 2 000m² 的多层厂房。

（2）本条规定的这些厂房和仓库的耐火等级及其允许规模，还需要符合现行国家标准《建筑设计防火规范》GB 50016 及其他专项工业建筑防火标准等的规定。

（3）本条及本章其他类似条文规定的建筑耐火等级，均为强制要求建筑应具备的最低耐火性能，当建筑平面布局受限，相邻建筑的防火间距不足，或者因使用功能需要增大防火分区的建筑面积等时，均可以通过提高建筑的耐火等级予以调整。

5.2.4　丙、丁类物流建筑应符合下列规定：

1　建筑的耐火等级不应低于二级；

2　物流作业区域和辅助办公区域应分别设置独立的安全出口或疏散楼梯；

3　物流作业区域与辅助办公区域之间应采用耐火极限不低于 3.00h 的防火隔墙和耐火极限不低于 2.00h 的楼板分隔。

【条文要点】

本条规定了丙、丁类物流建筑耐火性能和平面布置的防火要求，以保障物流建筑的消防安全。物流建筑的耐火等级除应符合本条的规定外，还应符合本规范第 5.2.1 条的规定。

【实施要点】

（1）物流建筑以丙、丁类物品收发、储存、装卸、搬运、分拣、物流加工等活动为主。这类建筑处理的货物主要为可燃、难燃固体，因流转和功能需要对装卸、分拣、储存等作业区域的面积要求大，且多为机械化操作，与传统的仓库相比，在储存周期、运行和管理等方面均存在一定差异。物流建筑按照功能可以分为作业型、存储型和综合型，不同类型物流建筑的防火要求也有所区别。

作业型物流建筑的主要功能为分拣、加工等生产性质的活动，建筑内的防火分区可以根据生产加工的火灾危险性，按照相应类别火灾危险性厂房的要求划分，仓储部分的防火分区或防火分隔间可以根据中间仓库的要求确定。以仓储为主或难以区分主要功能的物流建筑，可以在将加工作业部分采用防火墙分隔后，分别按照生产作业建筑和仓储建筑对防火分区或防火分隔间的要求确定。

（2）物流建筑的防火分区、防火分隔、平面布置等的要求，还需要按照现行国家标准《建筑设计防火规范》GB 50016 和《物流建筑设计规范》GB 51157 有关要求的较高者确定。例如，国家标准《建筑设计防火规范》GB 50016—2014（2018 年版）第 3.3.10 条规定，当物流建筑中的分拣等作业区采用防火墙与储存区完全分隔后，如储存区的防火分区最大允许建筑面积、储存区的建筑最大允许占地面积需要分别按照相应类别火灾危险性仓库的防火分区和占地面积增加 3.0 倍，应符合下列要求：

1）不应采用自动化控制的丙类高架仓库，不应储存可燃液体、棉、麻、丝、毛及其他纺织品、泡沫塑料等物质和物品。

2）储存丙类物质和物品时，建筑的耐火等级不应低于一级；储存丁、戊类物质和物品时，建筑的耐火等级不应低于二级。

3）建筑内应全部设置自动喷水灭火系统和火灾自动报警系统。

（3）本条第 2 款有关物流作业区和辅助办公区域的安全出口设置要点，可参见本指南第 4.2.2 条的【实施要点】；该款规定的独立疏散楼梯，应为物流作业区域、辅助办公区域分别独立设置的疏散楼梯，不允许两者共用疏散楼梯或疏散楼梯间。

参见图 5-1。本条第 3 款中的辅助办公区域当独立划分防火分区时，该区域与物流作业区域之间的防火隔墙应为防火墙。

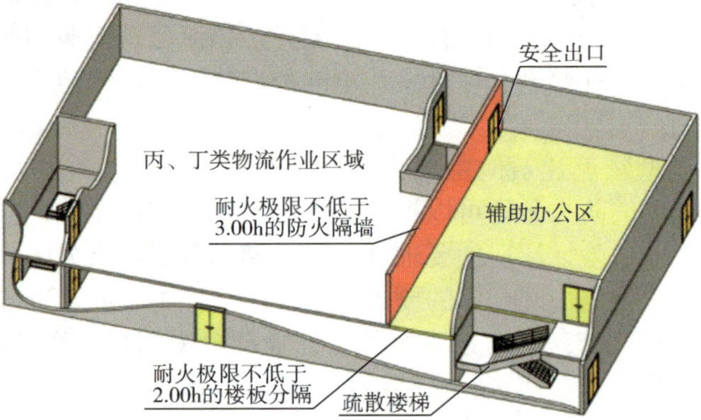


（a）平剖面透视图

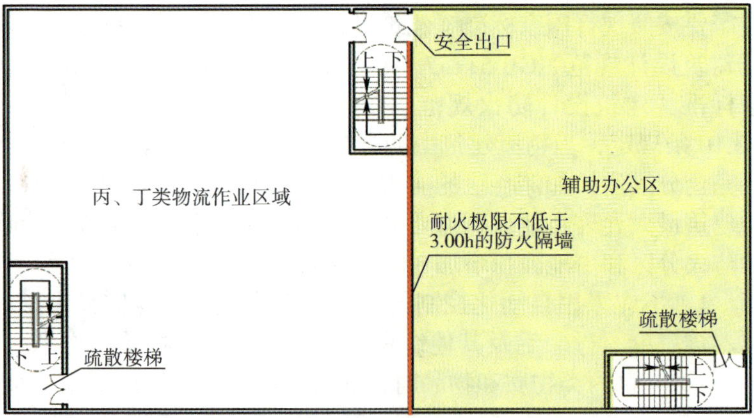


（b）二层平面图

**图 5-1　物流建筑中物流作业区与辅助办公区的安全出口或疏散楼梯独立设置要求示意图**

## 5.3　民用建筑

5.3.1　下列民用建筑的耐火等级应为一级：

1 一类高层民用建筑；

2 二层和二层半式、多层式民用机场航站楼；

3 A 类广播电影电视建筑；

4 四级生物安全实验室。

【条文要点】

本条规定了民用建筑中耐火等级应为一级的基本范围，对这些建筑的耐火等级要求从严，应按照最高设防等级确定。

【实施要点】

（1）建筑的耐火等级表征了建筑结构能够抵抗火焰、高温的作用，正常发挥预定功能的性能。在城镇中心区内新建、改建、扩建的民用建筑应尽可能提高建筑的耐火等级，以防止因一座建筑发生火灾而蔓延成大规模的街区火灾，提高城镇区域减灾防灾的能力。

高层民用建筑根据建筑高度、使用功能和楼层的建筑面积可分为一类和二类两类，具体分类标准可以参照现行国家标准《建筑设计防火规范》GB 50016 的规定。例如，国家标准《建筑设计防火规范》GB 50016—2014（2018 年版）第 5.1.1 条规定，一类高层民用建筑包括：

1）建筑高度大于 50m 的公共建筑；

2）建筑高度 24m 以上任一楼层建筑面积大于 1 000$m^2$ 的商店、展览、电信、邮政、财贸金融建筑和其他多种功能组合的建筑；

3）医疗建筑、重要公共建筑、独立建造的老年人照料设施；

4）省级及以上的广播电视和防灾指挥调度建筑、网局级和省级电力调度建筑；

5）藏书超过 100 万册的图书馆、书库；

6）建筑高度大于 54m 的住宅建筑（包括设置商业服务网点的住宅建筑）。

除上述建筑外，其他高层民用建筑可以划分为二类高层民用建筑。

（2）民用机场航站楼根据航站楼的流程一般可分为三大类：

一层和一层半式流程的航站楼、二层和二层半式流程的航站楼、多层式流程的航站楼。

1）一层和一层半式流程的航站楼主要用于小型机场，建筑面积较小、使用人员少。一层式流程的航站楼的陆侧道路与航站楼内离港、到港旅客办理手续在同一楼层。一层半式流程的航站楼的陆侧道路是单层的，航站楼局部两层，其中地面层具有混合到港和离港处理系统，二层是离港旅客的休息厅。出发旅客在一层办理手续后上二层登机，到达旅客在二层下机后到一层提取行李，出发和到达旅客的行李处理均在一层。一层和一层半式流程的航站楼可参见图 5–2。

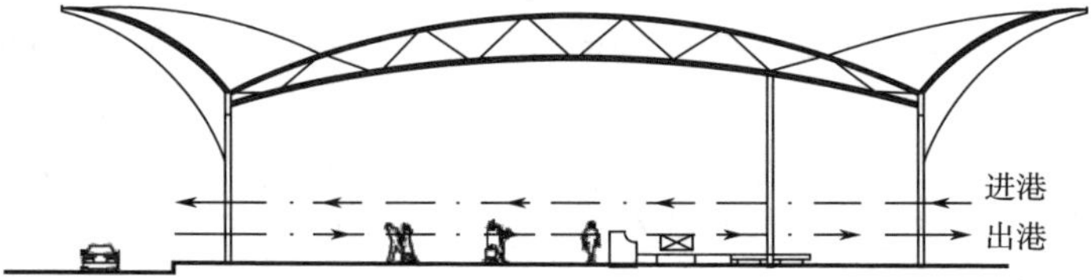


（a）一层式剖面流线图

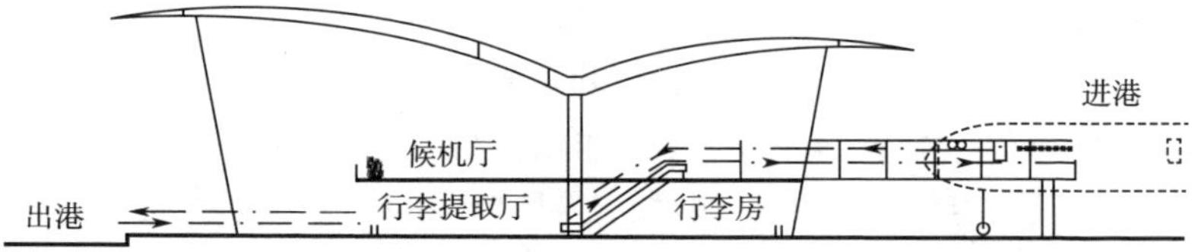


（b）一层半式剖面流线图

**图 5–2　一层式和一层半式流程的航站楼示意图**

2）二层式流程的航站楼一般用于中型机场，二层半式流程的航站楼一般用于中型及以上机场，较一层和一层半式航站楼的建筑面积更大、使用人数更多。二层式流程的航站楼的陆侧道路及车道边为两层，旅客的出发和到达流程在剖面上分离，出发在上层，到达在下层。出发托运行李在二层办票柜台交运后通过行李系统传输设备送到一层或地下层处理，而到达的行李提取流程在一层或地下层进行。二层半式流程的航站楼是在两层式旅客流程的基础上，将指廊区域的出发到达旅客流程分层分流，采用到港下夹层或到港上夹层的模式。二层式和二层半式流程的航站楼可参见图 5–3。

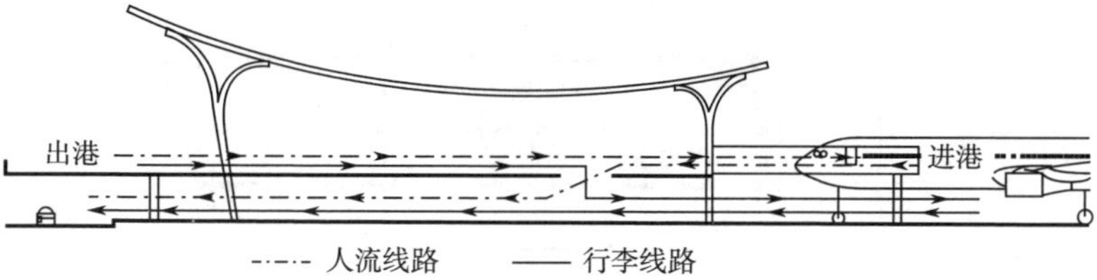


（a）二层式剖面流线图

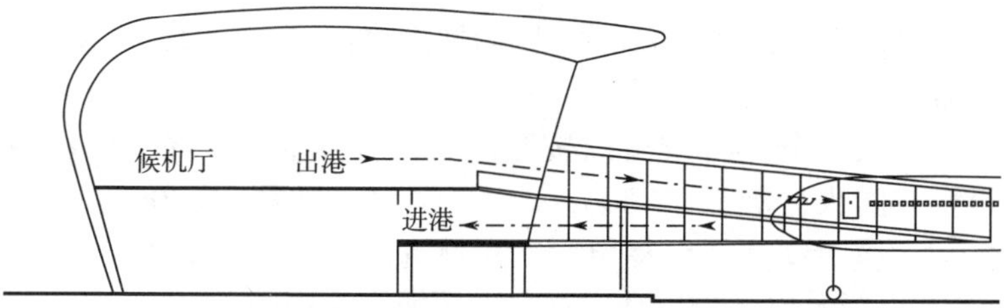


（b）二层半下夹层式指廊剖面图

**图 5–3　二层式和二层半式流程的航站楼示意图**

3）多层式流程的航站楼规模巨大，功能复杂且综合，使用人数多，可燃物数量大、种类多，人员行走距离长，疏散路线长且复杂，主要用于枢纽航空港。如北京首都国际机场三号航站楼、北京大兴国际机场航站楼、上海浦东宝安国际机场二号航站楼、深圳宝安国际机场三号航站楼等。该类航站楼主要用于大型机场航站楼解决复杂的功能需求（旅客及行李）而采用多楼层布局的特殊情形。大部分情况为上层用于国际出发，下层用于国际到达，最下层用于国内出发和到达混流。多层式流程的航站楼可参见图 5–4。

（3）广播电影电视建筑是用于生产、存储、监测、分发广播电影电视节目的建筑，包括广播电视台，传输网络中心，中波、短波广播发射台，电视、调频广播发射台，广播电视卫星地球站，广播电视微波站，广播电视监测台（站），广播电视发射

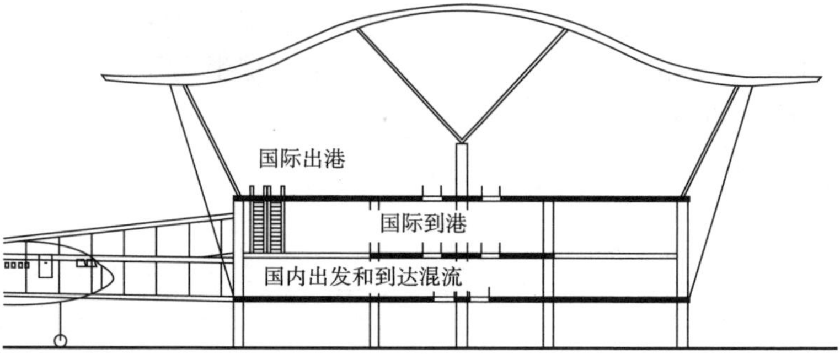


**图 5-4　多层式流程的航站楼示意图**

塔。广播电影电视建筑应根据建筑使用功能的重要程度、建筑高度、服务范围、火灾危险性、疏散和扑救难度等因素分为 A 类和 B 类，具体分类标准可以按照国家现行标准《广播电影电视建筑设计防火标准》GY 5067 确定。例如，根据 GY 5067—2017 第 3.0.1 条规定，A 类广播电影电视建筑包括：

1）省级及以上的广播电视台、传输网络中心；

2）建筑高度超过 50m 的广播电视台、传输网络中心；

3）省级及以上中波、短波广播发射台；

4）总发射功率不小于 100kW 的中波、短波发射台；

5）省级及以上的电视、调频广播发射台；

6）总发射功率不小于 10kW 的电视、调频广播发射台；

7）省级及以上的广播电视监测台（站）；

8）省级及以上的广播电视发射塔；

9）主塔楼屋顶离室外设计地面高度不小于 100m 的广播电视发射塔或塔下建筑高度不小于 24m 的广播电视发射塔；

10）广播电视卫星地球站、省级及以上广播电视微波站；

11）建筑面积不小于 2 000$m^2$ 的摄影棚。

因此，A 类广播电影电视建筑为服务范围、政治和社会影响大的广播影视建筑，遭受火灾将产生严重的社会影响。除上述建筑外，其他广播电影电视建筑可以划分为 B 类广播电影电视建筑。

（4）四级生物安全实验室为生物安全最高级别的实验室，在发生火灾时要以保护实验人员免受感染，防止致病因子外泄为主要目标，建筑应具有最高等级的耐火性能。有关规定还可参见本指南第 4.3.13 条的【实施要点】。

5.3.2 下列民用建筑的耐火等级不应低于二级：

1 二类高层民用建筑；

2 一层和一层半式民用机场航站楼；

3 总建筑面积大于 1 500$m^2$ 的单、多层人员密集场所；

4 B 类广播电影电视建筑；

5 一级普通消防站、二级普通消防站、特勤消防站、战勤保障消防站；

6 设置洁净手术部的建筑，三级生物安全实验室；

7 用于灾时避难的建筑。

【实施要点】

（1）本条规定耐火等级应为二级的民用建筑，主要为发生火灾会导致较大人员伤亡、较大社会影响、较严重后果的建筑。本条规定的“人员密集场所”包括宾馆、饭店、商场、集贸市场、客运车站候车室、客运码头候船厅、民用机场航站楼、体育场馆、会堂以及公共娱乐场所等公众聚集场所，医院的门诊楼、病房楼，学校的教学楼、图书馆、食堂，养老院，福利院，托儿所，幼儿园，公共图书馆的阅览室，公共展览馆、博物馆的展示厅，学校和企事业单位的集体宿舍等建筑。有关规定还可参见本指南第 3.1.3 条的【实施要点】。

（2）本条规定的“消防站”是针对城市消防救援站，即建设在城乡规划区内、由政府统一投资和管理的各类消防救援站，或由民间集资兴建、政府统一管理的多种形式的消防救援站。城市消防救援站担负着扑救火灾和抢险救援的重要任务，是城市消防基础设施的重要组成部分，根据其遂行任务和辖区大小可以分为普通消防救援站、特勤消防救援站和战勤保障消防救援站三类。其中，普通消防救援站分为一级普通消防救援站、二级普通消防救援站和小型普通消防救援站。

普通消防救援站是有明确辖区，主要承担火灾扑救和一般灾害事故抢险救援任务的消防救援站，是城市扑救火灾和处置灾害事故的主体，在消防保卫实践中发挥着决定性的作用。特勤消防救援站是主要承担特种灾害事故应急救援和特殊火灾扑救任务的消防救援站，对有明确辖区要求的，同时承担普通消防救援站任务。战勤保障消防救援站是主要承担消防装备、器材和物资的储备、运输、维修、保养等职能，并为普通和特勤消防救援站执行任务提供应急综合保障的消防救援站。

其他消防救援站（如小型普通消防救援站、企业消防站、民办消防站等）和有特殊功能需求的消防救援站（如航空消防救援站、水上消防救援站、搜救犬消防救援站、轨道消防救援站等），可以根据消防救援站的类别、功能、装备、用房需求和建设地点等比照城市消防救援站的耐火等级要求，确定相应的建筑耐火等级，一般不应低于二级。

（3）“设置洁净手术部的建筑”包括独立建造的洁净手术部建筑、在建筑内部分楼层或区域设置洁净手术部的医疗建筑。有关设置要求，还可按照现行国家标准《医院洁净手术部建筑技术规范》GB 50333 的规定确定。

（4）“用于灾时避难的建筑”主要为在建造时规划用于供遭受地震、海啸、台风等重大自然灾害的人员就近就地紧急疏散、避难、临时生活和集中救助的安全场所，如公共体育场、公共体育馆、全民健身中心等公共体育场馆，学校的教学建筑，区域的中心医院建筑等；不包括为满足防疫和自然灾害救援、受灾群众应急避难和过渡安置等需要，统一规划建设的灾区应急避难场所和临时聚居点的建筑。前者为功能固定的永久性建筑，后者为临时性过渡建筑。

（5）本条第 3 款规定的“人员密集场所”，包括独立建造的人员密集场所和设置人员密集场所的其他建筑。人员密集场所的范围，参见本指南第 3.1.3 条的【实施要点】。

（6）其他实施要点，可参见本指南第 5.3.1 条的【实施要点】。

5.3.3　除本规范第 5.3.1 条、第 5.3.2 条规定的建筑外，下列民用建筑的耐火等级不应低于三级：

1 城市和镇中心区内的民用建筑；

2 老年人照料设施、教学建筑、医疗建筑。

【实施要点】

我国幅员辽阔，各地的社会经济发展水平、地理条件、人文环境等均有一定差异，建筑的规模、高度也有较大差异。对一些建筑规模较小的民用建筑，尽管位于城市和镇中心区内，仍允许采用三级耐火等级。而老年人照料设施、教学建筑、医疗建筑有些还位于乡村，建筑规模可能较小，因而也允许采用三级耐火等级。但是，当这些建筑的规模较大，或经济条件允许时，仍要尽量将建筑的耐火等级提高至不低于二级；对于老年人照料设施、教学建筑、医疗建筑、体育运动建筑等，如在建造时还兼具应急避难场所的功能，建筑的耐火等级应符合本规范第 5.3.2 条的规定。当采用木结构建筑或木结构组合建筑时，应按照本规范和现行国家标准《建筑设计防火规范》GB 50016 等技术标准的规定确定其耐火等级。

## 5.4 其他工程

5.4.1 地铁工程地下出入口通道、地上控制中心建筑、地上主变电站的耐火等级不应低于一级。地铁的地上车站建筑的耐火等级不应低于三级。

【实施要点】

（1）地铁的地下出入口通道是出入地铁车站的安全疏散通道，属于地下车站建筑的一部分。地铁控制中心是负责一条或若干条轨道交通线路平时运营和应对灾害的调度指挥中枢。主变电站对保证线路正常运营发挥着重要作用。这些建筑的耐火等级均应严格要求。

（2）地铁地上车站建筑的耐火等级可以按照相应规模和建筑高度的民用建筑确定，但根据《中华人民共和国消防法》（2021 年修正），地铁地上车站的站厅公共区属于人员密集场所中的人员聚集场所。但为满足不同规模的地上车站建筑的建设需要，使规模较小的地上车站建筑可以采用钢木、砖木结构以及其他新型建筑材料，本条规定地铁地上车站的建筑耐火等级不应低于三级。本条有关地铁的地上车站建筑的耐火等级要求与现行国家标准《地铁设计防火标准》GB 51298—2018 的规定有所区别。

5.4.2 交通隧道承重结构体的耐火性能应与其车流量、隧道封闭段长度、通行车辆类型和隧道的修复难度等情况相适应。

【条文要点】

隧道结构不仅一旦受到破坏修复难度大，而且在火灾条件下，隧道结构安全还是保证消防救援和在灾后尽快修复隧道的重要条件，需要具备与其火灾危险性等相适应的耐火性能，并根据隧道内可能发生的火灾场景对结构的重点部位采取相应的防火保护措施。本条规定了交通隧道承重结构体应具备的耐火性能确定原则。

【实施要点】

交通隧道的空间狭长且相对封闭，火灾的烟热排出困难，外部消防救援条件受限。交通隧道的类型、允许通行的车辆类型不同，则火灾类型和规模、火灾对隧道结构体的热冲击效应和热作用强度不同；隧道内的交通方式、车流量、隧道封闭段长度不同，则火灾危险性也不同；隧道的位置、施工方式、隧道的重要性等不同，则火灾对隧道结构的破坏、灾后隧道修复的要求不同。不同隧道可能的火灾规模、火灾持续时间都会有所差异。因此，隧道结构的耐火性能应考虑隧道内发生火灾后在隧道内部可能达到的最高温度、升温特性、结构体受高温作用后的力学行为，确定相适应的设定火灾规模、火灾发展过程中的温度变化与时间的关系，以保证隧道结构在可能的火灾作用下的完整性、稳定性。针对通行不同车辆和不同封闭段长度的交通隧道，对隧道结构的耐火性能要求可以不同，需要综合考虑上述因素以及隧道内外部的消防措施、外部消防救援力量、隧道的重要性、修复难度等因素合理确定。例如，通行小汽车和公共汽车的隧道，结构的耐火性能可以采用碳氢化合物（HC）

升温曲线测试；通行运送普通物品的货车或卡车的隧道，结构的耐火性能需要采用 HC 升温曲线或 RABT 升温曲线测试；允许通行危化品或油罐车、燃气槽车的隧道，结构的耐火性能需要采用 RABT 升温曲线或 RWS 升温曲线测试。有关 HC 升温曲线、RABT 升温曲线及隧道结构相关耐火性能的测试方法，请参见现行国家标准《建筑构件耐火试验　可供选择和附加的试验程序》GB/T 26784 的规定。其中，RABT 升温曲线是在一系列研究结果的基础上发展而来的，用于测定隧道结构耐火性能的升温曲线，详细信息请见德国联邦交通部公路建设局 1995 年发布的《ZTV－隧道，关于公路隧道建设补充技术条款及准则》。RWS 升温曲线是 1979 年在荷兰 TNO 实验室的研究结果基础上共同研究出来的，用于测定隧道结构耐火性能的升温曲线，有关信息请参见 GT-98036　98-CVB-R1161 *Fire Protection for Tunnels Part 1:fire test procedure cimmersed tunnels* 和 TNO BI-86-64/00.65.8.0020 *Specifications for Temperature Resistance of Boosters and Description of Testing Method*。该文件规定了隧道的火灾场景确定方法与相关消防安全工程设计方法和隧道结构的耐火测试方法。

隧道结构的防火保护一般可采用在混凝土中添加聚丙烯纤维或在混凝土结构外安装防火绝热保护层等方法。不同类型交通隧道结构体的具体耐火性能要求、相应的隧道结构体表面防火保护措施，可以参见现行国家标准《建筑设计防火规范》GB 50016 等标准的规定确定。

5.4.3　城市交通隧道的消防救援出入口的耐火等级不应低于一级。城市交通隧道的地面重要设备用房、运营管理中心及其他地面附属用房的耐火等级不应低于二级。

【条文要点】

本条规定了城市交通隧道的消防救援出入口和建设在地面上的重要设备用房、运营管理中心及其他地面附属用房的最低耐火等级要求。

【实施要点】

服务于城市交通隧道的设备用房，主要包括隧道的通风风机房、排烟风机房、水泵房、变电站、消防设备用房等；其他地面附属用房，主要包括收费站、道口检查亭和运营管理中心等。这些用房以及消防救援专用口，在火灾情况下担负着保障消防救援的重要作用，需确保用房的消防安全。

其他交通隧道相关用房和设施的耐火等级要求，可以比照本条规定确定。设置在隧道内的设备用房、避难间等房间的耐火性能，应根据本规范有关地下、半地下建筑的耐火等级要求，按照不应低于一级耐火等级的相应要求确定。

# 6 建筑构造与装修

## 6.1 防火墙

6.1.1 防火墙应直接设置在建筑的基础或具有相应耐火性能的框架、梁等承重结构上，并应从楼地面基层隔断至结构梁、楼板或屋面板的底面。防火墙与建筑外墙、屋顶相交处，防火墙上的门、窗等开口，应采取防止火灾蔓延至防火墙另一侧的措施。

【条文要点】

防火墙是用于防止火灾蔓延至相邻建筑或相邻水平防火分区，且耐火极限不低于3.00h的不燃性墙体。本条规定了防火墙支承结构的耐火性能要求、防火墙与相关连接结构或构件的防火构造要求，以保证在防火墙任意一侧发生火灾时，均能发挥防火墙阻止火势蔓延的作用。

【实施要点】

（1）防火墙一般应直接设置在建筑的基础上，并在建筑竖向自基础到上部楼层的分隔位置要尽量保持不变，保证火灾在水平方向不会向相邻防火分区蔓延，在竖向不会经建筑外墙上的开口跨越防火分区蔓延。后者对于几个楼层划分为一个防火分区的情形或耐火等级低的建筑更加重要，要引起重视。例如，四级耐火等级的建筑和Ⅱ级、Ⅲ级的木结构建筑，由于建筑主要承重构件的燃烧性能低，而往往需要将防火墙之间的多个楼层按照一个防火分区考虑。此时，防火墙在竖向的位置应保持上下一致。

对于楼层较多、高度较高和楼层面积较大的建筑，防火墙应按照楼层和防火分区划分的要求分层、分区设置在建筑的主要承重结构上，例如，承重框架、承重梁柱。此时，这些承重结构的耐火性能不应低于设置在其上部的防火墙的耐火极限要求。防火墙的最低耐火极限不应低于3.00h，但部分建筑或某些建筑中的特殊部位对防火墙的耐火极限会有较高的要求，见本规范第6.1.3条的规定。当防火墙必须直接设置在楼板上时，承载防火墙的楼板及其下部各层梁、柱等承重结构的耐火极限均不应低于3.00h或防火墙的耐火极限要求；当只提高楼板的耐火极限，而不提高楼板下部梁、柱结构的耐火极限时，均不允许将防火墙直接设置在楼板上。设置防火墙的下部承重结构的耐火极限，需要根据建筑中不同部位防火墙的实际耐火极限要求确定。

（2）在防火墙与相关结构或构件的连接处，应具有防止火灾蔓延的构造。在竖向，防火墙需要从建筑基础或承重结构体的基层（应为结构表面，不是结构装饰面的表面）构筑至上一层的梁底面、梁板一体结构的楼板底面、屋顶的屋面板底面或截断屋面板。在横向，防火墙应截断防火隔墙至建筑外墙；对于难燃性和可燃性外墙，防火墙应截断外墙；当防火墙两两相交时，防火墙应砌筑至另一防火墙墙面，或截断另一防火墙。参见图6-1。

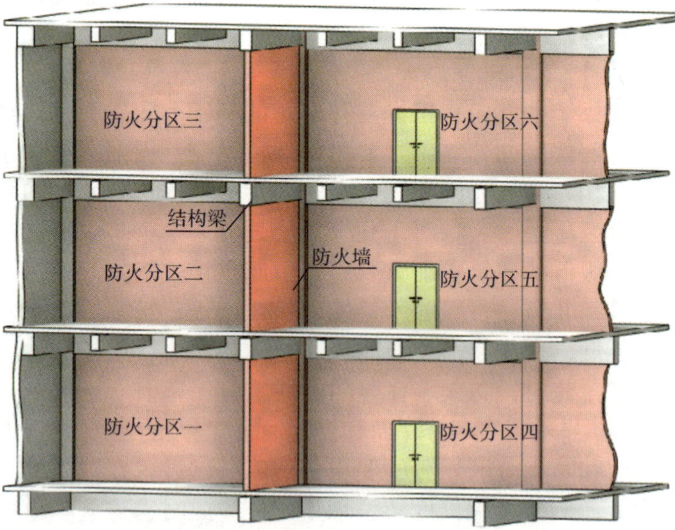


**图6-1　防火墙设置位置要求示意图**

当与防火墙相连接的屋面板、外墙的耐火极限不符合规定要求，或者采用可燃、难燃材料构筑时，防火墙应截断屋面板和外墙，并凸出屋面或外墙一定高度或深度，防止火势越过防火墙蔓延至另一侧。具体设置条件和防火构造措施，可以参见现行国家标准《建筑设计防火规范》GB 50016。例如，根据 GB 50016—2014（2018 年版）第 6.1.1 条规定，当高层厂房（仓库）屋顶承重结构和屋面板的耐火极限低于 1.00h，其他建筑屋顶承重结构和屋面板的耐火极限低于 0.50h 时，防火墙应高出屋面 0.5m 以上。第 6.1.3 条规定，建筑外墙为难燃性或可燃性墙体时，防火墙应凸出墙的外表面 0.4m 以上，且防火墙两侧的外墙均应为宽度均不小于 2.0m 的不燃性墙体，其耐火极限不应低于墙的耐火极限。

当防火墙不需要截断屋面板、建筑外墙、防火墙时，在防火墙与建筑外墙、建筑内的防火分隔墙、建筑楼地面或楼板、屋面板等的相交处的缝隙，与梁体和柱体相交处的缝隙，均需要采取防火封堵措施。有关防火封堵的具体措施和要求，可以参见现行国家标准《建筑防火封堵应用技术标准》GB/T 51410。

（3）在防火墙上一般不允许设置门、窗及其他开口。当本规范和其他技术标准的条文明确不允许在防火墙上开口时，在这些防火墙上严禁开口；当未明确不允许在防火墙上开口时，在这些防火墙上可以根据建筑功能和生产工艺需要设置必需的开口。

为满足建筑功能的要求而当必须在防火墙上设置的开口，应采取可靠的措施防止火势通过这些开口蔓延，如设置甲级防火窗、甲级防火门、防火卷帘、防火阀、防火分隔水幕等。防火墙上允许设置的开口，主要是为保证生产工艺连续性，满足生产安全监控、建筑功能完整性、人员使用便捷通行等需求。例如，在汽车库内防火墙上的车行通道处、商店营业厅内相邻防火分区之间的人行通道处、生产车间内的生产线在防火分区之间的连续工艺处、生产车间与管理用房之间防火墙上的观察窗、烟草生产车间与原料库房和成品库房之间的工艺连通口处等。但是，当防火墙用于分隔具有可燃气体、粉尘爆炸危险性的场所时，仍应严格限制在防火墙上设置开口。

不同场所对防火墙上是否允许开口以及开口的大小要求不同。防火墙上开口的具体防火措施及其技术要求，需要根据本规范和国家现行相关技术标准确定。例如，本规范第 4.2.6 条规定，在甲、乙类仓库内防火分区、防火分隔间之间的防火墙上，不允许设置任何开口；第 6.4.2 条和第 6.4.6 条规定，设置在防火墙上的门、窗应为甲级防火门、窗；第 6.4.1 条规定，防火门、防火窗应具有自动关闭的功能，在关闭后应具有烟密闭的性能。国家标准《建筑设计防火规范》GB 50016—2014（2018 年版）第 3.3.8 条规定，供甲、乙类厂房专用的 10kV 及以下的变电站，与所属甲、乙类厂房一面贴邻时，应采用无门、窗、洞口的防火墙分隔；第 5.3.5 条规定，总建筑面积大于 20 000$m^2$ 的地下或半地下商店，应采用无门、窗、洞口的防火墙和耐火极限不低于 2.00h 的楼板分隔为多个建筑面积不大于 20 000$m^2$ 的区域；第 6.5.3 条规定，除中庭外，当防火分隔部位的宽度不大于 30m 时，防火卷帘的宽度不应大于 10m；当防火分隔部位的宽度大于 30m 时，防火卷帘的宽度不应大于该部位宽度的 1/3，且不应大于 20m。

（4）在防火墙上尽量不穿越各类管线，避免火势经烧蚀的管线洞口，或经阻火失效的管道、孔隙蔓延。当穿过管道、线缆时，需要根据管道直径、线缆孔口的大小及使用用途采取防止火势蔓延的相应措施，如设置防火阀、阻火圈，采用防火封堵材料或组件封堵等。具体防火措施和要求，可以参见现行国家标准《建筑设计防火规范》GB 50016、《建筑防火封堵应用技术标准》GB/T 51410、《电力工程电缆设计标准》GB 50217 等技术标准。

6.1.2 防火墙任一侧的建筑结构或构件以及物体受火作用发生破坏或倒塌并作用到防火墙时，防火墙应仍能阻止火灾蔓延至防火墙的另一侧。

**【条文要点】**

防火墙的类型有多种，但无论哪种类型的防火墙，均应具备在受到火灾或其他外力作用时能保持墙体完整、稳定，且不坍塌的基本性能。本条规定了防火墙的关键性能和功能目标要求，是保证防火墙实现设置目标的基础。

【实施要点】

（1）防火墙一般由不燃材料现浇或砌筑方式构筑，按承重方式分为自承重式、承重式和非承重式防火墙，按构筑方式分为现浇钢筋混凝土墙、预制钢筋混凝土墙、砌体墙和夯土墙。常见的有钢筋混凝土墙、砖墙、混凝土砌体墙、轻质砌体墙等。除钢筋混凝土现浇墙、砌体墙外，承重式、自承重式防火墙，一般由砌体与钢筋混凝土构造梁、柱组合而成；非承重式防火墙一般由轻质砌体与建筑的承重框架梁、柱或钢筋混凝土构造梁、柱等组合而成。

防火墙一般为自承重墙体，符合要求的承重墙也可以用作防火墙。无论是承重式、自承重式还是非承重式防火墙，墙体自身的厚度与高度之间应具有合理的比例，承重结构与填充墙体之间应有必要的联系与约束，使其既具备足够的稳定性，又不会在建筑承重结构垮塌时因这些连接和约束而被破坏。因此，防火墙应视其高度、宽度和厚度设置必要的构造梁、柱、扶壁，或采用阶梯式墙体等，以提高其稳定性。

（2）防火墙需根据其设置部位两侧的建筑使用用途、防火墙与建筑结构的连接方式，验算防火墙在墙体任意一侧的建筑结构、高大物体受到破坏或者发生垮塌时，对防火墙产生的侧压（例如仓库内的货架、货物倾塌对墙体产生的作用力）或侧拉作用是否会导致防火墙倒塌、被破坏，并根据验算结果改变防火墙与建筑结构的连接或约束方式，或对防火墙采取相应的加固措施。

6.1.3 防火墙的耐火极限不应低于3.00h。甲、乙类厂房和甲、乙、丙类仓库内的防火墙，耐火极限不应低于4.00h。

【实施要点】

（1）本条规定了防火墙的基本耐火性能，要求任何防火墙的耐火极限均不应低于3.00h。对于甲、乙类厂房和甲、乙、丙类仓库及其他火灾强度大、火灾延续时间长的场所或建筑，应根据实际火灾危险性提高防火墙的耐火极限。本规范和本条未规定的其他建筑、建筑中某些特殊部位，其防火墙的耐火极限应根据本条规定的基本耐火性能和设置部位的实际防火、防爆要求合理确定。兼作防火墙的防爆墙、抗爆墙，除墙体的耐火性能外，还应考虑相应的防爆、抗爆构造要求。

（2）在甲、乙类厂房中，当部分防火分区为丙、丁、戊类生产场所时，除要求这些场所与甲、乙类生产场所之间防火墙的耐火极限不低于 4.00h 外，丙、丁、戊类生产场所之间防火墙的耐火极限仍可以按照不低于 3.00h 确定。同样，在甲、乙、丙类仓库中，当存在丁、戊类储存场所时，设置在丁类储存场所之间、丁类储存场所与戊类储存场所之间的防火墙，墙体的耐火极限仍可按照不低于 3.00h 确定，但设置在甲、乙、丙类储存场所之间，或甲、乙、丙类储存场所与丁、戊类储存场所之间的防火墙，墙体的耐火极限不应低于 4.00h。

## 6.2 防火隔墙与幕墙

6.2.1 防火隔墙应从楼地面基层隔断至梁、楼板或屋面板的底面基层，防火隔墙上的门、窗等开口应采取防止火灾蔓延至防火隔墙另一侧的措施。

**【条文要点】**

防火隔墙是在建筑内用于防止火灾蔓延至相邻房间或区域，且耐火极限不低于规定要求的墙体，主要用于同一防火分区内分隔不同用途、不同火灾危险性的房间或区域，以限制高火灾危险性房间或区域的火灾危及相邻其他房间或区域，或保护其他重要性更高或火灾风险更大的房间或区域。本条规定了防止火势越过防火隔墙蔓延的基本防火构造与关键措施。

**【实施要点】**

（1）防火隔墙在竖向应从建筑的楼地面基层隔断至建筑的结构楼板底面、梁底面、屋面板的底面基层或高出屋面，在水平方向应隔断至相交墙体、柱体等建筑结构或构件的基层，以形成对分隔房间或区域的完全隔断，不应只隔断至建筑结构或构件的装饰面面层，从而有效阻止火势和烟气的蔓延或侵入，便于控制火灾，为人员疏散创造更好的条件、争取更长的时间。一般，不要求防火隔墙凸出采用可燃、难燃材料构筑的外墙或屋面板。

（2）防火隔墙一般需要采用不燃材料构筑，对于四级耐火等级的建筑和木结构建筑，防火隔墙可以采用难燃、可燃材料构筑。防火隔墙无论采用哪种燃烧性能的材料构筑，其耐火极限均不应低于分隔部位应具备的最低耐火极限。

（3）设置在建筑中不同部位的防火隔墙，耐火极限因所需分隔房间或区域的火灾危险性、用途的重要性等不同而有所差异，一般要求不低于 1.00h，多数防火隔墙的耐火极限要求不低于 2.00h。因此，绝大部分防火隔墙的耐火极限低于防火墙的耐火极限要求，且低于 3.00h，少数防火隔墙的耐火极限要求为 3.00h 或更高。在实际建筑中设置的防火隔墙多为非承重砌体墙或预制混凝土墙，可以达到的耐火极限一般会高于设计或建造要求的耐火极限。这说明这些防火隔墙的耐火极限符合通用规范和技术标准或建筑设计的要求，但与通用规范和技术标准对防火隔墙的最低耐火极限要求，在意义上是不同的。

（4）在防火隔墙上尽量不要设置门、窗及其他开口，尽量不要穿越管道和线槽等，避免火势经过墙体上的开口、管道或管线被烧蚀后留下的开口蔓延。当通用规范和技术标准明确规定不允许在防火隔墙上开口时，应禁止在这些防火隔墙上开口；当通用规范和技术标准未明确规定不允许在防火隔墙上开口时，可以根据建筑功能和生产工艺需要在这些防火隔墙上设置必要的开口。在防火隔墙上穿越管道、线缆时，应按照本规范和相关技术标准的要求采取防火封堵措施；在防火隔墙上开口时，应根据本规范和相关技术标准的要求设置相应耐火性能的防火门、防火窗、防火卷帘，或相应持续分隔时间的防火分隔水幕等。相关规定可以参见本规范第 6.3.4 条、第 6.4.2 条、第 6.4.6 条和第 6.4.7 条等条文的规定。除本规范的规定外，在防火隔墙上设置开口，穿过管道、线缆时，防火构造和防火封堵的具体技术要求，可以参见现行国家标准《建筑设计防火规范》GB 50016、《建筑防火封堵应用技术标准》GB/T 51410 等技术标准。

（5）防火隔墙应注意与防火墙和房间隔墙的区别：

1）防火隔墙和房间隔墙允许直接设置在耐火楼板上，而防火墙在通常情况下不允许直接设置在耐火楼板上。

2）防火隔墙的耐火极限要求一般较防火墙低，房间隔墙的耐火极限通常较防火隔墙低。防火隔墙可以替代房间隔墙，但房间隔墙不能替代防火隔墙，即对于某些房间而言，防火隔墙就是该房间与相邻房间的隔墙。

3）防火隔墙和防火墙均要求对墙体上的开口、穿越管线处、墙体与周围连接处的缝隙采取防火分隔和防火封堵措施，而房间隔墙对此没有严格要求。例如，办公建筑中不同办公室之间的隔墙属于房间隔墙，而不是防火隔墙，更不是防火墙；但是，办公室与档案室之间的隔墙就应为防火隔墙，需要符合防火隔墙的防火构造要求。因此，穿过房间隔墙的风管可以不设置防火阀，对风管的耐火极限也没有强制要求。但是，当风管穿过防火隔墙、防火墙时，必须采取防火分隔和防火封堵措施。

6.2.2　住宅分户墙、住宅单元之间的墙体、防火隔墙与建筑外墙、楼板、屋顶相交处，应采取防止火灾蔓延至另一侧的防火封堵措施。

【条文要点】

在住宅建筑中，分户墙和单元之间的墙体是重要的防火分隔墙体，属于防火隔墙，起到相当于防火墙的防火作用。其他各类防火隔墙也是控制火灾在不同火灾危险性的房间或区域之间蔓延的主要屏障，均需要确保其分隔完整、可靠、有效。本条规定是保证实现防火隔墙防火作用的关键技术要求。

【实施要点】

住宅分户墙、住宅单元之间的墙体及其他各类防火分隔墙体，与建筑外墙、楼板和屋面板之间的结构缝隙均需要根据外墙、屋顶的构造采取防火封堵措施，以阻止火势越过防火隔墙蔓延。

（1）对于采用不燃材料构筑的防火隔墙、外墙、屋面板，当外墙和屋顶设置内保温系统时，无论保温材料或制品的燃烧性能为 A 级，还是 $B_1$ 级或者 $B_2$ 级，这些防火分隔墙体均应截断保温层至墙体或屋面板的结构基层，不允许只砌筑至保温层表面；当外墙和屋顶采用保温结构一体化的内保温系统时，防火分隔墙体允许砌筑至外墙、屋面板的结构面。

（2）对于采用难燃或可燃材料构筑的外墙、屋面板，防火分隔墙体均应截断外墙、屋面板，且住宅单元之间的墙体要参照防火墙的要求凸出外墙和屋顶。此时，住宅分户墙要视建筑的具体情况采取相应的凸出外墙和屋顶的措施。例如，在两户或多户联排的木结构住宅建筑中，分户墙实际上相当于住宅单元之间的墙体，并起到类似防火墙的作用，需要将此分户墙截断建筑的外墙和屋面板，并凸出屋顶。

（3）当外墙采用幕墙装饰或设置外保温系统时，还应符合外幕墙的防火封堵及外保温系统的防火分隔要求。详细要求参见本规范第 6.2.4 条【实施要点】和第 6.6 节相关要求。

（4）有关建筑构造缝隙的具体防火封堵要求，可以参见现行国家标准《建筑防火封堵应用技术标准》GB/T 51410 等技术标准；防火封堵材料的性能应符合现行国家标准《防火封堵材料》GB 23864 的要求。例如，国家标准《建筑防火封堵应用技术标准》GB/T 51410—2020 第 4.0.2 条规定，楼板之间、楼板与防火分隔墙体之间、防火分隔墙体之间的建筑缝隙防火封堵，对于使用时无振动或无伸缩变形的缝隙，宜采用矿物棉等背衬材料填塞，并应在背衬材料外覆盖有机防火封堵材料；对于使用时有振动或有伸缩变形的缝隙，应采用矿物棉等背衬材料填塞，并应在背衬材料外覆盖弹性有机防火封堵材料。

6.2.3　建筑外墙上、下层开口之间应采取防止火灾沿外墙开口蔓延至建筑其他楼层内的措施。在建筑外墙上水平或竖向相邻开口之间用于防止火灾蔓延的墙体、隔板或防火挑檐等实体分隔结构，其耐火性能均不应低于该建筑外墙的耐火性能要求。住宅建筑外墙上相邻套房开口之间的水平距离或防火措施应满足防止火灾通过相邻开口蔓延的要求。

【条文要点】

建筑火灾蔓延扩大的途径主要有：在建筑内部，通过房间、走道、楼层之间开口，以及竖井、风管等沿水平方向和竖向蔓延；在建筑外部，通过外墙上的开口、幕墙空腔、外保温系统、外墙装饰材料等沿水平方向和竖向蔓延。本条规定是防止火灾经建筑外立面沿水平方向、竖向蔓延的关键技术要求和相关防火技术措施的基本性能要求。

【实施要点】

建筑外墙上的门、窗、洞口通常是房屋边界上的薄弱环节。建筑室内火灾从窗口溢出的外部火焰容易沿外墙、幕墙的空腔、外墙体的内部空腔、上层的外窗口等处向上、下层空间蔓延。火灾沿着火房间建筑外墙或幕墙竖向蔓延的形态参见图 6–2。从图 6–2 可见，火势从着火房间向外蔓延的途径主要有：一是火焰从着火房间的外墙开口溢出，外溢的火焰和高温烟气使上层窗口玻璃破裂，导致火灾蔓延进入上层房间；二是火焰沿着外墙体或幕墙内部的空腔向上运动，进入上层房间引燃可燃物，导致火灾蔓延；三是楼板边缘与外墙或幕墙的结合处无分隔或防火封堵不完善，导致火势蔓延。对于普通建筑外墙，第一种途径是常见的火灾蔓延途径；对于建筑幕墙，主要通过第三种途径蔓延；对于双层幕墙或带空腔的幕墙，主要经第二种途径蔓延。有关幕墙的防火要求，请见本指南第 6.2.4 条【实施要点】。

合理确定建筑外墙窗口上方溢出火焰的高度和温度，是防止窗口溢出火焰向上蔓延的关键。有关试验研究和理论分析表明[①]，外墙窗口上方溢出火焰的高度与开口的形状系数、火灾热释放速率有关，见公式（6–1）、公式（6–2）。

① 引自 F.Tang，L.H.Hu，etc. Experimental study on flame height and temperature profile of buoyant window spill plume from an under–ventilated compartment fire[J].International Journal of Heat and Mass Transfer，2011，55（1）.

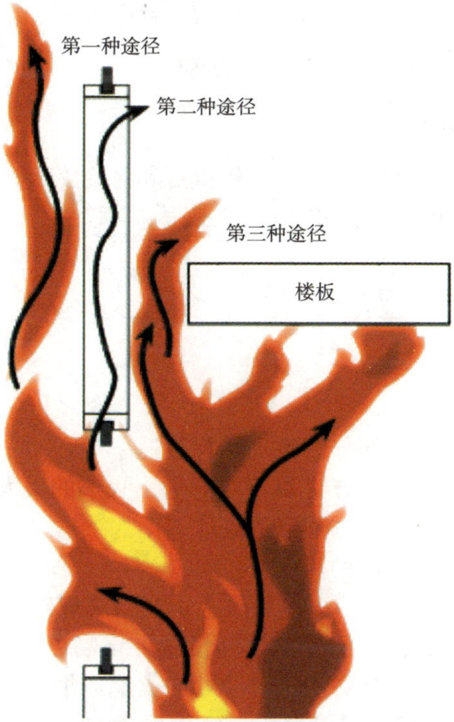


**图 6–2　火灾沿着火房间建筑外墙或幕墙竖向蔓延的形态**

$$\frac{Z_f - Z_n}{l} = 2Q_{ex}^{*0.44} = 2\left(\frac{Q_{ex}}{\rho_\infty c_p T_\infty \sqrt{g}\, l^{5/2}}\right)^{0.44} \tag{6–1}$$

式中：$Z_f$——窗口溢出火焰的高度 /m；

$Z_n$——窗口中心面的高度 /m；

$Q_{ex}$——溢出火焰的热释放速率 /kW；

$Q_{ex}^*$——无量纲溢出火焰的热释放速率；

$l$——开口的形状系数；

$\rho_\infty$——常温常压下的空气密度 /（kg/m³）；

$T_\infty$——环境温度 /K；

$c_p$——常温下的空气定压比热容 /［J/（kg·K）］；

$g$——重力加速度 /（m/s²）。

$$Q_{ex}=Q-1\,500A\sqrt{H},\ l=(A\sqrt{H})^{2/5} \tag{6-2}$$

式中：$Q$——火灾的热释放速率 /kW；

$A$——窗口面积 /$m^2$；

$H$——窗口高度 /m。

通过对大量试验数据的拟合和无量纲参数分析，窗口上方溢出火焰的温度可采用公式（6-3）表达。

$$\frac{(\Delta T/T_{\infty})(Z-Z_n-Z_0)^{5/3}}{\left(\dfrac{Q_{conv}}{\rho_{\infty}c_pT_{\infty}\sqrt{g}}\right)^{2/3}}\approx 7.8 \tag{6-3}$$

式中：$Q_{conv}$——对流部分的火灾热释放速率（kW）；

$\Delta T$——窗口上方 $Z$ 高度处的溢出火焰的最大温升 /K；

$Z$——窗口上方某点的高度 /m；

$Z_0$——虚点源的高度 /m。

为防止窗口溢出的火焰导致上层窗口玻璃破裂并造成火灾蔓延，可通过在上、下层开口之间设置一定高度（$Z-Z_n-Z_0$）的墙体等方式，以降低上层窗口玻璃处的火焰或烟气的温度 $\Delta T$，防止火灾导致窗口玻璃破裂并引燃室内可燃物。

（1）建筑外墙上、下层的开口主要为外窗，包括为保证建筑功能的采光窗、通风窗、工艺窗口、消防救援口、应急排烟排热窗等开口。建筑火灾经外立面蔓延的火源，主要来自建筑内部的火灾经外墙开口溢出的火焰或高温烟气的热作用、建筑外保温系统的火灾、建筑外墙上的广告牌或灯光亮化工程引发的火灾、相邻建筑火灾引起的延烧或热辐射作用。建筑火灾在外立面的蔓延受到外立面构造、外立面建筑材料或外立面装修装饰材料的燃烧性能、防火分隔措施、建筑高度、环境风等因素的影响。例如，建筑外墙开口的大小，有无具有空腔的外幕墙结构，外墙构筑材料的燃烧性能，外墙面层装饰材料的燃烧性能，外墙外保温系统的防火性能，上、下层之间窗间墙的高度和设置方式，外墙在层间或外窗处设置的挑檐情况。对于设置外幕墙的建筑，应重视建筑外墙的层间防火分隔和封堵。

防止火灾通过建筑外立面蔓延的主要技术措施有：

1）在外墙的上、下层开口之间设置足够高度的窗间墙，特别是在楼板上设置一定高度的窗槛墙。

2）在外墙的每层开口下设置足够宽度和挑出深度的防火挑檐。

3）在外墙上相邻水平开口之间设置足够宽度的窗间墙或凸出外墙足够深度的防火隔板。

4）外墙上的门、窗等开口采用具有足够耐火性能或防火性能的门、窗。

5）在采用可燃、难燃性保温材料的外保温系统或外墙外装饰材料等的外墙上，每层设置足够高度的防火隔离带。

这些防火技术措施的具体要求，可以参见国家相关技术标准。例如，国家标准《建筑设计防火规范》GB 50016—2014（2018 年版）第 6.2.5 条规定，在建筑外墙上、下层开口之间应设置高度不小于 1.2m 的实体墙，或挑出宽度不小于 1.0m、长度不小于开口宽度的防火挑檐；当室内设置自动喷水灭火系统时，上、下层开口之间的实体墙高度不应小于 0.8m。当上、下层开口之间设置实体墙确有困难时，可设置防火玻璃墙，且对于高层建筑，防火玻璃墙的耐火完整性不应低于 1.00h，对于多层建筑，防火玻璃墙的耐火完整性不应低于 0.50h。外窗的耐火完整性不应低于防火玻璃墙的耐火完整性要求。第 6.7.7 条规定，防火隔离带应采用燃烧性能为 A 级的材料，防火隔离带的高度不应小于 300mm。参见图 6–3。

（2）建筑外墙上用于防止火灾经建筑立面蔓延的墙体、防火挑檐和隔板，是建筑外墙的一部分，或者可以看成是外墙的延伸，其耐火极限和燃烧性能均不应低于所在建筑对外墙的相应要求，且不仅要符合相应耐火等级建筑对外墙的要求，而且要满足所在建筑的实际建造要求。例如，对于一座二级耐火等级的民用建筑，国家标准《建筑设计防火规范》GB 50016—2014（2018 年版）要求建筑外墙的耐火极限不应低于 1.00h，燃烧性能应为

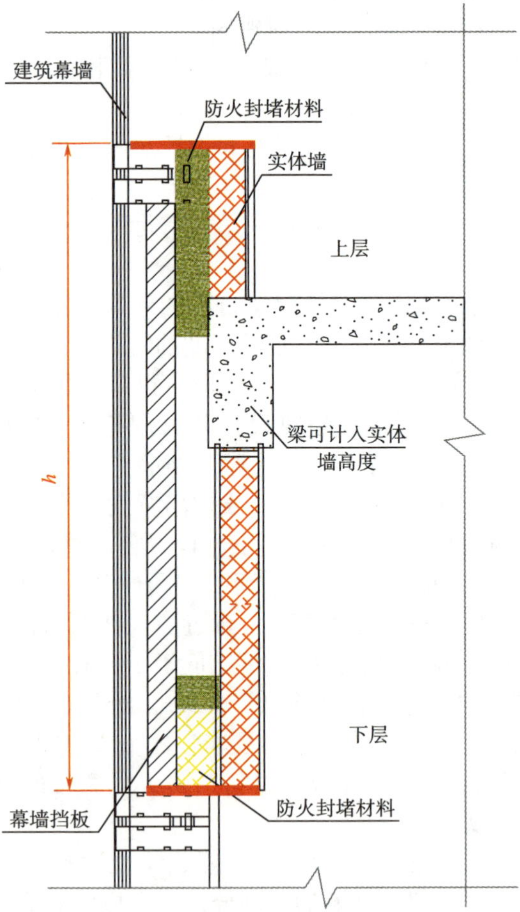


（a）建筑幕墙的防火封堵示意图

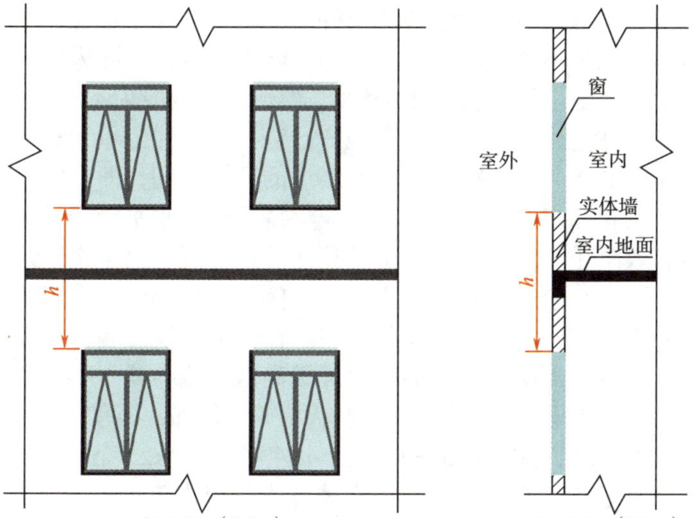


（b）建筑立面防火窗间墙设置示意图

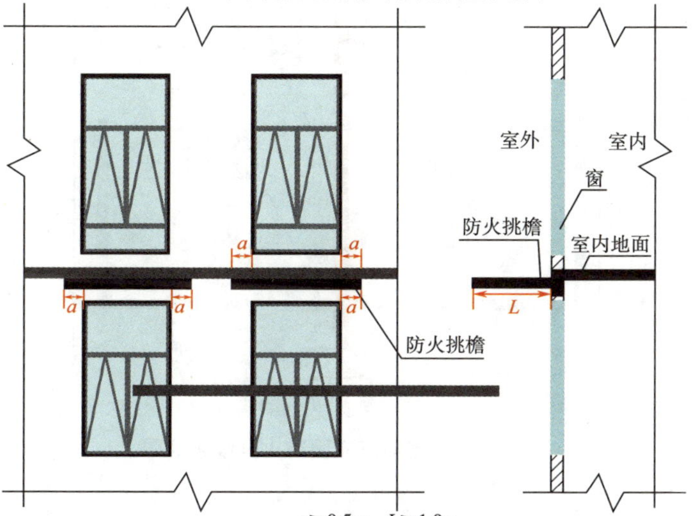


（c）建筑立面防火挑檐设置示意图

**图 6–3　建筑立面防火分隔与封堵措施示意图**

不燃性。当该建筑实际建造要求外墙的耐火极限不应低于 1.50h，燃烧性能应为不燃性时，则上述用于防火的墙体、防火挑檐和隔板的耐火极限也均不应低于 1.50h，燃烧性能均应为不燃性。

（3）住宅建筑中相邻套房或户，包括同一住宅单元和不同住宅单元中的相邻套房或户，在外墙上的开口之间，即住宅建筑中任一户与相邻户的开口之间，均应保持足够的水平距离，该距离应能有效防止火势通过外墙上的这些开口蔓延。当该水平距离不符合要求时，应采取其他防火措施。例如，在外墙上设置防火隔板，采用具有一定防火性能的外窗。在住宅建筑外墙上相邻套房的开口之间，无论该建筑的耐火等级高低，或者属于哪一类耐火等级的木结构建筑，均需要采取防火措施。例如，国家标准《建筑设计防火规范》GB 50016—2014（2018 年版）第 6.2.5 条规定，住宅建筑外墙上相邻户开口之间的墙体宽度不应小于 1.0m；小于 1.0m 时，应在开口之间设置凸出外墙不小于 0.6m 的隔板。参见图 6–4。

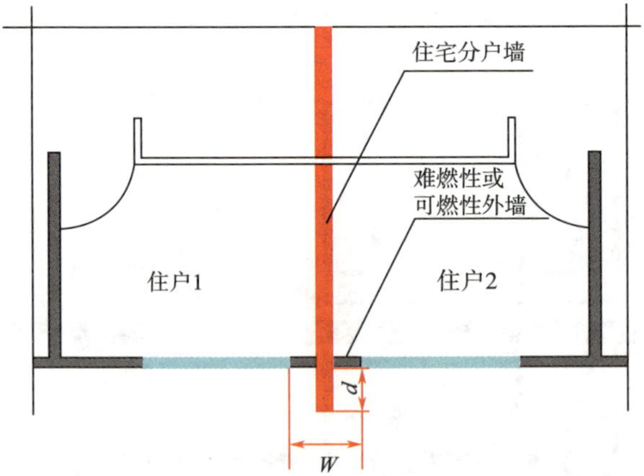


**图 6–4　住宅建筑立面防火分隔示意图**

注：$W \geqslant 1.0$m 或者 $d \geqslant 0.6$m。

（4）对于建筑中划分为同一个防火分区的楼层，如部分木结构建筑、部分通过中庭连通的楼层、部分四级耐火等级的建筑，这些楼层之间的开口防火要求需要根据具体情况确定，不能认为既然这几个楼层是处于同一个防火分区就不需要对外墙上的开口采取防火措施，也不是这些开口都需要进行防火，如同住宅建筑外墙上相邻套房开口之间的防火要求。

例如，当建筑的上、下楼层处于同一个防火分区，但不同楼层上的房间可能通过外墙开口蔓延火灾时，仍需要采取防火措施；当外墙内直接面对的是中庭，上、下层在这部分处于同一空间时，则不需要对这些楼层的相应部位外墙开口采取防火措施；Ⅱ级和Ⅲ级的木结构建筑，尽管是按照防火墙之间的楼层总建筑面积划分防火分区，但仍需要对外墙上、下层之间的开口采取防火措施。

此外，住宅建筑中上、下楼层不同户的外窗之间的外墙应符合本条规定，但对于住宅建筑中的跃层式住宅套房、单户独立的住宅建筑、联排住宅建筑，处于同一户内上、下层开口之间的外墙则可以不采取防火措施。

6.2.4 建筑幕墙应在每层楼板外沿处采取防止火灾通过幕墙空腔等构造竖向蔓延的措施。

【条文要点】

具有空腔结构的建筑外幕墙会导致外幕墙上下贯通，在火灾时不仅热烟和火焰局限在空腔内，而且易产生烟囱效应，甚至外幕墙自身会燃烧并熔融滴落而加剧火势，使火势蔓延迅速扩大，增大扑救的难度。本条规定是针对具有空腔的建筑外幕墙的关键防火技术要求。

【实施要点】

（1）建筑幕墙是由支承结构体系与面板组成、可相对主体结构有一定位移能力、不分担主体结构所受作用的建筑外围护结构或装修性结构，按镶嵌材料可分为玻璃幕墙、金属板幕墙、石材幕墙、组合幕墙等，按幕墙面与建筑外墙体的间隔可分为有空腔和无空腔构造的幕墙。

根据火灾和烟气从外窗溢出后的蔓延规律（参见本指南第6.2.3条【实施要点】），无空腔构造的幕墙相当于外墙的饰面。此种幕墙对火灾经建筑外墙上的开口竖向蔓延的影响，与无幕墙的建筑区别不大，不需要对幕墙采取专门的防火措施。有空腔构造的幕墙对火灾在建筑外立面的蔓延影响较大，除应按照本规范第 6.2.3 条的规定在上、下层建筑外墙上的开口之间采取设置一定高度的墙体等措施外，还需要在每层楼板处的幕墙空腔内采取水平防火分隔和封堵措施，防止从开口溢出的火势沿幕墙与楼板之间的空隙向上蔓延。特别是，类似双层幕墙等幕墙与建筑外墙之间存在较大空隙的幕墙，在火灾时会产生较强烈的烟囱效应，加剧火势向上蔓延，需要重视并处理好幕墙空腔内部每层的防火分隔和封堵措施。

（2）当在有空腔构造的幕墙内设置外保温系统时，应按照本规范第 6.6.8 条的规定采用燃烧性能为 A 级的保温材料。

（3）防止火灾经建筑幕墙内部空腔蔓延的措施，包括幕墙的防火分隔和封堵措施。烟囱效应主要因在幕墙空腔内不同高度处的空气温度不同而形成一定的压力梯度，使烟气流自正压区向负压区不断流动并逐渐加剧所产生的强烈对流现象。建筑幕墙的防火封堵主要应在幕墙与每层楼板、幕墙与建筑外墙的缝隙处，采用防火封堵材料将这些缝隙填塞密实，将幕墙中的空腔按照楼层分隔成若干段，从而减小幕墙中的空腔高度，阻止产生烟囱效应。在建筑内防火隔墙、防火墙对应位置外墙与幕墙间的缝隙处，应提高防火封堵要求，使其防火性能与建筑内部防火隔墙、防火墙的防火性能基本一致。

这些措施应根据不同幕墙构造和幕墙材料确定，可以参见现行国家标准《建筑防火封堵应用技术标准》GB/T 51410 的要求。例如，国家标准《建筑防火封堵应用技术标准》GB/T 51410—2020 第 4.0.3 条规定：

1）幕墙与建筑窗槛墙之间的空腔应在建筑缝隙上、下沿处分别采用矿物棉等背衬材料填塞且填塞高度均不应小于 200mm；在矿物棉等背衬材料的上面应覆盖具有弹性的防火封堵材料，在矿物棉下面应设置承托板。承托板应采用钢质承托板，且钢质承托板的厚度不应小于 1.5mm。承托板与幕墙、建筑外墙之间，以及承托板之间的缝隙，应采用具有弹性的防火封堵材料封堵。

矿物棉的纤维方向要与楼板边缘平行，所选矿物棉的密度不应小于 80kg/m³。在施工时，矿物棉总厚度不应小于缝隙宽度的 150%，以便将矿物棉挤压紧密填塞入缝隙后不会脱落。为确保封堵组件的耐火性能，压缩后矿物棉的容重不能低于 100kg/m³，使缝隙中的矿物棉有足够的预压力，以抵消火灾时矿物棉受热膨胀引起松动脱落的外扩力。对于较大的缝隙（比如缝宽大于 250mm），可以通过增设角钢或紧固件提高矿物棉与楼板的紧密性。

2）幕墙与防火墙、防火隔墙之间的空腔应采用矿物棉等背衬材料填塞，填塞厚度不应小于防火墙、防火隔墙的厚度，两侧背衬材料的表面均应覆盖具有弹性的防火封堵材料。

3）防火封堵的构造应具有自承重和适应缝隙变形的性能。

（4）当前，建筑幕墙的层间防火封堵在实际建筑中还存在一些问题，主要有：

1）只采用铁皮盖板，内部未采用矿棉等防火材料填塞，或矿棉等材料填塞不密实。

2）封堵采用砂浆水泥填堵而未配合弹性有机防火封堵材料。

3）不少层间防火封堵的耐火性能达不到标准或设计要求。

4）有些防火封堵组件未设置固定支架等。

这些情况都难以保证建筑幕墙层间防火封堵的有效性。因此，建筑幕墙的层间防火封堵应根据标准要求、产品的性能和安装要求，从封堵材料选择、封堵构造设计、施工和安装等方面确保封堵防火性能的可靠性和有效性，使防火封堵构造具有自承重能力、适应缝隙变形的性能、足够的耐久性能。

## 6.3 竖井、管线防火和防火封堵

6.3.1 电梯井应独立设置，电梯井内不应敷设或穿过可燃气体或甲、乙、丙类液体管道及与电梯运行无关的电线或电缆等。电梯层门的耐火完整性不应低于 2.00h。

6.3.2 电气竖井、管道井、排烟或通风道、垃圾井等竖井应分别独立设置，井壁的耐火极限均不应低于 1.00h。

6.3.3 除通风管道井、送风管道井、排烟管道井、必须通风的燃气管道竖井及其他有特殊要求的竖井可不在层间的楼板处分隔外，其他管线竖井应在每层楼板处采取防火分隔措施，且防火分隔组件的耐火性能不应低于楼板的耐火性能。

【条文要点】

如本指南第 6.2.3 条【条文要点】所述，建筑内的各类竖向井道是火灾在建筑内竖向蔓延的主要路径，应根据竖井的实际用途、火灾危险性、建筑高度等因素采取防止火灾经竖井蔓延的相应分隔措施。这三条规定了建筑内各类竖井的基本耐火性能要求、关键防火要求和防火分隔要求，防止竖井火灾的相互影响，阻止火灾在竖井内竖向传播，或经在竖井上的开口蔓延至竖井外的楼层上。

【实施要点】

（1）建筑中的管道井、电缆井、电梯井等竖向井道有的仅用于保证建筑平时的正常运行，有的还需要保证建筑在火灾时相关设施、设备的正常运行。这些井道不仅是烟火竖向蔓延的通道，而且有的自身还存在一定的火灾危险性，且重要性也不一样。在建造时，应将不同类别的竖向井道分别独立设置，相互之间应采用井壁分隔，在相邻竖井之间的井壁上不允许开设洞口，竖井的井壁应具备足够的耐火性能。

1）本规范第 6.3.2 条对竖井井壁的耐火极限要求是一个基本要求。在实际建筑中，相应竖井井壁的耐火极限还应根据竖井的火灾危险性、建筑高度、埋深，在本条规定基础上适当提高。例如，根据《建筑高度大于 250 米民用建筑防火设计加强性技术要求（试行）》（公消〔2018〕57 号）的规定，在建筑高度大于 250m 的民用建筑中，电缆井、管道井等竖井井壁的耐火极限不应低于 2.00h。电气竖井、管道井、排烟管井道、通风管井道、垃圾井等竖井井壁的燃烧性能需要根据所在建筑的耐火等级和建筑结构类型确定，一般应采用不燃性材料构造。对于Ⅱ级和Ⅲ级的木结构建筑、四级耐火等级的其他结构类型的建筑，允许采用难燃性材料构造。

2）本规范第 6.3.1 条规定的电梯竖井，包括设置在建筑内部和建筑外墙上的客用电梯、货用电梯、观光电梯、消防电梯、用于辅助人员疏散的电梯等各类电梯的竖井。

3）本规范未明确电梯井井壁的耐火性能要求。有关电梯井井壁的耐火性能不应低于国家相关技术标准对相应耐火等级建筑中电梯井井壁的耐火性能要求，包括井壁的耐火极限和燃烧性能。例如，国家标准《建筑设计防火规范》GB 50016—2014（2018 年版）第 3.2.1 条和第 5.1.2 条规定，在一级、二级和三级耐火等级建筑中，电梯井井壁的耐火极限分别不应低于 2.00h、2.00h 和 1.50h，燃烧性能均应为不燃性。对于地下建筑和地下工程，电梯井井壁的耐火极限均不应低于 2.00h，燃烧性能均应为不燃性。消防电梯井的防火应符合本规范第 2.2.9 条的规定。

对于地铁车站，当站台与站厅划分为同一个防火分区时，站台与站厅之间联系电梯的电梯井围护结构（即电梯井的井壁和层门）不严格要求具有本规范要求的耐火性能。对于中庭，由于中庭或中庭及其部分连通区域需要单独划分为一个防火分隔区域，因此中庭内电梯井的围护结构也可以不严格要求具有本规范规定的耐火性能。

（2）电梯层门是设置在电梯层站入口的门。电梯层门根据其隔热性能可以分为隔热型电梯层门和非隔热型电梯层门。隔热型电梯层门在一定时间内能同时满足耐火完整性、耐火隔热性的要求；非隔热型电梯层门在一定时间内能满足耐火完整性的要求，且根据需要还能满足热通量的要求。本条规定电梯层门的耐火完整性能，目的在于防止着火楼层和电梯井中的火灾通过电梯井道向其他楼层蔓延，包括分隔在中庭外的电梯层门，特别是防止火灾时经电梯井产生的烟囱效应导致火灾跃层蔓延。电梯层门的耐火性能要求与电梯井道有无围护结构没有必然联系。例如，位于中庭内的电梯允许采用无耐火要求的围护结构，但当电梯层门是中庭的防火分隔界面的一部分时，该电梯层门应具有本规范规定的耐火完整性能；当电梯层门位于中庭的防火分隔区域内时，可以不要求具有本规范规定的耐火性能。

由于在电梯出入口处及附近应为无可燃物的人员通行区域，

因此，通常情况下不要求层门具有耐火隔热性能。但是，当在电梯层门处及附近存在因层门高温热辐射引发火灾蔓延的情形时，应要求电梯层门具有一定的耐火隔热性能，此隔热性能的高低可以根据实际防火需要确定。对于一些特殊建筑，也可以根据建筑高度及其重要性，特别是为保证火灾时人员救助、辅助疏散和灭火救援的安全，要求一些特殊电梯的层门具有必要的耐火隔热性能。例如，消防电梯和用于辅助人员疏散的电梯。另外，电梯层门的材料防火性能、电梯层门的耐火隔热性能，还需要根据国家相关专项技术标准和实际建筑的防火需要确定，本规范不强制要求。

电梯层门的耐火完整性能和耐火隔热性能，应符合现行国家标准《电梯层门耐火试验　完整性、隔热性和热通量测定法》GB/T 27903 或《电梯层门耐火试验》GB/T 24480 规定的试验方法和耐火性能判定标准。这两项标准的现行版本对层门的耐火完整性能判定标准的规定略有差异，请注意区别。

（3）建筑内的每个电梯井均应各自独立设置，即使用于同一种用途的电梯，也不允许共用井道而不分隔。例如，消防电梯竖井与消防电梯竖井之间、客用电梯竖井与客用电梯竖井之间，均需要采用符合要求的井壁分隔。在电梯井内不允许敷设、穿越各类可燃气体和可燃液体管道，不允许敷设和穿过与电梯运行无关的电线、电缆等线缆。

（4）除不允许在层间分隔的竖井外，在竖井的每层楼板处进行分隔能更好地阻止火势及其烟气和热窜至其他楼层或防火分隔区域，能够有效防止产生烟囱效应。

1）竖井的层间防火分隔应根据竖井的大小和管线情况确定，一般需要采取开口防火分隔与缝隙防火封堵相结合的方式，先用不低于所在楼层楼板耐火极限的不燃材料分隔，再用适用的防火封堵材料或组件封堵。防火分隔与防火封堵组件应能与竖井和楼板协同工作，具备耐受竖井内火焰和高温烟气热作用的性能。有关竖井的防火分隔要求，还需要满足相应防火封堵方式的具体技术要求，可以参见现行国家标准《建筑防火封堵应用技术标准》GB/T 51410。

这里需要注意的是，在同一座建筑中，不同楼层的楼板耐火极限可能不一样。例如，在建筑高度大于100m的建筑中，避难层的楼板耐火极限可能就比其他楼层的耐火极限要求高。

2）通风管道井、送风管道井、排烟管道井、必须通风的燃气管道竖井属于需要满足功能需要而不允许在层间分隔的竖井。其他有特殊要求、不允许在层间分隔的竖井，还有垃圾道、污衣井等竖井。对于不允许分隔，或分隔难以满足使用要求的竖井，应采取在每层开口处设置前室、防火隔间、阻火门等措施，以实现防止火灾通过竖井跨层蔓延的目标。例如，在垃圾道和污衣井的每层投物入口处设置阻火闸门，并在井道的顶部等部位设置必要的火灾探测、自动喷水灭火系统的洒水喷头和排烟设施；在竖井内的竖向通风管道与每层的水平管道连通处设置防火阀。

6.3.4 电气线路和各类管道穿过防火墙、防火隔墙、竖井井壁、建筑变形缝处和楼板处的孔隙应采取防火封堵措施。防火封堵组件的耐火性能不应低于防火分隔部位的耐火性能要求。

6.3.5 通风和空气调节系统的管道、防烟与排烟系统的管道穿过防火墙、防火隔墙、楼板、建筑变形缝处，建筑内未按防火分区独立设置的通风和空气调节系统中的竖向风管与每层水平风管交接的水平管段处，均应采取防止火灾通过管道蔓延至其他防火分隔区域的措施。

【条文要点】

各类线路、管道在穿过防火墙、防火隔墙、楼板等防火分隔构件时，必然会形成一定的孔隙或者被管道贯穿，导致此处的防火分隔完整性被破坏，应采取相应的防火封堵措施。这两条规定了各类线路、管道在穿越防火分隔处的关键防火技术要求及相应的性能要求，以保证防火墙、防火隔墙、楼板等防火分隔构件能够可靠发挥阻止火灾蔓延的作用。

【实施要点】

（1）在建筑内敷设的各类管线，包括敷设电线电缆的槽盒、桥架和导管，输送各类气体或液体的管道（包括工艺管道、生产与生活上下水管道、燃气管道、消防给水与排水管道等），传送药品或图书等物品的管道，通风与空气调节系统的排风管道、送风管道、回风管道，防烟和排烟系统的送风管道、补风管道、排烟管道。

这些线路和管道在穿越防火墙、防火隔墙、防火分隔楼板、耐火工程结构及其他防火分隔部位处形成的孔洞和缝隙，主要为管道自身可能被火灾烧蚀留下的开口、管道穿过墙体或楼板处留下的环形间隙，风管自身的空腔和环形间隙，线缆槽盒或桥架本身周围的空隙及其中线缆之间的空隙。这些孔洞和缝隙的尺寸有大有小，均是火灾蔓延的通道，需要采用防火封堵材料或组件封堵。参见图 6–5。

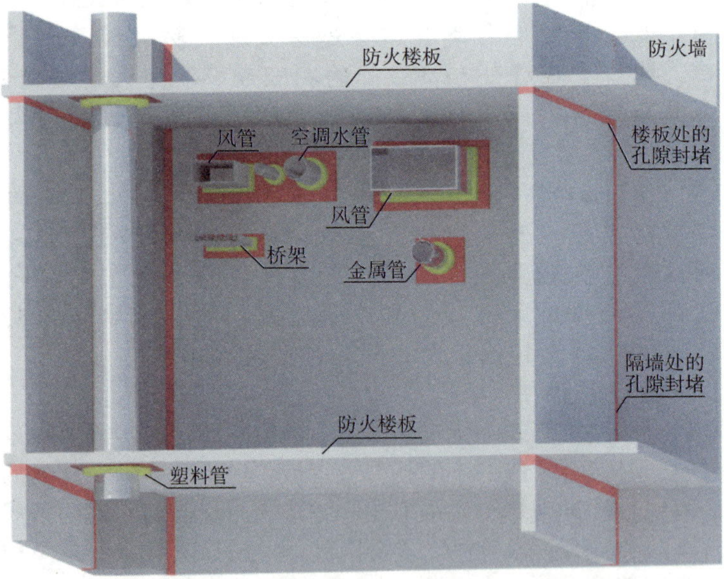


**图 6–5　建筑中各类管线贯穿孔口的防火封堵要求示意图**

（2）国家相关技术标准对需要采用防火封堵的部位还有更详细的规定，在实际建筑中还需根据这些标准的要求确定。例如，国家标准《低压配电设计规范》GB 50054—2011 第 7.6.21 条规定，电缆托盘和梯架在穿过防火墙及防火楼板时，应采取防火封堵。国家标准《水电工程设计防火规范》GB 50872—2014 第 7.0.7 条规定，当发电机母线或设备电缆穿越防火墙时，电缆穿越处的空隙应用不燃材料封堵，不燃材料[①]耐火极限应与防火墙相同。《核电厂常规岛设计防火规范》GB 50745—2012 第 6.4.2 条规定，建（构）筑物中电缆引至电气盘、柜或控制屏、台的开孔部位，电缆贯穿隔墙、楼板的孔洞处均应采用防火封堵材料封堵，封堵组件的耐火极限不应低于被贯穿物的耐火极限且不应低于 1.00h。防火封堵材料不应含卤素，对电缆不得有腐蚀和损害。行业标准《铁路工程设计防火规范》TB 10063—2016 第 6.4.2 条规定，建筑物内防火分隔构件上的贯穿孔口、电缆沟槽缝隙及电缆构筑物中引至电气柜、盘或控制屏、台的开孔部位等处应采取防火封堵措施。

各类缝隙和孔洞封堵的具体技术措施和要求，应视管道的特性（如管道的熔点）、孔隙的尺寸和形状、管线在使用过程中表现的特性（如中高压输配电线路、风管、输送高速流体的管道在使用过程中会产生振动）等确定，可以参照现行国家标准《建筑防火封堵应用技术标准》GB/T 51410 等标准的规定。例如，电缆贯穿孔口的防火封堵，要根据不同的贯穿物类型、电缆填充率、被贯穿体类型（如混凝土楼板，混凝土、砌块、轻质防火隔墙）、环形间隙大小、贯穿孔口大小、环境条件等选用不同的防火封堵措施。由于电缆（主要是中、高压电缆）在使用过程中存在振动现象，容易使不具弹性的防火封堵材料在长期使用过程中发生开裂、脱落等情况，因此，除低压电缆外，电缆贯穿孔口应选用具有一定弹性，且在高温或火焰作用下具有膨胀性的防火封堵材料封堵。

例如，国家标准《建筑防火封堵应用技术标准》GB/T 51410—2020 第 5.2.1 条规定，熔点不低于 1 000℃且无绝热层的金属管道贯穿具有耐火性能要求的建筑结构或构件时，环形间隙应采用以下方式封堵：

1）采用无机或有机防火封堵材料封堵；

---

① 实际应为不燃材料的防火封堵组件。

2）采用矿物棉等背衬材料填塞，并覆盖有机防火封堵材料；

3）采用防火封堵板材封堵，并在管道与防火封堵板材之间的缝隙填塞有机防火封堵材料。

当贯穿部位附近存在可燃物时，被贯穿体两侧长度各不小于1.0m 范围内的管道应采取防火隔热措施。

又如，国家标准《建筑防火封堵应用技术标准》GB/T 51410—2020 第 5.2.4 条规定，塑料管道贯穿具有耐火性能要求的建筑结构或构件时，贯穿部位的环形间隙应采用以下方式封堵：

1）采用矿物棉等背衬材料填塞，并覆盖膨胀性的防火封堵材料；

2）采用防火封堵板材封堵，并在管道与防火封堵板材之间的缝隙填塞膨胀性的防火封堵材料。

对于公称直径大于 50mm 的管道，还应在竖向贯穿部位的下侧或水平贯穿部位两侧的管道上设置阻火圈或阻火包带。

（3）建筑内防烟和排烟系统的风管、通风和空气调节系统的风管，在穿越防火墙、防火隔墙、防火分隔楼板以及其他防火分隔部位处，除管道与建筑构件之间的环形缝隙需要封堵外，还需要采取在管道上设置相应性能的防火阀等防火分隔措施。有关防火阀的性能要求和动作温度等，可以参见现行国家标准《建筑设计防火规范》GB 50016、《建筑通风和排烟系统用防火阀门》GB 15930 等技术标准。参见图 6–6。

建筑内通风和空气调节系统的风管、机械送风系统的风管、防烟系统的加压送风管需要在以下部位设置防火阀：

1）穿越防火分区的防火墙处；

2）穿越通风、空气调节机房的防火隔墙和楼板处；

3）穿越重要的房间、分隔火灾危险性大的区域的防火隔墙处；

4）穿越建筑变形缝处的两侧墙体；

5）穿越其他防火墙、防火隔墙；

6）穿越防火分隔楼板处。

在以上防火分隔部位设置的防火阀，动作温度应为 70℃，以防止发生窜烟、窜火，导致烟、火蔓延。

建筑内排烟系统中的风管需要在以下部位设置排烟防火阀：

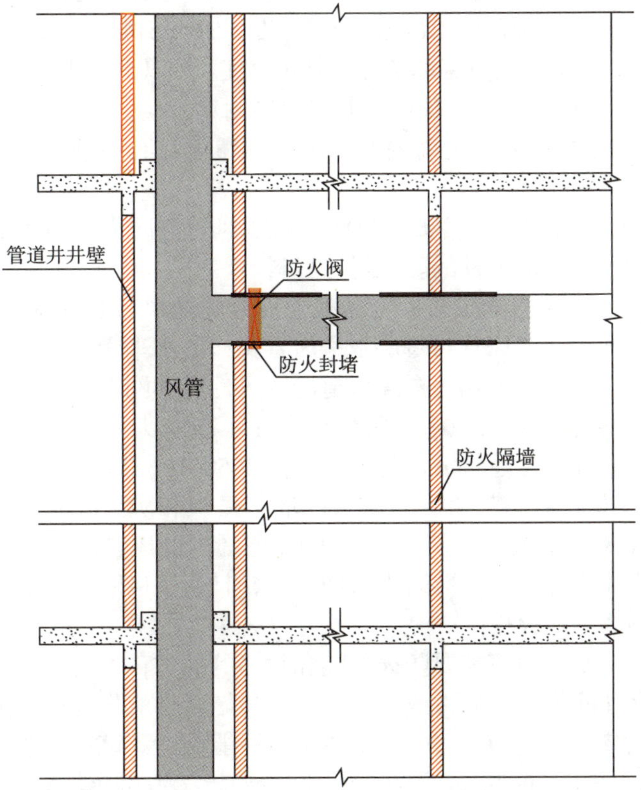


**图 6-6 建筑内各类风管穿越防火分隔处的防火封堵要求示意图**

1）穿越防火分区的防火墙处；

2）未布置在风井内的风管在穿越防火分隔楼板处；

3）排烟管道穿越其他防火墙、防火隔墙、建筑防火分隔楼板处。

在以上防火分隔部位设置的防火阀，动作温度应为 280℃，以防止发生窜烟、窜火，导致烟、火蔓延。

不同风管在穿越墙体、楼板等防火分隔处的防火封堵措施与要求不同，可以参照现行国家标准《建筑设计防火规范》GB 50016 和《建筑防火封堵应用技术标准》GB/T 51410 等的规定确定。例如，国家标准《建筑防火封堵应用技术标准》GB/T 51410—2020 第 5.2.5 条规定，耐火风管贯穿部位的环形间隙宜采用以下方式封堵：

1）采用具有弹性的防火封堵材料封堵；

2）采用矿物棉等背衬材料填塞并覆盖具有弹性的防火封堵材料；

3）采用防火封堵板材封堵，并在风管与防火封堵板材之间的缝隙填塞具有弹性的防火封堵材料。

对于建筑内未按防火分区独立设置的通风和空气调节系统，应在系统的竖向风管与每层水平风管交接的水平管段处采取设置防火阀，在防火分隔处提高管道的耐火性能和刚度等，封堵管道的环形缝隙等防火措施，防止火灾在不同防火分区间蔓延。例如，国家标准《建筑设计防火规范》GB 50016—2014（2018 年版）第 6.3.5 条规定，风管穿过防火隔墙、楼板和防火墙时，风管上的防火阀、排烟防火阀两侧各 2.0m 范围内的风管应采用耐火风管，或风管外壁应采取防火保护措施，且耐火极限不应低于该防火分隔体的耐火极限。

（4）本条规定需要防火分隔和封堵的部位，均为要求具有一定耐火性能的建筑构件或结构。防火封堵组件应作为该防火分隔构件或结构整体的一部分，整体耐火性能应达到该构件或结构所需最低耐火性能要求。该耐火性能要求应为对实际建造建筑的要求，而不是相关标准的要求。

在建筑中，防火封堵组件是由几种不同防火封堵材料及其支撑等构成的组合封堵体。例如，在一座二级耐火等级建筑中，竖井的层间防火封堵需要采用防火封堵板材、防火密封漆或防火封堵胶泥以及固定支撑件等组成一个防火封堵组件，以满足防火封堵部位不低于 1.00h 的耐火性能要求；但对于建筑中墙体与楼板之间的缝隙，采用防火密封漆或密封胶就可以达到该部位防火封堵的要求。

对于风管，防火封堵组件的防火性能与风管材料、风管结构的耐火性能密切相关。在应用时要注意：安装在某个风管结构上的封堵组件测试合格，并不意味着该封堵组件适合于不同结构和尺寸的风管。一般来说，通过测试合格的封堵组件适用于实际风管与测试风管相同，或比测试风管尺寸小的情况。

（5）在执行这两条规定时，需要注意以下两点：

1）条文中规定的“楼板”是指划分不同防火分区的楼板，不包括处于防火墙之间同一个防火分区内不用于防火分隔的楼板。因此，对于处于同一防火分区内用于防火分隔的楼板，当电气线路和各类管道在穿越这些楼板时，也要根据管线穿越部位上、下楼层的具体用途和房间分隔要求等情况，从防止火势蔓延的目的出发，采用防火封堵措施。例如，在Ⅱ级和Ⅲ级耐火等级的木结构建筑中，一个防火分区的建筑面积需要按照两座防火墙之间所有楼层的建筑面积之和计算，即防火墙之间的所有楼层是处于同一个防火分区，但每层的楼板仍有耐火性能要求，在管线穿过每层的楼板处仍需要采取防火封堵措施。

2）条文中规定的是“管线”（包括风管）在穿过防火墙、防火隔墙时，需要采取防火分隔与封堵措施；在穿过房间隔墙时，可以视具体防火要求确定是否需要设置防火阀、阻火圈，或采取其他防火封堵措施。例如，对于办公建筑中办公室之间的墙体，当管线穿过房间隔墙时，不要求采取防火分隔和封堵措施；当管线穿过旅馆建筑的客房之间的墙体时，一般应采用防火分隔和封堵措施。有关防火隔墙与房间隔墙的区别，参见本指南第 6.2.1 条的【实施要点】。

## 6.4 防火门、防火窗、防火卷帘和防火玻璃墙

6.4.1 防火门、防火窗应具有自动关闭的功能，在关闭后应具有烟密闭的性能。宿舍的居室、老年人照料设施的老年人居室、旅馆建筑的客房开向公共内走廊或封闭式外走廊的疏散门，应在关闭后具有烟密闭的性能。宿舍的居室、旅馆建筑的客房的疏散门，应具有自动关闭的功能。

【条文要点】

本条规定了防火门、防火窗的基本功能和性能要求，明确了居住建筑等具有住宿功能的房间门应具有防烟性能，以确保防火分隔的有效性，减少烟气对人员的危害。防火门、防火窗和宿舍的居室、老年人照料设施的老年人居室、旅馆建筑中客房的门，在正常使用时的启闭状态可以根据实际使用需要确定，门的开启方向应符合本规范第 7.1.6 条的规定。

【实施要点】

（1）防火门是由门框、门扇、五金配件等组成，具有一定耐火性能的门组件。门组件还可以包括门框上面的亮窗、门扇中的视窗以及各种防火密封件等辅助材料。防火门按材质可分为木质防火门、钢质防火门、钢木质防火门、其他材质防火门，按门扇数量可分为单扇防火门、双扇防火门、多扇防火门，按隔热性能可分为隔热防火门、部分隔热防火门和非隔热防火门等。本规范规定的甲级、乙级和丙级防火门均为隔热防火门，属于国家标准《防火门》GB 12955—2008 规定的 A 类防火门。隔热防火门要求在规定时间内能同时满足耐火完整性和隔热性要求。对于 GB 12955—2008 规定的 B 类和 C 类防火门，可以根据本规范未要求采用隔热防火门的部位的实际防火需要确定其应用条件。

根据国家标准《防火门》GB 12955—2008 的规定，防火门应安装防火门闭门器，或设置使常开防火门在建筑火灾发生时能自动关闭门扇的闭门装置。设置盖板缝或止口的双扇、多扇防火门应安装顺序器。防火闭门器的性能应符合现行行业标准《防火门闭门器》XF 93 的规定，常温下的最大关闭时间不应小于 20s，高温下的最大关闭时间不应小于 8s。防火门门扇的开启力不应大于 80N。有关防火门的其他性能要求，应符合现行国家标准《防火门》GB 12955 的规定。

（2）防火窗是由窗框、窗扇、五金配件等部件组成，具有一定耐火性能的窗组件。防火窗按使用功能可分为固定式防火窗和活动式防火窗，按耐火性能可分为隔热防火窗和非隔热防火窗。根据国家标准《防火窗》GB 16809—2008 的规定，活动式防火窗应装配有窗扇启闭控制装置，控制活动窗扇开启、关闭的装置应具有手动控制启闭窗扇功能，窗扇自动关闭时间不应大于60s。本规范规定的甲级、乙级和丙级防火窗均为隔热防火窗，属于GB 16809—2008规定的A类防火窗。有关防火窗的其他性能要求，应符合现行国家标准《防火窗》GB 16809的规定。对于GB 16809—2008规定的C类防火窗，可以根据本规范未要求采用隔热防火窗的部位的实际防火需要确定其应用条件。

（3）在正常情况下，建筑中的防火门、防火窗应处于关闭状态，也有一些情况需要保持常开。因此，本条规定防火门、防火窗应具有自动关闭的功能。这一要求不仅使防火门在火灾时能够依靠闭门器与火灾自动报警系统或其他联动装置联动自动关闭，防火窗能够依靠自身的热敏感元件、与火灾自动报警系统或其他联动装置联动自动关闭，而且在正常情况下要求常闭的防火门、防火窗在正常使用并开启后能自行关闭、复位。在实际建筑中，哪些防火门和防火窗需要与火灾自动报警系统或其他联动装置联动自动关闭，可以根据建筑的具体情况确定，不是强制性要求，而门、窗依靠自身的自行关闭装置使其在开启后能够自动关闭的功能，则是强制性要求。本条对防火窗的自动关闭功能要求是针对活动式防火窗。固定式防火窗无可开启窗扇，不需要具备自动关闭窗扇的功能。

（4）在正常环境条件下，防火门、防火窗在自动或人工关闭后应具有足够的烟密闭性能，是一项保障火灾时人身安全的重要性能要求。防火门、防火窗尽管均要求设置防火密封条，但该密封条需要达到较高的温度后才能受热膨胀将门、窗的门扇或窗扇与框架之间的缝隙封堵，在正常使用的环境温度下不能有效阻止外部火灾烟气透过门缝进入房间。目前，国家有关门的标准对门在正常环境条件下关闭后的烟密闭性能没有严格要求。当建筑中其他房间发生火灾，且烟气蔓延出着火房间后，这些门难以阻止外部的建筑火灾烟气通过门缝侵入房间，而可能导致人身伤亡。

1）目前，我国对普通门在正常情况下关闭后的烟密闭性能、开启后的自闭功能，没有明确规定和强制性标准。根据我国多年来的火灾人员伤亡统计，居室等场所内的人员因其他房间发生火灾蔓延的烟气导致伤亡的人数占主要比例。对于具有住宿功能的房间的门，例如，住宅建筑中的户门、宿舍的居室通向公共走道或公共区域的门、老年人照料设施的老年人居室通向公共走道或公共区域的门、旅馆建筑的客房通向公共走道或公共区域的门，人员在休息和睡眠状态感知外界火警信息或火灾警报的时间往往滞后，有的甚至还要在居室内临时躲避烟火以待救援，要求这些房间门具有烟密闭性能十分重要。但鉴于我国住宅建筑的建造、实际使用和社会管理情况，目前暂未强制要求住宅的户门应具备烟密闭性能和开启后的自闭性能，有条件的户门仍要考虑此一要求，以更好地保障住宅建筑发生火灾时的人身安全。

2）宿舍的居室疏散门、旅馆建筑的客房疏散门应具有自动关闭的功能。该功能应在门开启后仅需依靠设置在门上的闭门器、惯性力矩作用等就能完成自动关闭，不需要依靠与其他系统的联动装置、电力等外部动力源关闭，以确保人离门关，有效阻止外部烟气进入，或者在房间内发生火灾时能在早期阻止烟气外溢。

3）歌舞娱乐放映游艺场所中的房间门、医疗建筑中住院病人的病房门等类似场所的房间门，考虑到实际使用过程中人员的意识状态和警觉性，也需要考虑相应的烟密闭性能和门开启后自动关闭的功能。

6.4.2　下列部位的门应为甲级防火门：

1　设置在防火墙上的门、疏散走道在防火分区处设置的门；

2　设置在耐火极限要求不低于 3.00h 的防火隔墙上的门；

3　电梯间、疏散楼梯间与汽车库连通的门；

4　室内开向避难走道前室的门、避难间的疏散门；

5　多层乙类仓库和地下、半地下及多、高层丙类仓库中的库房通向疏散走道或疏散楼梯间的门。

6.4.3　除建筑直通室外和屋面的门可采用普通门外，下列部位的门的耐火性能不应低于乙级防火门的要求，且其中建筑高度大于 100m 的建筑中相应部位的门应为甲级防火门：

1 甲、乙类厂房，多层丙类厂房，人员密集的公共建筑和其他高层工业与民用建筑中封闭楼梯间的门；

2 防烟楼梯间及其前室的门；

3 消防电梯前室或合用前室的门；

4 前室开向避难走道的门；

5 地下、半地下及多、高层丁类仓库中从库房通向疏散走道或疏散楼梯的门；

6 歌舞娱乐放映游艺场所中的房间疏散门；

7 从室内通向室外疏散楼梯的疏散门；

8 设置在耐火极限要求不低于2.00h的防火隔墙上的门。

6.4.4 电气竖井、管道井、排烟道、排气道、垃圾道等竖井井壁上的检查门，应符合下列规定：

1 对于埋深大于10m的地下建筑或地下工程，应为甲级防火门；

2 对于建筑高度大于100m的建筑，应为甲级防火门；

3 对于层间无防火分隔的竖井和住宅建筑的合用前室，门的耐火性能不应低于乙级防火门的要求；

4 对于其他建筑，门的耐火性能不应低于丙级防火门的要求，当竖井在楼层处无水平防火分隔时，门的耐火性能不应低于乙级防火门的要求。

【条文要点】

这三条规定了在建筑内不同防火分隔部位开口处设置的防火门应具备的基本耐火性能，使开口部位的耐火性能与所在防火分隔部位的耐火性能要求一致，属于通用性要求。一些特殊建筑、特殊的防火区域、本规范未规定的其他防火分隔部位，防火门的耐火性能可以根据实际需要，根据上述三条及本规范其他相关条文的规定确定。

【实施要点】

（1）根据本规范相关规定，防火墙的耐火极限不应低于3.00h；用于分隔甲、乙类生产区域和甲、乙、丙类库房的防火墙，耐火极限不应低于4.00h；储油间等场所与相邻区域的防火隔墙的耐火极限不应低于 3.00h。防火墙和耐火极限要求不低于 3.00h 的防火隔墙，是建筑中防火重要部位防止火灾蔓延的墙体，耐火性能要求高。理论上，在这些墙体上设置的门也应具备同等耐火性能，考虑到防火门产品的现实情况和建筑的实际使用需要，要求这些部位的门应采用甲级防火门。

甲级防火门应为耐火完整性能和耐火隔热性能均不低于 1.50h 的隔热防火门。对于防火墙，特别是耐火极限要求不低于 4.00h 或更高的防火墙，防火门的耐火性能有必要根据实际防火需要适当提高，建议采用耐火极限不低于 2.00h 或 3.00h 的 A 类防火门。

对于耐火极限要求低于 3.00h 且不低于 1.00h 的防火隔墙，主要为要求耐火极限不低于 2.00h 的防火隔墙，如疏散楼梯间的防火隔墙、前室（包括疏散楼梯间的前室、消防电梯前室、避难走道的前室）的防火隔墙、避难间的防火隔墙、设备用房的防火隔墙。在这些防火隔墙上设置的门，除本规范有专门要求采用甲级防火门者外，均要求其耐火性能不应低于乙级防火门的相应要求。

本规范第 6.4.4 条第 1 款规定的检查门，包括建筑高度大于 100m 的工业与民用建筑中地上、地下各楼层上的管线竖井检查门，建筑高度小于或等于 100m 的工业与民用建筑中埋深大于 10m 的地下室各楼层上的竖井检查门，埋深大于 10m 的独立地下建筑（包括人民防空工程、地铁等轨道交通工程）中各楼层上的竖井检查门。

本规范第 6.4.4 条第 3 款规定的检查门，是指竖向在每层没有防火分隔的管道井（如燃气管井、通风管井）在楼层上的检查门，在住宅建筑中疏散楼梯间与消防电梯的合用前室内设置的管线竖井检查门。

当国家相关技术标准较本规范要求严格时，要同时符合这些技术标准的规定。例如，国家标准《汽车库、修车库、停车场设计防火规范》GB 50067—2014 第 5.2.6 条规定，防火隔墙上不宜开设门、窗、洞口，当必须开设时，应设置甲级防火门、窗或耐火极限不低于 3.00h 的防火卷帘。《水电工程设计防火规范》GB 50872—2014 第 8.0.3 条规定，油浸式主变压器应设置在专用的房间、洞室内，专用房间、洞室应设向外开启的甲级防火门或耐火极限不低于 3.00h 的防火卷帘，通风口处应设防火阀。行业标准《剧场建筑设计规范》JGJ 57—2016 第 8.1.7 条规定，当高、低压配电室与主舞台、侧舞台、后舞台相连时，必须设置面积不小于 $6m^2$ 的前室，高、低压配电室应设置甲级防火门。行业标准《办公建筑设计标准》JGJ/T 67—2019 第 5.0.4 条规定，机要室、档案室、电子信息系统机房和重要库房等隔墙的耐火极限不应低于 2.00h，楼板不应低于 1.50h，并应采用甲级防火门。

（2）避难走道是采取防烟措施且两侧设置耐火极限不低于 3.00h 的防火隔墙，用于人员安全通行至室外的走道。因此，避难走道本质上属于疏散系统的一部分。但在实际建筑中，避难走道有两种：一种是建筑中的安全出口不能直接通向室外，或者疏散距离过长、难以保证人员在火灾时安全疏散而设置的专用通道；另一种是建筑中应采用无任何开口的防火墙分隔的多个区域，当需要满足其连通要求时设置的通道，此时的避难走道相当于防火墙的作用，并兼作建筑正常使用时的人员通行和火灾时的人员疏散。这两种避难走道都需要与室内具有火灾危险性的区域连通，需要设置防烟、防火前室，从室内进入前室的门应采用甲级防火门，以实现有效阻止火灾和烟气进入避难走道并蔓延至其他区域。从前室进入避难走道的门不强制要求采用甲级防火门，可以根据建筑的具体情况确定，但门的耐火性能不应低于乙级防火门的相应要求，参见本规范第 6.4.3 条的规定。

乙级防火门应为耐火完整性能和耐火隔热性能均不低于 1.00h 的隔热防火门。

（3）避难间是供火灾时人员临时避难、等候疏散或救援，具有较高防火、防烟性能的房间，主要用于：火灾时疏散人员较多的场所，建筑中避难层之间的楼层，火灾时疏散人员行为能力较弱、大多数人员需要他人协助疏散的场所，火灾时不允许人员立即疏散的场所，隧道等地下工程中难以直通室外的设备用房等场所。从楼层上相关区域或走道进入避难间前，一般不设置前室或防火隔间，但在实际建筑中的避难间主要是直接与疏散走道连通，防火性能总体上较避难走道略低。因此，从建筑楼层上进入避难间的门，即室内开向避难间的疏散门，应采用甲级防火门。当避难间连通疏散楼梯间、楼梯间的前室、消防电梯的前室或合用前室时，避难间开向楼梯间、前室的门不强制要求采用甲级防火门，但门的耐火性能不应低于乙级防火门的相应要求。

（4）电梯间、疏散楼梯间与汽车库连通的门应为甲级防火门，此处的电梯间主要为客用电梯和消防电梯的电梯间及其前室，不包括机械立体汽车库中用于提升汽车的电梯。汽车库一般设置在其他建筑内，与其他使用功能的建筑组合建造，也有不少是独立建造。无论是独立建造的汽车库，还是与其他建筑合建的汽车库，建筑中的电梯间、疏散楼梯间均应采用耐火极限不低于2.00h 的防火隔墙分隔，从汽车库进入电梯间、疏散楼梯间的门应为甲级防火门。本规范第 6.4.2 条第 2 款的规定，与本规范对其他要求采用耐火极限不低于 2.00h 防火隔墙分隔部位设置的防火门要求不同，应予注意。

当汽车库利用走道与电梯间、疏散楼梯间连通时，该走道相当于楼梯间或电梯间的扩大区域，因此，汽车库与走道相通的门也应为甲级防火门，而走道与楼梯间、电梯间相通的门不要求采用防火门。例如，国家标准《汽车库、修车库、停车场设计防火规范》GB 50067—2014 第 6.0.7 条规定，与住宅地下室相连通的地下汽车库、半地下汽车库，人员疏散可借用住宅部分的疏散楼梯；当不能直接进入住宅部分的疏散楼梯间时，应在汽车库与住宅部分的疏散楼梯之间设置连通走道，走道应采用防火隔墙（汽车库内防火隔墙的耐火极限要求均不应低于 2.00h）分隔，汽车库开向该走道的门均应采用甲级防火门。

（5）仓库建筑应按照不同火灾危险性类别分隔库房或防火分区，在同一座仓库内可能只有一种类别火灾危险性的库房或防火分区，而大多数情况存在多种不同类别火灾危险性的库房或防火分区。在仓库中，一般每个防火分区就是一间库房，每个防火分区的安全出口一般需要独立设置，但为避免多层、高层仓库中因疏散楼梯间直接设置在库房内而导致建筑的整体防火性能降低，并且考虑到绝大多数仓库在火灾时的疏散人数较少，提倡在库房外通过疏散走道共用疏散楼梯间。

1）在多层、高层仓库中，库房门存在两种情况：一种是直接开向疏散楼梯间的安全出口门，另一种是库房开向疏散走道的疏散门。无论哪种情况，都需要将库房作为一个应采用耐火极限不低于 3.00h 防火墙或防火隔墙分隔的独立防火区域考虑，即库房与疏散走道之间的墙体的耐火极限也不应低于 3.00h 或相应库房要求的耐火极限。对于多层乙类仓库，地下、半地下丙类仓库，多层、高层丙类仓库，库房内的火灾荷载大，每间库房通向疏散走道或疏散楼梯间的门均应为甲级防火门；对于地下、半地下丁类仓库和多层、高层丁类仓库，库房内的火灾荷载小，每间库房通向疏散走道或疏散楼梯间的门可以为耐火性能不低于乙级防火门相应要求的门；对于地下、半地下戊类仓库和多层、高层戊类仓库，上述库房的门一般也需要采用乙级防火门，但不作强制要求。

2）对于甲、乙、丙、丁、戊类单层仓库，每个库房或防火分区通向室外的门就是安全出口。无论属于哪个类别火灾危险性的库房，直通室外的门在正常情况下均不需要具备耐火性能，即不需要采用防火门，但相邻库房之间门口的最近水平距离应符合防火墙两侧在外墙上开口的间距要求。对于单层丙、丁、戊类仓库中连通不同防火分区之间的门仍应采用甲级防火门，在甲、乙类仓库内防火分区之间的防火墙上不允许设置任何开口，不存在设置门的情形。

（6）歌舞娱乐放映游艺场所的范围，见本指南第 2.2.5 条的【实施要点】。长期以来，歌舞娱乐放映游艺场所一直是我国消防安全管理的重点场所之一，这些场所的火灾及其危害也得到了有效控制。歌舞娱乐放映游艺场所防火的要点在于有效控制其中着火房间的火灾不会蔓延至其他房间和公共区域、及早报火警和灭火、严格控制人员的疏散距离，使人员具有更多的安全疏散时间。因此，这类场所中每个需要分隔使用的房间均应采用耐火极限不低于 2.00h 的防火隔墙分隔，相互间不应设置连通门、窗，房间疏散门应采用耐火性能不低于乙级防火门相应要求的门。这些房间与疏散走道之间的墙体的耐火极限也不应低于 2.00h。当各类风管穿越房间隔墙时，应在管道上设置相应动作温度和防火性能的防火阀，其他各类管线穿越房间隔墙处的孔隙均需要采取防火封堵措施。

（7）室外疏散楼梯具有较好的防烟条件，人员在疏散时受到火灾烟气的影响较小。通常，室外疏散楼梯可以视作具有防烟楼梯间和封闭楼梯间基本等效的防火防烟性能。因此，在同一座建筑中，从建筑室内通向室外疏散楼梯的疏散门，应具有与自楼层进入室内疏散楼梯间及其前室的门相同的耐火性能。也就是说，当该建筑室内疏散楼梯间和前室的门采用甲级防火门时，从建筑室内通向室外疏散楼梯的疏散门也应采用甲级防火门；否则，可以采用乙级防火门。

（8）电气竖井、管道井、排烟道、排气道、垃圾道等竖井是建筑内火灾竖向蔓延的主要途径，大部分竖井均要求按照楼层在每层的楼板位置处进行防火分隔和防火封堵。有关规定参见本指南第 6.3.1 条 ~ 第 6.3.3 条的【实施要点】。因此，对于有层间防火分隔的竖井，在每层的检查门只受到该层所在段竖井的火灾作用，或者楼层火灾的作用范围仅限于该层对应的竖井段，影响范围小，允许采用耐火性能不低于丙级防火门相应要求的门；对于燃气管道井、通风管井等不能进行层间防火分隔的竖井，则应根据竖井及检查门所在位置的火灾危险性和建筑的高度等提高检查门的耐火性能，并应至少采用乙级防火门。

（9）受当前消防救援装备和技术条件的限制，建筑高度大于 100m 的工业与民用建筑在发生火灾时，难以充分发挥外部消防救援的作用。在这类建筑建造时，应重视各类防火技术措施的可靠性和有效性，应进一步提高建筑自防自救的能力。作为提高和保证建筑消防安全性能的防火措施之一，应适度提高建筑自身防火分隔的可靠性。因此，在建筑高度大于 100m 的工业与民用建筑中，应设置防火门的部位均应采用甲级防火门。

（10）本规范未明确部分隔热防火门、非隔热防火门的使用要求，具体使用要求可以根据建筑中防火门设置部位两侧火灾的可能蔓延条件和国家相关技术标准的规定确定，但本规范规定在防火分隔部位应设置的防火门和防火窗，均应分别采用现行国家标准《防火门》GB 12955、《防火窗》GB 16809 规定的隔热防火门、隔热防火窗。

6.4.5 平时使用的人民防空工程中代替甲级防火门的防护门、防护密闭门、密闭门，耐火性能不应低于甲级防火门的要求，且不应用于平时使用的公共场所的疏散出口处。

【条文要点】

本条针对平时使用的人民防空工程为满足战时防护要求的特殊分隔需要，规定了其中替代甲级防火门的特种门的耐火性能及其设置要求。

【实施要点】

用于人民防空工程中的防护门是指能阻挡爆炸冲击波作用，但不能阻挡毒剂通过的门；密闭门是指能够阻挡毒剂通过的门；防护密闭门是指既能阻挡爆炸冲击波作用，又能阻挡毒剂通过的门。这些门一般设置在防护单元之间的连通口处、人防工程的人员出入口处、人防工程的车辆出入口处。因此，人民防空工程中的防护门、密闭门、防护密闭门，主要应满足战时的防护性能要求；当用于供平时使用的人民防空工程中时，则既要满足战时的防护要求，也要兼顾平时的正常使用和火灾时的应急使用要求。

尽管这些门具有较好的密闭性能和一定的防火性能，但门扇大且厚重、启闭不灵活，不便于紧急情况下开启，难以满足火灾时人员应急疏散的需要。因此，设置在供平时使用的人民防空工程，或人民防空工程中供平时使用的区域内的防护门、密闭门、防护密闭门，应满足设置部位防火分隔的耐火性能要求，这是防火分隔门的基本性能要求。当用于替代甲级防火门时，防护门、密闭门、防护密闭门的耐火性能不应低于甲级防火门的相应性能要求；当用于替代其他类别的防火门时，可以按照相应部位防火门的耐火性能要求确定。

防护门、密闭门、防护密闭门的启闭性能难以满足人员应急疏散的要求，不允许用作各类公共场所的安全出口门或房间疏散门。这些公共场所包括会议室、商店营业厅、展览厅、观众厅、疏散走道等对内部环境不熟悉的人员均可以进入的场所，不包括设备用房、设备区、其他平时限制非内部使用人员进入的管制区域。后者属于不允许公众进入的非公共场所，可以根据使用功能和分隔需要设置防护门、密闭门、防护密闭门，但位于防火分隔处的门仍应具有与防火分隔部位耐火要求相当的耐火性能。

6.4.6 设置在防火墙和要求耐火极限不低于 3.00h 的防火隔墙上的窗应为甲级防火窗。

6.4.7 下列部位的窗的耐火性能不应低于乙级防火窗的要求：

1 歌舞娱乐放映游艺场所中房间开向走道的窗；

2 设置在避难间或避难层中避难区对应外墙上的窗；

3 其他要求耐火极限不低于 2.00h 的防火隔墙上的窗。

【条文要点】

这两条规定是建筑内应采用甲级、乙级防火窗的基本部位要求，以保持与防火分隔部位墙体的防火性能一致。在本规范规定的其他防火分隔部位设置的防火窗，耐火性能可以根据建筑的实际防火需要和国家相关技术标准的规定确定。

【实施要点】

（1）防火窗一般用于以下几种情况：

1）当建筑之间的防火间距不足时，相对外墙上的建筑外窗、屋顶天窗可以采用甲级防火窗，用于防止相邻建筑的火灾蔓延至对面建筑。

2）当在建筑内的防火墙、防火隔墙上需要设置观察窗、工艺窗等开口时，可以采用甲级、乙级防火窗，以保证防火墙、防火隔墙的完整性。

3）当在建筑的楼板上需要设置开口，并且不同楼层属于不同防火分区时，可以在楼板上的开口处设置固定式防火窗。

4）当建筑设置避难间、避难层时，避难间的外窗、避难层上避难区的外窗、避难层上连通避难区的走道对应部位的外窗，均需要采用甲级、乙级防火窗。

5）当建筑立面上相邻外窗的水平或竖向间距不符合防火要求时，可以采用甲级、乙级防火窗。

6）当建筑的外保温系统采用难燃、可燃保温材料或制品时，有时也需要将建筑的外窗改成防火窗。对于住宅建筑中在火灾时具有避难功能的房间外窗，要尽量采用防火窗。

（2）设置在建筑中不同部位的窗，耐火性能应根据所在部位的防火分隔或防火性能要求确定，使其具有与防火分隔部位防火要求基本一致的防火性能，确保设置部位防火分隔的可靠性和有效性：

1）设置在防火墙、耐火极限要求不低于3.00h的防火隔墙上的防火窗，应采用甲级防火窗。鉴于甲级防火窗是耐火完整性能和耐火隔热性能均不低于1.50h的隔热防火窗，对于防火墙，特别是耐火极限要求不低于4.00h或有更高要求的防火墙，防火窗的耐火性能有必要根据实际防火需要适当提高，建议采用耐火极限不低于2.00h或3.00h的隔热防火窗。

2）设置在其他部位的防火窗，耐火性能要求参见本指南第6.4.2条的【实施要点】。

3）设置在建筑中一些特殊部位的防火窗，耐火性能还应符合国家现行相关技术标准的规定。

4）乙级防火窗为耐火完整性能和耐火隔热性能均不低于1.00h的隔热防火窗。有关防火窗的其他说明，请见本规范第6.4.1条的【实施要点】。

6.4.8 用于防火分隔的防火卷帘应符合下列规定：

1 应具有在火灾时不需要依靠电源等外部动力源而依靠自重自行关闭的功能；

2 耐火性能不应低于防火分隔部位的耐火性能要求；

3 应在关闭后具有烟密闭的性能；

4 在同一防火分隔区域的界限处采用多樘防火卷帘分隔时，应具有同步降落封闭开口的功能。

【条文要点】

防火卷帘一般用于封闭防火墙、防火隔墙上尺寸较大，难以设置防火门、窗的开口。防火卷帘在建筑正常使用时处于收起状态，在建筑发生火灾时依靠相关联动装置启动降下并封闭开口。防火卷帘的可靠性与其自身的性能和功能有很大关系。本条规定了在建筑中用于防火分隔的防火卷帘应具备的基本功能和性能要求，以确保防火卷帘设置部位防火分隔的有效性和可靠性。在使用防火卷帘进行分隔时，应充分考虑分隔部位的宽度和高度、火灾及其高温对防火卷帘的帘面、卷轴、电机和导轨等的影响。

【实施要点】

（1）防火卷帘是由卷轴、导轨、座板、门楣、箱体、可折叠或卷绕的帘面、卷门机、控制器等部件组成，具有一定耐火性能的卷帘门组件。防火卷帘按照帘面材质可分为钢质防火卷帘、无机纤维复合防火卷帘，按照隔热性能可分为隔热防火卷帘、非隔热防火卷帘。大部分防火卷帘是符合耐火完整性能要求的卷帘。因此，在建筑中要注意根据实际防火需要选用符合防火分隔性能要求的防火卷帘。

防火卷帘应具备耐风压、防烟、运行平稳、噪声低、耐火、可以温控释放、依靠自重下降等多种性能和功能。本条为满足可靠防火分隔的需要，规定了防火卷帘应具备的基本性能，即耐火性能和烟密闭性能，其他性能应符合现行国家标准《防火卷帘》GB 14102 的规定。防火卷帘用于防火分隔时，是所在部位建筑防火分隔构件的一部分，其耐火性能的试验和判定标准应符合非承重分隔墙体的相应要求。防火卷帘的耐火完整性能和耐火隔热性能，应按照现行国家标准《门和卷帘的耐火试验方法》GB/T 7633 的规定经测试确定。

（2）防火卷帘在火灾时不需要依靠电源等外部动力源，只需要依靠自重就能自行关闭的功能，是确保在火灾时防火卷帘失去电源等外部动力源时仍能够及时封闭开口、发挥防火分隔作用的重要功能。该功能只需依靠防火卷帘自身配置的温控释放装置和自重或配重就能下降，实现封闭开口的目标。卷帘上的温控释放装置，当感温元件的温度达到 73℃ ±0.5℃时，就应能释放装置启动，并使卷帘依靠自身重力作用自行下降封闭开口。因此，在建筑中不允许采用依靠电力等方式驱动卷帘沿洞口从一侧滑向另一侧侧向或水平方向等封闭的卷帘，这些卷帘不满足仅依靠重力即可封闭洞口的要求。

（3）防火卷帘的耐火性能不应低于防火分隔部位的耐火性能要求，是用于防火分隔的防火卷帘应具备的基本性能之一。防火卷帘在建筑中的设置部位不同，或用于防火分隔的目的不同，对卷帘的耐火性能要求不同。

1）当设置在防火分区处或防火墙上时，防火卷帘应能够发挥与防火墙基本等效的作用，其耐火完整性能、耐火隔热性能均不应低于 3.00h，且不应低于相应分隔部位的耐火性能要求。

2）当用于替代防火隔墙或设置在防火隔墙上时，防火卷帘应能够发挥与防火隔墙基本等效的作用，其耐火性能不应低于相应分隔部位的耐火性能要求。例如，大多数防火隔墙的耐火极限要求不低于 2.00h，则设置在这些防火隔墙上或用于替代这些防火隔墙的防火卷帘也应具备不低于 2.00h 的耐火极限，且一般应同时具备要求的耐火完整性能和耐火隔热性能。因此，当采用非隔热防火卷帘时，应设置防护冷却自动喷水灭火系统等设施进行保护。如果能确定在防火分隔部位的火灾不会因防火卷帘产生的高温热辐射作用蔓延至防火卷帘的另一侧时，可以不严格要求防火卷帘的耐火隔热性能，允许采用非隔热防火卷帘，且可以不设置防护冷却自动喷水灭火系统等设施进行保护。

3）当仅用于阻挡烟气蔓延时，防火卷帘可以仅满足挡烟垂壁应具备的防火性能，且可以仅要求具备耐火完整性能。

4）用于建筑中不同防火分隔部位的防火卷帘，其耐火性能还应符合国家相关技术标准的规定。

应注意的是，根据国家标准《门和卷帘的耐火试验方法》GB/T 7633—2008 的规定，防火卷帘的试验需要测试卷帘的背火面温升和背火面辐射热通量。但防火卷帘的耐火隔热性能仍是按照背火面温升的判定条件确定，背火面的辐射热通量仅作为参考指标。因此，防火卷帘的耐火极限当符合《门和卷帘的耐火试验方法》GB/T 7633—2008 有关耐火完整性能和耐火隔热性能的判定标准时，防火卷帘可以不采用防护冷却自动喷水灭火系统等设施进行保护；当仅符合《门和卷帘的耐火试验方法》GB/T 7633—2008 有关耐火完整性能的判定标准时，防火卷帘应采用防护冷却自动喷水灭火系统等设施进行保护。防护冷却自动喷水灭火系统的设计、施工和维护等，应符合现行国家标准《自动喷水灭火系统设计规范》GB 50084 等技术标准的规定，火灾延续时间不应小于防火卷帘所在防火分隔部位的耐火极限要求，一般不应小于 3.00h。

（4）防火卷帘是用于防火分隔的组件，需要发挥与防火墙、防火隔墙、防烟隔墙相同或等效的作用。因此，防火卷帘的烟密闭性能也是应具备的基本性能之一。在实际使用过程中，应注意防止出现防火卷帘防烟效果差、可靠性低等问题，不仅要求卷帘的帘面及其与导轨之间的密闭性能应符合要求，而且要注意做好导轨、卷轴等部件与建筑结构之间缝隙的防火防烟封堵，防止在这些部位窜烟、窜火。

（5）在同一防火分隔处或同一防火分隔区域的界限处，要尽量控制防火卷帘的使用数量、每樘防火卷帘的长度（或宽度）、高度和全部防火卷帘的总长度（或总宽度）；当采用多樘防火卷帘分隔时，应确保这些防火卷帘能够同步降落、同步封闭相应的开口，并具有相同的性能和功能。因此，防火卷帘同步降落封闭开口的功能，也是一项必须满足的重要功能。参见图 6–7。

应注意的是，本条第 4 款规定的“防火分隔区域”包括防火分区和在一个防火分区内划分的更小的防火区域。

（6）有关防火卷帘设置部位的数量、高度、长度（或宽度）的具体要求，还需要符合现行国家标准《建筑设计防火规范》GB 50016 等技术标准的规定。

6.4.9　用于防火分隔的防火玻璃墙，耐火性能不应低于所在防火分隔部位的耐火性能要求。

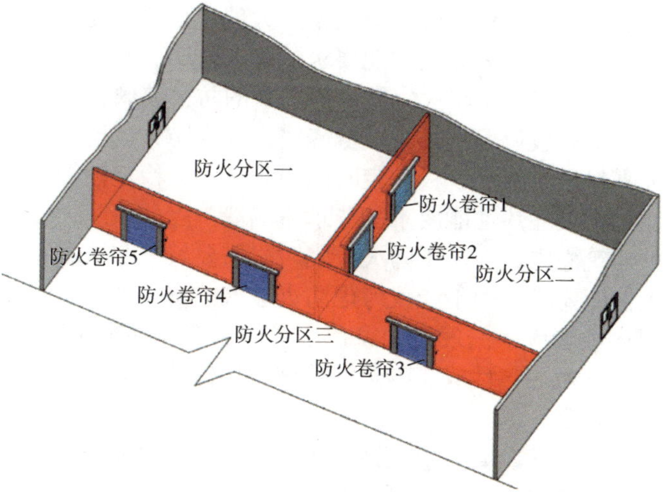


**图 6–7 建筑内任一防火分区对防火卷帘同时动作的要求示意图**

注：防火分区一发生火灾时，防火卷帘 1~2 及防火卷帘 4~5 应同步降落；防火分区二发生火灾时，防火卷帘 1~3 应同步降落；防火分区三发生火灾时，防火卷帘 3~5 应同步降落。

**【条文要点】**

防火玻璃墙可以用于防火分隔，是防火墙和防火隔墙的替代措施之一。本条规定是防火玻璃墙作为一种防火分隔构件应具备的基本耐火性能要求。防火玻璃、防火玻璃墙体的其他性能应分别符合国家现行标准《建筑用安全玻璃　第 1 部分：防火玻璃》GB 15763.1、《防火玻璃非承重隔墙通用技术条件》XF 97 等标准的规定。

**【实施要点】**

（1）防火玻璃是具有透光功能，并能满足规定耐火性能要求的玻璃制品。防火玻璃按照结构可分为复合防火玻璃和单片防火玻璃，按照耐火性能可分为隔热型防火玻璃（A 类）和非隔热型防火玻璃（C 类）。复合防火玻璃是由两层或两层以上玻璃复合而成，或由一层玻璃和有机材料复合而成，并满足相应耐火性能要求的特种玻璃。单片防火玻璃是由单层玻璃构成，并满足相应耐火性能要求的特种玻璃。隔热型防火玻璃是耐火性能同时满足耐火完整性能、耐火隔热性能要求的防火玻璃。非隔热型防火玻璃是耐火性能仅满足耐火完整性能要求的防火玻璃。

（2）防火玻璃墙或防火玻璃隔墙，是由防火玻璃、镶嵌框架和防火密封材料组成，在一定时间内满足耐火稳定性能、耐火完整性能和耐火隔热性能要求的非承重隔墙。因此，防火玻璃墙属于一种建筑构件，在用于防火分隔时，需要符合非承重墙体的相应耐火性能要求，而不能仅考虑防火玻璃的耐火性能。防火玻璃墙的耐火性能应根据现行国家标准《镶玻璃构件耐火试验方法》GB/T 12513 对隔热性或非隔热性镶玻璃构件的试验条件、方法和判定标准确定。

（3）防火玻璃墙的耐火性能包括墙体的耐火完整性能和耐火隔热性能，具体耐火性能要求应根据设置部位的防火分隔目标、所在防火分隔部位的耐火性能要求等情况确定，参见图 6–8。

1）当仅用于阻挡烟气蔓延的防烟分隔时，可以仅满足挡烟垂壁应具备的相应防火性能。

2）当用于替代防火隔墙时，应符合建筑对所替代的防火隔墙的耐火性能要求，一般应同时具备要求的耐火完整性能和耐火隔热性能；当防火玻璃隔墙采用非隔热型防火玻璃（C 类）时，应采用防护冷却自动喷水灭火系统等设施进行保护。在建设阶段或既有建筑的改造阶段，当能确定防火玻璃墙任意一侧发生火灾均不会因隔墙所受高温热辐射作用而将火灾蔓延至隔墙的另一侧时，可以不严格要求防火玻璃墙的耐火隔热性能，允许采用非隔热型防火玻璃（C 类），且该部位的防火玻璃墙可以不采用防护冷却自动喷水灭火系统等设施进行保护。

3）当用于替代防火墙时，防火玻璃墙的耐火性能不应低于建筑对所替代的防火墙的耐火性能要求，并应同时具备要求的耐火完整性能和耐火隔热性能。为确保防火分隔的可靠性，防火玻璃应采用隔热型防火玻璃（A 类），一般不允许采用非隔热型防火玻璃辅助防护冷却自动喷水灭火系统等设施进行保护的方式替代。

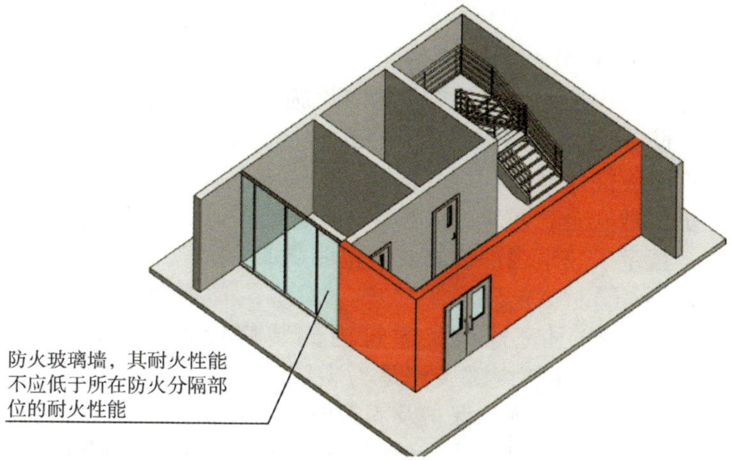


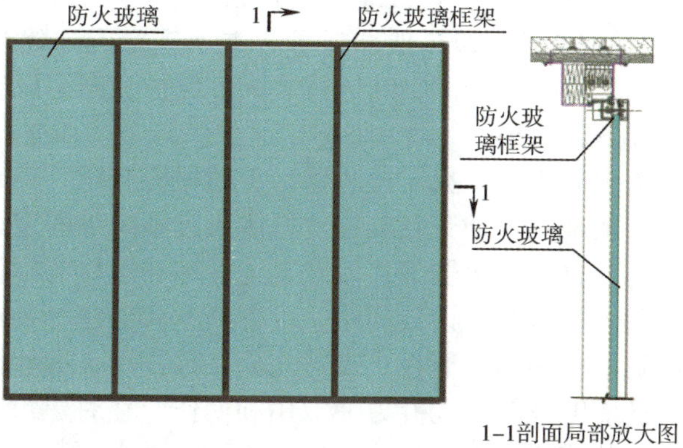


**图 6-8　替代防火墙或防火隔墙的防火玻璃隔墙耐火性能要求示意图**

## 6.5　建筑的内部和外部装修

6.5.1　建筑内部装修不应擅自减少、改动、拆除、遮挡消防设施或器材及其标识、疏散指示标志、疏散出口、疏散走道或疏散横通道，不应擅自改变防火分区或防火分隔、防烟分区及其分隔，不应影响消防设施或器材的使用功能和正常操作。

【条文要点】

建筑物内部的疏散设施、避难设施、逃生设施、灭火等消防设施、防火分隔等防火措施，在正常情况下应便于检查和维护，在火灾时应能及时被利用或按照设定要求正常发挥效用。本条针对人员疏散安全、建筑灭火和控火的消防设施、防止火灾蔓延的设施，规定了建筑内部装修的禁止性要求。

【实施要点】

（1）根据国家标准《建筑内部装修设计防火规范》GB 50222—2017，建筑内部装修是为满足建筑的功能需求，对建筑内部空间进行的修饰、保护及固定设施安装等活动。装修材料按使用部位和功能，可划分为顶棚装修材料、墙面装修材料、地面装修材料、隔断装修材料、固定家具、装饰织物、其他装修装饰材料七类。建筑内部装修按装修的部位可分为地面、墙面、顶棚、隔断、固定家具和其他部位等。本条规定的"建筑内部装修"主要强调对建筑内部空间进行装饰、保护和固定设施安装等活动的过程及其结果。

（2）室内消火栓、火灾探测器、手动报警按钮、声光警报装置、防排烟系统的手动开启装置、气体灭火系统等固定灭火系统的手动启动装置、灭火器等，以及上述设施和器材的标识，都有比较严格的保护范围、设置间距、设置高度和颜色等要求，以保证这些消防设施和器材能在火灾时充分发挥作用，有些设施和器材需要人员能够及时启动并方便取用和操作。在对建筑进行内部装修时和在装修后，上述设施和器材均不能因内部装饰效果而被拆除、减少、移位、遮挡，不允许改变这些消火栓箱、消防给水管道、灭火介质的输送管道、手动按钮等设备、器材和管道表面的颜色，也不应改变消防设施上标志的颜色，导致与墙面等周围环境颜色无明显区别。例如，顶棚采用凹凸的装饰结构，遮挡洒水喷头或其他灭火系统喷头的喷射方向、减小火灾探测器的探测范围，影响这些设施正常发挥作用；将消火栓箱和火灾报警按钮的外表颜色改为与墙面相同的颜色；改动喷头的安装位置；把灭火器罩在木柜里面，导致不易被发现等。

（3）疏散楼梯、疏散出口、疏散走道、疏散横通道、联络通道、疏散照明、疏散指示标志等，是在火灾时保证人员安全疏散的重要建筑设施和消防设施，必须确保这些设施在建筑建成后均能符合相应规范、技术标准和设计的要求。在涉及这些设施的建筑内部装修，要注意以下要求：

1）不允许减小疏散楼梯、疏散出口（包括房间疏散门和安全出口）、疏散走道为满足人员安全疏散必需的最小净宽度和净空高度，不允许减少疏散楼梯和疏散出口的数量；对于隧道和地铁的区间隧道，不允许减小疏散门、疏散横通道、联络通道、出入口通道的净宽度和净空高度。例如，疏散走道的必需宽度应为1.80m，当实际疏散走道设置为2.20m时，走道的墙面装修可以采用可能占用一定净宽度的石材或墙板等，但必须保证装修后的完成面之间的走道净宽度不小于1.80m，净空高度不小于本规范规定的2.10m；在楼梯间内，将扶手改成宽大的扶手，或者将原来只有一侧扶手改为双侧均设置扶手，导致楼梯梯段上的实际疏散净宽度不符合标准和设计的要求。

2）不允许拆改疏散楼梯间、疏散走道、避难间等设施的防火分隔墙体，不能降低防火门的性能。例如，将疏散楼梯间与建筑内其他区域之间的防火隔墙改为防火玻璃墙、防火卷帘，将出入楼梯间的乙级防火门改为丙级防火门、防火卷帘、非防火门，拆除楼梯间内的应急排烟窗等。

3）不同场所的疏散照明照度要求不同，有的疏散照明还要求具有一定的方向性。疏散指示标志的大小需要与空间尺度、疏散人员的特点等匹配，指示方向需要与设置场所的内部条件、疏散路线规划、疏散出口位置、疏散人员的特点等匹配。因此，建筑的内部装修装饰，包括使用过程中的装饰（如广告等），均不应遮挡疏散指示标志，不允许影响疏散照明的照度和照明方向，不应更改疏散指示标志的指示方向和文字标识，不应更改疏散指示标志的大小。

（4）防火分区及防火分区内的防火分隔，是在建筑内防止火灾蔓延，减小火灾损失的重要手段。防烟分区是提高排烟系统排烟效率，保证排烟效果，阻止烟气蔓延扩大的有效措施。无论是防火分区还是防烟分区，均有一定的面积要求，而防火墙、防火隔墙、防烟隔墙、挡烟设施的设置和防火构造均需要符合相应的技术要求。参见本指南第 4.1.1 条、第 4.1.2 条、第 6.1.1 条和第 6.2.1 条的【实施要点】。因此，建筑内部装修在涉及防火分区和防烟分区时，应注意以下要求：

1）不允许改变防火分区、防烟分区及其他防火分隔区域的边界。如果改动防火墙的位置，可能导致防火分区的建筑面积增大、防火墙未落在符合耐火性能要求的建筑承重框架结构或梁体上；如果改变防烟分区的边界，可能导致防烟分区的长度不符合要求、排烟口的位置难以满足有效排烟的要求、防烟分区的面积与排烟系统的设计排烟量不匹配等。

2）不应改变防火或防烟分隔的方式。如果改变防火墙的开口大小和分隔方式，可能导致防火分隔的可靠性降低，或者使相邻防火分区利用该分隔部位的甲级防火门作为安全出口失效。

3）不应改变疏散通道、疏散走道的走向、位置，否则，可能使疏散路线不合理，增大人员疏散的实际步行距离。这里的疏散通道是建筑中无实际防火分隔的人行通道，如商店营业厅和展览厅内的公共通道。

（5）当在设计中因专业协调等原因导致内部装修必须拆改消防设施、防火分隔，或改变疏散设施和防火分隔等建筑防火条件时，必须经过原设计人员同意等程序并经核准后实施，且应具有相应的技术变更文件。

（6）除本节规定外，建筑内部装修的其他防火要求，可以参见国家现行标准《建筑内部装修设计防火规范》GB 50222、《剧场建筑设计规范》JGJ 57 等相关标准。例如，行业标准《铁路工程设计防火规范》TB 10063—2016 第 6.1.9 条规定，旅客地道内地面、墙面、顶面装饰材料燃烧性能等级均不应低于 A 级，地道内广告灯箱等所用材料燃烧性能等级不应低于 $B_1$ 级。

6.5.2　下列部位不应使用影响人员安全疏散和消防救援的

镜面反光材料：

1　疏散出口的门；

2　疏散走道及其尽端、疏散楼梯间及其前室的顶棚、墙面和地面；

3　供消防救援人员进出建筑的出入口的门、窗；

4　消防专用通道、消防电梯前室或合用前室的顶棚、墙面和地面。

【条文要点】

在建筑发生火灾时，本条规定的部位对于保障人员安全疏散、安全展开消防救援十分重要。这些部位的内部和外部装修、装饰应方便疏散人员、消防救援人员辨识出入口、消防救援口等设施，便于人员安全出入，避免影响人员安全疏散和消防救援。

【实施要点】

（1）镜面玻璃、镜面不锈钢、镜面铝合金、镜面铜、反光釉面瓷砖、反光釉面玻璃等镜面反光材料，容易导致人视线混淆或产生视觉错误，使人员误以为走错了路或者还有很长的路要走，导致行动迟疑，甚至可能与门、墙体发生碰撞而受伤。在建筑室内装修中，下列部位不允许使用镜面反光材料：

1）房间的疏散出口门、防火分区或楼层上的安全出口门，包括自楼层进入室内、室外疏散楼梯间或前室的门，前室进入楼梯间的门，建筑内直通室外地面、屋面、连廊的疏散门等；

2）在用于辅助人员疏散的电梯的前室、疏散走道、疏散楼梯间及其前室的顶棚、墙面和地面上（包括外窗的玻璃）；

3）在消防专用通道、消防电梯的前室（包括与疏散楼梯间前室合用的前室）的顶棚、墙面和地面上（包括外窗的玻璃、消防电梯的层门）。消防专用通道在竖向多为楼梯间和阶梯式通道，在水平方向与疏散走道和避难走道类似。

（2）无论是建筑的室内装修装饰还是建筑的室外装修装饰，在供消防救援人员进出建筑的专用出入口的门和消防救援口的内外表面上，均不允许使用镜面反光材料；在室内外装修后，均不允许遮蔽、减小这些出入口或消防救援口的尺寸，不允许因改变相应的标识、标志而影响消防救援人员快速识别出入口或消防救援口。消防救援口包括专用的消防救援口、利用建筑既有外窗和外门的消防救援口、首层等与消防救援场地、消防车登高操作场地地面相同标高所在楼层的建筑出入口。

6.5.3 下列部位的顶棚、墙面和地面内部装修材料的燃烧性能均应为 A 级：

1 避难走道、避难层、避难间；

2 疏散楼梯间及其前室；

3 消防电梯前室或合用前室。

6.5.4 消防控制室地面装修材料的燃烧性能不应低于 $B_1$ 级，顶棚和墙面内部装修材料的燃烧性能均应为 A 级。下列设备用房的顶棚、墙面和地面内部装修材料的燃烧性能均应为 A 级：

1 消防水泵房、机械加压送风机房、排烟机房、固定灭火系统钢瓶间等消防设备间；

2 配电室、油浸变压器室、发电机房、储油间；

3 通风和空气调节机房；

4 锅炉房。

【条文要点】

在建筑发生火灾时，这两条规定的部位和房间是供人员疏散、避难、消防救援人员进出火场，以及在灭火过程中休整与避险的室内安全区域，需要在火灾时保障消防设施正常运行的重要房间，建筑中火灾危险性大的房间。在建筑中，应确保这些部位和房间具有较低的火灾荷载密度和火灾危险性，要严格限制在这些部位和房间内布置可能增大火灾危险性的物体，或者穿过可能引入烟气、火灾的管线。这些部位和房间的内部装修要严格限制装修材料的燃烧性能和热解毒性，尽量减小火灾荷载、降低可能的火灾蔓延危险，减小火灾烟气的毒性作用。这两条规定的部位和房间，当设置自动灭火系统，或火灾自动报警系统和自动灭火系统时，仍不允许降低这些内部装修材料的燃烧性能。这两条规定的场所中未明确部位的内部装修，如固定家具、活动隔断、装饰织物等，装修材料的燃烧性能应符合现行国家标准《建筑内部装修设计防火规范》GB 50222 等技术标准的规定。

【实施要点】

（1）本条规定的避难走道包括避难走道及其前室，避难层包括避难区、走道和设备区，不包括避难层中采用无任何开口的防火墙完全分隔且用作其他功能的区域，疏散楼梯间包括敞开楼梯间、封闭楼梯间、防烟楼梯间及其前室。其中，前室包括两座防烟疏散楼梯间共用的前室。

（2）本规范有关内部装修材料的燃烧性能分级，应符合现行国家标准《建筑材料及制品燃烧性能分级》GB 8624 的规定。对于安装在金属龙骨上燃烧性能达到 $B_1$ 级的纸面石膏板、矿棉吸声板和施涂于 A 级基材上的无机装修涂料，可以根据国家标准《建筑内部装修设计防火规范》GB 50222—2017 的规定作为 A 级装修材料使用。在建筑内部装修中使用的材料均应按照现行国家标准《建筑材料及制品燃烧性能分级》GB 8624 的规定经过测试后确定。例如，A 级和 $B_1$ 级平板状装修材料及制品的燃烧性能试验方法应分别符合现行国家标准《建筑材料不燃性试验方法》GB/T 5464、《建筑材料及制品的燃烧性能　燃烧热值的测定》GB/T 14402、《建筑材料难燃性试验方法》GB/T 8625、《建筑材料或制品的单体燃烧试验》GB/T 20284 等标准的规定，$B_1$ 级窗帘幕布、家具制品装饰用织物的燃烧性能试验方法应符合现行国家标准《纺织品　燃烧性能试验　氧指数法》GB/T 5454、《纺织品　燃烧性能　垂直方向损毁长度、阴燃和续燃时间的测定》GB/T 5455 等标准的规定。

（3）本规范第 6.5.3 条规定的区域，除顶棚、墙面和地面内部装修材料的燃烧性能均应为 A 级外，其他内部装修材料的燃烧性能也要严格控制。例如，织物窗帘应尽量进行阻燃处理，但不限制采用木质扶手、木质防火门。

本规范第 6.5.4 条规定的房间，除消防控制室外，消防水泵房、机械加压送风机房、机械排烟机房、固定灭火系统钢瓶间或灭火剂储存间、配电室、变压器室、发电机房、储油间、通风和空调机房、锅炉房等房间内部的顶棚、墙面和地面装修均应采用燃烧性能为 A 级的装修材料；消防控制室的地面考虑到其实际使用功能需要，允许采用燃烧性能为 $B_1$ 级的防静电架空地板或防静电、防潮地面，窗帘应经阻燃处理且燃烧性能应达到 $B_1$ 级，桌椅等允许采用板厚不小于 25mm 的木质材料或钢木材料等。

（4）在建筑内部装修材料或制品中，主要有人造材料或制品和天然材料两大类。其中，燃烧性能为 $B_1$ 级的地面装修材料主要有：硬 PVC 塑料地板、水泥刨花板、水泥木丝板、氯丁橡胶地板、难燃织物地毯等。燃烧性能为 A 级的顶棚、地面和墙面装修材料主要有：水泥制品、石膏板、石灰制品、玻璃、金属材料、金属复合板、玻镁板、硅酸钙板、瓷砖、马赛克、黏土制品等。

6.5.5 歌舞娱乐放映游艺场所内部装修材料的燃烧性能应符合下列规定：

1 顶棚装修材料的燃烧性能应为 A 级；

2 其他部位装修材料的燃烧性能均不应低于 $B_1$ 级；

3 设置在地下或半地下的歌舞娱乐放映游艺场所，墙面装修材料的燃烧性能应为 A 级。

【条文要点】

本条规定了歌舞娱乐放映游艺场所室内装修材料的燃烧性能，当这场所内设置自动灭火系统，或火灾自动报警系统和自动灭火系统时，仍不允许降低这些内部装修材料的燃烧性能。歌舞娱乐放映游艺场所多年来一直是高火灾危险性场所和消防安全监管的重点场所，需要严格控制其内部装修材料的燃烧性能。

【实施要点】

歌舞娱乐放映游艺场所的使用功能主要为电子游艺、KTV、桑拿、保健按摩，大多数人在游艺、娱乐和休息过程中对周围发生的火警等危险信息不敏感。过去的火灾伤亡事故表明，火灾中的烟气毒性作用是对人身生命安全的主要危害因素。因此，除在建筑的平面布置和防火分隔方面应严格要求外，还要严格限制这些场所内部装修材料的燃烧性能，减少装修材料燃烧产生的烟量和烟气毒性。

（1）设置在地上和地下、半地下的歌舞娱乐放映游艺场所，所有顶棚（包括格栅顶棚）材料的燃烧性能均应为 A 级。

（2）歌舞娱乐放映游艺场所位于地上时，房间内地面、墙面的装修材料和其他内饰、固定家具等允许采用燃烧性能为 $B_1$ 级的材料；位于地下时，房间内地面的装修材料、其他内饰、固定家具等允许采用燃烧性能为 $B_1$ 级的材料，墙面装修材料的燃烧性能必须为 A 级。否则，应调整相应场所的布置位置，不应布置在地下、半地下。

房间或走道的内饰包括窗帘，隔音和吸音材料，悬挂的装饰材料，固定或悬挂在墙上的贴面材料、装饰面、雕刻版、造型图案、装饰画等，吊顶材料、嵌入吊顶中的导光材料，家具包布，各类面上的饰面材料等。固定家具包括桌椅、沙发、衣柜、柜台、服务台、货架，以及其他家具。

燃烧性能为 $B_1$ 级的墙面装修材料主要有：纸面石膏板、纤维石膏板、水泥刨花板、矿棉板、玻璃棉板、珍珠岩板、难燃胶合板、难燃中密度纤维板、防火塑料装饰板、难燃双面刨花板、多彩涂料、难燃墙纸、难燃墙布、难燃仿花岗岩装饰板、氯氧镁水泥装配式墙板、难燃玻璃钢平板、难燃 PVC 塑料护墙板、阻燃模压木质复合板材、彩色难燃人造板、难燃玻璃钢、复合铝箔玻璃棉板等。燃烧性能为 $B_1$ 级的地面装修材料参见本指南第 6.5.4 条的【实施要点】。

6.5.6 下列场所设置在地下或半地下时，室内装修材料不应使用易燃材料、石棉制品、玻璃纤维、塑料类制品，顶棚、墙面、地面的内部装修材料的燃烧性能均应为 A 级：

1 汽车客运站、港口客运站、铁路车站的进出站通道、进出站厅、候乘厅；

2 地铁车站、民用机场航站楼、城市民航值机厅的公共区；

3 交通换乘厅、换乘通道。

【条文要点】

本条为尽可能减小火灾产生的烟气及其毒性，保障这些人员聚集的场所中疏散人员和消防救援人员的安全，规定了各类交通建筑中位于地下、半地下的公共区内部装修材料的基本燃烧性能要求。本条规定的场所中未明确部位的内部装修，如固定家具、活动隔断、装饰织物等，装修材料的燃烧性能应符合现行国家标准《建筑内部装修设计防火规范》GB 50222、《地铁设计防火标准》GB 51298、《铁路工程设计防火规范》TB 10063 等技术标准的规定。

【实施要点】

（1）在各类交通方式的客运服务建筑中，旅客候乘区、旅客进出站区、进出站通道、换乘厅、换乘通道等公共区是人员聚集的场所。在节假日和遇车辆、航班延误等情况下，在候乘厅内的人员密度可能较高，不利于人员快速疏散。特别是当这些区域位于地下、半地下时，由于供氧条件受限，一旦发生火灾，可能使火灾的燃烧过程不充分而产生大量不完全燃烧气体，烟气的毒性更高。此外，建筑内部装修采用可燃、难燃性材料，还会增大室内火灾发生轰燃、导致火灾影响范围扩大的危险性。因此，不仅要更严格地控制地下、半地下空间内可燃物的数量和类别，而且要限制内部各类装修材料的燃烧性能，不应使用易燃材料、石棉制品、玻璃纤维、塑料类制品等容易燃烧的材料、燃烧时可能产生大量有毒烟气的材料，以及对人体健康有害的材料。

（2）本条第 1 款规定是指汽车客运站的进出站通道、进出站厅、候车厅，港口客运站的进出站通道、进出站厅、候船厅，铁路车站的进出站通道、进出站厅、候车厅；第 2 款规定是指地铁车站的站厅和站台公共区、出入口通道，民用机场航站楼的出发厅公共区、候机厅、到达的行李提取区、迎客区和出站通道等公共区，城市民航值机厅的公共区，包括公共区内的配套商业服务设施，不包括设置在其中的办公区、VIP 候车室。

（3）交通换乘厅、换乘通道是供旅客在不同交通方式之间，或在同一交通方式的不同线路之间换乘的场所。例如，地铁车站中不同线路之间的换乘通道、换乘厅，地铁、国铁、城际铁路、民航之间的换乘通道、换乘厅，城市公交与地铁、国铁、城际铁路之间的换乘通道，国铁与长途客运交通等之间的换乘厅等。综合性交通枢纽建筑中具有换乘功能的城市通廊等场所，内部装修材料的燃烧性能应符合本条对换乘通道的相应要求。

6.5.7 除有特殊要求的场所外，下列生产场所和仓库的顶棚、墙面、地面和隔断内部装修材料的燃烧性能均应为 A 级：

1 有明火或高温作业的生产场所；

2 甲、乙类生产场所；

3 甲、乙类仓库；

4 丙类高架仓库、丙类高层仓库；

5 地下或半地下丙类仓库。

【条文要点】

工业建筑的内部装修一般比较简单，主要为满足生产和储存功能的环境要求。但是，工业建筑使用用途千差万别，所需空间大小差别大。在消防安全方面，有的场所疏散距离大，且同一时间的工作人员数量多，需要较长的疏散时间；有的可能需要疏散的人数少，但生产和存储的自动化程度高、设备昂贵或储存物质价值高，如制药车间、电子洁净厂房等。这些场所如果内部装修材料使用不当也会增加其火灾危险性，并可能产生严重后果。本条主要规定了火灾危险性大的甲、乙类生产场所，甲、乙、丙类储存场所，部分丙、丁类生产场所中室内装修材料的基本燃烧性能；本条未规定的其他场所和部位的内部装修应符合国家现行相关技术标准的要求。

【实施要点】

（1）有明火、高温作业的生产场所，大多为丁类生产场所，少部分为丙类生产场所。除冶炼车间、轧钢车间、玻璃制品烧制车间等场所外，这些场所中使用明火或存在高温作业的部位所占面积通常较小。因此，对这类场所主要限制其高温作业影响范围内的室内装修材料的燃烧性能，其他区域可以视具体情况确定。

（2）甲、乙类生产场所和甲、乙类仓库是针对一座建筑中具有甲、乙类火灾危险性的区域，其他丙、丁、戊类火灾危险性的生产场所和库房或区域仍可以按照本规范和现行国家标准《建筑内部装修设计防火规范》GB 50222 等技术标准的规定确定其内部装修材料的燃烧性能等级。例如，一座汽车总装厂房，其中的喷漆工段属于甲类生产场所，一般需要采用防火隔墙等与相邻其他区域分隔。此时，该喷漆工段所在区域的内部装修就需要符合本条规定，而该厂房其他区域的内部装修仍然可以按照丁类、丙类生产场所的相关要求考虑。对于一座由一间甲类、一间乙类和一间丁类库房组成的仓库，仓库中丁类库房的内部装修仍然可以按照丁类库房的相关要求考虑。

同理，本条第 4 款和第 5 款规定的丙类仓库，也可以比照上述原则确定其内部装修材料的燃烧性能等级。

6.5.8　建筑的外部装修和户外广告牌的设置，应满足防止火灾通过建筑外立面蔓延的要求，不应妨碍建筑外部的消防救援活动或火灾时建筑的排烟与排热，不应遮挡或减小消防救援口。

【条文要点】

为降低火灾沿建筑屋面、立面蔓延的危险性，充分利用从建筑外部开展消防救援的设施，保障消防救援人员的安全，本条规定了有关建筑屋面、外墙外部装修装饰的关键防火性能要求。

【实施要点】

（1）建筑的外部装修包括在建筑外立面、屋面上的装修和装饰等。例如，在屋面和外墙外设置各类建筑幕墙、在外墙上涂刷涂料或粘贴装饰板、在屋面或外墙上增加装饰性造型构造等。

这些装修不仅在施工过程中应注意防火，而且在确定相关装修方案时以及装修完成后，均需要充分考虑装修材料、装修构造可能带来的火灾危险性，且不应影响在建筑外墙、屋顶上与建筑消防扑救面对应范围内设置的消防救援设施的正常使用。例如，使用可燃材料导致火灾沿建筑立面、屋面蔓延扩大；使用铝塑板等材料因受热熔化而致火势蔓延至建筑的下部，并影响消防救援人员安全；采用具有较大空腔的幕墙导致从建筑外窗等蔓延出来的火势加剧；采用封闭式幕墙导致建筑立面、屋面的排烟排热受阻，影响消防救援人员的救援行动；建筑外立面装饰在火灾时受高温作用脱落，危及消防救援人员、消防车和消防供水水带等的安全。

（2）现实中，在建筑外墙外、屋顶外檐设置的广告牌和灯光亮化设施，不少使用可燃易燃材料，并且用电时间长，且长时间受外部环境作用，容易引发火灾。此外，大型广告牌还存在遮挡建筑外墙上的排烟排热口、消防救援口等现象。这些情况都会影响在建筑外墙、屋顶上设置的建筑排烟排热设施在火灾时的正常开启和排烟，影响消防救援人员经消防救援口快速组织救援。在制订广告牌设置和灯光亮化工程方案时，应该充分了解和研究建筑外立面上的开口位置、消防救援口和应急排烟排热窗的位置、建筑外墙和屋面外保温系统的构造、保温材料或制品的燃烧性能等情况，并注意避免和防止发生上述情况。例如，广告牌的大小、设置位置、使用材料，灯光亮化工程的线缆选型和连接、灯具类型和功率等，都需要充分考虑建筑外立面防火和消防救援的需要。

## 6.6 建筑保温

6.6.1 建筑的外保温系统不应采用燃烧性能低于 $B_2$ 级的保温材料或制品。当采用 $B_1$ 级或 $B_2$ 级燃烧性能的保温材料或制品时，应采取防止火灾通过保温系统在建筑的立面或屋面蔓延的措施或构造。

【条文要点】

本条规定是对建筑外墙、屋面的内保温系统和外保温系统应具备的基本防火性能，并且明确限制在建筑外墙、屋面的外保温系统使用燃烧性能低于 $B_2$ 级的保温材料或制品。

【实施要点】

（1）对建筑外墙和屋顶进行保温是实现建筑节能的重要手段。建筑外墙和屋顶的保温方式可以分为外保温、内保温、自保温（即保温结构一体化保温）三种。外保温系统主要由保温层、保护层、胶粘剂、锚固件等固定材料构成，是设置在外墙和屋顶外表面，并具有保温隔热功能的非承重构造系统。内保温系统与外保温系统基本相同，但外保护层有所差异。自保温系统主要用于建筑外墙，是墙体自身采用保温材料或使用保温材料作为墙体结构一部分的复合墙体，整体作为建筑外墙构件使用，主要有无机保温墙体、夹心保温墙体、木结构墙体、夹芯板墙体等。

本条规定中的“保温材料”是指具有保温性能的单一物质或均匀分布的混合物，如岩棉、玻璃棉、聚氨酯、聚苯乙烯、酚醛、胶粉聚苯颗粒保温砂浆、混凝土、水泥、木材、稻壳等；“保温制品”是指按要求给出相关信息（如材质、尺寸规格、性能等）的保温材料、复合保温材料或保温组件。制品可以由单一或多种材料组合而成，可以分为匀质制品与非匀质制品，见图 6–9。

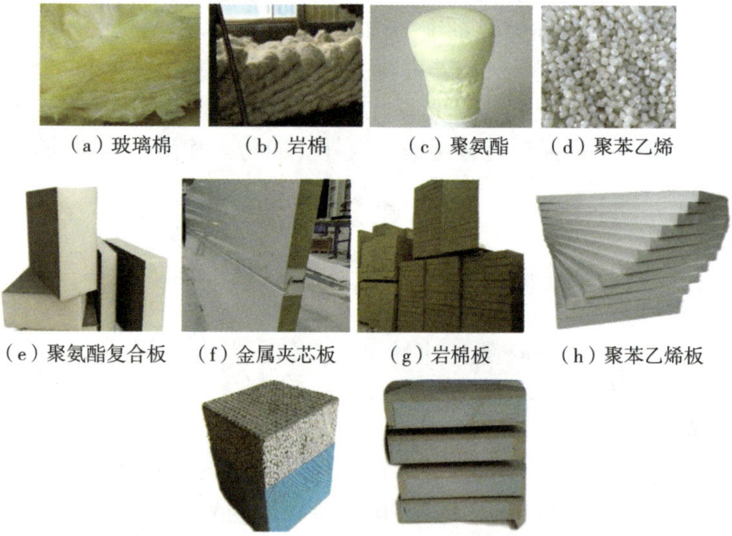

（a）玻璃棉　（b）岩棉　（c）聚氨酯　（d）聚苯乙烯

（e）聚氨酯复合板　（f）金属夹芯板　（g）岩棉板　（h）聚苯乙烯板

（i）无机/有机复合板

**图 6–9　保温材料与保温制品图示**

目前，在我国使用的保温材料及制品主要为无机保温材料及制品、有机保温材料及制品两大类。无机保温材料及制品主要有岩棉及岩棉板、泡沫玻璃棉、发泡陶瓷板、真空隔热板、无机保温砂浆，有机保温材料及制品主要有聚苯乙烯泡沫及膨胀聚苯乙烯板和挤塑聚苯板、硬泡聚氨酯及聚氨酯板、酚醛泡沫及酚醛泡沫板等。其中，岩棉的防火性能较好，在火灾中不会产生火星和熔融滴落物，但添加一定量胶粘剂的岩棉板，燃烧性能可能会降至 $B_1$ 级。聚苯乙烯属于热塑性材料，受热至 120~150℃后会收缩熔化、与保护层剥离，240℃时形成熔融状态并热分解产生可燃气体，熔融物会沿外保护层和墙体滴落、流淌形成空腔结构，并出现外保护层爆裂脱落或在空腔内部发生剧烈燃烧等现象，燃烧性能大多为 $B_2$ 级。硬泡聚氨酯属于热固性材料，受热后表面碳化结焦，体积变形较小，不会产生熔融滴落现象，硬泡聚氨酯板的燃烧性能为 $B_1$ 级和 $B_2$ 级。

当保温材料采用不燃材料时，无空腔的保温系统几乎不存在消防安全问题。但在我国外墙和屋顶外保温系统中，聚苯乙烯泡沫及其制品、聚氨酯及其制品等有机保温材料的应用十分广泛。在施工、检修过程中因可燃保温材料或制品在现场存放不当、可燃保温材料或制品安装后未及时保护、在用的保温系统保护层脱落，以及安装空调室外机和设置广告牌等活动，可燃保温材料或制品遇到电焊渣、切割火花、电弧等火源引发火灾事故的情况时有发生，需要在设计、施工和使用过程中采取相应的防火措施，而限制使用可燃保温材料及制品、禁止使用易燃保温材料及制品，是更为根本有效的方法之一。

（2）在建筑的外墙、屋顶的内保温系统中，不允许采用燃烧性能低于 $B_2$ 级的保温材料和制品。

（3）在建筑的外墙、屋顶的外保温系统中，不允许采用燃烧性能低于 $B_2$ 级的保温材料和制品。当采用燃烧性能为 $B_2$ 级、$B_1$ 级的保温材料或制品时，应根据本规范及国家相关技术标准的规定，限制建筑的使用功能和建筑高度，并采取设置防火隔离带等防火技术措施，防止建筑内的火灾经外保温系统蔓延至其他楼层，或建筑外部的火灾经外保温系统蔓延至建筑内；外保温系统的防护层和防火隔离带的设置要求，应符合国家现行标准《建筑设计防火规范》GB 50016、《建筑外墙外保温防火隔离带技术规程》JGJ 289、《外墙外保温用防火分隔条》JG/T 577 等技术标准的规定。当外墙外保温系统采用构造防火措施时，外保温系统的防火性能应符合现行国家标准《建筑外墙外保温系统的防火性能试验方法》GB/T 29416 的规定。

（4）在建筑外墙、屋顶的保温结构一体化自保温系统中，不允许采用燃烧性能低于 $B_2$ 级的保温材料和制品。

（5）当建筑外墙、屋面的外保温系统构造，或者采取的防火措施能够满足本条规定的防火性能要求时，可以不按照本节相关条文的要求限制采用燃烧性能为 $B_1$ 或 $B_2$ 级的保温材料或制品，但不允许采用燃烧性能低于 $B_2$ 级的保温材料或制品。外保温系统构造的防火性能，或者外保温系统采取的防火措施的防火性能，均应经科学的试验验证，或按照本规范第 1.0.8 条的规定确定。

6.6.2 建筑的外围护结构采用保温材料与两侧不燃性结构构成无空腔复合保温结构体时，该复合保温结构体的耐火极限不应低于所在外围护结构的耐火性能要求。当保温材料的燃烧性能为 $B_1$ 级或 $B_2$ 级时，保温材料两侧不燃性结构的厚度均不应小于 50mm。

【条文要点】

本条规定针对用作建筑构件的保温结构一体化构造体系的建筑外墙和屋面板应具备的耐火性能，以及保证其防火性能的关键技术措施。

【实施要点】

（1）除允许采用金属夹芯板材等保温制品的非承重外墙和屋面板的建筑外，建筑外墙、屋面板采用保温结构一体化结构或构件时，保温层应位于结构或构件的内部，两侧应具有一定厚度的结构及防护层，保温层应为建筑结构或构件的一部分，与结构及防护层共同构成整体结构或构件，并满足相应建筑对外墙、屋顶的耐火性能要求。例如，一座二级耐火等级的民用建筑，当建筑的非承重外墙采用自保温系统时，该外墙（包括保温层及其两侧的结构层、防护层）的耐火极限不应低于 1.00h，且应为不燃性材料，即燃烧性能应为 A 级；当建筑的承重外墙采用自保温系统时，该外墙除耐火极限不应低于 2.50h 且应为不燃性材料外，还应具有承受上部荷载及自重的性能；当建筑的屋顶为上人屋顶，且屋面板采用自保温系统时，该屋面板的耐火极限不应低于1.00h，燃烧性能应为A级。

（2）建筑外墙、屋面板采用保温结构一体化结构或构件时，一般应采用固定螺栓等将保温层与两侧的结构层紧密联系固定，保温层与两侧的结构层之间不应有孔隙或空腔。当保温材料或制品的燃烧性能为 $B_1$ 级、$B_2$ 级时，保温材料或制品两侧的结构层应采用不燃性材料，且结构层的厚度不应小于50mm；当保温材料或制品的燃烧性能为A级时，保温材料或制品两侧的结构层应采用不燃性材料，结构层的厚度可以根据构件的其他性能（如构件的耐火极限和承载力）要求确定，且不一定需要大于或等于50mm。无论保温材料或制品的燃烧性能为A级还是 $B_1$ 级、$B_2$ 级，结构层外防护层材料的燃烧性能均可以根据所在建筑室内装修的相关防火要求确定。参见图6-10。

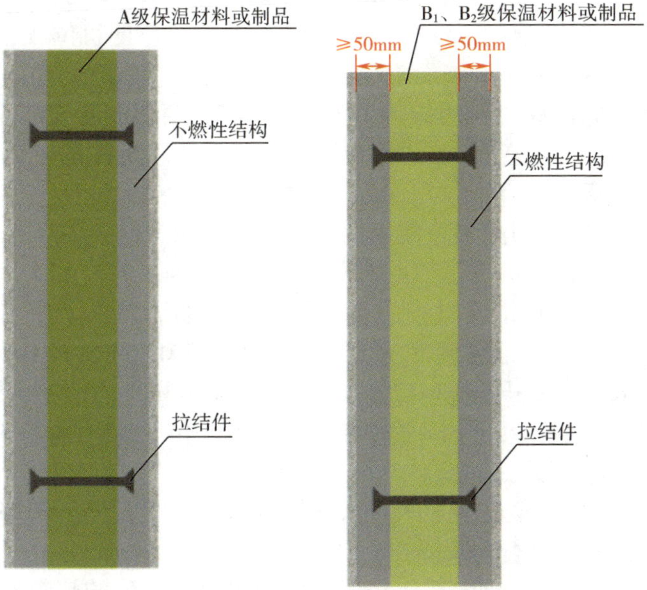


**图6-10　保温结构一体化墙体构造示意图**

6.6.3 飞机库的外围护结构、内部隔墙和屋面保温隔热层，均应采用燃烧性能为A级的材料，飞机库大门及采光材料的燃烧性能均不应低于$B_1$级。

【条文要点】

本条针对飞机库建筑的使用功能要求，规定了飞机库建筑外墙、内部隔墙和屋面保温材料的燃烧性能，以及飞机库大门材料的燃烧性能。

【实施要点】

（1）飞机库是用于停放、维修飞机的建筑物，由飞机停放和维修区、生产辅助用房组成。飞机库按照飞机停放和维修区每个防火分区的允许建筑面积大小，可以划分为Ⅰ类、Ⅱ类、Ⅲ类飞机库和机棚。机棚是飞机停放和维修区为敞开或半敞开式的飞机库。本条规定的飞机库包括机棚。

现代飞机价值昂贵，且飞机库本身造价高，一旦飞机库失火，易导致严重损失。例如，一座两机位波音747的飞机库及其配套设施的工程造价约为4亿元人民币；一座四机位波音747的飞机库及其配套设施的工程造价约为6亿元人民币。首都机场四机位维修机库可同时维修四架波音747、两架波音767、四架波音737，飞机总价值约为75亿元人民币。飞机库的主要火灾危险性在于：

1）目前国内大量使用的航空煤油，闪点低于38℃。飞机进库维修时，飞机油箱和系统内带有航空煤油，载油量从几吨到上百吨不等，在维修过程中有可能发生燃油泄漏或燃油箱爆炸事故，出现易燃液体流散火灾。根据美国FM Global的相关实验，当流散火的面积为85~120$m^2$、泄漏量为2~3$m^3$、平均油层厚度为20~30mm时，可产生巨大的火舌卷流，位于距地面高度18.5m处的屋顶温度在3min内达到425~650℃。

2）在维修过程中因误操作导致氧气系统火灾。例如，误用液压油软管进行充氧操作。

3）飞机机舱内部装修多采用经阻燃处理后的塑料制品、化纤织物等材料，在清洗和维修机舱时，常使用溶剂、粘接剂和油漆等易燃液体，容易引发火灾。

4）在维修过程中因电气设备短路等引发火灾。

为此，除屋顶和外墙面上的采光部位使用的材料外，要求飞机库的外围护结构及其保温隔热层、内部隔墙及其保温隔热层、屋面及其保温隔热层，均应采用燃烧性能为A级的材料或制品。

（2）飞机库大门是为飞机进出飞机库专门设置的门。尽管大门的尺寸大，但相对飞机库的外围护结构而言，面积有限，材料的燃烧性能对建筑火灾的贡献小，允许其采用难燃材料。本条规定包括制作飞机库大门的材料和飞机库大门上的隔热、隔音材料。

（3）飞机库通常占地面积大，室内空间高度高，大多需要在建筑的屋顶和外墙上设置采光带。为减小维修期间飞机噪声振动导致玻璃窗等材料发生破坏，或导致缝隙窗与围护结构之间的密封不严，这些采光带大多需要采用有机复合材料。但为尽可能减少在飞机库内发生火灾时，导致更大范围的火灾的可能性，要求这些部位的采光材料应采用燃烧性能为$B_1$级的材料，材料受热后不允许出现熔融滴落现象。

6.6.4　除本规范第6.6.2条规定的情况外，下列老年人照料设施的内、外保温系统和屋面保温系统均应采用燃烧性能为A级的保温材料或制品：

1　独立建造的老年人照料设施；

2　与其他功能的建筑组合建造且老年人照料设施部分的总建筑面积大于$500m^2$的老年人照料设施。

6.6.5　除本规范第6.6.2条规定的情况外，下列建筑或场所的外墙外保温材料或制品的燃烧性能应为A级：

1　人员密集场所；

2　设置人员密集场所的建筑。

**【条文要点】**

这两条针对老年人照料设施、人员密集场所，以及设置老年人照料设施、人员密集场所的建筑，规定其外墙外保温系统、内保温系统和屋面内、外保温系统中保温材料或制品的燃烧性能应为 A 级。

【实施要点】

（1）这两条规定的保温系统，不包括保温结构一体化的自保温系统。

（2）外墙外保温系统是由保温层、防护层、固定材料构成，并附着在外墙外表面的非承重保温构造的总称。尽管本规范规定的老年人照料设施是床位总数大于或等于 20 床的老年人全日照料设施、可容纳的老年人总数大于或等于 20 人的老年人日间照料设施，不包括床位总数少于 20 床的老年人全日照料设施、可容纳的老年人总数少于 20 人的老年人日间照料设施，但是，独立建造的老年人照料设施，无论规模大小，也无论建筑内是否设置自动灭火系统和（或）火灾自动报警系统，建筑的外墙内保温系统和外保温系统、屋面的内保温系统和外保温系统均应采用燃烧性能为 A 级的保温材料或制品，不允许采用燃烧性能低于 A 级的保温材料或制品。

（3）设置在其他建筑内或与其他建筑合建的老年人照料设施的全部外墙外保温系统均应按照本规范第 6.6.4 条的要求采用燃烧性能为 A 级的保温材料或制品。当老年人照料设施的总建筑面积大于 $500m^2$ 时，至少应在老年人照料设施所在区域外墙、屋面的外保温系统中采用燃烧性能为 A 级的保温材料或制品，其他使用功能区域外墙、屋面的外保温系统可以根据建筑的使用功能、建筑高度确定保温材料或制品的燃烧性能；当老年人照料设施的总建筑面积小于或等于 $500m^2$ 时，该建筑外墙、屋面的外保温系统可以根据建筑的使用功能、建筑高度确定保温材料或制品的燃烧性能。

对于外墙、屋面的内保温系统，无论老年人照料设施的总建筑面积大小，均应采用燃烧性能为 A 级的保温材料或制品，但可以仅用于老年人照料设施内，其他功能区域外墙和屋面的内保温系统可以根据本规范和现行国家标准《建筑设计防火规范》GB 50016 的规定确定保温材料或制品的燃烧性能。

（4）人员密集场所和设置人员密集场所的建筑的全部外墙外

保温系统均应按照本规范第6.6.5条的规定采用燃烧性能为A级的保温材料或制品。

（5）在本规范第6.6.5条规定的场所中，老年人照料设施的外墙外保温系统仍可以按照本规范第6.6.4条的规定确定保温材料或制品的燃烧性能。

6.6.6　除本规范第6.6.2条规定的情况外，住宅建筑采用与基层墙体、装饰层之间无空腔的外墙外保温系统时，保温材料或制品的燃烧性能应符合下列规定：

1　建筑高度大于100m时，应为A级；

2　建筑高度大于27m、不大于100m时，不应低于$B_1$级。

6.6.7　除本规范第6.6.3条～第6.6.6条规定的建筑外，其他建筑采用与基层墙体、装饰层之间无空腔的外墙外保温系统时，保温材料或制品的燃烧性能应符合下列规定：

1　建筑高度大于50m时，应为A级；

2　建筑高度大于24m、不大于50m时，不应低于$B_1$级。

【条文要点】

这两条针对薄抹灰外保温系统等保温材料或制品与基层墙体、装饰层之间无空腔的外墙外保温系统，规定了保温材料或制品的燃烧性能，适用于除飞机库和人员密集场所外的其他工业建筑，除人员密集场所、老年人照料设施外的其他民用建筑。

【实施要点】

（1）这两条规定的外墙外保温系统是保温材料或制品与基层墙体、装饰层之间无空腔的保温系统。按照构造材料和方式，主要有粘贴保温板薄抹灰外保温系统、EPS等钢丝网架板现浇混凝土外保温系统、保温板现浇混凝土外保温系统、现场喷涂硬泡聚氨酯外保温系统等。其中，采用粘贴方式施工时在保温材料与墙体找平层之间形成的空隙，可以不视为本条规定的空腔。有关薄抹灰外墙外保温系统的构造及其相关技术要求，可以参见国家现行标准《外墙外保温工程技术标准》JGJ 144和《岩棉薄抹灰外墙外保温工程技术标准》JGJ/T 480等技术标准的规定。以下内容部分引自标准《外墙外保温工程技术标准》JGJ 144—2019，供参考。

1）粘贴保温板薄抹灰外保温系统由粘结层、保温层、抹面层和饰面层构成，见图 6–11。粘结层材料为胶粘剂；保温层材料或制品为 EPS 板、XPS 板、PUR 板或 PIR 板、聚苯颗粒砂浆板、聚苯颗粒水泥板和岩棉板等；抹面层材料为抹面胶浆，抹面胶浆中满铺玻纤网；饰面层可为涂料或饰面砂浆。

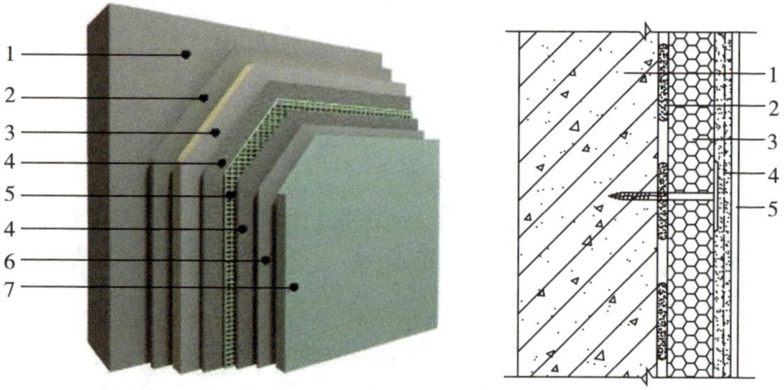


（a）实物图　　（b）剖面图

1—基层墙体；2—胶粘剂；3—保温材料；4—抹面胶浆；
5—网格布；6—柔性耐水腻子；7—涂料。

**图 6–11　粘贴保温板薄抹灰外保温系统**

2）EPS 等保温板现浇混凝土外保温系统以现浇混凝土外墙作为基层墙体，EPS 板为保温层，见图 6–12。EPS 板内与现浇混凝土接触的表面开设凹槽，内外表面均满涂界面砂浆。施工时，将 EPS 板置于外模板内侧，并安装辅助固定件；EPS 板表面做抹面胶浆抹面层，抹面层中满铺玻纤网；饰面层可为涂料或饰面砂浆。

3）EPS 等钢丝网架板现浇混凝土外保温系统以现浇混凝土外墙作为基层墙体，EPS 钢丝网架板为保温层，见图 6–13。钢丝网架板中的 EPS 板外侧开设凹槽。施工时，将钢丝网架板置于外墙外模板内侧，并在 EPS 板上安装辅助固定件；钢丝网架板表面涂抹掺外加剂的水泥砂浆抹面层，外表做饰面层。

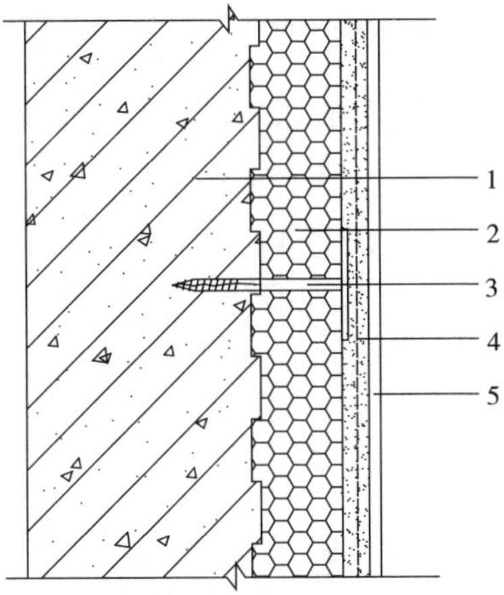


1—现浇混凝土外墙；2—EPS 板；3—辅助固定件；
4—抹面胶浆复合玻纤网；5—饰面层。

**图 6-12 无网现浇外保温系统**

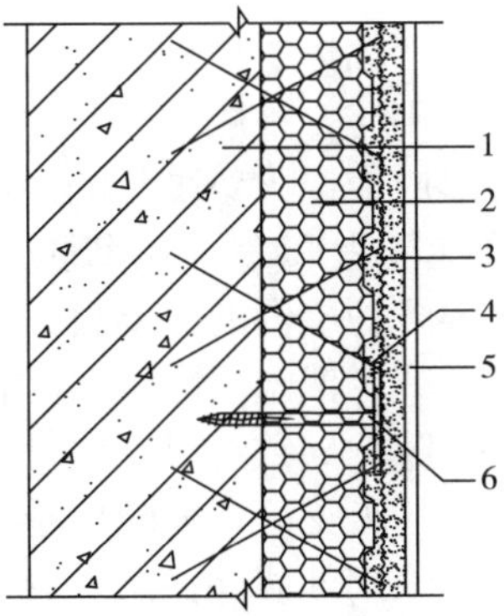


1—现浇混凝土外墙；2—EPS 钢丝网架板；3—掺外加剂的水泥砂浆抹面层；4—钢丝网架；5—饰面层；6—辅助固定件。

**图 6-13 有网现浇外保温系统**

4）现场喷涂硬泡聚氨酯外保温系统由界面层、现场喷涂硬泡聚氨酯保温层、界面砂浆层、找平层、抹面层和饰面层组成，见图 6–14。抹面层中满铺玻纤网，饰面层可为涂料或饰面砂浆。

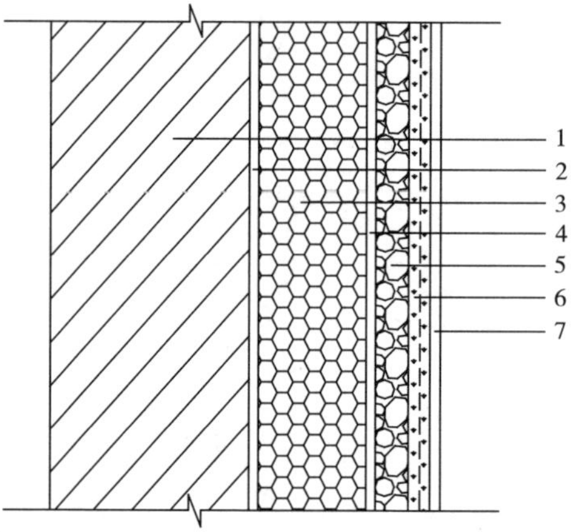


1—基层墙体；2—界面层；3—喷涂聚氨酯；4—界面砂浆；5—找平层；6—抹面胶浆复合玻纤网；7—饰面层。

**图 6–14　聚氨酯喷涂外保温系统**

（2）保温材料与基层墙体、保护层、装饰层之间均无空腔的保温系统在受外部火作用时，一般不会产生明显的烟囱效应，特别是在火灾初期不会形成加速火势蔓延的烟囱效应。但是，如果采用泡沫塑料等燃烧性能为 $B_1$ 级、$B_2$ 级的保温材料，特别是热塑性泡沫塑料，则会因防护层内的保温材料受热分解后产生的气体膨胀而破坏保护层，或者保温层因保温材料熔融、热解发生体积变化后形成一定的空隙，导致火势在保护层内燃烧蔓延。建筑的高度越高，这种潜在的火灾蔓延危险性越大。因此，有必要根据建筑的高度和用途，限制外墙外保温系统中保温材料或制品的燃烧性能。

（3）工业建筑的非承重外墙采用金属夹芯板时，除应符合本规范第 6.6.7 条的规定外，还应符合现行国家标准《建筑设计防火规范》GB 50016 等技术标准的规定。

（4）当外墙外保温系统中保温材料或制品的燃烧性能为 $B_1$ 级时，各类建筑的其他防火技术措施，如住宅建筑外窗的防火性能、防火隔离带的设置、保温材料或制品表面的防护层设置等的要求，可以按照现行国家标准《建筑设计防火规范》GB 50016等技术标准的规定确定。

（5）这两条规定的建筑屋面外保温系统的防火要求，可以按照现行国家标准《建筑设计防火规范》GB 50016等技术标准的规定。

6.6.8 除本规范第6.6.3条～第6.6.5条规定的建筑外，其他建筑采用与基层墙体、装饰层之间有空腔的外墙外保温系统时，保温系统应符合下列规定：

1 建筑高度大于24m时，保温材料或制品的燃烧性能应为A级；

2 建筑高度不大于24m时，保温材料或制品的燃烧性能不应低于$B_1$级；

3 外墙外保温系统与基层墙体、装饰层之间的空腔，应在每层楼板处采取防火分隔与封堵措施。

【条文要点】

本条针对保温材料或制品与基层墙体、装饰层等之间有空腔的外墙外保温系统，规定了保温材料或制品的燃烧性能，适用于除飞机库、人员密集场所（包括老年人照料设施）外各类不同建筑高度的工业与民用建筑。

【实施要点】

本条规定的外保温系统主要是位于建筑幕墙内的保温系统。在这类保温系统中，保温材料及其防护层与建筑外墙、幕墙玻璃或金属板等幕墙面板之间存在一定间隙，这些间隙容易助长火势沿竖向快速蔓延。对于具有空腔的外墙外保温系统，应严格限制保温材料或制品的燃烧性能，并应按照本规范第6.2.4条的要求在层间采取水平防火分隔与封堵措施。有关火灾沿空腔蔓延的详细情形，具体的防火分隔、防火封堵措施要求，可以参见本指南第6.2.4条的【实施要点】。

6.6.9 下列场所或部位的内保温系统中保温材料或制品的燃烧性能应为A级：

1　人员密集场所；
2　使用明火、燃油、燃气等有火灾危险的场所；
3　疏散楼梯间及其前室；
4　避难走道、避难层、避难间；
5　消防电梯前室或合用前室。

6.6.10　本规范第 6.6.3 条和第 6.6.9 条规定的场所或部位外，其他场所或部位的内保温系统中保温材料或制品的燃烧性能均不应低于 $B_1$ 级。当采用 $B_1$ 级燃烧性能的保温材料时，保温系统的外表面应采取使用不燃材料设置防护层等防火措施。

【条文要点】

内保温系统位于建筑室内，其中的难燃、可燃保温材料在燃烧时可能产生大量有毒烟气，不利于人员疏散和灭火救援人员的安全。为此，这两条对建筑内保温系统中保温材料或制品的燃烧性能提出了较严格的要求。这两条规定适用于工业与民用建筑中各类墙体、屋顶的内保温系统，在实际工程中主要为外墙的内保温系统。

【实施要点】

（1）本规范第 6.6.9 条规定的“人员密集场所”的内保温系统，包括人员密集场所建筑中的所有场所和部位的墙体、屋顶内保温系统。对于与其他建筑合建的人员密集场所，本条的要求可以仅适用于人员密集场所所在楼层或区域，其他非人员密集场所的楼层或区域的内保温系统，可以不按本条规定确定其保温材料或制品的燃烧性能。例如，在一座办公建筑与旅馆建筑上下组合建造的建筑中，旅馆所在楼层墙体、屋顶的内保温系统应采用燃烧性能为 A 级的保温材料或制品，而办公区所在楼层，除使用明火、燃油、燃气等有火灾危险的场所、疏散楼梯间及其前室、避难走道、避难层、避难间、消防电梯前室或合用前室外，其他场所和部位墙体的内保温系统允许采用燃烧性能为 $B_1$ 级的保温材料或制品。

（2）本规范第 6.6.9 条规定的“使用明火、燃油、燃气等有火灾危险的场所”“疏散楼梯间及其前室”“避难走道、避难层、避难间”“消防电梯前室或合用前室”，包括各类建筑中的相应场所和部位。在这些场所和部位墙体、屋面的外保温系统中，保温材料或制品的燃烧性能仍然可以按照本规范及现行国家标准《建筑设计防火规范》GB 50016 等技术标准的规定确定。避难层中采用无任何开口的防火墙完全分隔的区域，除人员密集场所外，内保温系统中保温材料或制品的燃烧性能可以根据其实际用途按照本规范第 6.6.10 条的规定确定。

（3）除人员密集场所，使用明火、燃油、燃气等具有较高火灾危险性的场所，飞机库的大门、屋顶和外墙上的采光部位，以及本规范第 6.6.9 条规定的其他部位外，各类工业与民用建筑中其他场所和部位墙体和屋顶的内保温系统，均允许采用燃烧性能不低于 $B_1$ 级的保温材料或制品。

当采用 $B_1$ 级燃烧性能的保温材料或制品时，应在内保温系统的外表面设置防护层；防护层应采用不燃材料，防护层的厚度应符合现行国家标准《建筑设计防火规范》GB 50016 等技术标准的规定。例如，《建筑设计防火规范》GB 50016—2014（2018 年版）第 6.7.2 条规定，保温系统应采用不燃材料做防护层。采用燃烧性能为 $B_1$ 级的保温材料时，防护层的厚度不应小于 10mm。当采用 $B_1$ 级燃烧性能的保温材料或制品且内保温系统的墙体和屋顶面积较大时，还要考虑在适当位置增加防火隔离带，且防火隔离带应采用不燃材料，其宽度应能有效阻止火势蔓延，宽度不宜小于 600mm。对于室内滑雪场、室内真冰滑冰场等类似环境的场所，室内需要设置内保温系统的墙体和屋顶的面积可达数万平方米。这类场所就有必要视内保温系统及其构造的防火性能每隔数十米增设一道防火隔离带，以降低内保温系统火灾蔓延的危险性。

（4）尽管本条允许部分建筑的一些场所的墙体和屋顶内保温系统采用 $B_1$ 级燃烧性能的保温材料或制品，但仍要注意采用在燃烧时烟气生成量少、烟气毒性低的材料。

# 7 安全疏散与避难设施

## 7.1 一般规定

7.1.1 建筑的疏散出口数量、位置和宽度，疏散楼梯（间）的形式和宽度，避难设施的位置和面积等，应与建筑的使用功能、火灾危险性、耐火等级、建筑高度或层数、埋深、建筑面积、人员密度、人员特性等相适应。

【条文要点】

疏散和避难功能是建筑消防安全的基本功能，任何一座建筑均应具有供人员在火灾时疏散、避难的设施。疏散和避难设施应满足人员安全疏散和安全避难的要求，这是疏散和避难设施的功能目标要求。本条规定了建筑有关安全疏散、避难的基本功能和疏散、避难设施的基本功能目标要求。

【实施要点】

（1）安全疏散和避难是在建筑发生火灾时，使用人员能够在火灾及其烟气达到可能危及人身安全状态之前，全部自主或依靠他人帮助安全疏散到安全地点、区域的活动过程。建筑的安全疏散与避难设施在建筑发生火灾时需要用于保证人员的生命安全，是建筑应具备的基本设施。

建筑的安全疏散设施包括房间的疏散门、疏散走道、楼层或防火分区的安全出口门、建筑的室内和室外疏散楼梯（间）、室内和室外的疏散坡道、室外场地等，以及疏散照明和疏散指示标志。避难设施包括避难层、避难间、避难走道、维持避难区域中人员安全停留的支持设施等，防烟楼梯间的前室、上人屋面、下沉式广场或庭院、敞开式或具有良好通风与排烟条件的外走廊等均可以作为避难场所。

（2）影响疏散与避难设施发挥作用的关键因素包括：疏散出口（安全出口和房间疏散门）和疏散楼梯的数量、布置位置和宽度，疏散走道的宽度和高度，疏散楼梯间的防火防烟性能，避难层或避难间的位置、避难面积和防火防烟性能，避难走道的设置位置和防火防烟性能，疏散指示标志和疏散照明的设置位置、大小及其照度等。这些因素又与建筑的竖向疏散高度或水平疏散距离、建筑的层数、防火分区或房间的大小及内部布置、室内空间高度、建筑的耐火等级等建筑特性，可燃物的类型和分布、火灾荷载密度和总火灾荷载等所决定的火灾特性，人员密度和疏散人数，使用人员的年龄、性别、不同人员的构成比例、受教育程度、安全意识、行为习惯等人员特性关系密切。

因此，建筑的疏散和避难设施应结合建筑中每个楼层、区域或房间内的使用人员特性、建筑特性、火灾特性，在充分考虑影响建筑中人员疏散与避难安全的主要因素的基础上，确定疏散策略，合理规划疏散路线，设置与建筑的使用功能、火灾危险性、耐火等级、建筑高度或层数、埋深、建筑面积、人员密度、使用人员特征等相适应的疏散与避难设施。所谓“相适应”，就是建筑中的疏散与避难设施能够在建筑发生火灾时为人员疏散和避难提供安全的保障，能够满足人员安全疏散和避难的要求，使人员在疏散和避难过程中不会受到火灾及其烟气的危害性作用。例如，耐火等级高、火灾危险性低的建筑，疏散距离可以大些；建筑高度高、火灾危险性大的建筑以及人员密集的场所、地下建筑，疏散楼梯间的防烟性能应高些，疏散距离应短些；建筑高度高或埋深大的建筑，疏散宽度应增大等；超高层建筑应考虑人员避难所需避难层等，医院住院部和老年人照料设施应考虑设置避难间等。

（3）一般来说，建筑的疏散设施设置应遵循以下基本原则：

1）双向疏散原则。疏散出口和疏散楼梯的设置位置，一般应能使人员在一个楼层、区域、房间、走道具有 2 个及以上的疏散方向和出口，详见本指南第 7.1.2 条的【实施要点】；尽量避免设置袋形走道。袋形走道是只有一个出入口的走道，形如口袋，这种走道容易导致误入其中的人员在疏散过程中增加与袋形走道等长甚至更长的疏散距离。

2）疏散路径的构成应简单明了、通畅，少曲折，尽量避免在疏散走道和出入口处设置台阶，不应设置影响人员安全疏散，或减小疏散宽度的凸出物。疏散行动是在周围环境和人的心理都处于异常状态下进行的，疏散设施的设置必须以这种异常状态为基础，尽量使疏散路线顺直，避免多次弯曲的疏散走道、难以分辨位置的楼梯等，疏散路线及设施的设置应考虑如何有效防止人员在拥挤和跟随情况下发生意外，尽可能避免通过设置诱导灯和疏散标志来改善疏散条件。在疏散走道、疏散楼梯间内要避免使柱体凸出墙面，不应放置固定或移动的大型物体或设备等。在疏散走道和出入口处设置台阶极易引发人员拥堵、摔倒等不利于人员安全疏散的情形，应予避免。当不可避免时，不应在出入口处3m 范围内设置台阶，在疏散走道上设置的台阶不应少于 3 级，否则应采用坡道等方式。

3）疏散出口、疏散走道的宽度沿疏散方向不应小于所经过的出口、走道的宽度。例如，当人员从房间的疏散门出来后，疏散走道的宽度应根据走道的长度和同时进入走道内的人数计算确定，保证该走道具有足够的人员容量，且疏散走道的宽度不应小于连通该走道的任一疏散门的宽度。同时，从疏散走道、房间进入楼梯间的门的宽度不应小于所连接走道或房间最大疏散距离覆盖范围内分配的疏散宽度，楼梯间内梯段的宽度不应小于从疏散走道、房间进入楼梯间的门的宽度。但是，对于疏散人数较多的场所，也不是疏散走道、疏散楼梯的宽度越宽越好。疏散走道、疏散楼梯应有一个保证高效利用的合理宽度范围，宽度过宽可能导致疏散过程混乱，降低疏散效率，甚至引发踩踏事故；宽度窄则不能满足人员安全疏散的要求，延长疏散时间。比如，美国相关标准要求超高层建筑的疏散楼梯梯段的净宽度不应大于 1.40m，最小净宽度不应小于 1.10m；本规范第 7.1.4 条第 4 款和澳大利亚建筑规范均规定，当疏散楼梯、疏散走道、疏散通道的宽度大于 2.0m时，应采用栏杆隔开，分隔后的每隔通道宽度不应大于 2.0m。

4）疏散出口和疏散楼梯的位置、宽度，楼层和区域内规划的疏散路线应符合人在火灾中的心理和行为，符合人的行为习惯，能使人员在疏散过程中沿疏散方向感到越来越安全。在建筑发生火灾时，人的思维能力、判断能力和行动能力不可能与在正常情况下一样，疏散很难有序进行。尽管要完全弄清应急条件下人的心理和行为不是很容易，但是，根据国内外的大量研究成果，人在感觉到危险时存在选择远离危险、从未知方向返回已知方向、从暗的方向奔向明亮的方向、在大多数情况下跟随大众逃生等特性。因此，在对应人员进出的主要出口，一般应设置足够宽度且直通的疏散通道、疏散走道，使疏散路线与人们日常熟悉的行走路线一致，以便在紧急情况下可以条件反射地朝向平时经常使用的通道和疏散楼梯疏散。这样可以提高人员疏散的安全性，尽量减小拥挤的可能。对于那些不经常使用的疏散出口和疏散楼梯，应设置明确清晰的引导或指示标志，适当提高疏散照明的照度值，以缓解人的恐惧心理，提高人员疏散的预期，增加安全感。

人员在疏散过程中往往会因前后信息不对称而引发拥挤、踩踏事故。例如，1989 年英国谢菲尔德希尔斯堡（Hillsborough）体育场发生的踩踏事故就能充分说明这一点。该事故发生在比赛开球后 30min，此时外面栏杆处虽然还有空间，但屋顶平台上站满了人。在外面，数以千计的球迷推着向前挤。由于外面非常拥挤，情形很危险，警察决定打开体育场的一扇大门。突然，外面的强大压力戏剧性地传入窄窄的通道，这个通道离屋顶平台最近。后面的巨大压力将前面的人挤在栏杆上不能动弹。在此过程中，因为后面的人可能会不知不觉地增大人群中的压力，使人群中部、前部达到挤压状态，特别是前面的人遇到障碍突然停下来时，会加剧挤压，而被踩踏的人又不能把自己的困境传达给后面的人。最后这次事故导致 95 人因窒息或踩踏死亡，400 人受伤。

5）楼层、区域和房间内的疏散距离应考虑人员的疏散能力，特别是使用人员的行为能力、性别与年龄构成情况，使疏散出口布置均匀分散，并应与建筑的室内空间高度、火灾危险性等匹配，可参见本指南第 7.1.3 条的【实施要点】。应区别不同使用人群的疏散需要，特别关注行为能力较弱的人群，如病人、残障人员、儿童、老年人等的疏散需要。一般来说，上述人群使用的建筑要尽量设置独立的疏散出口和疏散楼梯，疏散路线尽量避开其他疏散人群，控制疏散距离。

6）合理设置疏散照明和疏散指示标志，疏散照明的照度、疏散指示标志的大小和形式，应与疏散出口、疏散走道、疏散楼梯的宽度，疏散距离或人员疏散的行走距离，室内空间高度、开敞区域的面积大小匹配。

7）正常情况下，电梯和自动扶梯不应计作安全疏散设施，应尽量减少使用避难走道，尽量避免采用剪刀楼梯间、共用疏散楼梯间作为疏散楼梯。

7.1.2 建筑中的疏散出口应分散布置，房间疏散门应直接通向安全出口，不应经过其他房间。疏散出口的宽度和数量应满足人员安全疏散的要求。各层疏散楼梯的净宽度应符合下列规定：

1 对于建筑的地上楼层，各层疏散楼梯的净宽度均不应小于其上部各层中要求疏散净宽度的最大值；

2 对于建筑的地下楼层或地下建筑、平时使用的人民防空工程，各层疏散楼梯的净宽度均不应小于其下部各层中要求疏散净宽度的最大值。

**【条文要点】**

本条规定是在建筑内设置疏散出口的基本原则、疏散出口和疏散楼梯设置的基本功能目标要求和关键性能要求。本条规定的疏散出口包括房间的疏散门和防火分区的安全出口，而楼层上通向疏散楼梯的门就是安全出口，因此本条规定的疏散出口设置要求实际上包括疏散楼梯或疏散楼梯间的设置要求。本规范的“地下建筑”原则上包括平时使用的人民防空工程，但为表述得更清楚，避免误解，在本规范的相关条文中还是将“平时使用的人民防空工程”单独列出。

**【实施要点】**

（1）疏散出口是建筑内用于火灾时人员离开火场逃生并符合一定要求的出口，包括房间疏散门和安全出口。疏散出口的设置要注意出口的宽度、位置的合理性和可达性。

1）房间疏散门是建筑内的房间直接开向疏散走道的门，当房间的疏散门直接通向室外时，可以按照安全出口考虑，并应符合安全出口的设置要求。对于设置套房的房间，内部套房的门不能计作该房间的疏散门。

2）安全出口是供人员安全疏散用的楼梯间、室外楼梯的楼层出入口，或直通室内、室外疏散安全区的出口。安全出口是建筑室内人员疏散进入室内外疏散安全区的最后节点，合理设置的安全出口能够提高人员在火灾时疏散的安全性。安全出口的设置应注意以下情况：

——当疏散楼梯为防烟楼梯间、室外疏散楼梯时，安全出口应为室内区域（包括防火分区、楼层或房间）进入防烟楼梯间前室、室外疏散楼梯的入口。

——当建筑采用避难走道疏散至室外时，安全出口应为防火分区、楼层进入避难走道前室的入口。

——当避难间设置通往疏散楼梯间，或其他室内、室外疏散安全区的出口时，楼层上进入避难间的入口可以作为安全出口。

“室内疏散安全区”是在建筑发生火灾时能保证人员疏散安全，并主要用于人员疏散的区域，该区域必须具备足够的防火性能，满足火灾时可能处于该区域的全部人员安全疏散的要求。常见的室内疏散安全区主要有：采用防火墙和甲级防火门分隔的相邻防火分区，避难走道，封闭楼梯间，防烟楼梯间及其前室，通向相邻建筑的室内、室外廊道，符合防火要求的换乘通道、城市通廊，符合防火和人员安全疏散要求的有顶棚的商业步行街，符合要求的避难间等。当相邻防火分区在防火分隔处不是全部采用防火墙和甲级防火门分隔时，这两个防火分区不能相互作为室内疏散安全区。室内疏散安全区可以兼作消防救援人员进入建筑实施救援的安全区域。

“室外疏散安全区”是在建筑火灾时能足够容纳建筑内疏散出来并需要临时停留的全部人员，具备人员安全停留和疏散至更安全区域的条件的室外露天、半露天场地。常见的室外疏散安全区主要有：室外设计地面，露天下沉广场或庭院，上人屋面或露天平台，连接相邻建筑的敞开或半敞开的天桥或连廊，室外楼梯，建筑中连接疏散楼梯（间）、相邻建筑上人屋面、天桥的敞开外廊等。

3）疏散出口不一定是安全出口，安全出口是通向防火性能更高区域的疏散出口，是疏散出口的一种，主要针对建筑中的一个楼层或一个独立的防火分区而言。例如，一座 3 层的办公楼，在首层设置了一间大会议室，在其他楼层设置了办公室。则首层大会议室直通室外的疏散出口既是会议室的安全出口，又是会议室的疏散出口，而各层办公室通向疏散走道的房间门就只是这些房间的疏散出口，而不是安全出口，二层和三层上经疏散走道通向疏散楼梯间处的入口则是该楼层的安全出口。又如，一座 3 层的商店建筑，二层营业厅设置了 4 个出口，每个出口均直接通向封闭楼梯间。则这 4 个出口既是该营业厅的安全出口，又是其疏散出口。参见图 7-1。

（2）根据双向疏散原则，在建筑中的一个防火分区、划分一个防火分区的一个楼层、一个防火分区内的一个区域或房间一般应设置 2 个及以上疏散出口，且相邻两个出口之间的水平距离应能使该区域或房间内的人员在疏散时具有至少两个不同方向的疏

（a）首层会议室平面图

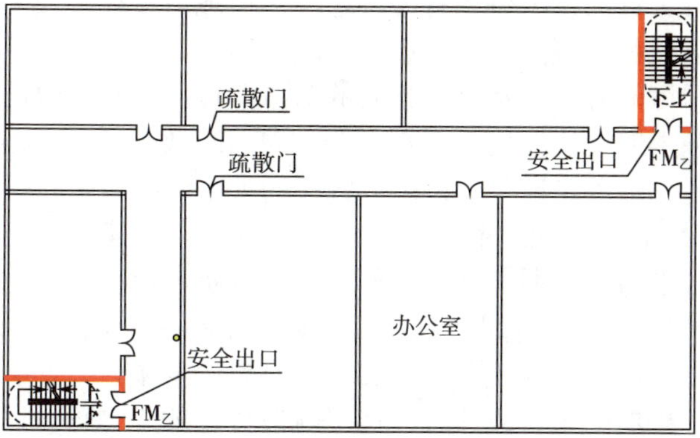


（b）二、三层办公室平面图

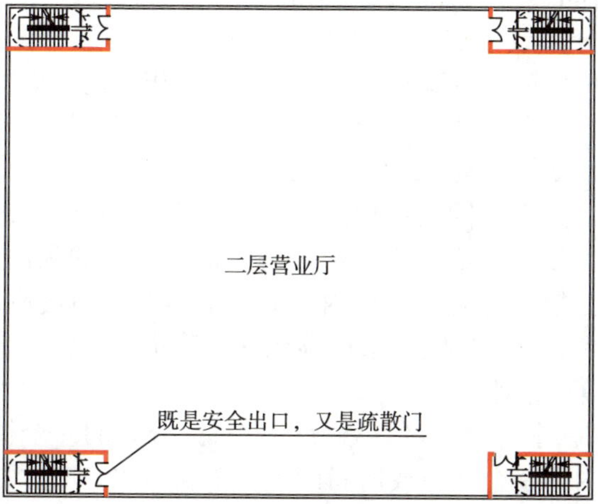


（c）二层营业厅平面图

**图 7-1　安全出口和房间疏散门设置示意图**

散路径。因此，疏散出口应比较均匀地分散设置在平面上的不同方位。如果两个疏散出口之间距离太近，在人员疏散时实际上只相当于起到一个出口的作用，一旦这个方向的出口被烟火封堵，这两个出口都将难以有效发挥疏散作用，使人员面临难以安全疏散的巨大风险。

尽管火灾的发生概率有大小之分，但疏散设计必须考虑建筑内所有区域都有可能发生火灾的情况。因此，需要在建筑内任何区域都尽可能有 2 个及以上方向的疏散路径。这是疏散设施设置的一条基本原则。如果只能有一个方向的疏散路径时，必须限制疏散通道、疏散走道、出口服务区域的大小或疏散距离。

1）疏散通道和疏散走道的双向疏散。对于建筑内的疏散通道和疏散走道，在通道和走道的端部设置疏散出口，不在疏散走道尽端或两侧布置房间，避免形成袋形走道，是比较好的做法。否则，在疏散通道或疏散走道要尽量设置避难阳台，连接其他建筑屋面、楼层的天桥或连廊，连接疏散楼梯的外廊等可以供人员在紧急情况下逃生的设施。

2）房间、防火分区或楼层的双向疏散。具有一定面积的房间、防火分区或楼层，应设置不少于 2 个的疏散出口或疏散楼梯。设置一个疏散出口的区域或房间的面积，应根据使用人员的行为能力、人员密度、疏散人数、区域或房间内的火灾发展特性、室内高度等因素所决定的疏散距离确定。因此，不同使用功能的建筑，其中不同火灾危险性、使用人数和空间特性的楼层、区域或房间设置一部疏散楼梯或一个疏散出口的条件可以不同。一般，需要根据房间或区域内的火灾危险性、室内高度等因素，通过限制人数、疏散距离来反推允许的建筑面积，或者直接限制其最大允许疏散距离。

3）当一个防火分区、划分一个防火分区的一个楼层、一个防火分区内的一个区域或房间设置多个疏散出口时，相邻两个疏散出口之间的间距多大可以作为两个独立疏散方向的出口，应视该区域或房间的建筑面积、几何形状而定。这在不同国家的判定方法略有差异，一般可以采用相邻两个出口中点之间的夹角大小进行判定。当一个区域或房间内的最远点至最近两个疏散出口中点连线之间的夹角大于 30°，最好为大于或等于 45°，或者同侧两个疏散出口最远边缘之间的直线距离不小于所在房间最长对角线长度的 1/2 时，可以认为这两个疏散出口是处于两个不同疏散方向上，即符合双向疏散的要求。参见图 7–2。

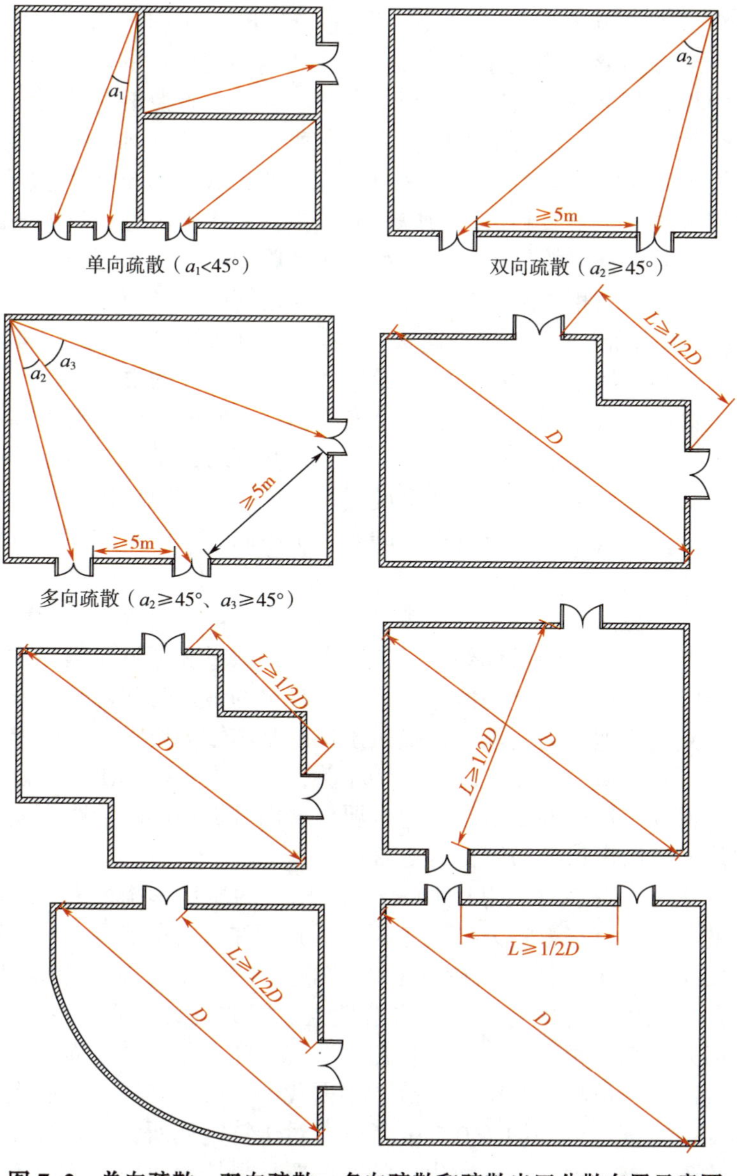


**图 7–2　单向疏散、双向疏散、多向疏散和疏散出口分散布置示意图**

注：$D$ 为房间内最长的对角线。

例如，英国相关标准要求设置一个出口的房间，房间内的最大疏散距离不应大于 7.5m 或 9m（区别不同用途的建筑）；房间中相邻两个安全出口中点与室内任一点连线的夹角大于或等于 45° 时，可以将这两个出口视为 2 个独立的出口。国家标准《建筑设计防火规范》GB 50016—2014（2018 年版）第 5.5.2 条规定，建筑内的安全出口和疏散门应分散布置，且建筑内每个防火分区或一个防火分区的每个楼层、每个住宅单元每层相邻两个安全出口、每个房间相邻两个疏散门最近边缘之间的水平距离不应小于 5m。国家标准《地铁设计防火标准》GB 51298—2018 第 5.1.4 条规定，每个站厅公共区应至少设置 2 个直通室外的安全出口。安全出口应分散布置，且相邻两个安全出口之间的最小水平距离不应小于 20m。换乘车站共用一个站厅公共区时，站厅公共区的安全出口应按每条线不少于 2 个设置。上述关于疏散出口水平距离的规定，使人员在建筑着火后能有多个不同方向的疏散路线可供选择和疏散。

（3）疏散出口的设置应满足人员安全疏散的要求，是疏散出口设置的基本功能目标要求；疏散出口的数量和宽度应满足建筑物内的人员在接到火警信息后，能在规定的最短时间内全部安全疏散到安全地带的要求，是疏散出口的基本性能要求。疏散出口的设置与区域内的疏散距离密切相关，合理设置疏散出口可以较好地保证区域内的疏散距离符合要求，而区域内的疏散距离要求又能使疏散出口的布置位置更合理。

1）疏散出口的宽度对人员通过出口的流量影响很大，而出口的人流量直接影响人员疏散所需时间，并进而影响到人员疏散的安全性。由于每个人在行走时都需要占用一定的宽度和面积，因此，当出口宽度符合通过人群的人流股数且具有适当余量时，疏散效率高。否则，容易产生拥挤，甚至产生起拱效应而导致疏散混乱、人员相互踩踏等事故。根据我国人体的特征，每股人流的疏散宽度可以平均按 0.55m 考虑，对于特定场所，可以按照此平均值调整。因此，疏散出口的宽度要尽量按照每股人流所需最小净宽度核定，并考虑一定的边界效应后进行调整。边界效应一般可以按照每侧不小于 0~0.15m 考虑。同时，每个出口的宽度也不应过大，宽度过大同样会产生无序疏散的现象，导致人员通过出口的流量降低，影响疏散效率。

此外，疏散出口宽度还应注意与出口场地条件、疏散楼梯的类型（单跑梯或多跑梯）及其梯段宽度、廊道宽度等匹配，要避免出现疏散出口大而疏散楼梯梯段、连接通道或走道的宽度小等情况。否则，同样不能发挥相同宽度疏散出口的作用。

2）合理的疏散出口数量，可以确保疏散宽度分布合理、人员充分利用疏散出口，提高疏散速度、缩短疏散时间，使人员在疏散过程中具有多条疏散路径可供选择。单一疏散出口或疏散人数较多的场所，如果出口数量少，在疏散时容易产生人员集中、人员通过出口的时间长，导致人员疏散的安全性降低等情况。但是，疏散出口的数量要满足人员安全疏散的要求，不仅要数量、宽度和疏散距离满足要求，而且出口设置方位、每个出口的宽度都要合理。出口的位置应使人员具有多个不同疏散方向，出口的宽度分布应符合该区域或楼层人员的平时使用需要和应急时的行为习惯。

（4）每层疏散人数不相等的建筑，疏散楼梯的总净宽度应分层计算，每层的疏散楼梯宽度应与上部楼层的楼梯宽度及需要的疏散净宽度协调。对于具有多个楼层的建筑，无论地上建筑还是地下建筑或建筑的地下室，建筑各层的用途和使用人数均可能不同，各层所需疏散宽度也会有所差异。因此，沿人员疏散顺序自上而下或自下而上使用的疏散楼梯，从楼层上的安全出口开始至疏散楼梯，再从这层的疏散楼梯到下一层或上一层的疏散楼梯，每一层疏散楼梯的宽度均应依次不小于前者，以确保人员在疏散过程中不会发生拥堵而延误安全疏散的时间。或者说，对于地上建筑，每一层疏散楼梯的宽度均不应小于该层以上任意一层所需疏散宽度最大一层的疏散楼梯宽度；对于地下建筑或建筑的地下室，每一层疏散楼梯的宽度均不应小于该层以下任意一层所需疏散宽度最大一层的疏散楼梯宽度。

例如，一座二级耐火等级的地上 6 层公共建筑，第六层、第五层的疏散人数每层最多为 200 人，第四层的疏散人数最多为

400 人，第三层及以下各层的疏散人数每层最多为 300 人。根据本规范第 7.4.7 条的规定，疏散楼梯的净宽度应按照每 100 人不小于 1.0m 计算确定。经计算，该建筑第六层和第五层安全出口、疏散楼梯所需疏散总净宽度均分别不应小于 2.0m，第四层安全出口、疏散楼梯所需疏散总净宽度分别不应小于 4.0m，第三层及以下各层安全出口、疏散楼梯所需疏散总净宽度均分别不应小于 3.0m。如果该建筑每层设置 2 部疏散楼梯，且每个楼层的安全出口、疏散楼梯的疏散总净宽度均取计算值，每个安全出口、每部疏散楼梯的宽度均匀分配。则根据本条的规定，该建筑各层每部疏散楼梯的净宽度分别应为：第六层和第五层，不应小于 1.0m；第四层及以下各层，不应小于 2.0m。

7.1.3 建筑中的最大疏散距离应根据建筑的耐火等级、火灾危险性、空间高度、疏散楼梯（间）的形式和使用人员的特点等因素确定，并应符合下列规定：

1 疏散距离应满足人员安全疏散的要求；

2 房间内任一点至房间疏散门的疏散距离，不应大于建筑中位于袋形走道两侧或尽端房间的疏散门至最近安全出口的最大允许疏散距离。

【条文要点】

疏散距离是保证人员疏散安全和疏散出口合理分布的基本要素，疏散距离越短，人员的疏散过程越安全。本条规定是确定建筑中安全疏散距离的基本原则、关键性能与措施要求。本条第 2 款规定的房间不包括房间的疏散门为安全出口的情形。

【实施要点】

（1）疏散距离是指建筑中某一区域或房间室内任一点至最近房间疏散出口的距离，是用于控制建筑中特定区域疏散门合理设置的一个重要参数，应区别于火灾时人员实际需要行走的步行距离。除相关标准专门明确为人员行走的步行距离外，疏散距离应按照室内任一点至最近疏散门或安全出口的直线距离测量，包括房间内最远一点至房间疏散门、住宅户门或其他疏散门的直线距离，从房间的疏散门至最近疏散楼梯间楼层入口或其他安全出口的直线距离。当在疏散路线上存在墙体、固定的货架、固定的大型家具等物体时，应按照相应的折线距离确定；当在疏散路线上存在低矮的柜台、固定座椅等时，可以忽略这些物体的影响，仍然可以按照室内任一点至最近疏散门或安全出口的直线距离确定。

（2）疏散距离对人员疏散所需时间、人员的疏散安全性有很大影响，建筑中任一区域或房间的疏散距离均应满足人员安全疏散的需要。疏散距离长短要考虑人员疏散的安全，并兼顾建筑功能、室内高度、平面布置等的要求。不同使用性质、不同使用功能的建筑，室内情况千变万化，使用人数也各不一样，其疏散距离也可以不完全一致。但是，疏散距离应与建筑内不同场所的室内净高度、火灾危险性、建筑的耐火等级、建筑高度或竖向疏散距离、使用人员的行为能力、疏散出口的形式等因素相适应。建筑内的疏散距离是否符合本规范要求，是否满足人员安全疏散的要求，均应综合这些因素进行判定。

（3）建筑中位于袋形走道两侧或尽端的房间的疏散门至最近安全出口的最大允许疏散距离，是按照成年人憋一口气可以在烟气中行走的最大安全距离为基础确定的。最大允许疏散距离因建筑的耐火等级、房间的实际用途、火灾危险性等条件不同而有所区别。

1）对于建筑面积较小的房间，如普通的办公室、居室、客房、商铺、设备用房等房间，房间内的疏散距离考虑到房间的空间高度较低、面积较小、火灾及烟气发展快的特点，应以建筑中位于袋形走道两侧或尽端房间的疏散门至最近安全出口的最大允许疏散距离为基础确定，并应区别设置至少 2 个疏散出口和仅设置 1 个疏散出口的情形。相关说明参见本指南第 7.1.1 条的【实施要点】。

与英美等国家的标准比，本规范及我国现行标准有关疏散距离是采用点至点的直线测量，实际步行距离相对较大。因此，在实际建筑中，应严格控制房间内的疏散距离。例如，美国消防协会标准 NFPA 101 *Life Safety Code*（2021 年版）规定，具有高火灾危险性且未设置自动灭火系统的房间，当具有 2 个及以上的疏散门时，步行疏散距离不应大于 23m；当只有一个疏散门时，步行疏散距离不应大于 7.6m。设备用房的步行疏散距离一般不应大于 15m。英国建筑法规 Building Regulations 2010 的 *Approved Document B*（2013 年版）规定一般的公共场所的步行疏散距离为：设置一个疏散出口时，不应大于 18m；设置多个疏散出口时，不应大于 45m；特殊危险性场所和公寓的步行疏散距离为：设置一个疏散出口时，不应大于 9m；设置多个疏散出口时，不应大于 18m。

2）对于营业厅、展览厅、观众厅、证券交易大厅、报告厅、乘客候车（船、机）厅等开敞的场所，由于不同用途的场所，室内空间净高度和火灾危险性相差较大，可以根据这些场所的建筑特性、火灾特性和人员特性等因素，结合控制火灾危险源、火灾规模、火灾和烟气蔓延等措施，以满足本规范有关建筑疏散设施的设置原则、功能目标要求和性能要求为基础，按照国家现行相关技术标准的规定确定。

3）本条第 2 款的房间不包括下述房间疏散出口为安全出口的房间或场所：营业厅、展览厅、观众厅、乘客候车（船、机）厅、开敞式办公区等开敞的场所，地铁车站站厅、换乘厅等，生产厂房中的开敞生产车间；也不包括仓库建筑中的库房。

（4）各类建筑中的疏散距离确定原则：

1）民用建筑的室内净高通常较低，疏散人数相差有时较大，不同用途场所的疏散距离有一定差别。在民用建筑中，疏散距离一般以健康的成年人憋一口气可以在烟气中行走的最大安全距离约为 20m 为基础，综合影响疏散距离的主要因素进行确定。

例如，国家标准《民用机场航站楼设计防火规范》GB 51236—2017 第 3.4.2 条规定，航站楼的公共区内任一点均应至少有 2 条不同方向的疏散路径。当公共区的室内平均净高小于 6.0m 时，公共区内任一点至最近安全出口的直线距离不应大于 40.0m；当公共区的室内平均净高大于 20.0m 时，可为 90.0m；其他情形，不应大于 60.0m。这一规定不仅考虑了人在正常火灾和烟气蔓延情况的最大安全行走距离，而且综合考虑了室内高度对烟气蔓延和沉降的影响、烟气对人员疏散安全的影响、人在疏散时的视线条件，以及航站楼公共区的可能火灾规模及其发展情况等因素。

2）厂房中生产车间每个防火分区的安全出口、疏散楼梯绝大部分是直接设置在车间内，少数通过疏散门经疏散走道至疏散楼梯间进行疏散。因此，厂房主要控制车间内最远点至最近疏散出口的直线距离。当车间设置疏散门经疏散走道疏散时，人员经过疏散走道的疏散距离应计入车间的疏散距离内。由于生产车间的室内净高较高、面积较大，疏散人员行为能力较强，因此其疏散距离往往较民用建筑的大。

3）建筑内的疏散走道、地铁工程的区间隧道、交通隧道工程中的封闭段隧道、管廊工程等建筑的疏散距离，应根据建筑的使用功能、具体用途、空间净高和疏散人数，并综合火灾烟气对疏散过程的影响、疏散人员的行为能力、人员密度、人员对疏散路线的熟悉程度等因素确定。

4）在不同类别的建筑中，人员的安全疏散距离可以根据上述原则和现行国家标准《建筑设计防火规范》GB 50016、《地铁设计防火标准》GB 51298 等技术标准的规定确定。

7.1.4　疏散出口门、疏散走道、疏散楼梯等的净宽度应符合下列规定：

1　疏散出口门、室外疏散楼梯的净宽度均不应小于 0.80m；

2　住宅建筑中直通室外地面的住宅户门的净宽度不应小于 0.80m，当住宅建筑高度不大于 18m 且一边设置栏杆时，室内疏散楼梯的净宽度不应小于 1.0m，其他住宅建筑室内疏散楼梯的净宽度不应小于 1.1m；

3　疏散走道、首层疏散外门、公共建筑中的室内疏散楼梯的净宽度均不应小于 1.1m；

4　净宽度大于 4.0m 的疏散楼梯、室内疏散台阶或坡道，应设置扶手栏杆且分隔为宽度均不大于 2.0m 的区段。

7.1.5　在疏散通道、疏散走道、疏散出口处，不应有任何影响人员疏散的物体，并应在疏散通道、疏散走道、疏散出口的明显位置设置明显的指示标志。疏散通道、疏散走道、疏散出口的净高度均不应小于 2.1m。疏散走道在防火分区分隔处应设置疏散门。

【条文要点】

这两条规定了建筑内疏散出口门、疏散楼梯、疏散走道的最小净宽度、净高度等关键技术要求，以确保这些设施满足人员快速、安全疏散，方便消防救援快速进出。

【实施要点】

（1）本规范规定的疏散出口门的净宽度，应按照下述方法测量，参见图 7–3：

1）对于单扇疏散出口门，门的净宽度应为门扇开启 90° 或最大时，从门侧柱或门框边缘至门表面的最小水平净距。

2）对于双扇疏散出口门，门的净宽度应为两扇门分别开启 90° 或最大时，相对两扇门表面之间的最小水平净距。

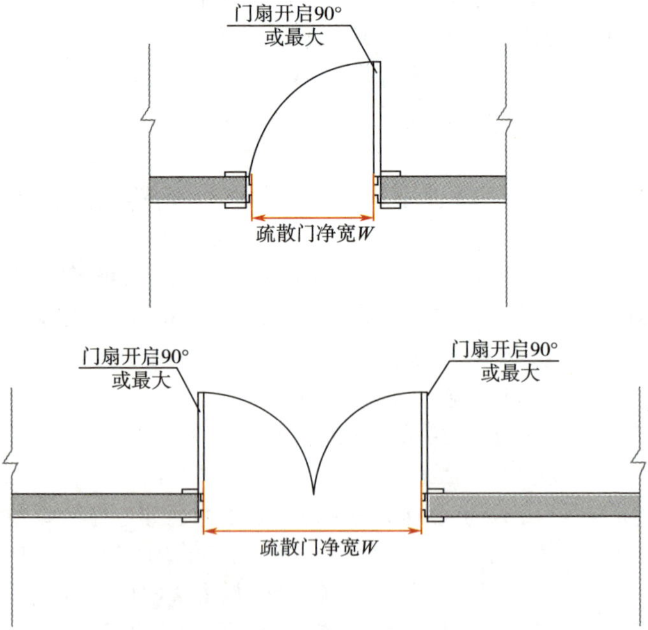


**图 7–3　疏散门的净宽度测量方法示意图**

（2）疏散走道的净宽度应按照下述方法测量，参见图 7-4：

1）当疏散走道两侧为墙体时，应为走道两侧完成墙面之间的最小水平净距。

2）当疏散走道一侧为栏杆或有扶手、另一侧为墙体时，应为走道一侧完成墙面与栏杆或扶手内侧之间的最小水平净距。

3）当疏散走道两侧均设置栏杆或扶手时，应为其两侧栏杆或扶手内侧之间的最小水平净距。

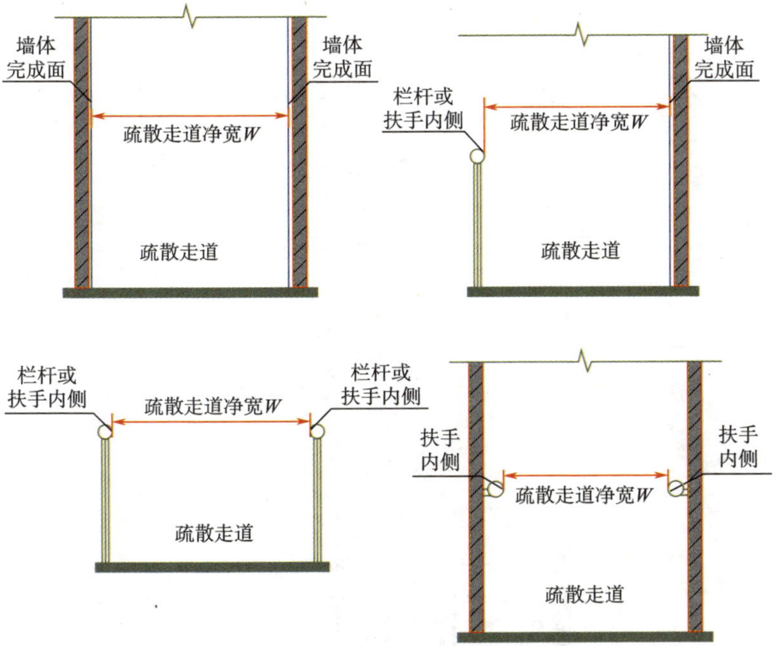


**图 7-4　疏散走道的净宽度测量方法示意图**

4）当上述情况有多个计算值时，应为其中的较小者。

（3）疏散楼梯的净宽度应按照下述方法测量，参见图 7-5：

1）当疏散楼梯两侧均为墙体而无扶手时，应为两侧完成墙面之间的最小水平净距。

2）当疏散楼梯有一侧为墙体、另一侧为扶手或栏杆时，应

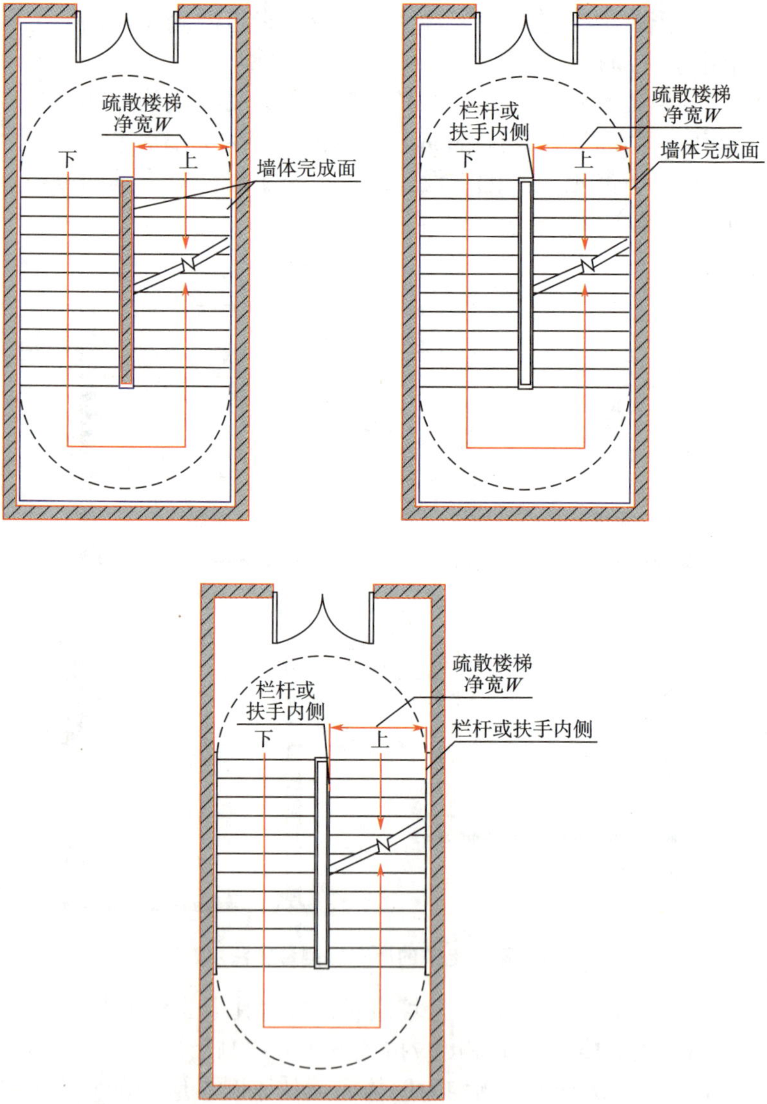


**图 7–5　疏散楼梯的净宽度测量方法示意图**

为完成墙面到栏杆或扶手内侧的最小水平净距。

3）当疏散楼梯两侧均设置栏杆或扶手时，应为两侧栏杆或扶手相对内表面之间的最小水平净距。

4）当上述情况有多个计算值时，应为其中的较小者。

（4）本规范规定的“疏散走道”是指连接房间门至楼层上进入疏散楼梯、疏散楼梯间或防烟楼梯间前室的入口，直接通向室外的出口等安全出口的廊道。疏散走道是建筑内连接房间疏散门与楼层安全出口的交通联系通道，在火灾时用于人员疏散，要求具有一定的防火、防烟性能。因此，疏散走道与其他室内空间之间应采取防火、防烟分隔措施，保证人员在疏散走道内疏散时不会受到火灾和烟气的影响。例如，在疏散走道两侧的防火隔墙上，除必须布置用于交通联系的门外，不应开设其他窗洞口；当必须开设其他窗洞口时，应采取相应的防烟防火措施或使之具有一定的防烟性能，对于门上的亮窗，因面积较小，可以不考虑。

在实践中，应注意“疏散走道”与“疏散通道”的区别。疏散通道的防火性能与所在房间或区域的安全性相同，较疏散走道的安全性能低。疏散走道是防火、防烟性能较进入疏散走道前的室内空间（包括疏散通道）更安全的区域。在火灾情况下，人员从房间等部位向外疏散，要经过疏散通道或疏散门到达疏散走道、室外或其他室内外疏散安全区。

疏散走道汇聚了多个房间的疏散人数。为提高人员的通行速度，疏散走道应能够至少满足 2 股人流疏散的要求。根据我国人体的特点，供日常主要交通用楼梯的梯段净宽应根据通过楼梯的人流股数确定，并且不应少于两股人流。每股人流宽度宜根据建筑的使用功能按 0.55m+（0~0.15）m 考虑。因此，厂房、住宅建筑、单层和多层公共建筑的疏散走道、公共疏散楼梯的最小净宽度按照每股人流宽度不小于 0.55m 考虑，通常不应小于 1.10m。当疏散人数较多时，疏散走道等的净宽度应根据疏散人数按照每百人的最小所需净宽度经计算后确定，对于人员密集的场所，要尽量按照通过的人流股数校核调整。

通常，建筑的地下楼层和地上楼层的疏散楼梯在建筑的首层，应直通室外或者通过各自独立的疏散走道直通室外，可以通过扩大的封闭楼梯间、防烟楼梯间的扩大前室通至室外。但在实际工程中，往往在疏散楼梯到达建筑首层后难以直通室外，存在多部疏散楼梯需要利用同一条疏散走道通至室外的情形。在这种情形下，疏散走道的净宽度应充分考虑合流的疏散人数因降低疏散速度，导致疏散时间延长而对疏散楼梯间内疏散人员可能带来的压力，以及在该疏散走道内产生的不安全因素，并通过加大此疏散走道的宽度、提高疏散照明的照度、改进疏散指示标志及其设置高度和间距等措施，保证人员疏散的安全。

（5）疏散楼梯或室内外疏散台阶、坡道应在临空侧设置栏杆或扶手，以防止人群疏散时失稳跌倒而导致踩踏等意外发生。当这些设施的宽度大于4.0m时，将出现5~7股人流并行的情形，很容易出现混乱失序，引发意外踩踏等事故，必须在中间用栏杆分开。当两侧均设置扶手时，疏散楼梯或室内外疏散台阶、坡道的宽度不应大于2.0m；当仅一侧设置扶手时，宽度不宜大于2股人流通行的要求，一般不宜大于1.4m。

（6）为避免对疏散路线产生阻力，减轻人员的不安全感，疏散通道和疏散走道应简捷明确、通畅、连续，符合人的行为习惯和使用要求，避免疏散通道和疏散走道在通向疏散出口的路线上发生宽度、疏散方向的较大变化，地面上要尽量采用坡道连接不同高差的楼面，避免有死角，避免在疏散路线上设置门槛或阶梯。在疏散通道和疏散走道两侧的人员疏散行动高度以下，以及疏散出口附近，不应有凸出墙面的柱体、门垛等凸出物，也不应存放影响人员疏散的物品。此外，疏散通道和疏散走道的地面粗糙度应适中，避免太光滑导致人员在疏散过程中因摩擦力小而引发摔倒、踩踏。

对于人员密集的场所，开向疏散走道的房间疏散门不应影响疏散走道的设计疏散宽度。疏散走道两侧的隔墙上不宜将窗扇直接开向疏散走道，开向疏散走道的窗扇不应影响人员安全疏散，不应减小疏散走道的设计疏散宽度。

合理设置疏散指示标志，可以更好地帮助人员快速、安全地疏散。在疏散通道上、疏散走道内、疏散出口处设置的疏散指示标志要有针对性，便于人们辨认，符合一般人行走时目视前方的习惯，能起到诱导人员朝向更安全区域的作用，但其设置位置应能够避免被建筑构配件和火灾烟气遮挡。

（7）第 7.1.4 条第 2 款中“其他住宅建筑室内疏散楼梯”是指除住宅建筑高度不大于 18m 且一边设置栏杆的室内疏散楼梯外，住宅建筑中的其他室内疏散楼梯。例如，一座建筑高度为 18m，设置两部室内疏散楼梯的住宅建筑，其中一部疏散楼梯一侧设置栏杆、另一侧为墙体，另一部疏散楼梯两侧为墙体、不设置栏杆，则设置栏杆的疏散楼梯的宽度不应小于 1.0m，未设置栏杆的疏散楼梯的净宽度不应小于 1.1m。一座建筑高度为 27m 的住宅建筑，无论建筑中的室内疏散楼梯两边是否设置栏杆，其净宽度均不应小于 1.1m。这主要考虑到设置栏杆的疏散楼梯对人行走过程中摆动的限制较小。

（8）疏散通道、疏散走道等用于人员疏散通行的空间和疏散出口，净高度不应小于 2.1m。对于疏散出口应为出口处门口的净高度，即门框至地面的净高度。参见图 7–6。

应注意的是，国家标准《民用建筑通用规范》GB 55031—2022 和《民用建筑设计统一标准》GB 50352—2019 规定了多个不同部位的净高。例如，地下室、局部夹层、走道等有人员正常活动的最低处净高，以及避难层、有人员正常活动的架空层、楼梯平台上部及下部过道处的净高均不应小于 2.0m，梯段净高不应小于 2.2m。室内净高应按楼地面完成面至吊顶、楼板或梁底面之间的垂直距离计算；当楼盖、屋盖的下悬构件或管道底面影响有效使用空间时，应按楼地面完成面至下悬构件下缘或管道底面之间的垂直距离计算。

但是，建筑中疏散走道的净高度和疏散楼梯平台上部及下部过道处的净高度均要按照不小于 2.1m 确定，而不能按照 2.0m 确定。建筑中不用于人员疏散的架空层、楼梯、走道、坡道，架空层的净高度、公共楼梯休息平台上部及下部过道处等部位的净高度可以按照不小于 2.0m 考虑。

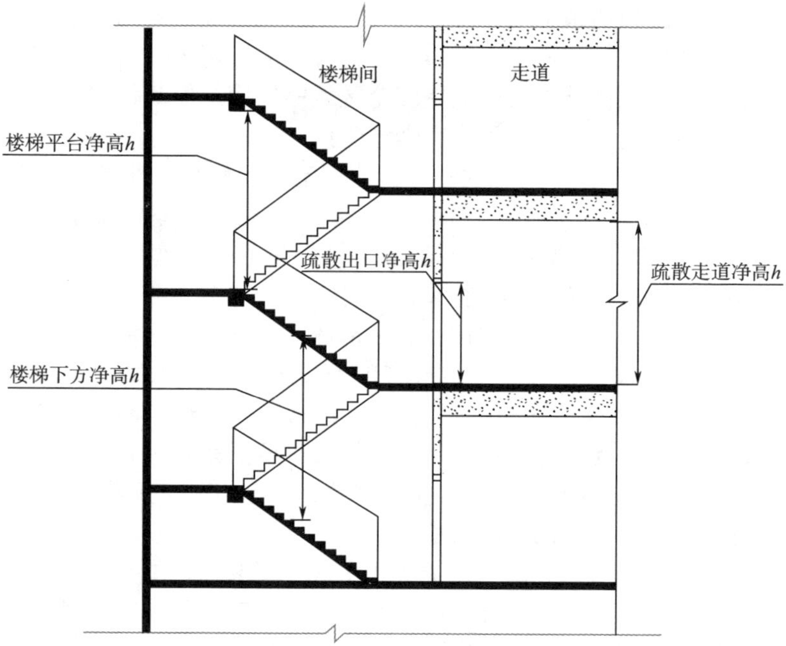


**图 7-6 疏散通道、疏散走道、疏散门等的净高度测量示意图**

7.1.6 除设置在丙、丁、戊类仓库首层靠墙外侧的推拉门或卷帘门可用于疏散门外，疏散出口门应为平开门或在火灾时具有平开功能的门，且下列场所或部位的疏散出口门应向疏散方向开启：

1 甲、乙类生产场所；

2 甲、乙类物质的储存场所；

3 平时使用的人民防空工程中的公共场所；

4 其他建筑中使用人数大于60人的房间或每樘门的平均疏散人数大于30人的房间；

5 疏散楼梯间及其前室的门；

6 室内通向室外疏散楼梯的门。

7.1.7 疏散出口门应能在关闭后从任何一侧手动开启。开向疏散楼梯（间）或疏散走道的门在完全开启时，不应减少楼梯平台或疏散走道的有效净宽度。除住宅的户门可不受限制外，建筑中控制人员出入的闸口和设置门禁系统的疏散出口门应具有在火灾时自动释放的功能，且人员不需使用任何工具即能容易地从内部打开，在门内一侧的显著位置应设置明显的标识。

【条文要点】

建筑中的人员在火灾时的疏散时间主要取决于所在场所的人员密度和人群通过疏散门的时间，并且大多数情况下受制于人群通过疏散门的时间。这两条规定了疏散门的基本功能和性能要求，以确保在人员能够快速通过疏散门，并且不会因疏散门设置不合理导致人员疏散受阻、拥挤，甚至发生人身伤害事故。

【实施要点】

（1）疏散门是设置在疏散出口的门，包括房间的疏散门和安全出口门。疏散门在人员应急疏散时应处于平开状态，人们直接推拉门把手就可以向内或向外开启，从而节省疏散时间，且不会出现人群将门挤压住的情形。因此，疏散门一般应为平开门。在平时使用时为旋转、电动、推拉状态的门，如一些商店、旅馆、办公楼等公共建筑的大堂出入口旋转门，老年人照料设施和残障人员使用场所的推拉或电动房间门，应能在火灾时与火灾自动报警系统或其他联动转换装置联动并转换为平开状态，即这些门应具有在火灾时转为平开状态的功能。

侧拉门、卷帘门、旋转门、电动门，包括帘中门，在紧急疏散情况下由于人群惊慌、拥挤而压紧内开门扇使门无法开启，不能保证人群安全、快速疏散。但是，丙、丁、戊类仓库中使用人数通常较少，且发生火灾后发展相对较慢。因此，除设置在丙、丁、戊类仓库首层靠墙外侧的推拉门或卷帘门可以用作库房的疏散门外，侧拉门、卷帘门、旋转门、电动门，包括帘中门均不允许用作疏散门。

在仓库建筑首层的疏散门主要是单层仓库建筑中每间库房为方便装卸和物品出入库，在库房外墙外侧设置的侧向推拉门、卷帘门。对于在不同楼层设置了车辆装卸平台的多层仓库建筑，此装卸平台一般可以视为库房内的人员疏散的安全区，直接通向装卸平台的库房疏散门也可以按照仓库建筑首层的疏散门考虑。

（2）在室内发生火灾时，人们总是从室内向室外疏散，因此疏散门通常应向疏散方向开启。对于安全出口的门，在疏散时将汇聚多个房间或一个较大区域的人员，疏散人数往往较多，人们除比较熟悉自己所在的办公室、工作场所的房间门的开启方向外，对其他出口门的开启方向往往不太注意，也不熟悉，容易在应急情况下出现不能安全疏散的情况。特别是甲、乙类火灾危险性的场所，由于发生事故往往是以爆燃为主，无论人员对场所情况熟悉与否，在应急疏散状态下往往急于往外逃生，难以顾及门的开启方向。因此，安全出口的门均要求向疏散方向开启。除安全出口外，本规范第 7.1.6 条规定的各类场所的房间疏散门也均要求向疏散方向开启；第 7.1.6 条规定外的其他房间的疏散门，可以根据有利于人员快速、安全疏散的原则，以及使用人员对环境的熟悉程度和室内实际火灾危险性等情况确定其开启方向，不作强制要求，但也要尽量向疏散方向开启。

（3）本规范第 7.1.6 条第 4 款规定的门主要为房间的疏散门，而不是房间的安全出口门。考虑到房间的疏散门向疏散方向开启时，存在需要设置门斗，或直接开向走道会减小疏散走道宽度和影响人员疏散的情形，本规范允许房间中每樘疏散门负担的疏散人数不大于 30 人时，疏散门的开启方向不限，但有条件时仍应尽量向疏散方向开启。其他建筑中使用人数小于或等于 60 人的房间允许疏散门的开启方向不限，这些房间是指只能设置且允许设置 1 樘疏散门的房间。例如，位于疏散走道尽端的房间；当房间具备设置 2 个或多个疏散出口的条件，或应设置 2 个或多个疏散出口时，不应仅设置一个疏散出口，疏散出口门的开启方向应根据每樘疏散门的平均疏散人数是否大于 30 人确定。参见图 7–7。

（4）疏散门不仅应方便人们平时进出，而且需要满足在火灾时人们从室内向室外应急疏散，以及消防救援人员从室外向室内，或从室内向室外展开人员救助、灭火作战的要求。因此，疏散门必须具备在火灾时能够由人员手动从室内或室外任何一侧开启的功能，不能为满足平时的管理需要而锁闭或采用门禁系统限制，导致疏散人员和消防救援人员不能在火灾时及时从室内或从室外开启。

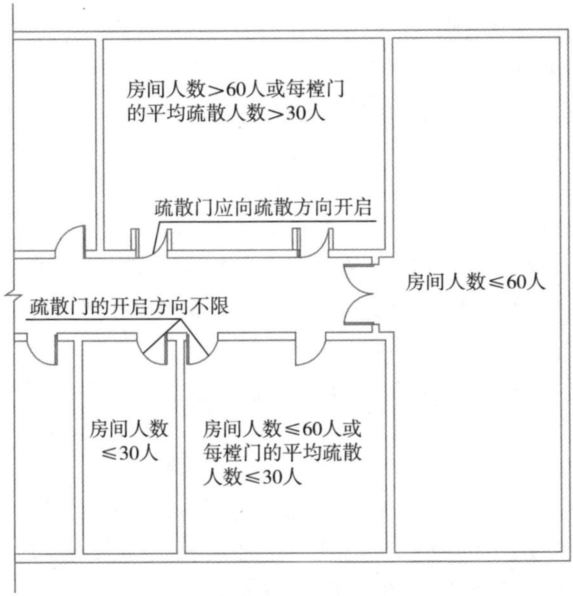


**图 7–7　房间疏散门开启方向示意图**

对于住宅建筑中的每个套房，使用人数少且熟悉户门的开启方法，除户内自身发生火灾外，在建筑其他部位发生火灾时，人们还需根据实际火情决定疏散与否。因此，住宅的户门可以不受本规范第 7.1.7 条有关门禁系统和开启方向要求的限制，不要求具备在火灾时能从室内外任何一侧开启和在火灾时自动解禁的功能。

对于住宅建筑中公共区域的疏散门、其他建筑中设置门禁系统的疏散门，均应具备与火灾自动报警系统、安防系统或其他应急控制系统联动控制解禁的功能，确保在火灾时能及时自动解禁，不需要使用钥匙、斧头或其他破拆工具等即能手动推动门从内部打开。例如，仓库中的库房门，商店建筑中供员工出入的疏散门或不常用的应急疏散门，金融建筑、广播电视建筑、图书馆建筑、博物馆建筑、办公建筑等建筑中设置门禁系统的疏散门，交通建筑中用作疏散出口的乘客出入口闸机。设置门禁系统的疏散门、人员聚集场所的疏散门、安全出口的疏散门，均应在显著位置设置提示开启门的方法和明显的门禁系统标识。例如，在推闩式门的门扇内侧上标示门的开启方法，在设置门禁系统的疏散门的门扇内侧上有说明正常情况下处于锁闭状态、火灾时处于解禁状态的文字，以及门的开启方法或位置、开启方向的明确标示。

（5）向疏散方向开启的门，会因门不能完全开启至与墙体平行状态，导致门扇占用疏散楼梯间平台、疏散走道的宽度。因此，开向疏散楼梯间、疏散走道的疏散门，在设计时应考虑门开启后对疏散楼梯、疏散走道的宽度的影响；在安装时应注意调整门的安装位置，使其能够完全开启；在使用时应防止采取不当行为限制其开启至最大位置。

尽管本规范第 7.1.7 条规定的是疏散门处于完全开启状态时不应减少楼梯平台、疏散走道的有效净宽度，但当疏散楼梯平台、疏散走道的宽度大于所需疏散净宽度要求时，仍要避免疏散人员的行动受到开向楼梯间、疏散走道内的门的影响。疏散楼梯平台、疏散走道的有效净宽度，是指疏散楼梯平台、疏散走道负担设计疏散人数所需最小疏散净宽度。

7.1.8　室内疏散楼梯间应符合下列规定：

1　疏散楼梯间内不应设置烧水间、可燃材料储藏室、垃圾道及其他影响人员疏散的凸出物或障碍物。

2　疏散楼梯间内不应设置或穿过甲、乙、丙类液体管道。

3　在住宅建筑的疏散楼梯间内设置可燃气体管道和可燃气体计量表时，应采用敞开楼梯间，并应采取防止燃气泄漏的防护措施；其他建筑的疏散楼梯间及其前室不应设置可燃或助燃气体管道。

4　疏散楼梯间及其前室与其他部位的防火分隔不应使用卷帘。

5　除疏散楼梯间及其前室的出入口、外窗和送风口，住宅建筑疏散楼梯间前室或合用前室内的管道井检查门外，疏散楼梯间及其前室或合用前室内的墙上不应设置其他门、窗等开口。

6 自然通风条件不符合防烟要求的封闭楼梯间，应采取机械加压防烟措施或采用防烟楼梯间。

7 防烟楼梯间前室的使用面积，公共建筑、高层厂房、高层仓库、平时使用的人民防空工程及其他地下工程，不应小于 $6.0m^2$；住宅建筑，不应小于 $4.5m^2$。与消防电梯前室合用的前室的使用面积，公共建筑、高层厂房、高层仓库、平时使用的人民防空工程及其他地下工程，不应小于 $10.0m^2$；住宅建筑，不应小于 $6.0m^2$。

8 疏散楼梯间及其前室上的开口与建筑外墙上的其他相邻开口最近边缘之间的水平距离不应小于1.0m。当距离不符合要求时，应采取防止火势通过相邻开口蔓延的措施。

**【条文要点】**

疏散楼梯间是在建筑内用于人员疏散和消防救援的主要垂直交通空间，也是建筑内供人员疏散和消防救援人员进出建筑楼层的安全区域，应防止在疏散楼梯间内发生火灾；对于服务层数多或服务的建筑高度高、火灾危险性大，或同一时间使用人数多的疏散楼梯间，还应防止火灾和烟气进入疏散楼梯间。本条的规定是室内疏散楼梯间的通用防火性能和关键技术措施要求。

**【实施要点】**

（1）室内疏散楼梯间是建筑的室内疏散安全区，是人员在火灾时疏散的重要通道，疏散楼梯的防火、防烟性能和疏散能力，直接影响人员疏散的安全、消防救援人员的行动安全和救援效果。因此，不仅疏散楼梯的结构需要具有较高的耐火性能，疏散楼梯间需要具有较高的防火、防烟性能，而且疏散楼梯间自身不应存在引发火灾的危险。疏散楼梯间的防烟性能应根据建筑的建筑高度和具体用途确定。

疏散楼梯间根据其封闭情况和防烟性能可以分为敞开楼梯间、封闭楼梯间、防烟楼梯间；根据其设置位置可以分为室内疏散楼梯间和室外疏散楼梯。疏散楼梯根据其构造可以分为多跑楼梯和单跑楼梯。在剪刀楼梯间内设置的楼梯属于单跑楼梯。

1）敞开楼梯间。敞开楼梯间是指在楼梯周围具有三面封闭围护、一面开敞的楼梯间，开敞面与疏散走道等直接相通。这种楼梯间可以充分利用天然采光和自然通风，人员疏散直接，但也是火势和烟气在建筑内蔓延的竖向通道之一，主要用于火灾危险性较低的多层建筑。敞开楼梯间应注意与敞开楼梯区别。敞开楼梯是开口宽度较大，或楼梯周围两面及以上无分隔墙体，或围护结构不符合防火要求的楼梯。除室外楼梯外，敞开楼梯不能用作建筑的室内疏散楼梯，见图 7–8。

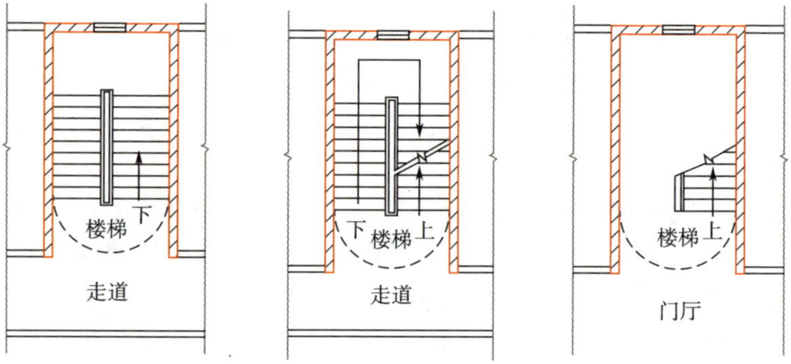


顶层平面　　中间层平面　　首层平面

（a）敞开楼梯间平面示意图

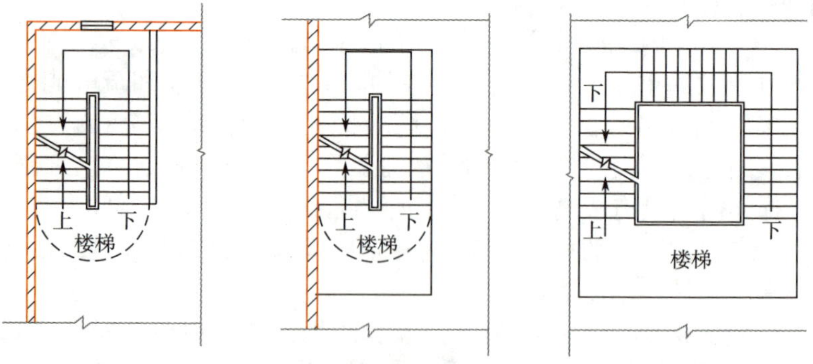


两面敞开楼梯　　三面敞开楼梯　　全敞开楼梯

（b）敞开楼梯平面示意图

**图 7–8　敞开楼梯间与敞开楼梯示意图**

2）封闭楼梯间。封闭楼梯间是在楼梯间入口处设置门，以防止火灾的烟和热气进入的楼梯间。封闭楼梯间在楼层入口处应设置防烟门，楼梯间具有一定的防烟性能。封闭楼梯间入口处的防烟门可以为防火门，也可以为双向弹簧门。对于高层建筑（包括工业建筑和民用建筑），人员密集的公共建筑，甲、乙类厂房，人员密集的丙类厂房，封闭楼梯间的防烟门应为甲级或乙级防火门。尽管其他建筑的封闭楼梯间防烟门可以不采用防火门，但为满足楼梯间的防烟要求，此门应具有在火灾时能自行关闭的功能，并尽量采用防火门。对于平时人员经常出入处的楼梯间门，可以采用平时保持常开状态、在火灾时能与火灾自动报警系统联动关闭的门。

封闭楼梯间在建筑的首层难以直通室外时，可以将人员进入首层疏散需经过的区域扩大到封闭楼梯间内，但应注意将相邻区域的走道、房间与扩大的封闭楼梯间分隔，即应采用耐火性能不低于楼梯间分隔墙耐火性能的防火隔墙和甲级或乙级的防火门、窗分隔，见图 7–9。

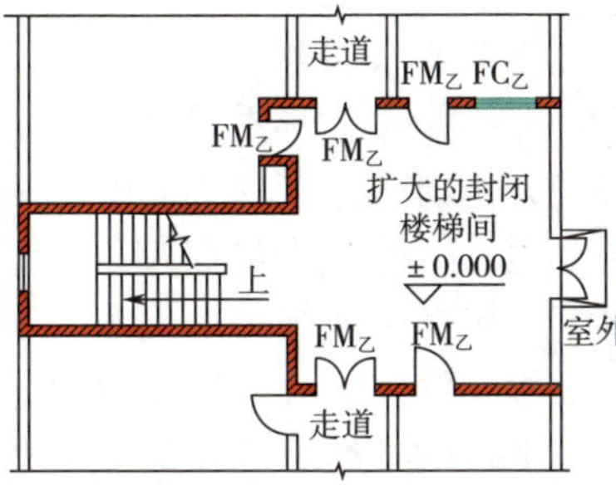


（a）封闭楼梯间首层平面（一）

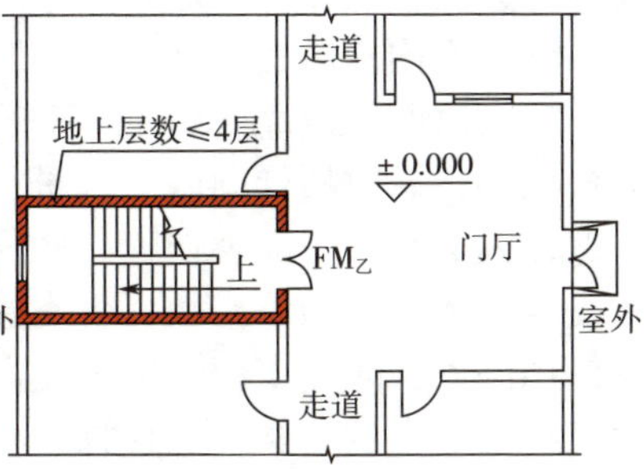


（b）封闭楼梯间首层平面（二）

**图 7–9 在建筑首层扩大的封闭楼梯间示意图**

3）防烟楼梯间。防烟楼梯间是在楼梯间入口处设置防烟的前室、开敞式阳台或凹廊（统称前室）等设施，且通向前室和楼梯间的门均为防火门，以防止烟和热气进入的楼梯间。防烟楼梯间由楼梯间和防烟前室组成，主要用于建筑高度高或埋深大的建筑，以减小因人员在楼梯间内需要的疏散时间长导致火灾及其烟气给人员疏散安全带来的危害性作用。防烟楼梯间也可用于替代难以靠建筑外墙布置，且自然排烟条件不满足要求的封闭楼梯间，以提高疏散楼梯间的防烟性能。

防烟楼梯间按前室的封闭情况可分为开敞型和封闭型防烟楼梯间，开敞型防烟楼梯间以开敞的阳台、凹廊作前室，当烟随疏散人流侵入阳台、凹廊时，室外环境能将烟气稀释，这种靠自然条件排烟的效果好，不受设备和造价的限制，因而安全性和经济性较好。封闭型防烟楼梯间的前室采用封闭结构，属于室内空间，其特点是既可以靠外墙设置，又能设置在建筑内部，平面布置灵活。此外，前室还可起到缓冲疏散人群的作用，并为不能及时进入楼梯间内的人员提供临时避难场所。

防烟楼梯间在建筑的首层难以直通室外时，可以将人员进入首层疏散需经过的区域扩大到防烟楼梯间的前室内。但是，扩大的前室与相连通的走道、其他房间之间应采用耐火极限不低于 2.00h 的隔墙和甲级或乙级的防火门、窗分隔，不允许采用防火卷帘等分隔，见图 7-10。

（2）室内疏散楼梯间的通用防火构造要求如下：

1）在建筑发生火灾时，各楼层的人员可能需要同时进入疏散楼梯间，导致楼梯间内的人员密度大，疏散速度受到影响。为了保证人员在其中能够快速、顺畅地通过，避免人员在应急疏散时发生摔倒、踩踏等事故，各类建筑（包括工业与民用建筑、平时使用的人民防空工程、轨道交通工程、隧道工程、城市综合管廊工程等）内的公共疏散楼梯、楼梯平台的宽度、踏步的宽度和高度均应与该区域使用人员的构成和特性相适应（相关要求应符合国家标准《民用建筑通用规范》GB 55031—2022 等标准的要求），符合相应的人体工程学尺寸；在疏散楼梯间、疏散楼梯间的前室内不应存在任何影响疏散行动的凸出物或其他障碍物；不应设置烧水间、可燃材料储藏室、垃圾道；内部装修装饰和疏散门开启后不应减少必需的楼梯平台和梯段的宽度。例如，凸出墙面的柱体，存放自行车、家具和其他物体。

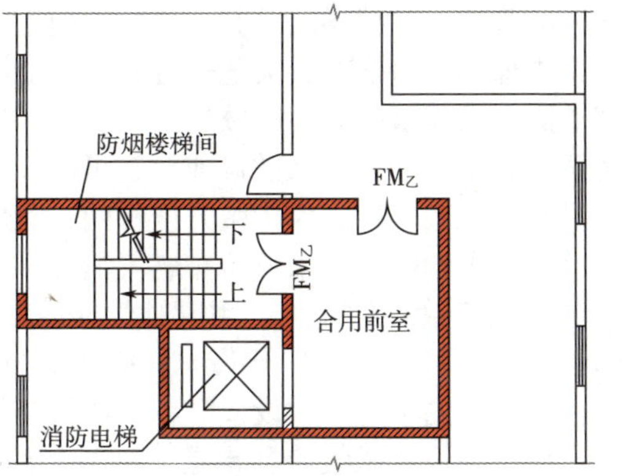


（a）防烟楼梯间楼层平面示意图

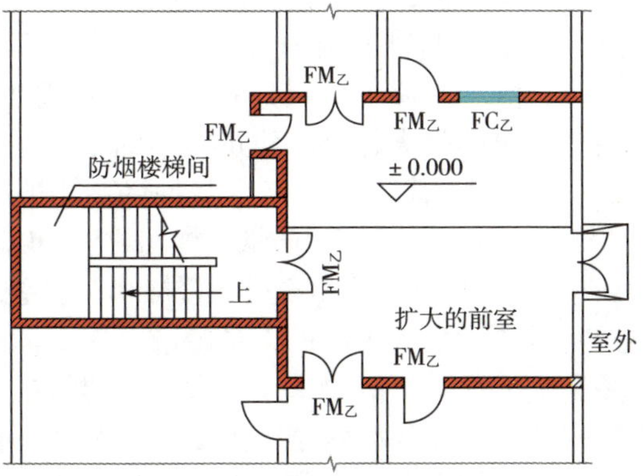


（b）首层扩大的前室平面示意图

**图 7–10　防烟楼梯间平面示意图**

建筑中的公共疏散楼梯、建筑内供特定人员自用的疏散楼梯（如住宅建筑中的自用疏散楼梯、其他建筑中复式房间内的疏散楼梯）应避免采用螺旋楼梯和扇形踏步；确需采用时，踏步上、下两级所形成的平面角度不应大于 10°，且每级离扶手 250mm 处的踏步深度不应小于 220mm。疏散楼梯采用螺旋楼梯和楼梯采用扇形踏步的条件，还应符合国家现行有关技术标准的规定。

2）楼梯间内不应敷设或穿越输送甲、乙、丙类液体和可燃气体、助燃气体的管道，在楼梯间及其前室内不应穿越或设置排烟管道，以确保楼梯间自身没有火灾危险性，也不能因在楼梯间内设置其他管道而引入建筑中其他区域的火灾。

当在住宅建筑的楼梯间内必须敷设或穿越可燃气体管道、设置燃气计量装置时，疏散楼梯间应为敞开楼梯间，且应在进入楼梯间的燃气管道上设置切断阀，采取防止燃气泄漏和积聚的可靠措施。例如，提高燃气管道的压力、耐腐蚀性能或防腐蚀等级，在楼梯间上部设置通风开口等。对于不允许采用敞开疏散楼梯间的住宅建筑，在楼梯间内不允许敷设或穿越可燃气体管道，也不允许在楼梯间、前室内设置燃气计量装置，即当住宅建筑的疏散楼梯采用封闭楼梯间、防烟楼梯间时，不允许在楼梯间、前室内敷设或穿越可燃气体管道，也不允许设置燃气计量装置。

3）疏散楼梯间（包括防烟楼梯间的前室、合用前室、共用前室）应采用防火隔墙与周围区域分隔，防火隔墙的耐火极限和燃烧性能应根据建筑的耐火等级、建筑类型确定，不应采用防火卷帘、防火分隔水幕等替代防火隔墙，尽量避免采用防火玻璃墙替代。当疏散楼梯间为封闭楼梯间、防烟楼梯间时，还应在楼层的入口处设置防烟门、防火门等防止烟气进入楼梯间、前室的设施。

疏散楼梯间既要满足火灾时的人员疏散、保障消防救援人员安全进出火场实施灭火救援的要求，在大多数建筑中也要考虑阻止火灾在建筑内部通过楼梯间跨越楼层蔓延。因此，在疏散楼梯间及其前室的围护结构上，除必须设置的开口，如疏散门、自然排烟的外窗、应急排烟窗、机械加压送风口外，要尽量避免设置其他管井开口，不应设置其他门、窗等开口，不应将其他房间的门直接开向疏散楼梯间。但是，对于敞开楼梯间，主要设置在火灾危险性较低且楼层较少的建筑内，本规范不禁止在敞开楼梯间内设置管道井检查门。对于封闭楼梯间，尽管现行国家标准《建筑设计防火规范》GB 50016—2014（2018 年版）等标准不允许在封闭楼梯间内设置管道井检查门等非必要的开口，但是考虑到不同用途的建筑的火灾危险性和楼层或埋深的差异，本规范也不禁止在封闭楼梯间内设置管道井检查门。有关允许在敞开楼梯间和封闭楼梯间内开设管道井检查门等开口的要求，将由《建筑设计防火规范》GB 50016 等标准根据建筑中人员在火灾时安全疏散的需要和疏散楼梯间的设置数量进一步明确，包括提高检查门的防火防烟性能等要求。例如，当建筑仅设置 1 个疏散楼梯间时，即建筑在竖向只有一条疏散路径时，就不应在封闭楼梯间内设置管道井的检查门等其他开口，或者需要提高检查门的防火防烟性能。

对于住宅建筑，在防烟楼梯间的前室或合用前室内允许设置管井检查门，但应根据管井的火灾危险性、建筑高度采用足够耐火性能的检查门，在防火楼梯间的楼梯竖井内不允许设置管井检查门。当户门直接开向疏散楼梯间、防烟楼梯间的前室时，应符合相应的防火要求，具体要求可以参见现行国家标准《建筑设计防火规范》GB 50016 等标准的规定。对于其他建筑，除疏散门、自然排烟的外窗、机械加压送风口、应急排烟窗外，在防烟楼梯间的前室或合用前室、防烟楼梯间的楼梯竖井内不允许设置管井检查门。

建筑发生火灾后，楼梯间任意一侧房间的火灾及其烟气都有可能通过楼梯间外墙上的开口蔓延至楼梯间内。因此，楼梯间的外窗（包括楼梯间的前室或合用前室外墙上的开口）与两侧其他用途房间的门、窗、洞口之间要保持必要的水平间距，确保火灾的烟、火不会侵入疏散楼梯间。因此，靠外墙设置的楼梯间、前室，在外墙上的窗口与两侧建筑中其他房间的门、窗、洞口最近边缘的水平距离不应小于 1.0m，见图 7–11。无论楼梯间与楼梯间两侧房间的门、窗、洞口是处于同一立面位置，还是处于转角处等不同立面位置，该距离都是外墙上的开口与楼梯间开口之间的最近水平距离，含折线距离。

4）楼梯间要尽量靠外墙布置，使其具有天然采光和自然通风条件。当建筑允许采用敞开楼梯间时，该楼梯间每层均应具有可开启的外窗；当建筑允许采用封闭楼梯间时，该封闭楼梯间在各层的可开启外窗设置情况应满足自然排烟的要求。不具备自然通风条件或自然通风条件不能满足排烟要求的封闭楼梯间、防烟楼梯间及其前室，应采取设置、防烟前室、机械加压送风设施等防烟

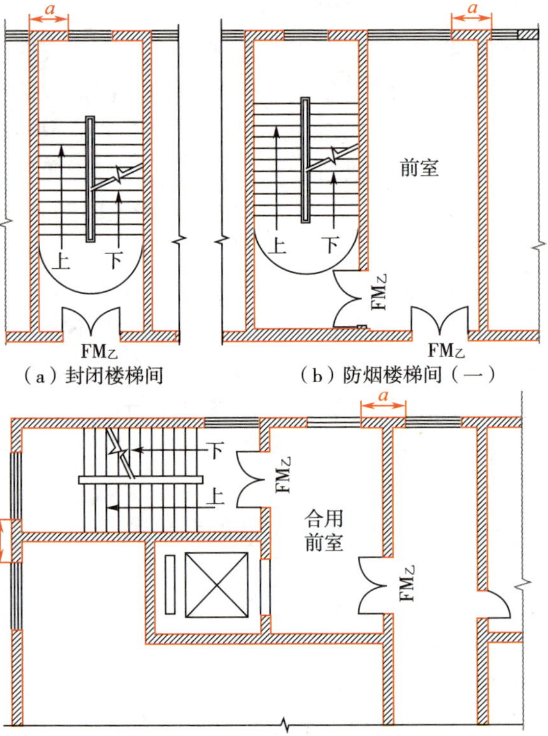


**图 7–11　封闭、防烟楼梯间平面示意图**

注：图中 $a \geqslant 1.0$m。

措施。封闭楼梯间内的自然通风条件是否满足要求，可以根据相关专项技术标准确定。例如，国家标准《建筑防烟排烟系统技术标准》GB 51251—2017 第 3.2.1 条规定，采用自然通风方式防烟的封闭楼梯间、防烟楼梯间，应在最高部位设置面积不小于 1.0m$^2$ 的可开启外窗或开口；当建筑高度大于 10m 时，尚应在楼梯间的外墙上每 5 层内设置总面积不小于 2.0m$^2$ 的可开启外窗或开口，且布置间隔不大于 3 层。第 3.2.2 条规定，前室采用自然通风方式防烟时，独立前室可开启外窗或开口的面积不应小于 2.0m$^2$，共用前室、合用前室可开启外窗或开口的面积不应小于 3.0m$^2$。

5）疏散楼梯间在首层的出口应直通室外。当多层民用建筑的层数不大于 4 层时，疏散楼梯间可以设置在直线距离直通室外的建筑外门不大于 15m 处。当建筑内设置自动灭火系统时，该距离仍不应大于 15m。层数大于 4 层的建筑中不能直通室外的封闭楼梯间、层数小于或等于 4 层的建筑中距离建筑外门大于 15m 的封闭楼梯间，均可以在首层采用扩大的封闭楼梯间，或专用疏散走道通至室外。专用疏散走道或扩大的封闭楼梯间内的最大疏散距离不应大于 30m。专用疏散走道应是直接连接楼梯与对外出口的走道，不能与其他房间共用，即此专用疏散走道相当于封闭楼梯间的延伸。在建筑首层不能直通室外的防烟楼梯间的前室，可以在首层采用扩大的前室，相关防火要求和疏散距离可以比照扩大的封闭楼梯间的要求确定。

6）建筑屋面可能受到火灾及其烟气的影响较小，通常可作为建筑内疏散人员的应急避难场所，如能将建筑内的疏散楼梯通至屋顶，可以在建筑下部条件难以满足人员安全逃生要求时为人们提供另一条逃生路径，有利于人员临时避难，并利用其他部位的疏散楼梯或其他屋面至地面的楼梯等方式逃生。疏散楼梯间通向屋面的门应朝向屋面一侧开启。因此，建筑中能够通至屋顶的疏散楼梯间，要尽量在屋顶开口，使该疏散楼梯间能通至屋面，楼梯间通向屋面的门应向外开启。为方便人员识别和选择，在每层疏散梯入口处应设置标明楼梯可否通达屋面的明显标识，并在楼梯间内标示所在楼层位置。当建筑内的部分疏散楼梯间通至屋面时，屋面上应具有满足人员安全避难，并能从屋面向地面安全疏散的设施，或者能够与建筑内其他住宅单元、其他防火分区内的疏散楼梯间连通。

7）为提高和保障封闭楼梯间的防火性能，除楼梯间的疏散门、外窗、楼梯间内的加压送风口、首层扩大的封闭楼梯间内分隔其他部位的防火门、防火窗外，在封闭楼梯间的分隔墙上不应开设其他任何开口，如管井的检查门、其他房间的门或窗。由于设置封闭楼梯间的建筑楼层数较少，机械防烟系统可采用直灌式机械加压送风方式实现，在楼梯间内基本不需要再开设送风口。

8）防烟楼梯间通过在进入楼梯间前设置防烟前室、在楼梯间内采取防烟措施提高楼梯间的防烟性能，缓冲因多个楼层上的人员进入楼梯间后可能导致的人员拥挤，或避免人员在楼层上处于火灾和烟气的危险环境内。通常，前室还可以视为楼层的避难间。由此可以看出，前室的防烟和使用面积对保障火灾时建筑内的人员疏散安全，十分重要。因此，防烟楼梯间的前室应满足一定的面积要求。对于与消防电梯前室合用的前室，还要考虑救援人员灭火准备、休整和人员救助等的需要。

前室的面积大小，要根据建筑的用途、楼层上的使用人数、建筑高度，在本规范和相关技术标准规定的使用面积基础上合理确定。前室内可供使用的净面积：公共建筑、高层厂房、高层仓库、平时使用的人民防空工程及其他地下工程，不应小于 6.0m$^2$；住宅建筑，不应小于 4.5m$^2$。与消防电梯前室合用时，合用前室内可供使用的净面积：公共建筑、高层厂房、高层仓库、平时使用的人民防空工程及其他地下工程，不应小于 10.0m$^2$；住宅建筑，不应小于 6.0m$^2$。

除在建筑首层（或坡顶层、坡底层）采用扩大的前室或扩大的合用前室外，防烟楼梯间在楼层的前室有仅供一个防烟楼梯间独立使用的前室、剪刀楼梯间内两座楼梯共用的前室、防烟楼梯间的前室与消防电梯前室合用的前室、剪刀楼梯间的共用前室与消防电梯前室合用的前室四种形式，见图 7–12。

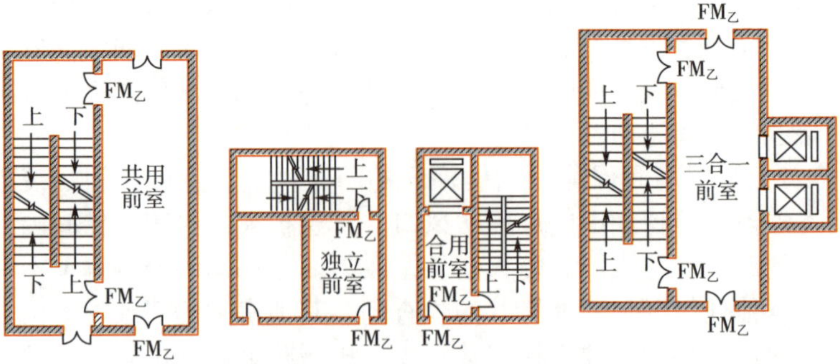


**图 7–12　防烟楼梯间楼层前室示意图**

7.1.9 通向避难层的疏散楼梯应使人员在避难层处必须经过避难区上下。除通向避难层的疏散楼梯外，疏散楼梯（间）在各层的平面位置不应改变或应能使人员的疏散路线保持连续。

【条文要点】

为确保人员的疏散过程连续、畅通、快捷、安全，不会误入其他区域，避免疏散人员产生或加剧恐慌心理，影响安全疏散，本条规定了疏散楼梯在水平和竖向位置的关键技术要求。为避免有停留和避难需要的人员错过避难层，本条规定了设置避难层的建筑应通过改变疏散楼梯间在避难层的位置，或强制断开，使人员必须经过避难层才能往上或往下疏散。

【实施要点】

（1）对于设置避难层的建筑，主要为建筑高度大于100m的建筑，人员在疏散楼梯间内的竖向疏散距离和用时均较长，加之在楼梯间内的人员密度高，行走速度受到较大影响，更会加剧人们的焦虑情绪。而避难层不仅为在疏散过程中需要停留的人员提供了条件，而且当避难层下部楼层和疏散楼梯受到火灾和烟气封堵，人员难以进一步往下疏散时，还可以为人员提供等待救助和避难的场所。另外，避难层在某种意义上是将建筑在竖向分隔成了若干个相对独立的防火区段，提高了建筑整体的消防安全性能。因此，疏散楼梯间应在进出避难层处错位或断开，以强制引导疏散人员必须经过避难层，同时提高阻止火灾和烟气通过楼梯间进一步向下或向上蔓延的可靠性。疏散楼梯间在避难层处上下断开和错位布置示意图，见图7-13和图7-14。

（2）疏散楼梯间除在避难层处必须错位布置、地上楼层与地下楼层必须分隔外，在建筑每层上的平面位置应上下一致，保持不变。这样将能更好地保证人员连续不断地自上而下或自下而上快速疏散，不会因楼梯突然改变位置增加人们的恐慌，导致找不到出口、迷失方向而贻误宝贵的逃生时间，也不会使人员走错地方、误入其他不安全的区域而陷入危险而造成人员伤亡。

当建筑内个别部位的疏散楼梯受建筑的平面布置、建筑形

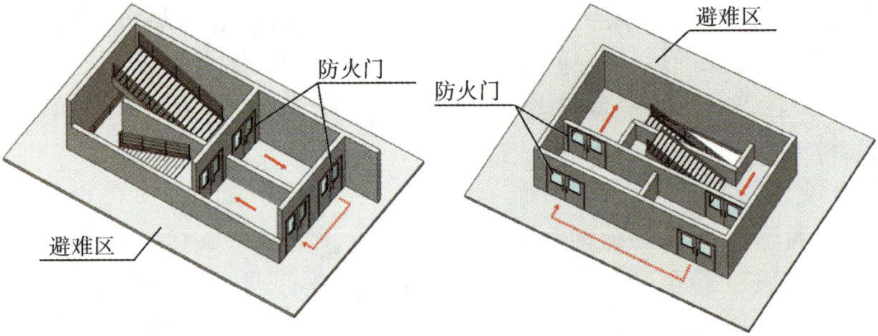


**图 7-13　疏散楼梯间在避难层上下断开布置示意图**

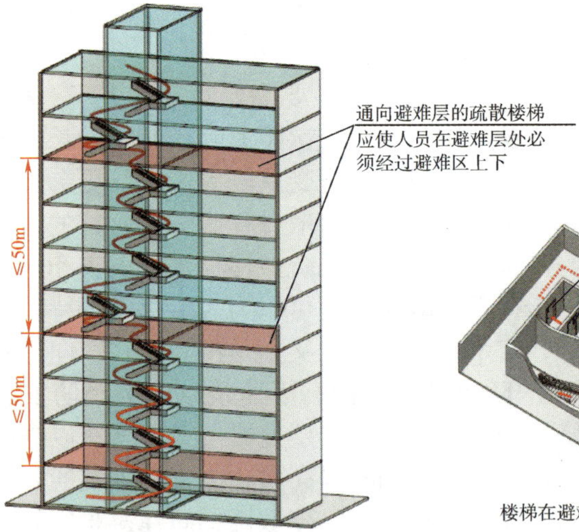


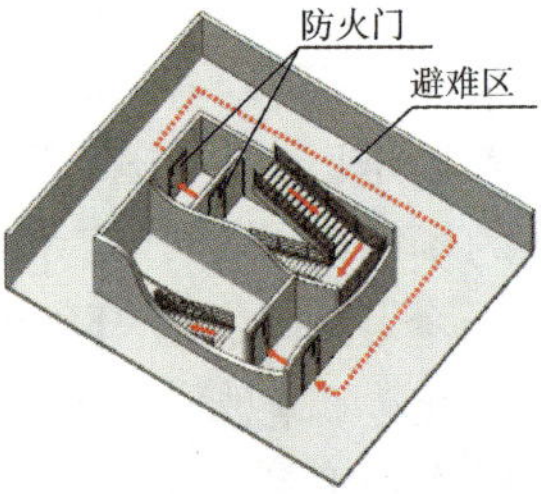


楼梯在避难层转换示意图

**图 7-14　疏散楼梯间在避难层错位布置示意图**

状、上下楼层面积不同等原因的限制，在上、下楼层不得不错位布置时，上下楼层的疏散楼梯间应在需要改变位置的楼层上采用专用疏散走道直接连通。该专用疏散走道的设置应确保人员在进入并经过该走道时疏散方向是唯一的，不会被导向或误入其他区域，该走道与相邻区域之间应采用不低于疏散楼梯间防火分隔性能的防火隔墙分隔，除进出楼梯间、疏散安全区的疏散门、外墙上的自然排烟窗外，在走道的两侧墙体上不应设置通向其他区域的门及其他开口。

7.1.10 除住宅建筑套内的自用楼梯外，建筑的地下或半地下室、平时使用的人民防空工程、其他地下工程的疏散楼梯间应符合下列规定：

1 当埋深不大于 10m 或层数不大于 2 层时，应为封闭楼梯间；

2 当埋深大于 10m 或层数不小于 3 层时，应为防烟楼梯间；

3 地下楼层的疏散楼梯间与地上楼层的疏散楼梯间，应在直通室外地面的楼层采用耐火极限不低于 2.00h 且无开口的防火隔墙分隔；

4 在楼梯的各楼层入口处均应设置明显的标识。

【条文要点】

本条规定了各类地下、半地下建筑，包括工业建筑、民用建筑、平时使用的人民防空工程、综合管廊工程、隧道工程，以及地上建筑的地下、半地下室等建筑中疏散楼梯间的基本形式及其设置的关键技术要求。

【实施要点】

（1）地下、半地下建筑在火灾时的疏散路径有限，除可以水平向相邻防火分区、下沉式广场或庭院、避难走道等疏散外，竖向只能通过室内疏散楼梯疏散。地下、半地下建筑的疏散楼梯间应具有一定的防烟性能。人员在疏散楼梯间的竖向疏散高度与建筑的埋深相关，埋深越大，竖向疏散高度越大，对疏散楼梯间的防烟性能要求越高。因此，地下、半地下建筑的疏散楼梯间应根据其实际服务区域的埋深确定相应的防烟性能。例如，一座埋深为 12m 的地下建筑，共 3 层，每层层高为 4m，则该地下建筑的疏散楼梯间应为防烟楼梯间。如果在该地下建筑内的地下一层和二层有一个防火分区设置独立的疏散楼梯间，这些楼梯间不供地下三层及地下一、二层的其他区域使用，则该防火分区的疏散楼梯间可以采用封闭楼梯间。参见图 7-15。

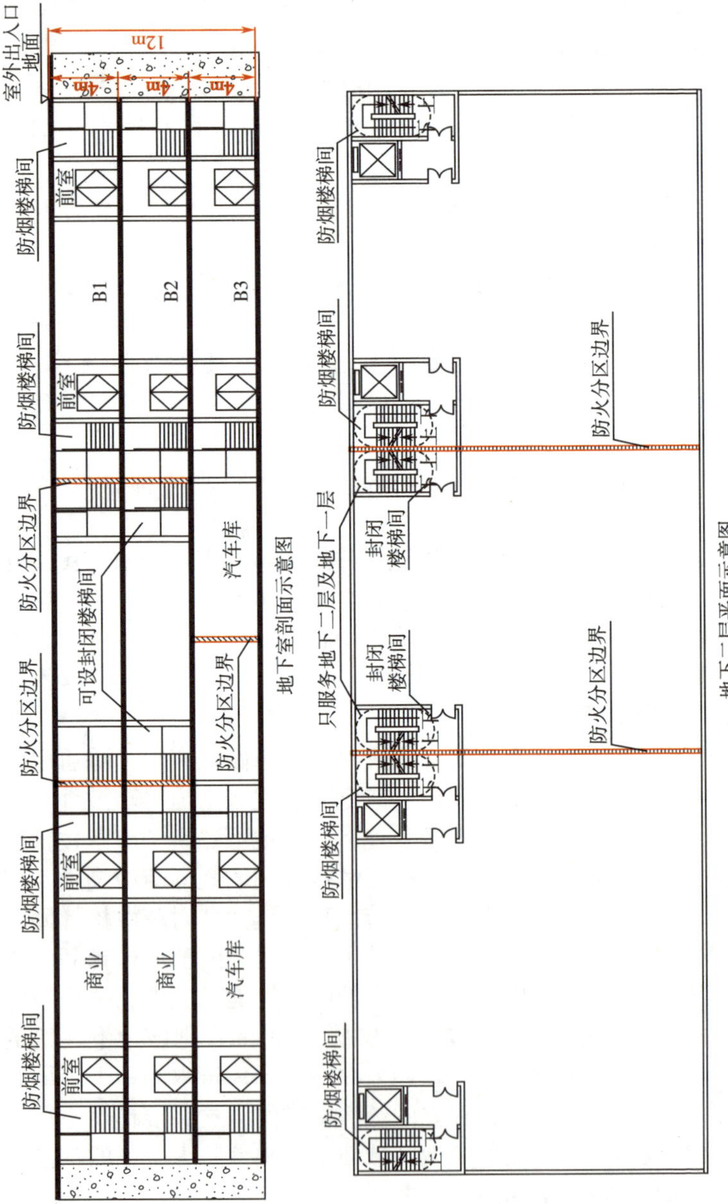


**图 7-15 不同埋深或层数地下建筑（室）的疏散楼梯间形式示意图**

（2）除部分允许设置中庭的场所外，建筑的地下、半地下楼层与地上楼层实际上是两个具有不同设防标准的建筑空间。为保证建筑的地上楼层与地下楼层的疏散系统各自相对独立，防止火灾和烟气通过疏散楼梯间相互蔓延，避免人员在应急疏散过程从地下楼层上来后误入地上楼层的楼梯间继续上行，或从上部楼层下来的疏散人员误入地下室，建筑的地上楼层不应与地下楼层共用疏散楼梯间。地上楼层与地下楼层确需共用疏散楼梯竖井时，相互间应在首层采用耐火极限不低于 2.00h 的防火隔墙完全分隔，并尽可能分别直接通向室外；当不能直通室外时，地上和地下楼层通向建筑首层的疏散楼梯间应采用防火隔墙与建筑内的其他区域分隔，并应在各自楼梯间的防火隔墙上的出口处设置甲级或乙级防火门，地下楼层和地上楼层的疏散楼梯间在首层的出口门应位于不同位置。地上和地下楼层的疏散楼梯间在建筑的首层可以共用同一个扩大的封闭楼梯间或扩大的前室。建筑地下楼层与地上楼层的疏散楼梯间在首层的防火分隔方式，参见图 7–16。

（3）本条中有关“平时使用的人民防空工程”是针对设置公共活动场所的人民防空工程。

## 7.1.11 室外疏散楼梯应符合下列规定：

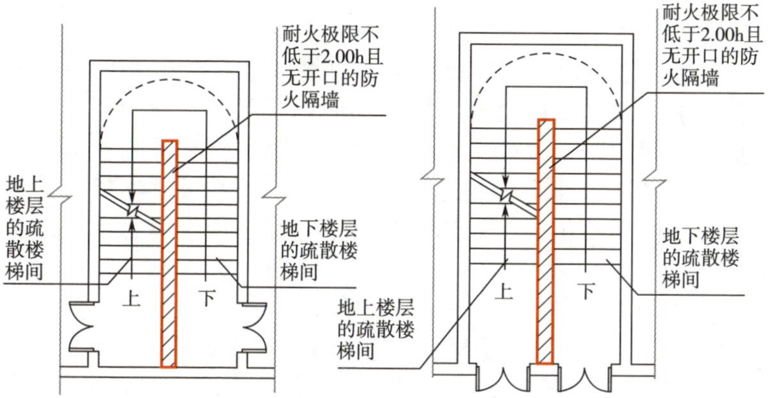

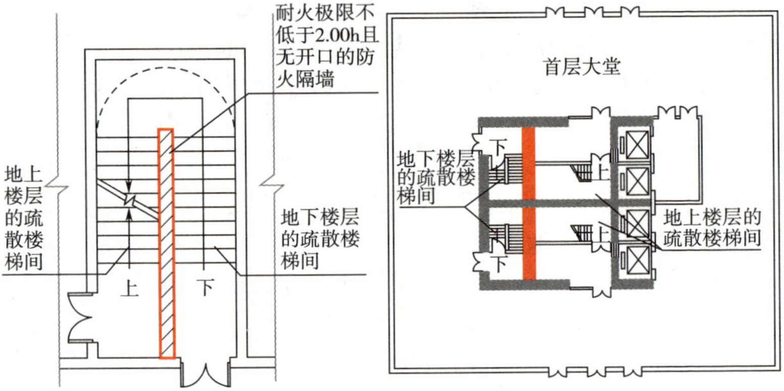


**图 7-16　建筑地下楼层与地上楼层的疏散楼梯间在首层的防火分隔示意图**

1　室外疏散楼梯的栏杆扶手高度不应小于 1.10m，倾斜角度不应大于 45°；

2　除 3 层及 3 层以下建筑的室外疏散楼梯可采用难燃性材料或木结构外，室外疏散楼梯的梯段和平台均应采用不燃材料；

3　除疏散门外，楼梯周围 2.0m 内的墙面上不应设置其他开口，疏散门不应正对梯段。

**【条文要点】**

本条规定了建筑室外疏散楼梯的基本性能和关键技术措施。符合要求的室外疏散楼梯可视为与防烟楼梯间、封闭楼梯间具有基本相同的防烟性能，可用于人员应急逃生和消防救援人员直接从室外进入建筑，到达着火层开展消防救援。本条规定的室外疏散楼梯不包括工业建筑及其他建筑中用作应急逃生的金属梯。

**【实施要点】**

（1）室外疏散楼梯是楼梯一边或两边靠建筑外墙布置，各楼梯段、楼梯休息平台均位于室外，临空部位均设置防护设施，用于人员疏散的楼梯，见图 7-17。室外疏散楼梯一般用于工业建筑或疏散人数较少的场所（如设备平台、设备用房等），也可以用于住宅等其他各类建筑中的人员疏散。

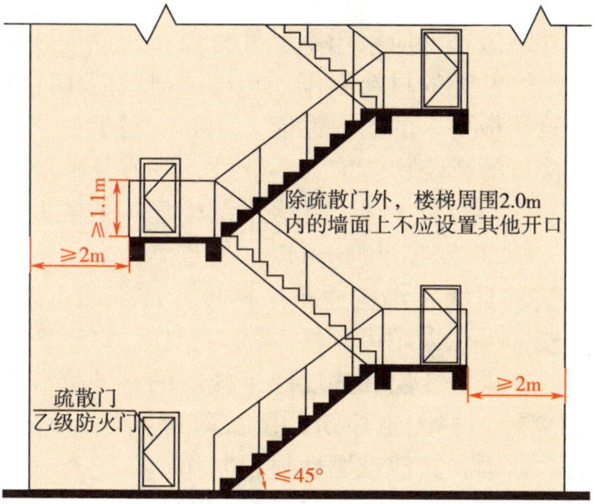


**图 7–17　室外疏散楼梯示意图**

（2）室外疏散楼梯多面开敞，在火灾中能比较好地防止烟气积聚，可以视为建筑的室外疏散安全区。为保证人员疏散的安全，室外楼梯的结构承载能力、防火性能应能够满足人员在疏散过程中安全行走的要求，楼梯平台和梯段的净宽度、踏步的高度和宽度、栏杆扶手或栏板的高度等均应符合现行国家标准《民用建筑设计统一标准》GB 50352、《建筑设计防火规范》GB 50016 等标准的规定，楼梯平台及梯段下的净空高度不应小于 2.1m。

由于室外疏散楼梯位于建筑的外墙外，在建筑发生火灾时可能会受到来自从建筑外墙上的开口溢出的火势和烟气的作用，这些开口包括楼层通向楼梯的疏散门、楼梯下部或附近外墙上的外窗等开口，见图 7–17。因此，室外疏散楼梯的设置位置和材料应防止火焰从门内窜出而将楼梯烧坏或烟气直接作用于疏散楼梯，并能避免和抵抗来自建筑外墙开口处的火势和烟气威胁。除从建筑内通向疏散楼梯平台的疏散门和建筑首层直通室外的疏散门外，不允许在楼梯平台和梯段的正下方及周围 2m 范围内设置任何其他开口。楼层开向室外疏散楼梯的疏散门应为甲级或乙级防火门，门的耐火性能可以根据楼梯设置部位建筑对应楼层内的火灾危险性确定。

（3）室外疏散楼梯应采用不燃性材料，或燃烧性能不低于所在建筑楼板燃烧性能的材料制作，与楼层疏散门相通的平台应具有不低于建筑楼板要求的耐火性能。例如，对于一、二级耐火等级的建筑，楼板的燃烧性能应为不燃性，则室外疏散楼梯也应采用不燃材料制作；对于Ⅰ级、Ⅱ级木结构建筑中楼板允许采用难燃性木结构，则室外疏散楼梯可以采用难燃性木结构制作；四级耐火等级建筑和Ⅲ级木结构建筑中楼板允许采用可燃性木结构，则室外疏散楼梯可以采用可燃性木结构制作。对于 3 层及 3 层以下的建筑，或者服务 3 层和 3 层以下楼层的室外疏散楼梯，由于垂直疏散距离较短，无论建筑的耐火等级高低，均允许采用难燃、可燃的木结构和其他难燃性材料制作。

室外疏散楼梯的平台、各层的结构梁和柱的耐火极限，可以根据所在建筑的耐火等级和室外疏散楼梯的服务高度或楼层数确定，一般不应低于楼梯平台的燃烧性能和耐火极限，即建筑楼板要求的耐火极限。

（4）在建筑发生火灾时，人员进入室外疏散楼梯后会本能地快速向下行走，在楼梯上的人数随楼梯增加而增多，有时同一楼层进入楼梯的人数也较多，应避免楼梯梯段的倾斜度过大、楼梯过窄、栏杆扶手过低引发人员坠落等安全事故，同时应能够使行走慢或需要休息的人员能够避让他人通过。因此，在楼梯的临空处应设置净高不小于 1.10m 的防护栏杆或栏板，楼梯的净宽度不应小于 0.90m。楼梯的防护栏杆或栏板应采用与梯段制作材料燃烧性能相同的材料。

栏杆、栏板的高度应为楼梯平台地面或踏步表面至栏杆、栏板扶手顶面的垂直高度。楼梯的净宽度应为栏杆、栏板扶手相对内侧之间的最小水平净距；当在靠外墙一侧不设置扶手时，应为外侧栏杆、栏板扶手内侧至外墙完成面的最小水平净距。

（5）室外疏散楼梯的倾斜角度要根据疏散楼梯所服务场所内

的疏散人数、疏散人员的特性确定，且倾斜角度不应大于45°。例如，对于人员聚集的场所、儿童活动场所、老年人使用场所，倾斜角度应小些；对于钢铁厂房，倾斜角度则可大些。

（6）本条仅规定了室外疏散楼梯应具备的基本性能和保证安全疏散的关键技术要求，并非室外疏散楼梯应具备的全部性能。室外疏散楼梯的其他性能和技术要求，应符合本规范及现行国家标准《建筑设计防火规范》GB 50016、《民用建筑设计统一标准》GB 50352等标准的规定。例如，梯段的最小净宽度应符合本规范第7.1.4条的规定，楼梯平台和梯段的耐火性能、防积水和防滑性能、楼梯踏步的宽度和高度、结构承载力等应符合现行国家标准《建筑设计防火规范》GB 50016、《民用建筑设计统一标准》GB 50352等标准的规定。

7.1.12　火灾时用于辅助人员疏散的电梯及其设置应符合下列规定：

1　应具有在火灾时仅停靠特定楼层和首层的功能；

2　电梯附近的明显位置应设置标示电梯用途的标志和操作说明；

3　其他要求应符合本规范有关消防电梯的规定。

**【条文要点】**

本条规定了在火灾时需用于辅助人员疏散的电梯的基本功能和性能、电梯设置部位的建筑防火要求，未规定哪些建筑需要设置此类电梯。一座建筑是否需要设置此类电梯，应综合建筑的高度、建筑中使用人员的行为能力、疏散人数、消防救援难易程度等因素确定，也可以直接按照现行国家相关技术标准确定。这些建筑主要有：医疗建筑、医院手术部、老年人照料设施、残障人员使用的建筑、建筑高度大于150m的高层民用建筑等。本规范没有采用“辅助疏散电梯”的用词，主要为避免将此类电梯作为一种专用电梯产品。

**【实施要点】**

（1）在火灾时需用于辅助人员疏散的电梯，是在应急状态下应由专人控制，并用于辅助疏散建筑内人员的电梯。有关在建筑发生火灾时利用电梯疏散的问题，我国和其他一些国家均曾做过研究，尽管还存在一定争议，但对在一定条件下可以使用电梯辅助人员疏散的认识基本一致。目前，英国、美国、加拿大、新加坡等国家的建筑标准对高层建筑利用电梯辅助人员疏散有较详细的规定。我国在一些超高层建筑中设置了火灾时用于辅助人员疏散的电梯，并积累了一定的工程实践经验，如上海中心大厦、上海环球金融中心、深圳平安国际金融中心、天津周大福金融中心、北京中国尊等。该用途的电梯不同于普通电梯，在火灾等紧急情况下如不按照事先规定的程序和要求操作，反而会带来一定的安全隐患。在实际建筑中，用于辅助人员疏散的电梯不仅其本身要求具有较高的防火性能，在设置上能够在火灾时保证电梯的安全性，而且需要事先制订明确且针对性强的消防应急预案与操作管理规程，在火灾时由专人操作和控制，以确保其安全使用。

（2）火灾时用于辅助人员疏散的电梯，不是消防电梯，也不是专用的电梯，平时可以兼作普通的客梯、货梯等，但在火灾等紧急情况下应由专人控制和管理，只允许停靠在特定楼层，不能由楼层上的疏散人员自行控制在任意楼层停靠，以避免发生拥挤、过载，保证载运需要救助的特定人员需要。因此，此类电梯在火灾时仅停靠在特定楼层和首层是其必须具备的基本功能。

需停靠的特定楼层，主要为设置避难间的楼层、避难层、按照预案在火灾时需要停靠的指定楼层。例如，手术部和重症监护病房所在楼层、老年人照料设施中老年人生活的楼层等。

（3）建筑内普通的客梯和货梯一般不具备防烟、防火、防水性能，电梯井在火灾时可能会成为加速火势蔓延扩大的通道。当电梯用于辅助人员疏散时，电梯的防火性能、电气设备的防护等级、应急电源保证等，应满足消防电梯的相关性能要求，以保证该用途的电梯能够安全运行，发挥应急救助作用。该类电梯的运行速度既要尽可能快、一次载运人数尽可能多，也要考虑到电梯运行速度对救助人员身体的影响，兼顾平时使用和建筑布置等的要求。因此，此类电梯的载重性能、运行速度可以根据实际需要和疏散人员身体的具体情况确定，不要求与消防电梯的性能一样，载重能力一般不应小于消防电梯的载重能力。此类电梯的控制设备、配电设备的防水性能或保护措施，应符合现行国家标准《消防员电梯制造与安装安全规范》GB/T 26465 有关“电气设备的防水保护”的要求。当采用外壳防护时，外壳的防护等级不应低于现行国家标准《外壳防护等级（IP 代码）》GB 4208 中对 IPX5 的要求。

（4）此类电梯的设置要确保在火灾时免于火灾及其烟气的作用，设置部位的防火要求应与消防电梯设置的建筑防火要求相同。例如，应设置前室、前室应满足相应的净面积和最小净宽度要求、电梯井底应设置排水设施等。当建筑中存在需要救助的人数较多的楼层时，前室的使用面积还应根据相应楼层的设计救助人数适当增大。

下面引述新加坡有关医疗建筑及老年人照料设施等建筑要求设置的用于病床疏散的电梯做法①，供参考。

1）两层及以上的建筑应设置至少 2 部病床疏散电梯，电梯应分散布置并靠近疏散楼梯。每个避难区域应设置至少 1 部病床疏散电梯。当存在至少 2 部消防电梯时，消防电梯可以兼作病床疏散电梯，但至少要有 1 部电梯是专用消防电梯。兼作病床疏散电梯的消防电梯尺寸应符合相应规定。

2）病床疏散电梯应设置在受保护的竖井内，在建筑结构上应符合有关规定。

3）在病床疏散电梯和疏散楼梯入口处应设置前室。病床疏散电梯的最小尺寸为 2.8m × 1.8m，前室的最小尺寸为 5m × 4m，如果前室兼作防烟楼梯间或消防电梯的前室，该前室的建筑面积应满足足够容纳规定数量的病床和其他人员通过前室疏散及使用的需要。

4）病床疏散电梯外部应当设置标识，标明“病床疏散电梯”。

---

① 引自 *Code of Practice for Fire Precautions in Buildings*，2018（Singapore Civil Defence Force）.

5）病床疏散电梯在首层的疏散走道应采用耐火极限不低于1.00h 的防火隔墙与其他区域分隔，该走道应直接通向室外安全区域。

6）如果病床疏散电梯直接开向外廊，电梯门靠近疏散楼梯，且在电梯层门水平 3m 范围内不设置无保护的开口时，不需要设置前室。符合上述条件的病床疏散电梯可视为普通病床电梯，供同一楼层的多个防火分区使用。

7）病床疏散电梯应具有由紧急发电设备提供的第二电源；应在最终出口楼层靠近电梯层门的地方设置按钮，并且在按钮上张贴标签，标明“病床疏散电梯”，应急人员可以通过该按钮（该按钮的操作要求应与消防电梯按钮的要求一致，如果建筑只有 2 层，可以不设置该按钮）控制电梯；除 2 层的建筑外，应当设置通信系统，以便处于每个电梯口的人都能与电梯内的操作员进行通信；病床疏散电梯的安装应符合新加坡标准 SS 550 *Code of Practice for Installation，Operation and Maintenance of Electric Passenger and Goods Lifts* 的规定。

7.1.13　设置在消防电梯或疏散楼梯间前室内的非消防电梯，防火性能不应低于消防电梯的防火性能。

【条文要点】

为避免非消防电梯发生火灾影响消防电梯、疏散楼梯间的安全使用，本条要求设置在消防电梯、疏散楼梯间前室内的非消防电梯应具备不低于消防电梯的防火性能。

【实施要点】

通常，普通的客梯、货梯、观光梯等非消防电梯不具备与消防电梯相当的防火性能，不应与消防电梯设置在同一个前室内，也不应设置在防烟楼梯间的前室内。但是，在建筑中受平面局限难以独立设置时，允许这些电梯设置在消防电梯前室、防烟楼梯间的前室内，但电梯的防火性能应与消防电梯的防火性能相当，或高于消防电梯的防火性能。如果这些电梯不用于火灾时辅助人员疏散，电梯的其他性能不作专门要求，但应符合现行国家标准《电梯技术条件》GB/T 10058、《电梯制造与安装安全规范》GB

7588系列标准、《杂物电梯制造与安装安全规范》GB 25194等标准的规定。

7.1.14 建筑高度大于100m的工业与民用建筑应设置避难层，且第一个避难层的楼面至消防车登高操作场地地面的高度不应大于50m。

7.1.15 避难层应符合下列规定：

1 避难区的净面积应满足该避难层与上一避难层之间所有楼层的全部使用人数避难的要求。

2 除可布置设备房外，避难层不应用于其他用途。设置在避难层内的可燃液体管道、可燃或助燃气体管道应集中布置，设备管道区应采用耐火极限不低于3.00h的防火隔墙与避难区及其他公共区分隔。管道井和设备间应采用耐火极限不低于2.00h的防火隔墙与避难区及其他公共区分隔。设备管道区、管道井和设备间与避难区或疏散走道连通时，应设置防火隔间，防火隔间的门应为甲级防火门。

3 避难层应设置消防电梯出口、消火栓、消防软管卷盘、灭火器、消防专线电话和应急广播。

4 在避难层进入楼梯间的入口处和疏散楼梯通向避难层的出口处，均应在明显位置设置标示避难层和楼层位置的灯光指示标识。

5 避难区应采取防止火灾烟气进入或积聚的措施，并应设置可开启外窗。

6 避难区应至少有一边水平投影位于同一侧的消防车登高操作场地范围内。

【条文要点】

这两条规定了应设置避难层的工业与民用建筑的基本范围、避难层的基本性能和关键防火技术要求。本规范第7.1.14条是建筑高度大于100m的工业与民用建筑有关消防避难的功能要求。除本规范第7.1.15条的规定外，避难层和避难区的其他防火技术要求，应符合现行国家标准《建筑设计防火规范》GB 50016等技术标准的规定。其他建筑是否需要设置避难层，可以综合建筑的疏散人数、使用人员的特性、火灾危险性、建筑高度等因素确定。

【实施要点】

（1）避难层是超高层建筑中主要供人员在火灾时临时避难使用的楼层，一般在建筑中间相隔一定楼层设置。高层建筑，尤其是超高层建筑，楼层多，难以设置更多数量的疏散楼梯，疏散人员不仅容易在楼梯间内发生拥挤、行动速度慢，而且消耗体力大、疏散时间长，逃生困难。根据有关单位组织在役消防救援人员在上海金茂大厦所做试验的结果，从建筑的第八十五层往下跑，最快跑出大厦的一名消防员用时 35min。另外，尽管防烟楼梯间具有较高的防火防烟性能，但并非绝对安全，加之出现意外的人员阻塞，人员需要中途调整、休息，建筑在某个楼层可能封堵下行通道等原因，人员只能向上疏散或进入避难区域避难，等候救援。此外，避难层也可以用作开辟消防救援阵地，供消防救援人员休整、灭火进攻准备和应急庇护。因此，有必要在超高层建筑中设置避难层，为人员临时避难、中间停留休息并为继续沿楼梯疏散的人员让出通道、为消防救援提供临时庇护所。

实际上，避难层在客观上还将超高层建筑在竖向划分成了多个相对独立的防火分段，有利于提高建筑防止火灾竖向蔓延的性能。但如果在避难层外设置具有空腔的幕墙，将会因此类构造有利于火势和烟气在建筑层间的竖向蔓延而将其引入避难层，并且幕墙结构也不利于消防救援破拆。因此，应注意避免在避难区对应位置的外墙处设置可能影响灭火救援和导致火势蔓延的幕墙构造，建筑的外幕墙应在避难区对应楼层的上、下楼层分隔处整体断开。如果确需在避难区对应的外墙处设置幕墙，要采取能有效防止火势和烟气通过幕墙内的空腔进入避难层的措施，并设置容易开启的外窗、门和连通至避难区的通道等构造，以方便消防救援人员可以直接进入避难层。

（2）根据开敞程度，避难层可分为敞开式避难层、半敞开式避难层、封闭式避难层三类。

1）敞开式避难层无围护结构，为全敞开式，一般设置在建筑的顶层或屋顶上。避难区采用自然通风排烟方式，结构处理比较简单，但不能保证不受烟气侵害，也不能阻挡雨、雪、风的侵袭。这种避难层适用于我国华南等气候温暖的地区。

2）半敞开式避难层四周设置外墙，墙体高度不低于 1.2m，上部设置可开启的封闭窗，窗口多用金属百叶窗封闭，避难区可以采用自然通风排烟方式，能较好地防止烟火的侵入。这种避难层比较适用于华南、华东和西南等气候较温暖的地区。

3）封闭式避难层周围设置耐火的围护结构，在避难区内设置独立的防烟设施，门、窗为甲级防火门、窗，可以很好地防止烟火侵入。这种避难层适用于各种气候条件的地区。为便于救援和应急时的排烟、通风，避难区应设置可开启的外窗，且外窗要尽量设置在不同朝向的外墙上。

（3）第一个避难层以上相邻两个避难层之间的间隔楼层或高度应合理，要充分考虑人员上、下楼层的体力消耗、行为能力、使避难人数尽量分散等情况和要求。根据常人上、下楼梯的体力消耗情况，避难层的楼地面沿建筑高度方向的间距一般不宜大于 50m，即 10~13 层。在实践中，要尽量将上部两个避难层之间的高度控制在 50m 以内，如受楼层层高影响，可以控制在 50m 左右，相差 1 个楼层高度的范围内。

（4）避难层上的避难区至少应有一个外立面面向消防车登高操作场地一侧，以充分发挥消防救援场地的作用。根据我国各地消防车的有效施救高度，建筑下部设置的避难层，特别是自下而上第一个避难层的设置高度应与我国消防装备的有效救援高度相适应，通常不应大于 50m。

（5）避难区的使用面积应满足全部避难人数的避难停留需要。避难层要根据在火灾时需要避难的人数确定其中避难区的净面积，再按该建筑平面布置要求确定相应的尺寸。因此，前室、避难区均应采用其使用面积进行测量并判定是否符合要求，而不是建筑面积。避难层中避难区的使用面积，应满足设计避难人数的避难停留要求。正常情况下，每人平均占用面积不应小于 $0.25m^2$。

在第一个避难层以上其他避难层内避难的人数，应按照避难层与上一避难层之间所有楼层上的全部疏散人数计算确定。在计算或核定避难区的使用面积时，不应将避难层上避难区与疏散楼梯或电梯的连接走道、疏散楼梯间及前室、消防电梯前室的建筑面积或使用面积计入避难区。

（6）除可布置为设备用房外，避难层不应用于其他用途。当住宅建筑的避难层所需避难区使用面积较小，不需要整个楼层作为避难区时，可采用其中的局部区域作为避难区，但避难区与其他区域之间应采用无任何开口（包括甲级防火门）的防火墙分隔。避难区至少应有两个立面靠外墙，并至少有一个立面位于与该建筑消防车道或消防车登高操作场地对应的一条长边上。其他建筑如满足此条件，也可以将其中局部区域分隔出来用作其他用途，但不允许将避难层改成避难间使用。通常，其他功能区占用的面积不应大于避难层建筑面积的 50%。

（7）避难区应采取防止火灾、烟气进入或在避难层积聚的措施。对于敞开式避难层和半敞开式避难层，不需要采取单独的防烟措施；对于封闭式避难层，避难区可以设置可开启外窗自然排烟，也可以设置独立的机械加压送风系统。有关自然排烟口和机械加压送风系统的技术要求，可以按照现行国家标准《建筑防烟排烟系统技术标准》GB 51251 等技术标准的规定确定。

（8）避难层内应设置消防电梯出口、室内消火栓、消防软管卷盘、灭火器、消防专线电话和应急广播。除消防电梯出口外，室内消火栓等上述其他消防设施应设置的范围包括：避难区、避难层上的设备和管道区、避难区以外未采用无任何开口的防火墙完全分隔的其他区域。

7.1.16　避难间应符合下列规定：

1　避难区的净面积应满足避难间所在区域设计避难人数避难的要求；

2　避难间兼作其他用途时，应采取保证人员安全避难的措施；

3　避难间应靠近疏散楼梯间，不应在可燃物库房、锅炉房、发电机房、变配电站等火灾危险性大的场所的正下方、正上方或贴邻；

4 避难间应采用耐火极限不低于 2.00h 的防火隔墙和甲级防火门与其他部位分隔；

5 避难间应采取防止火灾烟气进入或积聚的措施，并应设置可开启外窗，除外窗和疏散门外，避难间不应设置其他开口；

6 避难间内不应敷设或穿过输送可燃液体、可燃或助燃气体的管道；

7 避难间内应设置消防软管卷盘、灭火器、消防专线电话和应急广播；

8 在避难间入口处的明显位置应设置标示避难间的灯光指示标识。

【条文要点】

本条规定了避难间的基本功能、性能和关键防火技术要求，未规定需要设置避难间的建筑或楼层。除本规范第 7.4.8 条规定的建筑外，其他建筑或一座建筑中的哪些楼层需要设置避难间，应根据建筑或楼层的实际用途、火灾时人员的疏散能力及避难需要确定。通常，可以按照现行国家标准《建筑设计防火规范》GB 50016 等技术标准的规定确定。例如，老年人照料设施、医院手术部、儿童病房楼层、产妇住院楼层、肢体伤残病人和其他危重病人的住院病房楼层等，一般需要考虑在相应的楼层设置避难间。

【实施要点】

（1）避难间是各类建筑中供人员在火灾时临时避难使用的房间。避难间一般设置在建筑楼层上靠近疏散楼梯间等方便人员就近疏散至其他安全区域的位置，供无法在火灾或烟气危及人身安全前及时疏散至安全区的人员临时停留、等待救援使用。例如，医院手术部中正在手术的人员、医院住院部的重症监护病人、老年人照料设施中无法自理的老年人等，在建筑发生火灾时往往难以同时自主快速疏散，需要等待他人帮助，或者疏散行动缓慢难以正常通过疏散楼梯等疏散，或者正处于手术中还不能立即疏散。上述人员使用的建筑或楼层，需要考虑设置可以满足这些人员安全避难要求的场所。例如，国家标准《建筑设计防火规范》GB 50016—2014（2018 年版）第 5.5.24A 条规定，3 层及 3 层以上总建筑面积大于 3 000m$^2$（包括设置在其他建筑内三层及以上楼层）的老年人照料设施，应在二层及以上各层老年人照料设施部分的每座疏散楼梯间的相邻部位设置 1 间避难间。

（2）避难间要尽量单独设置，当条件不允许时，可以利用楼层上一些火灾危险性较低，并能够满足人员安全避难要求的房间兼作避难间，也可以采用方便避难人员就近到达的室外安全区域。例如，护士站、药品备品库房、医护人员休息室、档案室、管理员值班室、开敞式外廊。对于在火灾时建筑中需要避难的人数较少的楼层，可以利用防烟楼梯间的前室或消防电梯的前室，通过适当增加前室的净面积为人员提供避难场所，而不需要单独设置避难间。为避免影响消防救援行动，不应利用消防电梯与防烟楼梯间的合用前室、消防专用通道的楼梯间前室兼作楼层的避难间。例如，在老年人照料设施中，避难间可以直接利用与疏散楼梯或安全出口直接连通的开敞式外廊、与疏散走道直接连通且符合人员避难要求的室外平台等。老年人照料设施避难间的布置，参见图 7–18。

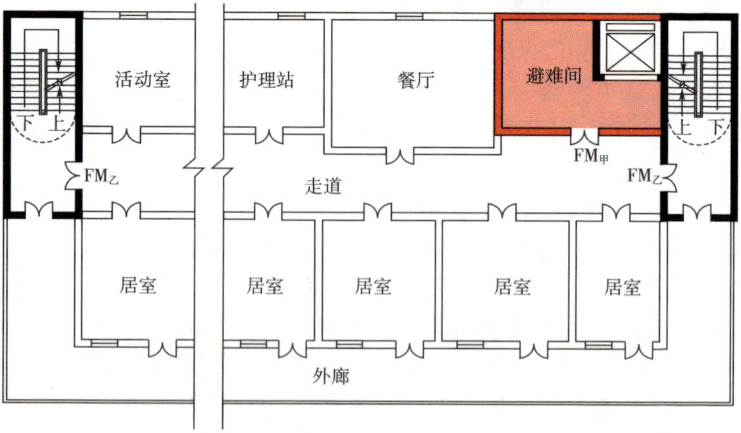


**图 7–18　老年人照料设施避难间布置示意图**

（3）避难间内避难区的净面积是可以供避难人员避难和停留及相关辅助设施停放的面积，如病人、陪护人员、医护人员、病床、轮椅、救生器材和设备等。避难区的净面积可以按照下述原则确定：

1）对于仅供人员停留的避难间，一般可以按照所在楼层或该避难间服务区域中所需避难人数和每人平均占用面积不小于 $0.25m^2$ 计算确定。

2）当有利用轮椅或病床疏散的人员，或者避难人员的体力较弱时，应根据使用轮椅或病床的人数和每把轮椅或每个病床占用面积，以及其他避难人员的人数和每人平均占用面积不小于 $0.25m^2$ 计算确定，并考虑必要的设施设备占用面积。

3）当利用前室兼作避难间时，前室的净面积应在本规范和国家有关技术标准对相应建筑前室使用面积要求的基础上，按照避难人数和每人平均占用面积增加。

因此，病房区、手术部、老年人照料设施等场所的避难间的使用面积，与其他公共建筑的避难间的使用面积要求有所不同。例如，医疗建筑中的避难间主要供危重病人，或因手术要求不能及时疏散的病人及相关人员应急避难用，避难区的使用面积仅需要满足少数人的使用要求，但所占面积还需考虑轮椅和病床所占面积，一般每个护理单元不小于 $25m^2$。即每个护理单元的床位数一般为 40~60 床，建筑面积为 1 200~1 $500m^2$，如按 3 人间病房、疏散着火房间和相邻房间的患者共 9 人，每个床位为 $2m^2$ 计算，共需要 $18m^2$，再加上消防救援人员和医护人员、家属占用的面积。

4）避难人数应根据避难间服务区域的使用人员身体条件和总疏散人数确定。在美国消防协会标准 NFPA 101 *Life Safety Code* 2021 年版）中，用于辅助疏散人员的电梯的前室净面积应按照服务区域的使用人数的 25%（对于空管塔台建筑，不应小于 50%）和每人平均占用面积不小于 $0.28m^2$ 计算确定，并加上轮椅的占用面积。轮椅的占用面积按照每 50 人一把，每把轮椅的占用面积按照 760mm × 1 220mm 计算。在我国，公共建筑中每个前室的避难人数建议按照该前室服务区域总疏散人数的 10% 计算。

5）在住宅建筑中，主要提高套房本身的防火防烟性能，使在火灾时不能及时疏散的人员可以直接利用套内房间作为避难间，但该房间应至少有一面外墙靠消防车登高操作场地一侧。因此，这种用于火灾时临时避难的房间不同于其他建筑中的公共避难间。住宅建筑套内兼作应急避难的房间，平时可以用于正常的居住或其他家居用途，火灾时只能用于户内人员自身的避难，房间的面积只要满足居住人员避难要求即可，不需要单独核算。

（4）为方便外部消防救援和设置可开启的外窗，避难间应至少具有一面外墙，并尽量位于消防车登高操作场地或消防救援场地一侧。避难间、疏散楼梯、消防电梯等的平面布置示意如图 7-19 所示。为防止建筑中高火灾危险性房间的火灾直接作用，或通过外墙的窗口等开口溢出的火势和烟气危及避难间的安全，避难间不应位于可燃物库房（包括档案库、资料库、图书库）、锅炉房、发电机房、变配电站等火灾危险性大的场所的正下方、正上方或贴邻，并应尽量保持一定距离。

（5）避难间属于火灾时仍需继续使用的场所，其防火分隔不应低于其他类似功能房间的防火分隔要求，即应采用耐火极限不低于 2.00h 的防火隔墙和甲级或乙级防火门与其他部位分隔。当建筑高度大于 100m 时，应采用甲级防火门。在防火隔墙上，除通向疏散梯间、消防电梯前室的门、房间门和建筑外窗外，不应设置任何其他开口。

对住宅建筑中户内兼作避难用途的房间的相关要求应符合现行国家标准《建筑设计防火规范》GB 50016 等技术标准的规定。例如，房门要尽量采用甲级或乙级防火门，或至少具有 1.00h 的耐火完整性能；房间应具有可开启的外窗，并应具有一定的耐火完整性能，耐火极限不宜低于 1.00h。

（6）避难间的其他技术要求，参见本规范第 7.1.15 条有关避难区的【实施要点】。

7.1.17　汽车库或修车库的室内疏散楼梯应符合下列规定：

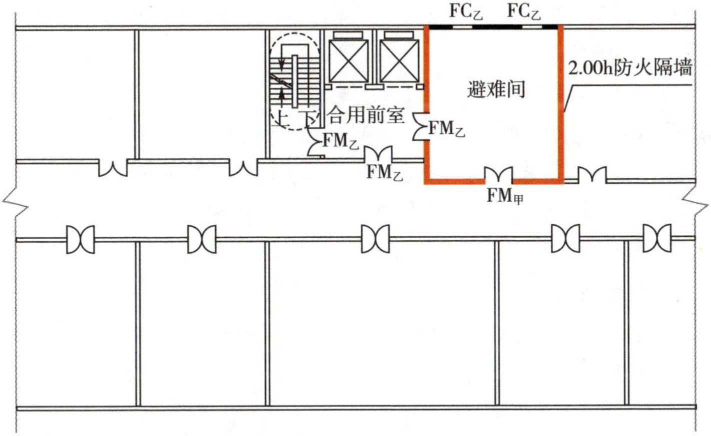


（a）专用避难间通向消防电梯与疏散楼梯间的合用前室

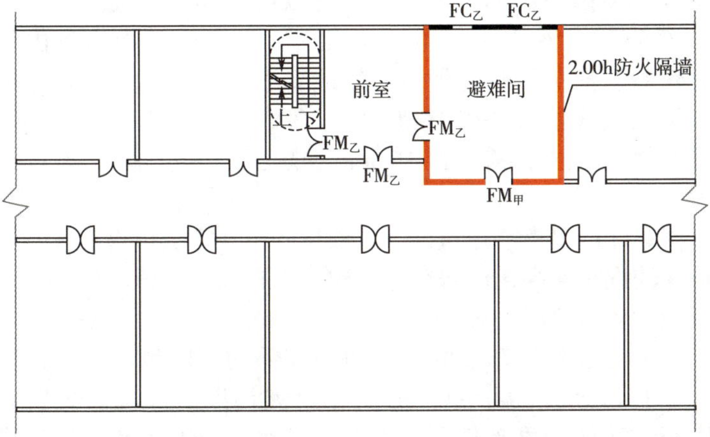


（b）专用避难间通向防烟楼梯间的前室

**图 7–19　避难间平面布置示意图**

1　建筑高度大于 32m 的高层汽车库，应为防烟楼梯间；

2　建筑高度不大于 32m 的汽车库，应为封闭楼梯间；

3　地上修车库，应为封闭楼梯间；

4　地下、半地下汽车库，应符合本规范第 7.1.10 条的规定。

7.1.18　汽车库内任一点至最近人员安全出口的疏散距离应符合下列规定：

1　单层汽车库、位于建筑首层的汽车库，无论汽车库是否设置自动灭火系统，均不应大于60m。

2　其他汽车库，未设置自动灭火系统时，不应大于45m；设置自动灭火系统时，不应大于60m。

【条文要点】

这两条规定了汽车库和修车库室内疏散楼梯间的基本形式、汽车库内的允许最大安全疏散距离，以确保汽车库内人员的疏散安全，便于灭火救援。

【实施要点】

（1）汽车库和修车库内的主要火灾危险性来自汽车本身。无论何种原因引起的汽车火灾，均以可燃固体火灾为主，同时伴有部分可燃液体或可燃气体火灾，主要可燃物为车内的座垫、轮胎、泡沫塑料等塑料、燃油、燃气和锂电池等。除锂电池引发的火灾能很快引燃相邻汽车外，汽车发生火灾后的燃烧以自身燃烧为主，需经5~15min后蔓延至相邻汽车，但产烟量巨大。

修车库的可燃物还包括一定数量的甲、乙类可燃液体，火灾危险性较汽车库高，但修车库的建筑面积通常较汽车库小，停车数量少，多为单层。

（2）考虑到汽车库的室内净高较低的实际情况，初期的烟气水平扩散速度为0.5~0.8m/s。在火灾初期的环境能见度和汽车库正常照明照度条件下，人在水平地面上的正常疏散速度为0.8~1.0m/s，人员在1min左右的时间内均可疏散离开汽车库而进入疏散楼梯间，最大行走距离约为60m。但是，汽车库的疏散距离不仅是保证人员安全疏散的重要参数，而且是核查安全出口和疏散楼梯间设置位置是否合理的重要依据。

根据汽车库的火灾和烟气蔓延特点，建筑高度大于32m的高层汽车库，疏散楼梯间应采用防烟楼梯间；建筑高度小于或等于32m的汽车库，疏散楼梯间应采用封闭楼梯间。修车库不允许设置在地下，也不允许采用高层建筑，因此修车库应为单层和多层建筑，多层修车库的疏散楼梯间可以采用封闭楼梯间。对于地下、半地下汽车库，应根据其埋深或层数按照本规范第 7.1.10 条的规定确定，当汽车库设置在建筑的地下室时，疏散楼梯间还应与地上疏散楼梯间分隔。

汽车库疏散楼梯间的其他设置要求，本规范未规定的，均可以按照现行国家标准《汽车库、修车库、停车场设计防火规范》GB 50067 等技术标准的规定确定。

汽车库的疏散距离不能只考虑人员疏散需要，还应考虑火灾时消防救援人员进出火场的需要。汽车库的最大疏散距离应按照不大于 60m 控制：

1）对于单层汽车库、位于建筑首层的汽车库，无论汽车库是否设置自动灭火系统，疏散距离均不应大于 60m。

2）对于地下、半地下汽车库，位于地上建筑中其他楼层的汽车库，疏散距离均不应大于 45m；当汽车库内设置自动灭火系统时，疏散距离不应大于 60m。

## 7.2 工业建筑

7.2.1 厂房中符合下列条件的每个防火分区或一个防火分区内的每个楼层，安全出口不应少于 2 个：

1 甲类地上生产场所，一个防火分区或楼层的建筑面积大于 $100m^2$ 或同一时间的使用人数大于 5 人；

2 乙类地上生产场所，一个防火分区或楼层的建筑面积大于 $150m^2$ 或同一时间的使用人数大于 10 人；

3 丙类地上生产场所，一个防火分区或楼层的建筑面积大于 $250m^2$ 或同一时间的使用人数大于 20 人；

4 丁、戊类地上生产场所，一个防火分区或楼层的建筑面积大于 $400m^2$ 或同一时间的使用人数大于 30 人；

5 丙类地下或半地下生产场所，一个防火分区或楼层的建筑面积大于 $50m^2$ 或同一时间的使用人数大于 15 人；

6 丁、戊类地下或半地下生产场所，一个防火分区或楼层的建筑面积大于 200m$^2$ 或同一时间的使用人数大于 15 人。

【条文要点】

本条规定了生产厂房内地上、地下每个防火分区或一个防火分区内的每个楼层安全出口设置的基本要求。除本条规定条件外的其他防火分区或楼层，可以设置一个安全出口。本条规定的“地下生产场所”，包括在平时使用的人民防空工程中设置的生产场所。

【实施要点】

（1）本条各款规定均针对不同类别火灾危险性的生产场所，确定了其中一个防火分区、只划分一个防火分区的一个楼层、多个楼层位于同一个防火分区的每个楼层安全出口的设置数量要求，而不是针对一座厂房建筑的规定。即一座具有多种不同类别火灾危险性的多层、高层生产建筑，尽管建筑的火灾危险性类别只有一种，但建筑内不同类别火灾危险性的防火分区或楼层，其安全出口仍可以根据该防火分区或楼层的实际火灾危险性类别确定。

例如，一座 3 层的甲类生产厂房，第三层为甲类生产场所，第二层为丙类生产场所，第一层为戊类生产场所，每层建筑面积均为 200m$^2$。则这座建筑每层均可以分别划分为一个防火分区。根据本条的规定，第三层应设置至少 2 个安全出口，第二层应设置至少 1 个安全出口，第一层应设置至少 1 个安全出口。根据本规范第 7.1.2 条的规定，则该建筑每层应至少设置 2 座封闭楼梯间，并在第一层直通室外。但是，第二层可以设置 2 个安全出口连通至第三层下来的两座疏散楼梯间，也可以设置 1 个安全出口通至第三层下来的两座疏散楼梯间中的任何一座，另一座疏散楼梯间在第二层可以不开口。

又如，一座 3 层的乙类生产厂房，每层建筑面积为 2 000m$^2$。第三层划分 2 个防火分区，一个防火分区为乙类生产场所，建筑面积为 1 000m$^2$，另一个防火分区为丙类生产场所，建筑面积为 1 000m$^2$；第二层划分一个防火分区，为丙类生产场所；第一层划分一个防火分区，为丁类生产场所。则根据本条的规定，这座建筑第三层应设置至少 4 个安全出口，第二层和第一层分别应设置至少 2 个安全出口。根据本规范第 7.1.2 条的规定，该建筑每层应至少设置 4 座封闭楼梯间，并在第一层直通室外。但是，第二层可以设置 4 个安全出口通至第三层下来的四座疏散楼梯间，也可以设置 2 个安全出口通至第三层下来的四座疏散楼梯间中的任意两座，另外两座疏散楼梯间在第二层可以不开口。

（2）当一个乙类生产的防火分区或楼层的建筑面积小于或等于 150$m^2$ 且同一时间的使用人数少于或等于 10 人时，该防火分区或楼层允许设置 1 个安全出口；当一个乙类生产的防火分区或楼层的建筑面积小于或等于 150$m^2$，但同一时间的使用人数大于 10 人时，该防火分区或楼层应设置至少 2 个安全出口；当一个乙类生产的防火分区或楼层的建筑面积大于 150$m^2$，同一时间的使用人数少于或等于 10 人时，该防火分区或楼层应设置至少 2 个安全出口；当一个乙类生产的防火分区或楼层的建筑面积大于 150$m^2$，且同一时间的使用人数大于 10 人时，该防火分区或楼层应设置至少 2 个安全出口。同理，其他类别火灾危险性的防火分区或楼层也可以根据此原则确定相应的安全出口数量。

（3）对于设置在生产厂房内的辅助生产用房，如配套的办公、控制、质检、化验、休息和设备用房等配套用房，当这些房间不靠墙分散布置在生产车间内并需要通过生产车间疏散时，这些房间的疏散门可以根据房间的建筑面积和所在生产车间的最大允许安全疏散距离要求确定。此时，房间内任一点的疏散距离应为从这些房间内最远点经过房间疏散门至所在生产车间最近安全出口的直线距离。当这些房间集中布置在生产车间外，或靠外墙设置在生产车间内时，这些房间应设置直通室外或疏散走道的疏散门，使之具有独立的安全出口或疏散楼梯。此时，房间内任一点的疏散距离应为从房间内最远一点至该房间疏散出口的直线距离，房间疏散门的数量可以分别参照相应民用建筑中公共活动场所和设备用房疏散门的设置要求确定。

（4）尽管本条规定了不同类别火灾危险性防火分区、楼层至少应设置的安全出口数量，但一个防火分区、一个楼层的安全出口的数量和设置位置，还需要根据实际生产工艺情况、楼层数及现行国家标准《建筑设计防火规范》GB 50016 等技术标准有关最大安全疏散距离、最小疏散净宽度的要求，经计算后合理确定。

7.2.2 高层厂房和甲、乙、丙类多层厂房的疏散楼梯应为封闭楼梯间或室外楼梯。建筑高度大于 32m 且任一层使用人数大于 10 人的厂房，疏散楼梯应为防烟楼梯间或室外楼梯。

【条文要点】

本条规定了各类火灾危险性和不同建筑高度的地上生产厂房中疏散楼梯间的基本形式。地下生产厂房的疏散楼梯设置要求，应符合本规范第 7.1.10 条的规定。

【实施要点】

（1）高层厂房和甲、乙、丙类厂房的火灾危险性较大，普通客（货）用电梯无防烟、防火等性能和措施要求，在建筑发生火灾时难以保证人员疏散的安全，不能用于人员的疏散。对于高度较高的建筑，竖向疏散距离长，人员疏散需要时间长，应使疏散楼梯间具有更高的防烟性能，疏散楼梯间的形式要综合建筑的火灾危险性、建筑高度、设置位置等因素确定。丁、戊类多层厂房的疏散楼梯间形式可以根据建筑各层的实际火灾危险性确定。

（2）本条规定允许采用封闭楼梯间的高层厂房主要是针对乙、丙、丁、戊类高层厂房，包括建筑高度小于或等于 32m 的高层厂房，建筑高度大于 32m 且任一楼层使用人数为 10 人及以下的高层厂房。对于必须采用高层建筑的甲类厂房，疏散楼梯间的形式应根据其实际火灾危险性、生产过程中的每层使用人数、人员疏散的安全需要、楼梯间的防护措施等情况经技术论证后确定。

本条规定应采用防烟楼梯间的高层厂房，是考虑到生产厂房内不同防火分区之间的分隔因生产需要往往不能完全采用防火墙分隔的情形。当一座厂房每层具有多个防火分区、每层的防火分区之间采用防火墙和甲级防火门完全分隔，且每个防火分区的疏散楼梯间独立设置时，也可以按照每个防火分区的使用人数确定疏散楼梯间的形式。例如，一座建筑高度为 34m 的 5 层丙类高层厂房，每层均采用防火墙和甲级防火门划分为 2 个防火分区，每个防火分区的使用人数均为 10 人，每个防火分区均分别设置2座独立的疏散楼梯间，则该厂房的疏散楼梯可以采用封闭楼梯间。当其中任一层（如第三层）的防火分区之间不能采用防火墙和防火门分隔时，则应将该层2个防火分区的使用人数之和作为一个防火分区的使用人数考虑，该厂房的疏散楼梯应采用防烟楼梯间。

（3）室外疏散楼梯具有较好的防止烟气积聚的性能，可以视作具有与封闭楼梯间或防烟楼梯间基本相当的防烟性能。有关要求参见本指南第7.1.11条的【实施要点】。

7.2.3 占地面积大于300m$^2$的地上仓库，安全出口不应少于2个；建筑面积大于100m$^2$的地下或半地下仓库，安全出口不应少于2个。仓库内每个建筑面积大于100m$^2$的房间，疏散出口不应少于2个。

【条文要点】

本条规定了地上、地下仓库建筑安全出口设置、建筑内每个防火分区或防火分隔间（以下简称库房）疏散出口设置的基本要求。本条规定的地下仓库，包括在平时使用的人民防空工程中设置的仓库。

【实施要点】

（1）仓库内库房的防火分隔要求较高，仓库的安全出口一般应按照防火分区设置。当一座仓库采用分间库房，且库房通过共用疏散走道、共用疏散楼梯间布置时，可以不要求按照防火分区设置安全出口或疏散楼梯，但每间库房仍应按照本条规定的建筑面积确定相应的疏散出口数量。这些疏散出口可以是直通室外的疏散门，也可以是通向楼层上疏散走道的疏散门，该疏散走道应直接连通至疏散楼梯间。

为降低库房内火灾蔓延至其他楼层的危险性，多层、高层仓库建筑中的安全出口应尽量设置在每间库房外，通过公共的疏散走道连通至室内疏散楼梯间或室外疏散楼梯。

（2）由于在不同类别火灾危险性仓库中库房的建筑面积均有一定限制，且甲、乙类仓库主要为单层建筑，每间库房均可以设置直通室外的安全出口。因此，本条有关仓库的安全出口设置不再区别库房的火灾危险性类别。

（3）本条规定的“每个建筑面积大于 $100m^2$ 的房间”是指仓库中储存物质或物品的库房，不包括辅助用房及设备房。这些用房的疏散出口数量可以根据相应的设置楼层位置和使用用途按照本规范及现行国家相关技术标准的规定确定。

7.2.4　高层仓库的疏散楼梯应为封闭楼梯间或室外楼梯。

【条文要点】

本条规定了高层仓库建筑中疏散楼梯间的基本形式。地下仓库的疏散楼梯设置要求，应符合本规范第 7.1.10 条的规定。

【实施要点】

（1）高层仓库是 2 层及 2 层以上且建筑高度大于 24m，用于储存物质的建筑。尽管本条规定高层仓库允许采用封闭楼梯间，但对于丙类、丁类储存物品的库房，疏散楼梯间应尽量设置在库房外，当直接设置在库房内且无疏散走道时，应尽量采用防烟楼梯间。当一座建筑由生产车间和库房组合建造时，其中上、下楼层共用的疏散楼梯间应分别按照本规范的规定确定不同用途部分的疏散楼梯间形式，再按其中防烟性能要求较高者确定疏散楼梯间的形式。

例如，一座建筑高度为 38m 的 5 层建筑，每层均划分为 1 个防火分区，第一层至第三层为丙类生产车间，每层层高为 8m；第四层和第五层为丙类库房，每层层高为 7m。根据本条和本规范第 7.2.2 条的规定，仓库部分的疏散楼梯可以采用封闭楼梯间，生产部分也可以采用封闭楼梯间。因此，该建筑允许采用封闭楼梯间。如果该建筑第一层至第四层为丙类生产车间，每层层高为 8.5m，且第三层和第四层的使用人数均为 30 人，第五层为丙类库房，层高为 4m。则该建筑第五层的疏散楼梯可以采用封闭楼梯间，生产部分应采用防烟楼梯间。因此，该建筑第一层至第五层的所有疏散楼梯间均应为防烟楼梯间。

（2）多层仓库的疏散楼梯间形式不限，但考虑到乙类、丙类仓库的可燃物数量大，丁类仓库也可能存在一定数量可燃物的情况，敞开楼梯间不应直接设置在建筑中的每间库房内。

## 7.3 住宅建筑

7.3.1 住宅建筑中符合下列条件之一的住宅单元，每层的安全出口不应少于2个：

1 任一层建筑面积大于650m$^2$的住宅单元；

2 建筑高度大于54m的住宅单元；

3 建筑高度不大于27m，但任一户门至最近安全出口的疏散距离大于15m的住宅单元；

4 建筑高度大于27m、不大于54m，但任一户门至最近安全出口的疏散距离大于10m的住宅单元。

【条文要点】

住宅建筑形式多样，不同形式住宅建筑安全出口的设置要求不同。本条规定了单元式、塔式住宅建筑安全出口设置的基本要求，除本条规定条件外的其他单元式、塔式住宅建筑的住宅单元，可以设置一个安全出口。单户独栋式、多户联排拼接式等独立设置安全出口或疏散楼梯的住宅建筑，住户或套房沿共用疏散走道布置的通廊式住宅建筑等其他形式的住宅建筑，可以根据住户或套房和公共交通设施的布置方式、楼层建筑面积，按照疏散距离控制要求和类似公共建筑的安全出口设置要求确定。

【实施要点】

（1）在单元式住宅建筑中，每个单元中的住户或套房均围绕楼梯和电梯等竖向交通设施布置，楼层上的疏散路线简洁，住户或套房和楼层的公共区布置紧凑。单元式住宅建筑是我国住宅建筑的主要形式，受楼层平面布置限制，在保证人员疏散安全的情况下，需要考虑一定的经济性。根据本条第1款的规定，住宅建筑中每个楼层建筑面积小于或等于650m$^2$的住宅单元，每层可以设置一个安全出口；当仅首层的建筑面积大于650m$^2$时，可以仅在首层设置2个安全出口；当第二层及以上各楼层中任一楼层的建筑面积大于650m$^2$时，该建筑每层均应设置2个安全出口。

塔式住宅建筑相当于只有一个单元的住宅建筑。因此，塔式住宅建筑的安全出口应按照本条规定设置。

（2）本条第 3 款和第 4 款规定的疏散距离，应为楼层上任一住户或套房的户门至疏散楼梯间、楼梯间前室入口的最近水平距离。当该疏散距离大于本条规定时，应设置 2 个安全出口；当楼层设置 2 个安全出口时，单元中户门至楼层安全出口的疏散距离不受本条规定的限制。下列情形的单元不需要再增设安全出口或疏散楼梯：

1）对于建筑高度不大于 27m 的住宅建筑，当单元中每个楼层设置 2 个安全出口时，楼层上任一户门至最近安全出口的疏散距离允许大于 15m。但是，楼层上安全出口的数量还应根据疏散距离的控制要求确定是否增设。

2）对于建筑高度大于 27m，但不大于 54m 住宅建筑，当单元中每个楼层设置 2 个安全出口时，楼层上任一户门至最近安全出口的疏散距离允许大于 10m。但是，楼层上安全出口的数量还应根据疏散距离的控制要求确定是否增设。

（3）住宅建筑的疏散楼梯间形式和楼层上的允许最大疏散距离，应根据建筑的高度、建筑的结构类型和耐火等级、楼梯的防烟性能要求，以保证火灾时的人员疏散安全、便于建筑的日常管理和使用为原则，按照本规范第 7.3.2 条和现行国家标准《建筑设计防火规范》GB 50016 等标准的规定确定。

7.3.2 住宅建筑的室内疏散楼梯应符合下列规定：

1 建筑高度不大于 21m 的住宅建筑，当户门的耐火完整性低于 1.00h 时，与电梯井相邻布置的疏散楼梯应为封闭楼梯间；

2 建筑高度大于 21m、不大于 33m 的住宅建筑，当户门的耐火完整性低于 1.00h 时，疏散楼梯应为封闭楼梯间；

3 建筑高度大于 33m 的住宅建筑，疏散楼梯应为防烟楼梯间，开向防烟楼梯间前室或合用前室的户门应为耐火性能不低于乙级的防火门；

4 建筑高度大于 27m、不大于 54m 且每层仅设置 1 部疏散楼梯的住宅单元，户门的耐火完整性不应低于 1.00h，疏散楼梯应通至屋面；

5 多个单元的住宅建筑中通至屋面的疏散楼梯应能通过屋面连通。

【条文要点】

本条规定了不同建筑高度住宅建筑中疏散楼梯间的基本形式，以及疏散楼梯间通至屋面的设置要求。本条只规定了户门的耐火完整性能，是对门体的部分耐火性能要求，但不是非隔热防火门。在实际建筑中，是采用隔热还是非隔热防火门，需要根据具体情况和国家相关技术标准确定。

【实施要点】

（1）本条规定的户门耐火完整性能，是门体的某一面受火时，在一定时间内阻止火焰和热气穿透，或在背火面出现火焰的能力，户门的耐火完整性能测定应符合现行国家标准《建筑门窗耐火完整性试验方法》GB/T 38252 的规定。与本规范规定的防火门不同，耐火完整性能不低于 1.00h 的户门不是隔热防火门，也不是耐火极限不低于 1.00h 的 B 类和 C 类非隔热防火门，这类门可以采用相应耐火性能的 B 类或 C 类非隔热防火门，但不是防火门产品，只是对门需要具备的专门耐火性能的要求，不需要按照消防产品进行管理，而本规范规定的防火门均为隔热防火门，需要纳入消防产品监管。有关防火门的释义，请见本指南第 6.4.1 条的【实施要点】。

（2）建筑高度小于或等于 21m 的住宅建筑，疏散楼梯允许采用敞开楼梯间。为减小户内火灾烟气经电梯井蔓延对楼梯间的影响，住宅单元在每层的疏散楼梯位置要尽量远离电梯井，或提高户门的耐火性能。当户门采用普通门，或户门的耐火完整性能低于 1.00h 时，与电梯井相邻布置的疏散楼梯间，或设置电梯的疏散楼梯间，应采用封闭楼梯间。本条规定的“相邻布置”，包括疏散楼梯与电梯井正对布置的情况。

（3）建筑高度大于 21m，且小于或等于 33m 的住宅建筑，疏散楼梯应采用封闭楼梯间。当户门为防火门，或户门的耐火完整性能不低于 1.00h 时，单元中的疏散楼梯也可以采用敞开楼梯间。当然，从消防的安全性、工程的经济性和使用的方便性考虑，按照户门采用普通门，疏散楼梯采用封闭楼梯间的方式建造更好。

（4）建筑高度大于 33m 的住宅建筑，无论户门的耐火性能高低，疏散楼梯均应采用防烟楼梯间。为保证疏散楼梯间和消防电梯的安全使用，户门应避免直接开向疏散楼梯间前室或合用前室，不允许直接开向疏散楼梯间。当受楼梯平面局限，户门必须开向防烟楼梯间前室或合用前室时，应严格限制开向前室或合用前室的户门数量，且开向前室或合用前室的户门应为甲级或乙级防火门。有关允许开向前室或合用前室的户门数量，应符合现行国家标准《建筑设计防火规范》GB 50016 等技术标准的规定。

（5）对于建筑高度大于 27m，且小于或等于 54m 的住宅建筑，其中任一户门至最近安全出口的疏散距离小于或等于 10m 的住宅单元，每个楼层均允许设置 1 个安全出口，该单元允许设置 1 部疏散楼梯。但是，这些建筑在竖向的疏散距离较长，属于二类高层住宅建筑，正常情况下需要设置 2 部疏散楼梯，在楼层上要尽量具备两个独立的安全出口，以保证人员在火灾时具有相互备用的竖向疏散通道。当住宅单元仅设置 1 部疏散楼梯时，为保证人员在应急时具有两个不同的疏散方向，该疏散楼梯应通至屋面，并且应提高户门的防火、防烟性能，使户门的耐火完整性能不低于 1.00h；当住宅单元设置 1 部疏散楼梯，且疏散楼梯不通至屋面，或者户门的耐火完整性能低于 1.00h 时，该住宅单元应设置至少 2 座独立的疏散楼梯间，在每个楼层上应具有 2 个独立的安全出口。

（6）当一座住宅建筑由多个住宅单元组成时，每个住宅单元中通至屋面的疏散楼梯均应能通过屋面连通至相邻单元或其他单元的疏散楼梯间。当相邻住宅单元的建筑高度不同时，应通过能保证人员安全的室外楼梯或竖梯连通。在实际建筑中，不一定要求一座住宅建筑中每个住宅单元的疏散楼梯均需要通至屋面。一座住宅建筑中不同住宅单元的疏散楼梯是否需要通至屋面，应根据本条第 4 款和现行国家标准《建筑设计防火规范》GB 50016 等标准的规定确定。但是，如果要求建筑中一个住宅单元的疏散楼梯通至屋面时，该建筑中的其他住宅单元应至少有一个住宅单元的疏散楼梯通至屋面，并且这两个通至屋面的疏散楼梯应能通过屋面连通；当该建筑有多个住宅单元的疏散楼梯通至屋面时，这些疏散楼梯均应能通过屋面与其他通至屋面的疏散楼梯连通。

## 7.4 公共建筑

7.4.1 公共建筑内每个防火分区或一个防火分区的每个楼层的安全出口不应少于2个，仅设置1个安全出口或1部疏散楼梯的公共建筑应符合下列条件之一：

1 除托儿所、幼儿园外，建筑面积不大于200m$^2$且人数不大于50人的单层公共建筑或多层公共建筑的首层；

2 除医疗建筑、老年人照料设施、儿童活动场所、歌舞娱乐放映游艺场所外，符合表7.4.1规定的公共建筑。

表7.4.1 仅设置1个安全出口或1部疏散楼梯的公共建筑

| 建筑的耐火等级或类型 | 最多层数 | 每层最大建筑面积/m$^2$ | 人数 |
|---|---|---|---|
| 一、二级 | 3层 | 200 | 第二、三层的人数之和不大于50人 |
| 三级、木结构建筑 | 3层 | 200 | 第二、三层的人数之和不大于25人 |
| 四级 | 2层 | 200 | 第二层人数不大于15人 |

**【条文要点】**

本条规定了公共建筑内每个防火分区、只划分一个防火分区的一个楼层、多个楼层位于同一个防火分区的每个楼层安全出口的最少设置数量，以及设置一个安全出口或一部疏散楼梯的条件。这些公共建筑包括地上公共建筑及其地下、半地下室，独立的地下、半地下公共建筑，平时使用的人民防空工程中的公共场所。公共建筑疏散楼梯间的形式应符合本规范第7.4.4条和第7.4.5条的规定。

**【实施要点】**

（1）本条要求为各类公共建筑、公共活动场所中每个防火分区，或者只划分一个防火分区的每个楼层应设置安全出口的最少数量。一个防火分区或一个楼层的安全出口数量，还应根据不同用途场所的实际使用人数、相应室内高度允许的最大安全疏散距离等因素，并根据本规范第 7.4.4 条和现行国家标准《建筑设计防火规范》GB 50016 等标准有关每 100 人所需最小疏散净宽度的要求，经计算并合理布置后确定。参见本指南第 7.1.2 条的【实施要点】。

（2）对于疏散人数较少的场所或建筑，人员的疏散时间主要由场所的室内高度、室内至最近疏散出口的疏散距离、楼层至室外的疏散距离决定。人员安全疏散所需时间是本条和本规范第 7.4.2 条确定允许仅设置 1 个疏散门、安全出口，1 部疏散楼梯的建筑的高度和建筑面积的基础。

本条第 1 款允许仅设置 1 个安全出口的公共建筑、第 2 款中的木结构建筑，均不区分建筑的耐火等级。本条第 2 款规定的允许仅设置 1 个安全出口或 1 部疏散楼梯的公共建筑，当首层的建筑面积和使用人数符合本条第 1 款的规定时，首层的安全出口数量仍可以按照本条第 1 款的规定确定。

当一座建筑存在多个符合本条表 7.4.1 中规定条件的区域，每个区域相互间采用防火隔墙分隔且安全出口、疏散楼梯分别独立设置时，这些区域安全出口、疏散楼梯的数量也可以按照本条第 2 款的规定确定。本条规定的使用人数均为所在区域、房间在使用时可以采取人数控制措施控制的核定经营人数；当不能核定或不能控制使用人数时，应根据这些场所的实际用途，按照国家相关技术标准规定的人员密度经计算确定。

例如，一座二级耐火等级的高层办公建筑，在建筑的首层设置了 5 间建筑面积均小于 $200m^2$ 且使用人数均为 30 人的办公室，相互间均采用耐火极限不低于 2.00h 的防火隔墙分隔，安全出口均分别独立设置，则这些办公室每间均可以设置 1 个安全出口。但是，根据本规范第 7.4.2 条的规定，每间建筑面积大于 $120m^2$ 的办公室应设置不少于 2 个疏散门的要求，因此位于首层的这些办公室中建筑面积大于 $120m^2$ 的独立办公室仍应至少设置 2 个安全出口。参见图 7–20。

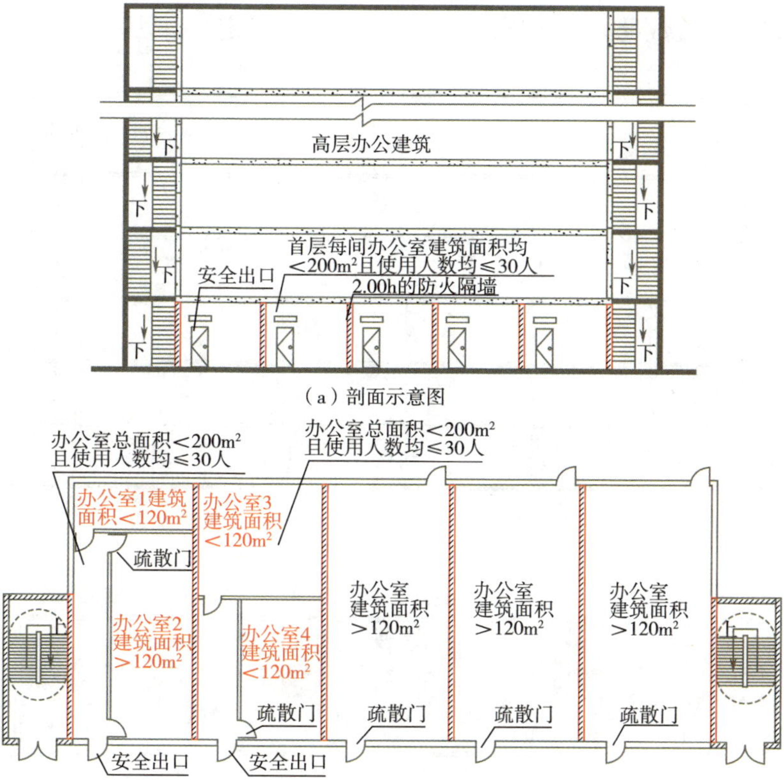


（b）平面示意图

**图 7–20　建筑面积小于或等于 200m² 的公共建筑的疏散门和安全出口设置要求示意图（一）**

又如，一座二级耐火等级的 6 层办公建筑，在建筑的下部 3 层设置了 5 个建筑面积均小于 200m² 的办公区域，每层每个相互分隔的独立办公区的使用人数均为 15 人，相互间均采用耐火极限不低于 2.00h 的防火隔墙分隔，疏散楼梯及首层的安全出口均独立设置。根据上述原则，该建筑下部每个独立的办公区均可以设置 1 座疏散楼梯间，在首层可以设置 1 个安全出口。疏散楼梯间在首层应直通室外，不应经过首层的办公室，但可以经过长度不大于 15m 的疏散走道通向室外。同时，每层每间办公室的疏散门设置数量仍应符合本规范第 7.4.2 条的规定。参见图 7–21。

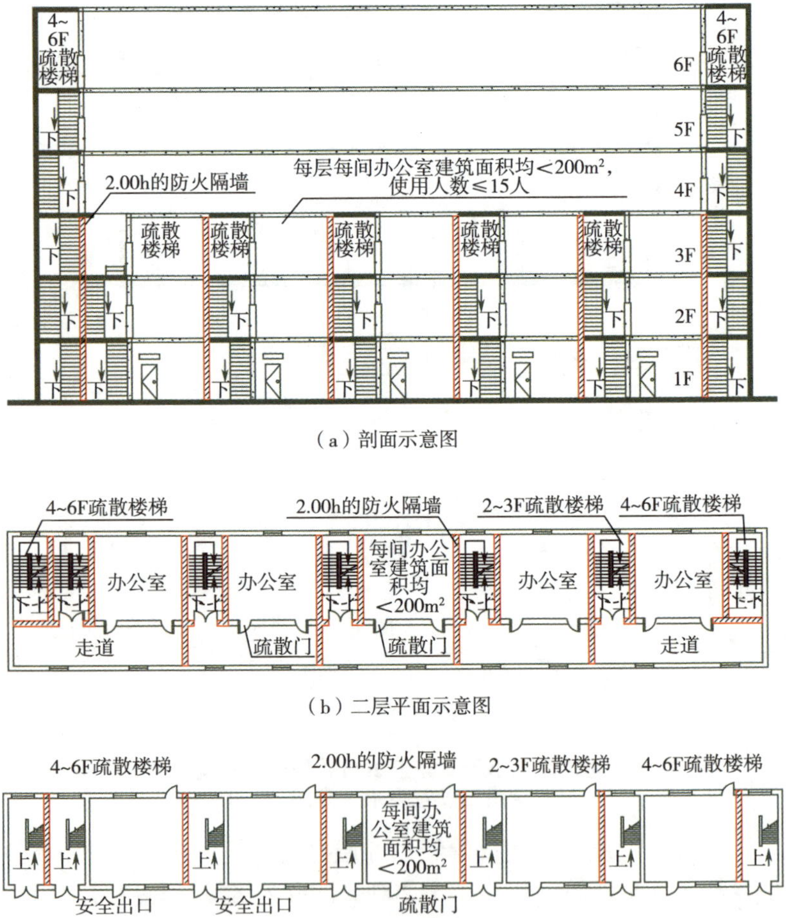


（c）首层平面示意图

**图 7–21　建筑面积小于或等于 200m² 的公共建筑的疏散门和安全出口设置要求示意图（二）**

（3）本条规定的医疗建筑不包括无治疗功能的疗养院及其他康养建筑。无治疗功能的疗养院及其他康养建筑应按照旅馆建筑考虑其防火技术设防标准。本条规定的小型公共建筑中房间疏散门的设置数量，应符合本规范第 7.4.2 条的规定。例如，一座二级耐火等级且每层建筑面积为 $200m^2$ 的 3 层办公建筑，每层设置 4 个办公室，每间办公室的建筑面积均小于 $50m^2$ 并通过疏散走道连通至疏散楼梯间，每层的总使用人数为 20 人。则该建筑允许设置 1 座疏散楼梯间，每间办公室允许设置 1 个疏散门。如果该建筑的首层不分隔，是一个建筑面积为 $200m^2$ 的开敞区域，则首层应按照一个房间设置疏散门的要求设置 2 个直通室外的疏散门。参见图 7–22。

共三层，每层建筑面积为200m²，每层的总使用人数为20人

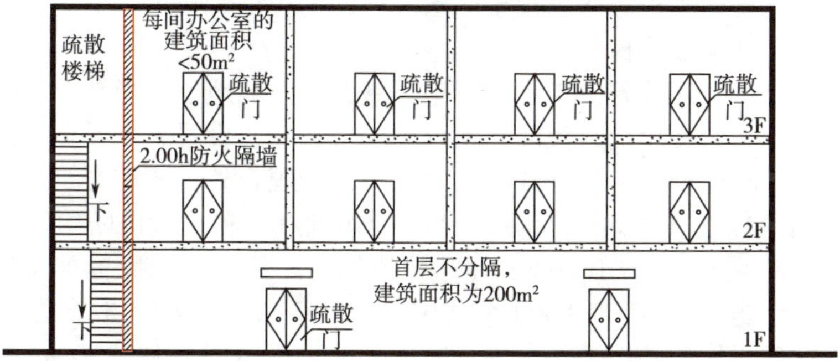


（a）三层办公室立面示意图

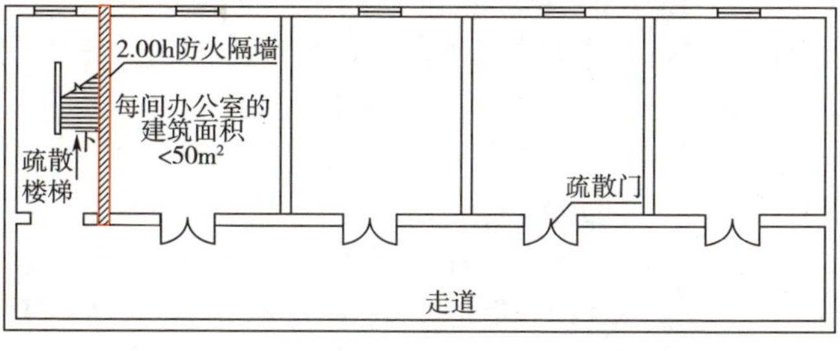


（b）二、三层平面示意图

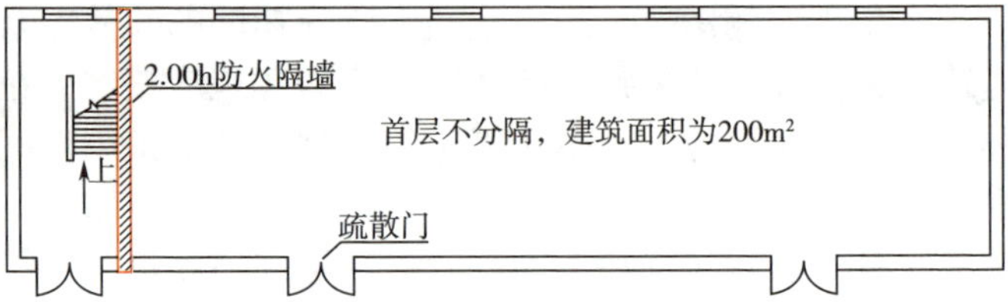


（c）首层平面示意图

**图 7-22　建筑面积小于或等于 $200m^2$ 的公共建筑的疏散门和安全出口设置要求示意图（三）**

（4）除托儿所、幼儿园外，医疗建筑、老年人照料设施、儿童活动场所、歌舞娱乐放映游艺场所的安全出口设置数量，应结合本条第 1 款和本规范第 7.4.2 条有关疏散门的设置数量要求确定，除符合本条第 1 款规定的条件外，均应设置至少 2 个安全出口或 2 部疏散楼梯。

（5）民用建筑的地下、半地下室，独立的地下、半地下公共建筑，平时使用的人民防空工程中的公共场所设置 1 个安全出口或 1 部疏散楼梯的条件或要求，除本条的规定外，还需要符合现行国家标准《建筑设计防火规范》GB 50016 和《人民防空工程设计防火规范》GB 50098 等标准的规定。例如，国家标准《建筑设计防火规范》GB 50016—2014（2018 年版）第 5.5.5 条规定，除歌舞娱乐放映游艺场所外，防火分区建筑面积不大于 $200m^2$ 的地下、半地下设备间，防火分区建筑面积不大于 $50m^2$ 且经常停留人数不超过 15 人的其他地下或半地下建筑（室），可设置 1 个安全出口或 1 部疏散楼梯。国家标准《人民防空工程设计防火规范》GB 50098—2009 第 5.1.1 条第 4 款规定，建筑面积不大于 $200m^2$，且经常停留人数不超过 3 人的防火分区，可只设置 1 个通向相邻防火分区的防火门。

7.4.2　公共建筑内每个房间的疏散门不应少于 2 个；儿童活动场所、老年人照料设施中的老年人活动场所、医疗建筑中的治疗室和病房、教学建筑中的教学用房，当位于走道尽端时，疏散门不应少于 2 个；公共建筑内仅设置 1 个疏散门的房间应符合下列条件之一：

1 对于儿童活动场所、老年人照料设施中的老年人活动场所，房间位于两个安全出口之间或袋形走道两侧且建筑面积不大于 $50m^2$；

2 对于医疗建筑中的治疗室和病房、教学建筑中的教学用房，房间位于两个安全出口之间或袋形走道两侧且建筑面积不大于 $75m^2$；

3 对于歌舞娱乐放映游艺场所，房间的建筑面积不大于 $50m^2$ 且经常停留人数不大于 15 人；

4 对于其他用途的场所，房间位于两个安全出口之间或袋形走道两侧且建筑面积不大于 $120m^2$；

5 对于其他用途的场所，房间位于走道尽端且建筑面积不大于 $50m^2$；

6 对于其他用途的场所，房间位于走道尽端且建筑面积不大于 $200m^2$、房间内任一点至疏散门的直线距离不大于 15m、疏散门的净宽度不小于 1.40m。

**【条文要点】**

本条规定了公共建筑内每个房间的疏散门的最少设置数量，以及一个房间允许设置 1 个疏散门的条件。本条规定的房间包括地上公共建筑及其地下、半地下室，独立的地下、半地下公共建筑，平时使用的人民防空工程中的各类公共用途房间，不包括设备用房。

**【实施要点】**

（1）公共建筑中每个房间的疏散门设置数量，均应根据房间内的使用人数、允许的最大安全疏散距离，按照疏双向疏散的原则确定，使房间内的人员在房间内发生火灾时能够至少具有一个疏散方向，且当其中一个疏散门不能被利用时，其他疏散门仍能满足该房间内全部人员安全疏散的需要。

（2）袋形走道是只有一个疏散方向的走道。位于袋形走道两侧和尽端的房间，难以满足双向疏散的要求，不利于人员的安全疏散，但与位于走道尽端的房间仍有所区别。本条规定的房间疏散门，包括房间直通室外或疏散楼梯间的安全出口。例如，商店营业厅内的疏散门有时就是直通疏散楼梯间的安全出口；位于袋形走道尽端的房间中直通疏散走道的门为疏散门，另一个直通室外或室外疏散楼梯的疏散门就是安全出口。

（3）对于儿童活动场所、老年人照料设施中的老年人活动场所、医疗建筑中的治疗室和病房、教学建筑中的教学用房，应避免布置在走道的尽端；当布置在尽端时，应至少设置 2 个疏散门，若不能满足此要求，则不能将此类用途的房间布置在走道的尽端。这样的规定可以进一步限制这些房间布置在走道的尽端，或布置在较高的楼层。

（4）对于歌舞娱乐放映游艺场所，无论房间位于袋形走道的两侧和尽端，还是位于两个安全出口之间，当房间的建筑面积大于 $50m^2$，或者使用人数大于 15 人时，均应设置至少 2 个疏散门。本条第 3 款规定的“经常停留人数”是每间房间经营核定的使用人数，不同于计算所需疏散净宽度时的疏散人数，但可以按照相关标准中有关这些场所的人员密度要求核定。

例如，一个设置 10 间卡拉 OK 房间的 KTV 经营场所，其中 5 间建筑面积均为 $30m^2$，另外 5 间建筑面积均为 $40m^2$。根据国家标准《建筑设计防火规范》GB 50016—2014（2018 年版）第 5.5.21 条的规定，建筑面积为 $30m^2$ 的房间疏散人数为 15 人，建筑面积为 $40m^2$ 的房间疏散人数为 20 人。如不能确定其实际经营的核定人数时，则这些房间应按照此方法计算的疏散人数确定其平时使用人数。即 5 间建筑面积为 $30m^2$ 的房间允许设置 1 个疏散门，另外 5 间建筑面积为 $40m^2$ 的房间应设置至少 2 个疏散门。

（5）本条第 4 款、第 5 款和第 6 款规定的“其他用途的场所”，不包括儿童活动场所、老年人照料设施中的老年人活动场所、医疗建筑中的治疗室和病房、教学建筑中的教学用房、歌舞娱乐放映游艺场、设备用房，是除上述用途房间外的其他公共用途的房间，如办公室、营业厅、展览厅、会议室、宿舍居室、图书阅览室、观众厅、旅馆客房、餐厅、厨房等。

（6）当商业步行街等商店建筑中的商铺之间采取防火隔墙分隔，且每间商铺单独设置疏散门时，每间商铺的疏散门设置数量应符合本条的规定。

（7）本条规定是针对房间疏散门先通向疏散走道，再通向疏散楼梯间的情形。当建筑中的房间疏散门就是安全出口时，可以按照本规范第7.4.1条的规定确定其设置数量，参见本指南第7.4.1条的【实施要点】。

（8）有关设备用房以及上述允许设置在地下、半地下（包括平时使用的人民防空工程）的房间，疏散门设置数量还需要符合现行国家标准《建筑设计防火规范》GB 50016和《人民防空工程设计防火规范》GB 50098等标准的规定。例如，国家标准《建筑设计防火规范》GB 50016—2014（2018年版）第5.5.5条规定，除该标准另有规定外，建筑面积不大于200m$^2$的地下、半地下设备间，建筑面积不大于50m$^2$且经常停留人数不超过15人的其他地下、半地下房间，可设置1个疏散门。国家标准《人民防空工程设计防火规范》GB 50098—2009第5.1.1条也有类似规定。

7.4.3 位于高层建筑内的儿童活动场所，安全出口和疏散楼梯应独立设置。

**【条文要点】**

儿童的行为能力较成人弱，对疏散楼梯的构造要求也区别于其他用途的建筑。本条规定了儿童活动场所的安全出口和疏散楼梯设置的关键技术要求，主要为防止成人与儿童混用疏散设施，尽量避免与其他用途的场所混合建造；进一步从技术上限制将儿童活动场所设置在高层建筑内，以提高儿童在火灾时疏散的安全性。

**【实施要点】**

儿童活动场所设置在高层建筑内时，儿童活动场所的安全出口和疏散楼梯应全部独立设置，不应与其他楼层或场所的安全出口、疏散楼梯合用；设置在多层建筑内时，儿童活动场所的安全出口和疏散楼梯要尽量全部独立设置，当未全部独立设置时，应至少设置1个独立的安全出口或1部独立的疏散楼梯。该独立的安全出口不允许通向与其他用途或功能区域共用的疏散楼梯间。

由于儿童活动场所不允许设置在地下、半地下建筑（室）内，因此在儿童活动场所中独立设置的疏散楼梯，可以根据其实际服务楼层数量、楼层所处位置的建筑高度，按照本规范第7.4.4 条和第 7.4.5 条的规定确定楼梯间的防烟性能要求。有关儿童活动场所的安全出口、疏散楼梯的具体设置要求，可以参见现行国家标准《建筑设计防火规范》GB 50016 和《人民防空工程设计防火规范》GB 50098 等标准的规定，疏散楼梯的构造要求可以参见现行国家标准《民用建筑设计统一标准》GB 50352 的相关规定。

7.4.4　下列公共建筑的室内疏散楼梯应为防烟楼梯间：

1　一类高层公共建筑；

2　建筑高度大于 32m 的二类高层公共建筑。

7.4.5　下列公共建筑中与敞开式外廊不直接连通的室内疏散楼梯，均应为封闭楼梯间：

1　建筑高度不大于 32m 的二类高层公共建筑；

2　多层医疗建筑、旅馆建筑、老年人照料设施及类似使用功能的建筑；

3　设置歌舞娱乐放映游艺场所的多层建筑；

4　多层商店建筑、图书馆、展览建筑、会议中心及类似使用功能的建筑；

5　6 层及 6 层以上的其他多层公共建筑。

**【条文要点】**

这两条规定了地上各类公共建筑中服务不同建筑高度、层数的室内疏散楼梯的基本形式，以满足不同火灾危险性场所或建筑、不同特性的使用人员安全疏散的需要。

**【实施要点】**

（1）一类高层公共建筑无论建筑高度多少，室内疏散楼梯间均应采用防烟楼梯间。一类和二类高层公共建筑的分类标准，应符合现行国家标准《建筑设计防火规范》GB 50016 的规定。

（2）建筑中直接与敞开式外廊连通的疏散楼梯间，具有较好的通风条件，能防止烟气进入或在楼梯间内积聚。当要求该建筑设置封闭楼梯间时，该疏散楼梯间可以采用敞开楼梯间。

（3）本规范第 7.4.5 条第 2 款和第 4 款规定的“类似使用功能的建筑”，是指设置医疗场所、旅馆、老年人照料设施、商店、图书馆、展览厅等类似功能的建筑，以及使用功能与前述建筑或场所类似，且疏散人数、使用人员的特性、建筑的火灾特性与前述场所类似的建筑。第 5 款规定的“其他多层公共建筑”，为用于除本条第 2 款 ~ 第 4 款规定的功能和用途外的其他使用功能和用途的建筑。

（4）本规范或相关技术标准规定疏散楼梯间应采用封闭楼梯间、防烟楼梯间的建筑，无论楼层的建筑面积大小或层数多少，除与敞开式外廊连通的封闭楼梯间可以采用敞开楼梯间外，均不应采用敞开楼梯间，也不应因这些楼层的总建筑面积不大于一个防火分区的最大允许建筑面积而将敞开楼梯间视为上、下层的连通开口后，将要求设置封闭楼梯间的疏散楼梯改为敞开楼梯间。因此，这两条要求的疏散楼梯间形式，不能与该建筑是否可以将多个楼层划分为同一防火分区混淆。例如，一座二级耐火等级的 3 层商店建筑，每层建筑面积为 1 200$m^2$，设置自动喷水灭火系统。按照本规范第 4.3.16 条有关防火分区的最大允许建筑面积要求，该建筑的第一层 ~ 第三层可以划分为同一个防火分区，即允许采用中庭等室内竖向开口连通，且中庭等开口周围可以不分隔，但疏散楼梯仍应采用封闭楼梯间。

（5）当建筑中的疏散楼梯间只服务于局部楼层的场所时，这些场所的疏散楼梯间防烟性能要求可以根据其实际服务的高度或层数、使用功能或用途按照本规范第 7.4.4 条和第 7.4.5 条的规定确定。例如，一座一类高层公共建筑，在其下部第一层和第二层设置了 2 层商店，商店区域的疏散楼梯独立设置，不与该建筑的其他楼层和区域共用，则这两层商店的疏散楼梯可以采用封闭楼梯间，而不需要采用防烟楼梯间。如果将这两层商店改为办公场所，则这两层办公区域的独立疏散楼梯可以采用敞开楼梯间。

7.4.6 剧场、电影院、礼堂和体育馆的观众厅或多功能厅的疏散门不应少于2个，且每个疏散门的平均疏散人数不应大于250人；当容纳人数大于2 000人时，超过2 000人的部分，每个疏散门的平均疏散人数不应大于400人。

【条文要点】

本条针对剧场、电影院、礼堂和体育馆建筑中观众厅、多功能厅的建筑空间、平面布置和使用人数等特点，规定了观众厅、多功能厅的疏散出口设置基本要求，以避免出现疏散人员拥堵出口、延误疏散时间、影响疏散安全的情况。本条规定主要针对独立的剧场、电影院、礼堂和体育馆建筑，也包括与其他建筑合建的剧场、电影院、礼堂和体育馆。

【实施要点】

（1）剧场、电影院、礼堂和体育馆的观众厅、多功能厅通常使用人数多，在火灾情况下的疏散容易在疏散出口处发生起拱效应。这种效应不仅延长了疏散时间，而且一旦拱发生坍塌，很容易导致人员摔倒被踩踏，引发人员伤亡和阻塞疏散出口。因此，这类人员密集的场所应通过合理设置疏散出口的数量、宽度和位置予以避免。

（2）火灾是具有突发性的意外事件，伴有大火、浓烟、强烈的热辐射、噪声和有毒气体，常会在短时间内给人带来巨大的伤害。身处火场的人们往往需要承受巨大的心理压力，可能引发各种各样的异常行为。但是，如果在火灾情况下能保持良好的心理状态，保持有序疏散，将大幅缩短疏散时间，提高疏散的安全性。因此，本条通过限制每个疏散门负担的疏散人数，使疏散出口的布置位置更合理，在疏散过程中能够更充分地利用观众座位的分区和疏散通道，避免人员因不必要的过度集中而产生不利的心理变化。另外，对于设置在其他建筑内的剧场、电影院等的观众厅、多功能厅，即使疏散人数较少，每个厅的疏散出口宽度和设置位置也要在满足安全疏散距离的基础上均匀分布，以提高疏散效率。

（3）剧场、电影院、礼堂和体育馆的观众厅、多功能厅的疏散门，有的直通室外、有的需要经过厅外的疏散走道集散或前厅等区域通向室外、疏散楼梯。在疏散时，疏散通道或疏散走道内的人员密度、行走速度、人员通过出口的流量三者的关系通常可以表达为：出口流量=行走速度 × 人员密度 × 出口宽度。因此，疏散出口的设置位置和宽度，除要考虑本条规定的疏散人数外，还应优化出口外人员疏散区域的条件，使疏散出口与出口外的疏散区域、疏散楼梯的宽度相互匹配，以提高疏散出口的流量，不会因出口外部疏散条件不畅而降低人员的疏散速度。

（4）对于设置在其他建筑内的剧场、电影院等的观众厅、多功能厅，其疏散人数在竖向上容易与其他功能区域的疏散人数混流，疏散出口的设置不仅要考虑楼层上的平面疏散情形，还应考虑竖向疏散的安全性，尽量设置独立的安全出口和疏散楼梯。

7.4.7 除剧场、电影院、礼堂、体育馆外的其他公共建筑，疏散出口、疏散走道和疏散楼梯各自的总净宽度，应根据疏散人数和每100人所需最小疏散净宽度计算确定，并应符合下列规定：

1 疏散出口、疏散走道和疏散楼梯每100人所需最小疏散净宽度不应小于表7.4.7的规定值。

表7.4.7 疏散出口、疏散走道和疏散楼梯每100人所需最小疏散净宽度（m/100人）

| 建筑层数或埋深 | | 建筑的耐火等级或类型 | | |
| --- | --- | --- | --- | --- |
| | | 一、二级 | 三级、木结构建筑 | 四级 |
| 地上楼层 | 1~2层 | 0.65 | 0.75 | 1.00 |
| | 3层 | 0.75 | 1.00 | — |
| | 不小于4层 | 1.00 | 1.25 | — |

续表 7.4.7

| 建筑层数或埋深 | | 建筑的耐火等级或类型 | | |
|---|---|---|---|---|
| | | 一、二级 | 三级、木结构建筑 | 四级 |
| 地下、半地下楼层 | 埋深不大于 10m | 0.75 | — | — |
| | 埋深大于 10m | 1.00 | — | — |
| | 歌舞娱乐放映游艺场所及其他人员密集的房间 | 1.00 | — | — |

2　除不用作其他楼层人员疏散并直通室外地面的外门总净宽度，可按本层的疏散人数计算确定外，首层外门的总净宽度应按该建筑疏散人数最大一层的人数计算确定。

3　歌舞娱乐放映游艺场所中录像厅的疏散人数，应根据录像厅的建筑面积按不小于 1.0 人 /$m^2$ 计算；歌舞娱乐放映游艺场所中其他用途房间的疏散人数，应根据房间的建筑面积按不小于 0.5 人 /$m^2$ 计算。

【条文要点】

剧场、电影院、礼堂、体育馆中观众厅和多功能厅的疏散出口、疏散走道和疏散楼梯所需疏散净宽度应根据本规范第 7.4.6 条规定的疏散人数分配要求，综合每个疏散出口的合理的人流股数、人员安全疏散出观众厅和多功能厅等场所的时间等因素确定。本条规定了除上述建筑外的其他各类公共建筑疏散出口、疏散走道和疏散楼梯所需疏散净宽度的确定方法。本条规定的疏散净宽度和疏散人数确定标准，适用于地上、地下各类公共建筑的疏散出口、疏散走道和疏散楼梯的净宽度计算，以及地上、地下公共建筑中的各类公共活动场所和房间疏散出口的净宽度计算，包括平时使用的人民防空工程。

【实施要点】

（1）在建筑发生火灾时，人员疏散的安全性与人员通过疏散出口、疏散走道和疏散楼梯的时间直接相关，其中，人员在楼梯间内的竖向疏散时间影响较大。公共建筑中每层的疏散人数较多，在从不同房间汇入疏散走道，再从疏散走道或直接从疏散出口汇入疏散楼梯间的过程中，人员的密度会不断增加，加之在不同区域的疏散速度不同，导致疏散速度和整体疏散时间受到影响。因此，通过调整不同场所的疏散出口和疏散走道的宽度、服务建筑中不同层数或竖向疏散高度的疏散楼梯的宽度，可以改变人员的疏散速度和疏散时间。在住宅建筑中，通廊式住宅建筑内的人员疏散过程和人员集中度与某些公共建筑类似，其疏散出口、疏散走道和疏散楼梯所需净宽度，可以参照公共建筑的相关要求确定。单元式、塔式住宅建筑受每层的户数限制，每层的疏散人数较公共建筑要少很多，通过直接规定住宅建筑中每个单元的疏散出口、疏散走道和疏散楼梯的净宽度，就可以满足人员安全疏散的要求。

（2）通常，人员在建筑发生火灾时安全疏散的空间过程如图 7–23 所示。

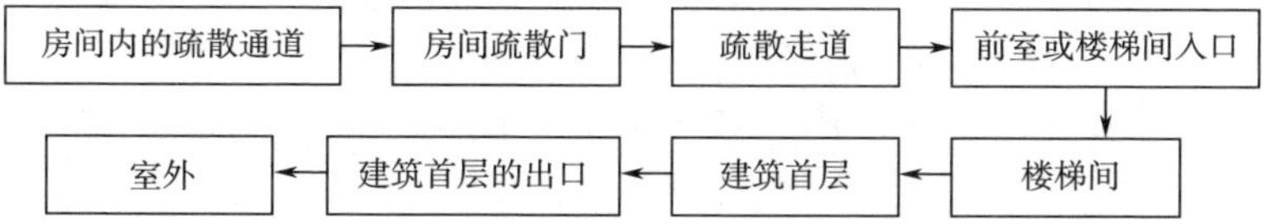


**图 7–23　人员疏散的空间过程示意图**

在人员疏散的空间过程中，影响人员疏散速度、疏散时间的关键因素是其中人员通过流量较小的部位，如疏散出口、楼梯间等。对于疏散人数较多的场所，在这些部位经常出现人员聚集和滞留的现象，应通过增大宽度，或使后者的宽度较前者大予以疏解。另外，对于行为能力基本相同的疏散人群和相同的照度条件，人在水平地面上的疏散速度一般大于在坡道上的上行疏散速度，在坡道上的上行疏散速度大于在楼梯等阶梯式通道上的上行速度；人在水平地面上的疏散速度与在坡道上的下行疏散速度相当，但大于在楼梯等阶梯式通道上的下行速度。因此，在断面通过人流量相同的情况下，疏散门、安全出口、疏散走道、疏散楼梯的最小净宽度，在顺人员疏散方向一般要求后者的疏散宽度不小于前者。但实际上，人员通过相同宽度的疏散出口、疏散走道和疏散楼梯的流量往往难以达到一样，要求依次增大疏散走道和疏散楼梯的宽度在实际建筑中有时难以实现。因此，对于疏散人数多的楼层，还需要结合疏散人员的行为能力，适当考虑设置必要的避难间，或在疏散楼梯间前设置一定面积的前室，以保证火灾时人员疏散的安全。

（3）本条表 7.4.7 中关于“歌舞娱乐放映游艺场所及其他人员密集的房间”疏散出口、疏散走道和疏散楼梯每 100 人所需最小疏散净宽度的要求，与这些场所的楼层位置和地下埋深大小无关，均要不小于 1.00m。歌舞娱乐放映游艺场所的疏散人数，可以根据该场所内具有娱乐功能的各厅、室的建筑面积和场所内的人员密度计算后确定。在计算该场所的相关建筑面积时，可以不计入该场所内疏散走道、卫生间等辅助用房的建筑面积。

（4）准确确定不同房间或场所的疏散人数，是疏散出口、疏散走道和疏散楼梯的宽度设置能否满足实际疏散需要的关键。任一场所和房间的疏散人数均应根据其用途和楼层位置，结合当地类似场所的实际使用人数、节假日使用人数等因素合理估计确定。

（5）当疏散出口仅用于建筑内某一独立的区域或场所时，该疏散出口可以仅按照所服务区域或场所的疏散人数、用途、所在楼层位置对应的层数或埋深确定其所需疏散净宽度。当疏散楼梯仅用于服务建筑中某些楼层或区域时，该疏散楼梯可以根据其实际服务的楼层数和这些区域的疏散人数确定其所需疏散净宽度。有关要求可参见本指南第 7.4.4 条和第 7.4.5 条【实施要点】的第（5）款的规定。

7.4.8　医疗建筑的避难间设置应符合下列规定：

1　高层病房楼应在第二层及以上的病房楼层和洁净手术部设置避难间；

2　楼地面距室外设计地面高度大于 24m 的洁净手术部

及重症监护区，每个防火分区应至少设置1间避难间；

3 每间避难间服务的护理单元不应大于2个，每个护理单元的避难区净面积不应小于25.0m$^2$；

4 避难间的其他防火要求，应符合本规范第7.1.16条的规定。

【条文要点】

为满足医疗建筑中的病房楼、医院手术部等场所中在火灾时难以及时疏散的人员避难的需要，本条规定了医疗建筑有关楼层的避难间设置要求。有关避难间的防火防烟性能、在楼层上的设置位置、为满足应急救援要求应设置的相关设施等，应符合本规范第7.1.16条及国家相关专项标准的规定。

【实施要点】

（1）医疗建筑是指医院、卫生院、疗养院、门诊部、诊所、卫生所、卫生室等从事疾病诊断、治疗活动的机构使用的建筑。医疗建筑中的病人住院部或病房楼中的人员，特别是洁净手术部、重症监护病房中的人员在火灾时有的不允许马上疏散，有的不能与其他行为能力较强的人同时疏散，都需要就近避难，或经避难场所停留准备后再疏散。本条规定高层病房楼应在第二层及以上的病房楼层和洁净手术部设置避难间，即病房和洁净手术部位于高层医疗建筑的第二层及以上楼层时，应在相应的楼层或区域设置避难间。

（2）本条规定的洁净手术部是由洁净手术室、洁净辅助用房和非洁净辅助用房等一部分或全部组成的独立的功能区域，可以是独立的建筑，也可以是设置在医疗建筑中的一个或多个楼层。重症监护区是收治各类危重病患者，并实施集中的加强治疗和护理的场所。当这些场所设置在非病房楼的医疗建筑内，楼地面距离设计地面大于24m的楼层时，洁净手术部和重症监护区所在防火分区应设置避难间，且每个防火分区不应少于1间。参见图7–24。

（3）避难间可以利用供平时使用的其他用途房间，如每层的监护室、器材室、护理人员休息室等，也可以利用消防电梯前室，但不应利用消防电梯与防烟楼梯间的合用前室，以防止病床

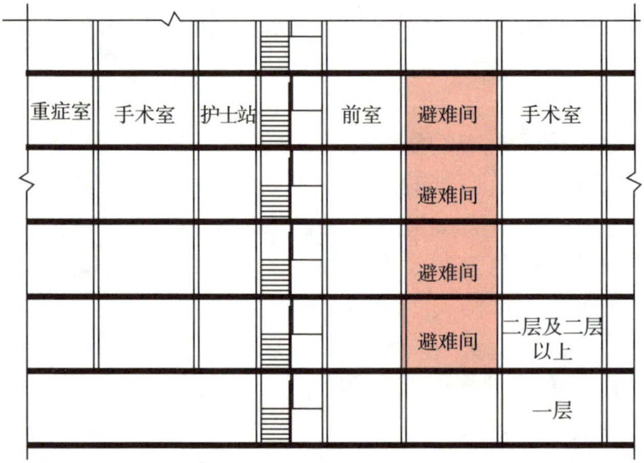


（a）剖面示意图

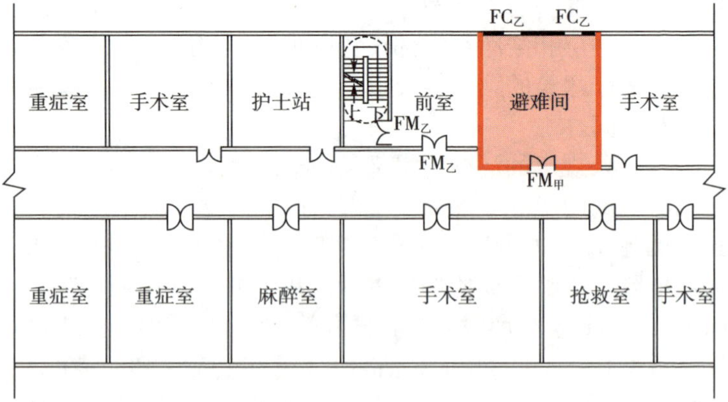


（b）平面示意图

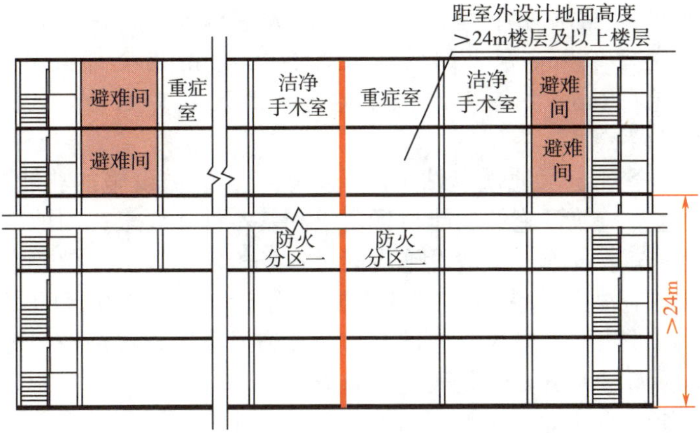


（c）洁净手术部及重症监护区剖面示意图

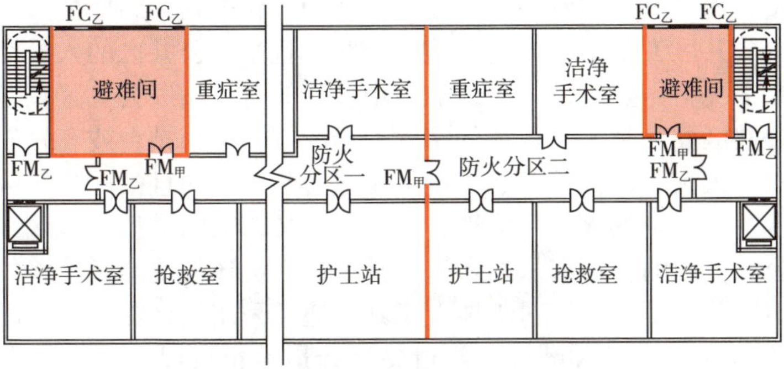


（d）洁净手术部及重症监护区平面示意图

**图 7-24 医疗建筑避难间设置示意图**

影响人员通过楼梯疏散。避难间内可供避难的面积，应考虑病床或病人、医护人员、家属、消防救援人员以及相关治疗设备停放所需净面积。

## 7.5 其他工程

7.5.1 地铁车站中站台公共区至站厅公共区或其他安全区域的疏散楼梯、自动扶梯和疏散通道的通过能力，应保证在远期或客流控制期中超高峰小时最大客流量时，一列进站列车所载乘客及站台上的候车乘客能在4min内全部撤离站台，并应能在6min内全部疏散至站厅公共区或其他安全区域。

【条文要点】

本条规定了地铁车站不同公共区有关疏散设施的功能要求，以及这些疏散设施的功能目标要求和基本性能要求，即地铁车站应设置疏散设施，疏散设施应满足本条规定的人员疏散要求。本条规定是根据地铁车站的具体情况确定和校核公共区的安全出口、疏散楼梯、出入口通道等疏散设施或场地设置是否合理，是否能够满足人员安全疏散要求的依据。

【实施要点】

（1）地铁车站多为地下车站，也有部分地上车站。对于地下车站，通常采用站台在下、站厅在上的布置方式，站厅公共区与站台公共区大多划分为一个防火分区，且站台公共区的人员在大多数情况下需要经过站厅疏散至室外。此时，站厅公共区相对站台公共区而言是人员疏散的室内安全区域，但当站台或车站轨行区发生火灾时，仍会有烟气进入站厅公共区，而且站厅公共区本身也存在一定的火灾危险性，仍不是人员疏散的最后安全区，站厅公共区内的人员和从站台进入其中的人员还需要经过最终的安全出口疏散至室外。对于地上车站，通常采用站台在上、站厅在下的布置方式，人员可以经过站厅疏散，也可以直接从站台疏散。由于站台的火灾主要来自列车本身，火灾规模较大，因此无论哪种形式的车站，均要求人员能够尽快脱离站台。

（2）受站台长度和宽度等平面尺寸的限制，站台公共区往往难以设置足够数量的疏散楼梯和直通地面的出口，需要充分利用自动扶梯的疏散能力。

本条规定综合考虑了站台和站厅公共区的高度、火灾后的烟气蔓延与控制措施、需要疏散的人数、疏散楼梯和安全出口的设置条件、人员疏散的安全性等因素，要求站台公共区内的全部候车人员和一列进站列车满载人员全部脱离列车、站台并全部进入疏散楼梯、疏散用自动扶梯的时间不应大于4min，人员从站台上的疏散楼梯、疏散用自动扶梯处全部到达站厅公共区或者站厅出入口通道、疏散楼梯间内的时间不应大于 2min。因此，车站站台公共区内的全部人员到达站厅公共区或者站厅出入口通道、疏散楼梯间内的时间（包括全部乘客从列车上下至站台的时间）不应大于 6min。在车站发生火灾时，站厅公共区的人员需要同时进行疏散，如果该车站站台公共区的全部人员能在 6min 时间疏散完毕，就能保证站厅公共区的全部人员安全疏散完毕。

（3）从目前国内已建成的部分地铁线路看，地铁车站的远期超高峰小时最大客流量通常大于初、近期超高峰小时最大客流量，但也存在少数站近期超高峰小时最大客流量大于其远期超高峰小时最大客流量的情形。因此，本条规定的疏散人数应考虑不同时期预测客流量的最大值，并以超高峰小时最大断面客流量为基础确定。

（4）对于多线换乘的共用站厅，也应按照本条规定的时间确定站台公共区至站厅公共区、站厅公共区至其他线路站厅公共区的安全出口、疏散楼梯、疏散出入口通道的设置位置、数量、宽度和下沉式广场等的面积和尺寸。

（5）本条规定的“其他安全区域”包括地面，下沉式广场、下沉庭院，符合人员安全疏散要求的城市通廊、连廊、天桥、换乘通道等。可以参见本指南第 7.5.2 条【条文要点】。

7.5.2 地铁车站的安全出口应符合下列规定：

1 车站每个站厅公共区直通室外的安全出口不应少于 2 个；

2 地下一层与站厅公共区同层布置侧式站台的车站，每侧站台直通室外的安全出口不应少于 2 个；

3 位于站厅公共区同方向相邻两个安全出口之间的水平净距不应小于 20m；

4 设备区的安全出口应独立设置，有人值守的设备和管理用房区域的安全出口不应少于 2 个，其中有人值守的防火分区应至少有 1 个直通室外的安全出口。

【条文要点】

本条规定了地铁车站公共区、设备区设置安全出口的基本要求。对于设备区，地铁车站的安全出口主要为设备区通向直通室外的疏散楼梯间的入口、设备区内防火分区之间防火墙上通向相邻防火分区的疏散门、设备区通向站台或站厅公共区的疏散门、通向符合人员疏散要求的下沉庭院或下沉式广场的入口；对于站厅公共区和站台公共区，地铁车站的安全出口主要为公共区通向直通室外的出入口通道的入口、公共区通向直通室外的疏散楼梯间的入口、公共区通向符合人员疏散安全要求的下沉庭院或下沉式广场的入口、公共区通向符合人员疏散安全要求的城市通廊或换乘通道的入口。

【实施要点】

（1）本条规定的地铁车站包括地上车站和地下车站。站厅公共区根据车站的设置地点、连接线路数量、与相邻国铁或城际铁路等交通设施的车站连通和换乘情况不同有较大差别。地铁车站大多采用单线车站站厅，部分为两线共用站厅，少数为更多线路共用站厅。站厅公共区的建筑面积一般不大于 5 000$m^2$，少数大于 10 000$m^2$，因此，本条规定的站厅公共区直通室外的安全出口数量为基本要求，实际工程还需要根据站厅的建筑面积、疏散距离控制要求和服务线路数量增设安全出口。有关疏散距离应根据本规范第 7.1.3 条规定的原则和现行国家标准《地铁设计防火标准》GB 51298 等标准的规定进行控制。地下车站和地上高架车站的公共区难以完全按照一般民用建筑的要求设置直接到达地面的安全出口和疏散楼梯，考虑到地铁车站建造地点的特殊情况以及地铁车站公共区的实际火灾危险性较小的特点，车站公共区的安全出口设置与其他地下、地上民用建筑的相关要求有所区别，主要体现在疏散距离控制、安全出口的数量和净宽度要求上。例如，国家标准《地铁设计防火标准》GB 51298—2018 第 5.1.10 条规定，站厅公共区和站台计算长度内任一点到疏散通道口和疏散楼梯口或用于疏散的自动扶梯口的最大疏散距离不应大于 50m。该条规定的站厅公共区包括地下、地上地铁车站的站厅公共区。

在国家标准《地铁设计防火标准》GB 51298—2018 中，安全出口和疏散楼梯的净宽度则是按照疏散时间控制间接进行控制。

站厅的建筑面积一般较大，为保证站厅公共区内的人员具有多个不同的疏散方向，设置在站厅公共区同一侧的安全出口，应保持足够的间距，防止出现人员在出入口处发生拥堵，或者发生几条出入口通道同时受到火灾烟气作用而影响人员疏散安全的情况。

（2）本条第 1 款规定的站厅公共区的安全出口设置数量，主要是对服务一条线路的站厅公共区的要求。对于多线共用站厅（即换乘车站共用一个站厅公共区），还应根据站厅的防火分隔情况增设相应的安全出口，以确保共用站厅中的一条线路发生火灾时，不应影响其他线路的安全运行和人员疏散安全。一般情况下，共用站厅的安全出口数量要按照每条线路不少 2 个考虑。例如，当为两条线路换乘的车站共用一个站厅公共区时，该站厅公共区的安全出口数量不应少于 4 个；当为三条线路换乘站共用一个站厅公共区时，该站厅公共区的安全出口数量不应少于 6 个。

对于分离式站厅，站厅公共区分为两个通过站台连通的独立部分，每个站厅公共区有自己独立的付费区和非付费区。因此，每个独立的站厅公共区也应分别设置至少 2 个安全出口。

本条第 3 款规定的间距应为相邻两个安全出口的开口或门口最近边缘之间的水平距离。

（3）对于只有地下一层并采用侧式站台的地下车站，实际上基本不存在站厅公共区，只有面积较小的服务区域供乘客付费和检票用，或者站台公共区与站厅公共区同层布置。此时，如为单线车站，站厅公共区和站台公共区是共用安全出口；如为多线车站，站厅公共区为换乘区域，站台与站厅公共区之间应划分为不同的防火分区，以确保不同线路的火灾不会影响其他线路的安全运行，不同线路的站台公共区应分别设置独立的安全出口，站厅公共区的安全出口可以与站台公共区的安全出口共用。上述情况的安全出口数量均应符合本条第 1 款的规定。此外，当站台公共区不经过站厅公共区疏散而单独设置安全出口时，站台公共区的安全出口设置应符合本条第 1 款的规定。但考虑到站台本身的尺寸和出口设置条件，不强制要求其中相邻两个安全出口或疏散楼梯之间的间距，但应尽量满足本条第 3 款的要求。

对于与站厅同层布置的侧式站台，站厅可以根据实际情况在站厅公共区与站台公共区之间设置防火隔墙，将站厅与站台分隔成两个不同的防火区域，也可以不设置防火隔墙。但是，无论分隔为几个防火分隔区域，通常站厅的公共区与站台的公共区均为同一个防火分区。当在站厅公共区与站台公共区之间设置防火隔墙时，人员的疏散过程相当于站台在下、站厅在上的正厅形式。此时，可以按照本条要求设置安全出口。当在站厅公共区与站台公共区之间未设置防火隔墙时，站厅公共区相当于站台公共区的一部分。此时，不仅要按照本条要求设置安全出口，而且应根据本规范第 7.5.1 条的要求按照站台公共区和站厅公共区内的全部人员和一列列车的全部乘客疏散完毕的时间不应大于 6min 进行校核。

（4）车站设备管理区的安全出口和设备用房的疏散出口设置，可以根据设备用房的位置分别按照现行国家标准《建筑设计防火规范》GB 50016 有关地上或地下设备用房（区）的安全出口设置要求确定。除需要独立设置的安全出口外，设备管理区的其他安全出口可以利用设置在通向相邻防火分区的防火墙上的甲级防火门，但这两个防火分区在该防火分隔处应采用防火墙分隔，不应采用其他方式分隔，不应通向车站站厅公共区和相邻非地铁功能区。对于无人值守的设备区，如风机房、水泵房、变电站，可以设置至少 1 个直通室外的安全出口，其他安全出口可以利用通向相邻区域的出口。例如，无人值守的站台设备管理区可以利用设备管理区的外走道通过站台端门经站台公共区疏散。本条规定的设备区主要为集中布置的设备管理区或设备层，不包括站台端部的无人值守设备管理区或设备管理用房。

（5）车站出入口通道、换乘通道的安全出口设置要求应根据通道的长度、实际用途、地面条件、通道的断面大小、配置的消防设施等情况确定，并可以按照现行国家标准《地铁设计防火标准》GB 51298、《地铁设计规范》GB 50157 等标准的规定确定。其他非共用站厅公共区的换乘厅等场所应按照本规范有关地下民用建筑的要求设置安全出口，并区别是否兼作人民防空工程，按照现行国家标准《建筑设计防火规范》GB 50016、《人民防空工程设计防火规范》GB 50098 等标准确定相应的设置要求。

7.5.3 两条单线载客运营地下区间之间应设置联络通道，载客运营地下区间内应设置纵向疏散平台。

【条文要点】

本条针对具有两条独立区间隧道的地铁线路，规定了在地铁区间相邻隧道之间设置可供人员疏散和救援人员进入的联络通道；针对地铁区间隧道，规定了在区间隧道内设置应急疏散平台的要求。

【实施要点】

（1）地铁区间隧道的长度，即车站之间的隧道长度，一般综合列车追踪时间、列车正常运行速度、运行区间的流量和地理条件等因素确定，大多在 1~2km，少数更长。因此，经区间隧道进行人员疏散和实施灭火救援的难度很大，当地铁列车发生火灾时，应将列车行驶到前方车站进行处置和疏散人员。但是，从安全考虑，地铁工程应该为列车在地下区间发生火灾且不能牵引到相邻车站时的人员疏散与救援提供条件，使乘客能够就近弃车疏散，消防救援人员能够通过相邻区间隧道进入着火隧道实施灭火救援。

为尽可能提高人员经区间隧道疏散的安全性，积极利用相邻区间疏散和实施救援，应在相邻区间隧道之间设置联络通道，将乘客疏散到另一条非着火区间内，并在每条区间隧道内靠车站站台一侧沿线路设置纵向疏散平台，以便人员通向联络通道和前后方车站进行疏散。

（2）相邻两条联络通道的间距，应综合隧道的几何条件、通风与排烟条件、隧道建造方式、隧道位置、隧道长度等因素，按照现行国家标准《地铁设计防火标准》GB 51298 等标准的规定确定。有关联络通道出入口设置及其技术要求，联络通道内部的疏散指示和疏散照明设置、防烟措施及其技术要求，可以根据隧道的结构形式、建造方式和联络通道的场地等因素，根据国家现行相关技术标准的要求确定。

（3）纵向疏散平台的宽度、耐火性能，以及制作材料、设置高度、栏杆和扶手、疏散指示标志和疏散照明等的设置要求，可以按照现行国家标准《地铁设计防火标准》GB 51298 等标准的规定确定。

7.5.4 地铁工程中的出入口控制装置，应具有与火灾自动报警系统联动控制自动释放和断电自动释放的功能，并应能在车站控制室或消防控制室内手动远程控制。

【条文要点】

为保证人员在火灾时逃生和疏散的安全，本条规定了在地铁工程出入口处设置的人员出入控制装置应具备解禁功能，并明确了解禁方式。

【实施要点】

（1）地铁工程是重要的城市公共交通系统，大多同时兼具人民防空工程的功能，除车站的付费区与非付费区之间需要设置人员出入控制设施外，在设备区等场所的人员应急出入口处，因平时不供人员出入，也需要设置门禁系统。由于火灾的不确定性，在地铁工程中设置的出入口都是为人员在火灾情况下疏散和逃生提供的不同路径。设置门禁系统的不常用出入口在火灾时同样应能够保证人员快速脱离火场，不会限制或影响人员疏散与逃生，并应满足本规范第 7.1.7 条规定的基本要求。即设置门禁系统的疏散门应具有在火灾时自动解禁的功能，且人员不需使用任何工具即能容易地从建筑内部打开，在门内一侧的显著位置应设置清晰、明显的标识。

（2）地铁工程均要求设置火灾自动报警系统、消防控制中心或消防控制室，地铁工程的相关设施具备与火灾自动报警系统联动控制的条件。因此，地铁工程中的出入口控制装置应同时具有与火灾自动报警系统联动控制自动释放和断电自动释放的功能，并应能在车站控制室或消防控制室内手动远程控制。无论是火灾自动报警系统发出火警信号，还是因发生火灾切断控制装置的正常供电，均可以联动释放这些出入口的门禁装置。同时，在人员发现火情及其他应急情况下，即使没有发出火警信号或者没有断电，也应能够通过车站控制室或消防控制室的联动控制装置远程手动控制释放门禁装置，以满足人员的应急疏散需要。

（3）本条规定的“出入口”包括：地铁车站站厅公共区的出入口或站厅出入口通道在地面的出口、站台公共区的出入口或站台出入口通道在地面的出口、付费区与非付费区之间的进出口闸机、设备区的出入口、消防专用出入口等。

**7.5.5 城市综合管廊工程的每个舱室均应设置人员逃生口和消防救援出入口。人员逃生口和消防救援出入口的尺寸应方便人员进出，其间距应根据电力电缆、热力管道、燃气管道的敷设情况，管廊通风与消防救援等需要综合确定。**

**【条文要点】**

本条规定了城市综合管廊工程不同舱室的人员逃生口和消防救援出入口的设置要求，以及确定这些出入口尺寸和设置间距的原则。

**【实施要点】**

（1）城市综合管廊工程是建于城市地下，用于容纳两类及以上城市工程管线的构筑物及附属设施，按容纳的管线类型分为干线综合管廊、支线综合管廊和缆线管廊。城市综合管廊的干线综合管廊一般敷设电力电缆、天然气管道、热力管道、通信线缆、污水管道、中水管道、给水管道等管道。其他类型的管廊根据服务区域情况设置相应的管线。在城市综合管廊中，天然气管道、电力电缆、热力管道大多采用单独舱室，其他管线采用共用舱室的综合舱，舱室之间采用耐火极限不低于 2.00h 的结构分隔，参见图 7–25。

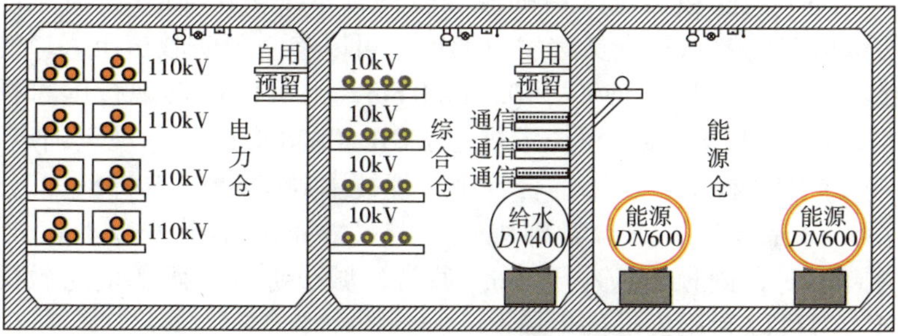


**图 7–25 城市综合管廊舱室分隔示意图**

城市综合管廊突破了传统管线的敷设方式，可以集约利用地下空间，更好地发挥城市道路的交通功能，确保城市生命线的稳定、安全，增强城市的防灾抗灾能力。但城市综合管廊同样存在火灾危险，需要考虑检修人员、安装人员的应急逃生、发生火灾等应急状况的消防救援需要，必须在每个舱室均分别设置必要的人员逃生口和消防救援出入口，以方便受困人员及时从管廊中逃生，消防救援人员可以从安全的位置进入管廊，并根据救援现场情况及时撤出。

（2）城市综合管廊的火灾危险性主要来自泄漏的燃气、线缆、热力管道的保温隔热材料以及少数难燃管道。城市综合管廊具有空间封闭、出入口少、火灾不易被发现、空间狭小、施救较困难的特点，且不同舱室的火灾危险性不同，燃气管道舱、热力舱和电力电缆舱具有较高火灾危险性，其他舱室的火灾危险性很低，主要考虑检修期间可能发生的小火。因此，不同舱室的人员逃生口和消防救援出入口，其设置间距可以根据舱室的实际火灾危险性、建设位置的外部条件等因素确定。例如，国家标准《城市综合管廊工程技术规范》GB 50838—2015 第 5.4.4 条规定，在综合管廊中，敷设电力电缆的舱室，逃生口间距不宜大于 200m；敷设天然气管道的舱室，逃生口间距不宜大于 200m；敷设热力管道的舱室，逃生口间距不应大于 400m，当热力管道采用蒸汽介质时，逃生口间距不应大于 100m；敷设其他管道的舱室，逃生口间距不宜大于 400m。

（3）消防救援出入口的尺寸应符合本规范第 2.2.3 条有关消防救援口的要求；人员逃生口的尺寸可以参考消防救援出入口的尺寸确定，一般不应小于 0.8m × 0.8m，也可以根据现行国家标准《城市综合管廊工程技术规范》GB 50838 等标准的规定确定。例如，国家标准《城市综合管廊工程技术规范》GB 50838—2015 第 5.4.4 条规定，综合管廊逃生口的尺寸不应小于 1m × 1m，当为圆形时，内径不应小于 1m。通常，城市综合管廊的消防救援出入口可以利用人员逃生口。

# 8 消防设施

## 8.1 消防给水和灭火设施

8.1.1 建筑应设置与建筑高度（埋深），体积、面积、长度，火灾危险性，建筑附近的消防力量分布情况，环境条件等相适应的消防给水设施、灭火设施和器材。除地铁区间、综合管廊的燃气舱和住宅建筑套内可不配置灭火器外，建筑内应配置灭火器。

【条文要点】

本条规定了建筑在消防给水、灭火设施和灭火器材方面的功能要求，也是设置消防给水、灭火设施的基本原则和配置灭火器的通用要求。本条规定及本规范第 8.1.2 条、第 8.1.3 条可以作为各项建筑防火技术标准确定消防设施配置标准的基本原则。

【实施要点】

（1）具有与其火灾危险性等建筑特性和条件相适应的扑灭、抑制火灾的设施，是建筑应具备的消防安全功能之一。消防给水设施、灭火设施和灭火器材，是建筑主动防火系统的重要组成部分，也是保证实现建筑消防安全功能的重要设施。实际上，任何一座建筑消防设施的设防标准都可以区别于其他建筑，但无论如何都必须与建筑自身的建筑高度、埋深、规模、使用功能、火灾危险性、建筑周围的外部消防应急救援能力、外部环境条件等情况相适应，能够满足消防设施有效扑救和控制建筑火灾、有利于人员疏散和消防救援的功能目标要求，能够实现减小火灾损失的建筑防火目标。因此，任何一座建筑在建设过程中都需要在认真研究其消防安全需要、评估周围可提供的外部消防救援条件的基础上，配置适度的消防设施，使建筑在建成后具备应对火灾、保护建筑中使用人员和消防救援人员安全的基本能力。

（2）一座建筑是否需要设置消防给水设施、需要设置哪些类别的灭火设施和灭火器材，应根据本章的规定和国家现行相关技术标准的要求确定。本条规定的建筑，包括本规范适用范围内的各类新建、改建、扩建的建筑和既有建筑，即各类地上和地下的工业与民用建筑等各类房屋建筑、轨道交通工程、城市交通隧道工程、公路隧道工程、平时使用的人民防空工程、加油加气加氢站、管廊或共同沟、电缆隧道及其他市政工程与设施、各类生产装置、塔和筒仓等构筑物。

（3）建筑消防给水设施的构成应符合现行国家标准《消防给水及消火栓系统技术规范》GB 50974 等标准的规定。本条规定的“灭火设施和器材”包括室外消火栓系统、室内消火栓系统、自动灭火系统或装置、灭火器、灭火毯及其他灭火器材等。消防给水设施、灭火设施的基本功能和性能等应符合现行国家标准《消防设施通用规范》GB 55036 和《自动喷水灭火系统设计规范》GB 50084 等相关消防设施技术标准的规定。

（4）原则上，各类建筑均应配置灭火器。考虑到我国住宅建筑的实际使用情况，以及地铁区间、综合管廊的燃气舱在使用时无人的情形，不强制要求在地铁区间、综合管廊的燃气舱和住宅建筑套内配置灭火器。其他各类建筑、住宅建筑的公共区均应配置灭火器。灭火器配置、安装、维护和报废的具体要求，应符合现行国家标准《消防设施通用规范》GB 55036、《建筑灭火器配置设计规范》GB 50140 和《建筑灭火器配置验收及检查规范》GB 50444 等标准的规定。

8.1.2　建筑中设置的消防设施与器材应与所设置场所的火灾危险性、可燃物的燃烧特性、环境条件、设置场所的面积和空间净高、使用人员特征、防护对象的重要性和防护目标等相适应，满足设置场所灭火、控火、早期报警、防烟、排烟、排热等需要，并应有利于人员安全疏散和消防救援。

**【条文要点】**

本条规定了建筑中各类消防设施、器材的基本功能目标要求和性能要求，是确定建筑中所需设置的消防设施类型及其性能的基本原则。

【实施要点】

（1）当一座建筑根据本规范第8.1.1条的要求确定需要设置消防设施时，该建筑及其中的不同场所、部位应设置哪种类型的消防设施，首先要明确设置消防设施的功能目标。例如，设置消防给水设施是为消防车供水，还是向室外消火栓系统、建筑内的室内消火栓系统及其他水基固定或移动的消防设施供水；设置灭火设施是用于控火、灭火，还是防护冷却、防火分隔；设置火灾自动报警系统是早期火灾预警、火灾报警，还是联动自动灭火设施、应急切断阀、工业生产过程及其他相关联动控制的设施或设备；设置排烟设施是用于控制烟气蔓延至其他非着火的防烟分区，还是防止烟气在建筑内必须防烟的部位积聚，或者是为保障灭火救援行动的应急排烟。

当明确设置消防设施的功能目标后，应在充分考虑消防设施设置场所的使用功能或用途、建筑空间特性、环境条件等因素的基础上，确定合适种类的消防设施，以实现所确定的功能目标。例如，设置场所的火灾危险性，对于工业建筑，有甲、乙、丙、丁、戊类之分；对于公共建筑，有人员密集场所与使用人数较少的场所、有火灾荷载大与火灾荷载较小的场所之分。在建筑中，有高层和单、多层建筑，交通隧道、城市综合管廊和地铁工程之分。这些建筑的高度或埋深都各不相同，由此带来的火灾危险性也有很大差异。

此外，设置场所中可燃物的燃烧特性也受到可燃物的类型（如可燃固体、可燃液体和可燃气体）、状态、分布、数量等因素的影响；使用人员的特征则主要表现为人员的行为能力强弱、受教育程度和安全意识的高低、使用人员的性别和年龄构成比例、群体行为等。这些因素都会导致需配置的消防设施种类有所区别。例如，甲、乙类工业建筑的主动防火应以及早探测火灾，并及时联动紧急切断装置和通风换气装置、实施惰化和抑爆为主要手段；丙、丁类工业建筑的主动防火则应以早期探测火灾、早期灭火或控火为主要手段；人员密集场所应以及早探测火灾报警，通知人员疏散并实施早期控火、灭火为主；人员较少的设备用房等场所则以早期控火、灭火为主等。因此，不同建筑、建筑内的不同场所设置的消防设施，应从满足各自的主要功能目标选择合适的类型。

一旦确定了需要设置哪些种类的消防设施后，如何在不同消防设施中选择符合设置建筑、场所火灾特性和防火功能目标要求的类型，则应根据现行国家标准《消防设施通用规范》GB 55036和相应消防设施技术标准的规定确定。例如，确定在一座建筑内应设置火灾自动报警系统和自动灭火系统后，则需要按照国家有关消防设施的标准选择合适类型的系统。例如，火灾自动报警系统是选择区域火灾自动报警系统、集中火灾自动报警系统、控制中心火灾自动报警系统，还是独立式火灾自动报警系统；火灾探测器是选择吸气式火灾探测器、点型火灾探测器，还是线型火灾探测器等。自动灭火系统是选择自动喷水灭火系统、泡沫灭火系统，还是气体灭火系统。自动喷水灭火系统是选用闭式系统还是干式系统，泡沫灭火系统是选择固定式还是半固定式，气体灭火系统是选择全淹没灭火系统还是局部应用灭火系统。泡沫灭火系统的类型是选择低倍数灭火系统还是中倍数、高倍数灭火系统；洒水喷头是选择标准响应喷头还是快速响应喷头；气体灭火剂是选择二氧化碳还是七氟丙烷灭火剂等。

（2）本条规定的“消防设施与器材”，包括消防给水系统，室外消火栓系统、室内消火栓系统，各类固定灭火系统和自动灭火设施，泡沫枪、移动式高压细水雾装置等移动灭火设施，灭火器，自然排烟窗、应急排烟窗、机械加压送风系统、机械排烟系统、机械补风系统，火灾自动报警系统、独立式自动报警装置等。其中，应急排烟窗或应急排烟排热窗属于供消防救援使用的消防设施，不属于主动防火系统中的消防设施。

8.1.3　设置在建筑内的固定灭火设施应符合下列规定：

1　灭火剂应适用于扑救设置场所或保护对象的火灾类型，不应用于扑救遇灭火介质会发生化学反应而引起燃烧、爆炸等物质的火灾；

2　灭火设施应满足在正常使用环境条件下安全、可靠运行的要求；

3 灭火剂储存间的环境温度应满足灭火剂储存装置安全运行和灭火剂安全储存的要求。

【条文要点】

本条规定了在建筑内设置的固定灭火设施应具备的基本功能目标要求和性能要求，并应以此要求为原则确定合适的固定灭火设施。

【实施要点】

（1）建筑内的固定灭火设施主要用于扑灭、控制建筑内发生的初起火灾，或对防护对象实施防护冷却，包括自动喷水灭火系统、水喷雾灭火系统、细水雾灭火系统、气体灭火系统、泡沫灭火系统、干粉灭火系统、自动跟踪定位射流灭火系统、固定炮灭火系统、厨房自动灭火设施、蒸气灭火系统等。

（2）不同灭火系统采用的灭火介质不同，不同灭火介质、不同类型灭火系统的灭火方式也不完全相同。目前可用的灭火介质主要有水、泡沫、卤代烃、二氧化碳和干粉等，灭火方式主要有降低环境中的氧浓度、中断燃烧的链式反应、在可燃物表面形成覆盖层隔绝氧、吸收燃烧反应热，或者上述多种方式的组合。因此，在确定固定灭火设施后，要在仔细分析设置场所内的可燃物构成、可能的火灾类型、火灾发展特性的基础上，确定可快速、有效灭火或控火的灭火介质，特别是要避免保护对象与灭火介质不相容，防止引发次生燃烧、爆炸灾害的情形。例如，当设置场所内存在钾、钠等碱金属，或者氧化钠、氧化钙、碳化钙等遇水会发生强烈反应并且散发可燃气体的物质时，不允许采用水、泡沫灭火，而应采用特种干粉等灭火剂灭火。当设置场所内存在容易发展成固体深位火的可燃固体物质时（如存放图书、档案、棉花等物质的房间），不宜采用气体灭火剂灭火。

（3）在确定消防设施时，还应考虑消防设施能够在设置环境条件下长期安全、可靠运行。例如，设置闭式自动喷水灭火系统的场所，室内环境温度应始终高于4℃；设置细水雾、气体和干粉灭火系统的场所，喷头不会被粉尘、油污等堵塞；采用感温元件启动系统的场所，环境温度一般要较感温元件的动作温度低 30℃；存在可燃气体、粉尘等爆炸危险性物质的场所，场所内的灭火系统管网和组件等应具有防止产生静电或静电放电的性能，或应采取静电防护措施。

（4）泡沫灭火剂、干粉灭火剂和部分气体灭火剂存在一定的有效储存时间，不仅灭火剂的效能受储存温度影响较大，而且大部分气体灭火剂需要采用压力容器高压储存，且储存压力随环境温度升高而升高。对一座建筑而言，火灾属于小概率的偶发事件。因此，灭火剂储存间的环境温度应满足灭火剂的储存温度、储存容器安全工作压力的要求，保证灭火剂长期储存不变质、不影响灭火效能、不会发生储存容器超压被破坏的事故等。

8.1.4 除居住人数不大于 500 人且建筑层数不大于 2 层的居住区外，城镇（包括居住区、商业区、开发区、工业区等）应沿可通行消防车的街道设置市政消火栓系统。

8.1.5 除城市轨道交通工程的地上区间和一、二级耐火等级且建筑体积不大于 3 000$m^3$ 的戊类厂房可不设置室外消火栓外，下列建筑或场所应设置室外消火栓系统：

1 建筑占地面积大于 300$m^2$ 的厂房、仓库和民用建筑；

2 用于消防救援和消防车停靠的建筑屋面或高架桥；

3 地铁车站及其附属建筑、车辆基地。

【条文要点】

这两条规定了市政消火栓系统、室外消火栓系统的基本设置范围，是市政公共消防供水系统、建筑室外消防供水系统建设的基本标准。市政消火栓系统、室外消火栓系统主要用于保证消防车在灭火时能直接从市政给水管网或室外消防给水管网快速取水，部分情况需要就地通过消防水泵接合器直接向建筑内的消防给水管网加压供水。

【实施要点】

（1）消防给水系统完善与否，直接影响火灾扑救的效果。据火灾统计，在扑救成功的火灾案例中，93% 的火场消防给水条件较好，水量、水压有保障；而在扑救失利的火灾案例中，81.5%

的火场消防供水不足。这些都与建筑外部的消防给水系统不完善、火场缺水关系密切。在城镇、工矿企业、建筑的改造和建设时，要整体规划，同步建设市政消防给水系统和室外消防给水系统，按要求设置市政消火栓和室外消火栓。在设置市政消火栓和建筑室外消火栓时，两者应根据建造时序和现状相互兼顾。有关市政消防给水系统和室外消防给水系统的运行压力、管道等的性能要求，市政消火栓和室外消火栓的设置要求、性能要求等，应符合现行国家标准《消防设施通用规范》GB 55036 的规定，并可以按照现行国家标准《消防给水及消火栓系统技术规范》GB 50974 等标准的规定确定。例如，根据现行国家标准《消防给水及消火栓系统技术规范》GB 50974—2014 第 6.1.5 条的规定，距离建筑外缘 5~150m 的市政消火栓可以计入建筑室外消火栓的数量，但当为消防水泵接合器供水时，距离建筑外缘 5~40m 的市政消火栓可计入建筑室外消火栓的数量。

本规范规定的市政消火栓系统，包括我国严寒地区的东北三省、内蒙古及新疆和青海的部分地区等严寒地区在市政消防给水系统中设置的水鹤系统。

（2）城市道路一般都需要满足消防车通行的要求，并且绝大部分市政道路可以满足消防车的通行要求，在消防救援时需要用于通行消防车，以便消防车尽快接近或到达火场，并利用市政消火栓取水、供水。因此，市政消火栓系统应沿可通行消防车的街道设置。当居住区的居住人数较少，且建筑的层数不大于 2 层时，火灾规模较小，利用消防车自带水量通常可以有效灭火，允许不设置市政消火栓系统，但应按照本规范第 8.1.5 条的规定设置室外消火栓系统。

（3）在本规范第 8.1.5 条中，占地面积大于 $300m^2$ 的厂房、仓库和民用建筑，包括地上和地下的厂房、仓库、民用建筑，不区分建筑的建筑高度和埋深。

用于消防救援和消防车停靠的屋面，主要为下部面积较大的裙房或裙楼的屋面，以及地铁车辆基地的上盖。在裙房或裙楼的屋面上设置了多栋塔楼，且这些塔楼需要利用裙房或裙楼的屋面通行消防车，并作为消防救援场地。这种情况还包括在地铁车辆基地上盖建设其他建筑，需要在上盖上设置消防车道和消防救援场地或消防车登高操作场地的情形。用于消防救援和消防车停靠的高架桥，主要为在灭火救援时用于消防车停靠、取水，并作为消防救援场地的市政高架道路、铁路车站候车楼的送客高架桥、民用机场航站楼等建筑中的送客高架桥。

（4）地铁车站及其附属建筑、车辆基地应设置室外消火栓系统，包括地铁的地上车站、地下车站、地上和地下车辆基地、地铁车站的附属建筑。本条规定的附属建筑主要为地铁车站中独立建设，且具有一定火灾危险性的变电站、信号机房、设备机房，办公和车控、调度建筑，库房等。

8.1.6　除四类城市交通隧道、供人员或非机动车辆通行的三类城市交隧道可不设置消防给水系统外，城市交通隧道应设置消防给水系统。

**【条文要点】**

本条规定了应设置消防给水系统的城市交通隧道，包括设置在隧道内的附属建筑。设置在城市交通隧道外的附属建筑，可以根据附属建筑的规模按照本规范及国家相关技术标准对一般工业与民用建筑设置消防给水系统的要求确定。本条未规定公路隧道中消防给水系统的设置要求，公路隧道的消防给水系统可以根据建设地点的水源条件、隧道的封闭段长度、通行车辆和交通量等因素确定。

**【实施要点】**

城市交通隧道绝大部分处于市政给水管网覆盖范围内，隧道及其附属建筑的消防给水主要依靠市政给水系统保证。目前，我国城市交通隧道内的灭火设施以灭火器、消火栓系统为主，部分隧道根据其重要性和修复难度，设置了泡沫喷淋等自动灭火系统。考虑到城市交通隧道的类别、通行车辆、建设地区和地点、施工方法等情况有很大差异，本条未强制要求设置自动灭火系统。

但是，对于封闭段较长的隧道，一旦在隧道内发生火灾，消防救援车辆往往需要深入隧道内部开展救援。对于双洞隧道，可以利用相邻非着火隧道接近火场；对于单洞隧道，必须直接进入着火隧道。无论哪种情形，车辆进出都非常困难，且车辆在救援过程中进出加水耗时长，需要敷设的水带长度长，甚至不能满足水枪出水压力和流量的要求，这些都不利于有效灭火、控火，都需要在隧道内设置消防给水系统，以确保救援车辆能够及时就近取水，利用隧道内的室内消火栓系统扑救火灾。

仅通行人员或非机动车的城市交通隧道、封闭段长度短的四类隧道，火灾危险性较小。这些隧道一旦发生火灾，消防车利用自带水或灭火剂进入隧道扑灭火灾的难度小，可以利用隧道外的市政消火栓系统，不要求单独设置消防给水系统。

8.1.7 除不适合用水保护或灭火的场所、远离城镇且无人值班的独立建筑、散装粮食仓库、金库可不设置室内消火栓系统外，下列建筑应设置室内消火栓系统：

1 建筑占地面积大于 $300m^2$ 的甲、乙、丙类厂房；

2 建筑占地面积大于 $300m^2$ 的甲、乙、丙类仓库；

3 高层公共建筑，建筑高度大于 21m 的住宅建筑；

4 特等和甲等剧场，座位数大于 800 个的乙等剧场，座位数大于 800 个的电影院，座位数大于 1 200 个的礼堂，座位数大于 1 200 个的体育馆等建筑；

5 建筑体积大于 $5\,000m^3$ 的下列单、多层建筑：车站、码头、机场的候车（船、机）建筑，展览、商店、旅馆和医疗建筑，老年人照料设施，档案馆，图书馆；

6 建筑高度大于 15m 或建筑体积大于 $10\,000m^3$ 的办公建筑、教学建筑及其他单、多层民用建筑；

7 建筑面积大于 $300m^2$ 的汽车库和修车库；

8 建筑面积大于 $300m^2$ 且平时使用的人民防空工程；

9 地铁工程中的地下区间、控制中心、车站及长度大于 30m 的人行通道，车辆基地内建筑面积大于 $300m^2$ 的建筑；

10 通行机动车的一、二、三类城市交通隧道。

**【条文要点】**

室内消火栓是控制建筑内初起火和初期火灾的主要灭火、控火设施，也是消防救援人员进入建筑扑救火灾时必须使用的设施。本条规定了应设置室内消火栓系统的建筑，包括了绝大部分地上和地下的工业与民用建筑，地上和地下的汽车库、修车库，平时使用的人民防空工程，城市交通隧道，城市轨道交通工程。本条没有强制要求城市综合管廊等各类管廊工程、公路隧道应设置室内消火栓系统。

【实施要点】

（1）建筑高度小于或等于21m的住宅建筑，主要通过加强被动防火措施防止火势扩大，并依靠外部消防力量扑救火灾。建筑高度大于21m且小于或等于27m的住宅建筑，室内消火栓可以根据地区气候、水源等情况设置干式室内消火栓消防竖管系统、湿式室内消火栓系统。住宅建筑的干式室内消火栓消防竖管平时无水，着火后由消防车通过设置在首层外墙上的接口向室内消防竖管输水，消防救援人员自带水龙带驳接室内消防给水竖管的消火栓口取水灭火。如气候或室内环境条件允许，能够设置湿式室内消火栓系统，则要尽量采用湿式系统。当住宅建筑中的楼梯间位置不靠外墙时，应采用管道与干式室内消火栓消防竖管连接。干式竖管的管径宜采用80mm，消火栓口径应采用65mm。

（2）集体宿舍、公寓等非住宅类居住建筑，应按照公共建筑的相关要求设置室内消火栓系统。

（3）车站、码头、机场的候车（船、机）建筑，如汽车候车楼、高铁车站候车楼、客运码头候船楼、民用机场候机楼，以及与这些建筑一体建造的非独立附属建筑，均应设置室内消火栓系统。车站、码头、民用机场中与候车（船、机）楼分开独立建造的附属建筑，可以根据其使用性质和建筑规模，按照本条的相应规定设置室内消火栓系统。

（4）本条第5款未明确的民用建筑，均按照相应规模的其他建筑确定。本条第6款规定的建筑分别为：

1）建筑高度大于15m或建筑体积超过10 000$m^3$的单层、多层办公建筑。

2）建筑高度大于15m或建筑体积超过10 000$m^3$的单层、多层教学建筑。

3）第6款规定的“其他单层、多层民用建筑”，大多为建筑高度大于15m或建筑体积超过10 000$m^3$的公共建筑，但也包括同等规模的住宅建筑，不包括前述已有明确规定的建筑。

（5）四类隧道、仅通行人员或非机动车辆的三类隧道，火灾规模小，持续时间短，可以利用市政消火栓系统或者灭火器扑救，室内消火栓系统可以根据具体情况设置，不作强制要求。

（6）本条第9款规定的“地铁工程中的地下区间”，包括各类地下的地铁行车区间。考虑到火灾发生的概率和设防标准，地面线路局部下穿市政道路或穿越山体，隧道的两端都是敞口且长度不大于500m的独立地下区间，可以不设置室内消火栓系统。

本条第9款规定的地铁工程中需要设置室内消火栓系统的建筑和场所，仅需按照本款规定确定设置室内消火栓系统，不需要再符合本条其他款的要求。例如，本条第8款规定“建筑面积大于300$m^2$且平时使用的人民防空工程”应设置室内消火栓系统，该人民防空工程是指平时用作商业经营活动、办公、住宿、群众文体活动等功能的人防工程，不包括兼作人防工程的地铁车站的站厅和站台。当地铁车站兼作人防工程时，地铁车站不需要再执行本条第8款的规定。

（7）本条规定的“建筑体积”应按照建筑物外围护结构所形成空间的体积计算，包括建筑中地下、半地下室的体积。本条规定的“占地面积”是指项目取得的土地使用证上所列建筑的面积指标，一般按建筑在地面所占有的面积或首层的建筑面积计算。

（8）本条未规定应设置室内消火栓系统的建筑，应按照有关专项技术标准的要求确定。此外，室内消火栓一般需要专业人员或受过训练的人员才能较好地使用，并发挥作用。因此，对于在本条规定规模以下的建筑或场所，需考虑设置消防软管卷盘等简易灭火设施，并根据各地实际情况确定设置室内消火栓系统。

8.1.8 除散装粮食仓库可不设置自动灭火系统外，下列厂房或生产部位、仓库应设置自动灭火系统：

1 地上不小于50 000纱锭的棉纺厂房中的开包、清花车间，不小于5 000锭的麻纺厂房中的分级、梳麻车间，火柴厂的烤梗、筛选部位；

2 地上占地面积大于1 500$m^2$或总建筑面积大于3 000$m^2$的单、多层制鞋、制衣、玩具及电子等类似用途的厂房；

3 占地面积大于1 500$m^2$的地上木器厂房；

4 泡沫塑料厂的预发、成型、切片、压花部位；

5 除本条第1款～第4款规定外的其他乙、丙类高层厂房；

6 建筑面积大于500$m^2$的地下或半地下丙类生产场所；

7 除占地面积不大于2 000$m^2$的单层棉花仓库外，每座占地面积大于1 000$m^2$的棉、毛、丝、麻、化纤、毛皮及其制品的地上仓库；

8 每座占地面积大于600$m^2$的地上火柴仓库；

9 邮政建筑内建筑面积大于500$m^2$的地上空邮袋库；

10 设计温度高于0℃的地上高架冷库，设计温度高于0℃且每个防火分区建筑面积大于1 500$m^2$的地上非高架冷库；

11 除本条第7款～第10款规定外，其他每座占地面积大于1 500$m^2$或总建筑面积大于3 000$m^2$的单、多层丙类仓库；

12 除本条第7款～第11款规定外，其他丙、丁类地上高架仓库，丙、丁类高层仓库；

13 地下或半地下总建筑面积大于500$m^2$的丙类仓库。

8.1.9 除建筑内的游泳池、浴池、溜冰场可不设置自动灭火系统外，下列民用建筑、场所和平时使用的人民防空工程应设置自动灭火系统：

1 一类高层公共建筑及其地下、半地下室；

2 二类高层公共建筑及其地下、半地下室中的公共活动用房、走道、办公室、旅馆的客房、可燃物品库房；

3 建筑高度大于100m的住宅建筑；

4 特等和甲等剧场，座位数大于1 500个的乙等剧场，座位数大于2 000个的会堂或礼堂，座位数大于3 000个的体育馆，座位数大于5 000个的体育场的室内人员休息室与器材间等；

5 任一层建筑面积大于1 500$m^2$或总建筑面积大于3 000$m^2$的单、多层展览建筑、商店建筑、餐饮建筑和旅馆建筑；

6 中型和大型幼儿园，老年人照料设施，任一层建筑面积大于1 500$m^2$或总建筑面积大于3 000$m^2$的单、多层病房楼、门诊楼和手术部；

7 除本条上述规定外，设置具有送回风道（管）系统的集中空气调节系统且总建筑面积大于3 000$m^2$的其他单、多层公共建筑；

8 总建筑面积大于500$m^2$的地下或半地下商店；

9 设置在地下或半地下、多层建筑的地上第四层及以上楼层、高层民用建筑内的歌舞娱乐放映游艺场所，设置在多层建筑第一层至第三层且楼层建筑面积大于300$m^2$的地上歌舞娱乐放映游艺场所；

10 位于地下或半地下且座位数大于800个的电影院、剧场或礼堂的观众厅；

11 建筑面积大于1 000$m^2$且平时使用的人民防空工程。

8.1.10 除敞开式汽车库可不设置自动灭火设施外，Ⅰ、Ⅱ、Ⅲ类地上汽车库，停车数大于10辆的地下或半地下汽车库，机械式汽车库，采用汽车专用升降机作汽车疏散出口的汽车库，Ⅰ类的机动车修车库均应设自动灭火系统。

**【条文要点】**

这三条规定了应设置自动灭火系统的各类工业与民用建筑、平时使用的人民防空工程、汽车库、修车库，或这些建筑中火灾危险性较高的场所，是各类建筑标准进一步确定建筑或其中的危险性场所需要设置自动灭火系统范围的基础。本条未包括需要设置自动灭火系统的所有建筑或场所，实际建筑还需要根据本规范第 8.1.1 条和第 8.1.2 条的规定确定设置与否。

【实施要点】

（1）自动灭火系统用于扑救和控制建筑物内的初起火，在实践中对减少损失、保障人身安全的作用明显，广泛应用于各类建筑中。由于建筑使用功能及其内部空间的用途千差万别，其中的可燃物情况、火灾特性、火灾危险性和防护对象的重要性各异，不同建筑、建筑中不同场所内的消防设施和自动灭火系统的类型可以不同，需要综合有效控火和灭火、能防止灭火引起的次生损害、方便维护管理、工程建设成本经济合理、系统简单可靠等因素确定。因此，这三条只规定了应设置自动灭火系统的建筑和场所，而没有规定这些建筑和场所中哪些建筑或场所具体需要设置哪种类型和使用什么灭火剂的灭火系统。但是，在一座建筑物内要尽量采用同一种或同一类型的自动灭火系统。自动灭火系统的类型、灭火剂种类，应根据本规范第 8.1.2 条、现行国家标准《消防设施通用规范》GB 55036 和国家有关消防设施的技术标准的规定确定。

（2）这三条规定的建筑或场所具有火灾危险性大、发生火灾可能导致经济损失大、社会影响大或人员伤亡大的特点。自动灭火系统的设置原则是重点部位、重点场所，重点防护；不同分区，措施可以不同。总体上，要使设置自动灭火系统的建筑、场所能将火灾扑灭、控制在着火的房间或区域内。

因此，这三条规定中有明确具体设置场所的，可以只在规定的场所内设置自动灭火系统，建筑中的其他场所可以不设置。尽管如此，往往在一个生产车间内，如其中某些部位需要设置自动灭火系统，且这些生产部位与其他区域之间未采取防火分隔措施，则一般应在该区域全部设置自动灭火系统。

例如，第 8.1.8 条第 4 款规定泡沫塑料厂的预发、成型、切片、压花部位应设置自动灭火系统。当预发、成型、切片、压花部位与其他生产部位位于同一个生产车间内，且未采用防火隔墙分隔成各自独立的房间时，该生产车间均应设置自动灭火系统。

第 8.1.8 条第 6 款规定建筑面积大于 500$m^2$ 的地下或半地下丙类生产场所应设置自动灭火系统。当该建筑地下还有其他丁、戊类的生产场所，或者地上还有其他丙、丁、戊类的生产楼层且按照规范均不要求设置自动灭火系统时，可以只在地下、半地下丙类生产场所设置自动灭火系统。

第 8.1.9 条第 10 款规定位于地下或半地下且座位数大于 800 个的电影院、剧场、礼堂的观众厅应设置自动灭火系统，则该地下建筑的其他区域如规范规定不需要设置自动灭火系统时，可以不设置。

这三条未明确具体设置自动灭火系统场所的建筑，则该建筑除其中不适用设置自动灭火系统的部位或可燃物很少的部位外，其他场所和部位均应设置自动灭火系统。例如，第 8.1.8 条第 3 款规定占地面积大于 1 500$m^2$ 的地上木器厂房应设置自动灭火系统，则该厂房除卫生间等火灾危险低的部位外，其他区域均应全部设置自动灭火系统。第 8.1.9 条第 3 款规定建筑高度大于 100m 的住宅建筑应设置自动灭火系统，则该住宅建筑的套内和套外的公共走廊、楼梯间、大堂等公共区，设备用房，地下车库等场所均应设置全部设置自动灭火系统。

（3）第 8.1.8 条第 2 款规定中的“类似用途的厂房”，是指制鞋、制衣、玩具及电子等生产的可燃物类型、火灾危险性和在岗人员密度相当的单、多层厂房，当地上占地面积大于 1 500$m^2$ 或总建筑面积大于 3 000$m^2$ 时，也应设置自动灭火系统。

木器厂房主要指以木材为原料生产或加工各类木质板材、家具、构配件、工艺品、模具等成品、半成品的生产车间、中间仓库及其附属用房。

（4）第 8.1.9 条第 2 款规定的二类高层建筑，是按照场所设置自动灭火系统，条文中未明确的二类高层建筑中的其他场所可以根据国家相关技术标准确定。

第 8.1.9 条第 4 款规定的特等、甲等、乙等剧场的建筑等级，应根据观演技术要求，按照国家现行行业标准《剧场建筑设计规范》JGJ 57 的规定划分。

（5）第 8.1.9 条第 5 款、第 6 款规定的建筑或场所分别是：

1）任一层建筑面积大于 1 500$m^2$ 或总建筑面积大于 3 000$m^2$ 的单、多层展览建筑。

2）任一层建筑面积大于 1 500$m^2$ 或总建筑面积大于 3 000$m^2$ 的单、多层商店建筑。

3）任一层建筑面积大于 1 500$m^2$ 或总建筑面积大于 3 000$m^2$ 的单、多层餐饮建筑。

4）任一层建筑面积大于 1 500$m^2$ 或总建筑面积大于 3 000$m^2$ 的单、多层旅馆建筑。

5）任一层建筑面积大于 1 500$m^2$ 或总建筑面积大于 3 000$m^2$ 的单、多层病房楼。

6）任一层建筑面积大于 1 500$m^2$ 或总建筑面积大于 3 000$m^2$ 的单、多层门诊楼。

7）任一层建筑面积大于 1 500$m^2$ 或总建筑面积大于 3 000$m^2$ 的单、多层手术部。手术部可以根据现行国家标准《医院洁净手术部建筑技术规范》GB 50333 的规定设置自动喷水灭火系统，在手术室内可以不设置洒水喷头。

8）中型、大型幼儿园的类别划分，应根据人数和班数，按照国家现行行业标准《托儿所、幼儿园建筑设计规范》JGJ 39 的规定划分。

9）老年人照料设施包括独立建造的老年人照料设施、设置在其他建筑内的老年人照料设施。老年人照料设施的规模根据老年人照料设施接纳的老年人总人数或总床位数，按照国家现行行业标准《老年人照料设施建筑设计标准》JGJ 450 的规定确定。有关老年人照料设施的范围，请见本指南第 4.1.3 条的【实施要点】。

（6）第 8.1.9 条第 9 款规定的歌舞娱乐放映游艺场所，包括独立建造的歌舞娱乐放映游艺场所、设置在其他建筑内的歌舞娱乐放映游艺场所：

1）设置在地下、半地下的歌舞娱乐放映游艺场所，无论场所的建筑面积大小，均应设置自动灭火系统。

2）设置在多层建筑的地上第四层及以上楼层的歌舞娱乐放

映游艺场所，无论场所的建筑面积大小，均应设置自动灭火系统。

3）设置在高层民用建筑内的歌舞娱乐放映游艺场所，无论场所的建筑面积大小，均应设置自动灭火系统。

4）设置在单层建筑内的歌舞娱乐放映游艺场所，当该场所建筑面积大于 $300m^2$ 时，应设置自动灭火系统。

5）设置在多层建筑的第一层至第三层的歌舞娱乐放映游艺场所，当歌舞娱乐放映游艺场所的每层建筑面积大于 $300m^2$ 时，应设置自动灭火系统。本款的多层建筑包括单层建筑。

（7）第 8.1.9 条第 10 款规定的场所分别是：

1）位于地下、半地下且座位数大于 800 个的电影院观众厅；

2）位于地下、半地下且座位数大于 800 个的剧场观众厅；

3）位于地下、半地下且座位数大于 800 个的礼堂观众厅。

（8）第 8.1.9 条第 11 款规定的“人民防空工程”，不包括兼作人民防空工程的地铁地下车站公共区。地铁地下车站的站厅公共区、站台公共区，可以根据现行国家标准《地铁设计防火标准》GB 51298 等标准的规定确定设置自动灭火系统与否。

（9）第 8.1.10 条规定的汽车库、修车库，包括独立建造的汽车库、修车库，设置在其他建筑内的汽车库、修车库。当汽车库设置在其他建筑内，且所在建筑按照本规范的规定要求全部设置自动灭火系统时，即使汽车库的类别低于本条规定，或停车数量小于本条规定，该汽车库也要设置自动灭火系统。

8.1.11 下列建筑或部位应设置雨淋灭火系统：

1 火柴厂的氯酸钾压碾车间；

2 建筑面积大于 $100m^2$ 且生产或使用硝化棉、喷漆棉、火胶棉、赛璐珞胶片、硝化纤维的场所；

3 乒乓球厂的轧坯、切片、磨球、分球检验部位；

4 建筑面积大于 $60m^2$ 或储存量大于 2t 的硝化棉、喷漆棉、火胶棉、赛璐珞胶片、硝化纤维库房；

5 日装瓶数量大于 3 000 瓶的液化石油气储配站的灌瓶间、实瓶库；

6 特等和甲等剧场的舞台葡萄架下部，座位数大于

1 500 个的乙等剧场的舞台葡萄架下部，座位数大于 2 000 个的会堂或礼堂的舞台葡萄架下部；

7 建筑面积大于或等于 $400m^2$ 的演播室，建筑面积大于或等于 $500m^2$ 的电影摄影棚。

【条文要点】

雨淋灭火系统是自动喷水灭火系统的一种，主要用于扑救发生火灾后燃烧猛烈、蔓延速度快的可燃物火灾。本条规定了建筑中应设置雨淋灭火系统的基本场所或部位。

【实施要点】

本条规定需要设置雨淋灭火系统的场所或部位，均为存在易燃物质、着火后燃烧速度快，或可能发生爆炸性燃烧的场所、部位。例如，乒乓球厂的轧坯、切片、磨球、分球检验部位，主要可燃物是赛璐珞，在生产过程中还使用甲类液体溶剂。生产、使用或储存的硝化棉、喷漆棉、火胶棉、赛璐珞胶片、硝化纤维等物质，以硝化纤维为主要成分，主要差别在于含氮量，均为氧化反应剧烈，且易发生剧烈燃烧和爆炸的物质，在军工和民用方面应用广泛。存在这些物质的场所或部位一旦发生火灾，需要及时快速启动灭火系统，并且需要大面积、高强度的洒水才能有效覆盖和控制火势。又如，剧场舞台的葡萄架下部、演播室存在大量可燃和易燃的幕布、布景材料以及灯具等，电影摄影棚存在大量塑料泡沫和木质等材料的布景、道具，并且由于表演需要，用火用电易引发火灾，并容易形成快速发展的立体火，除雨淋灭火系统外，难以采用其他常规灭火系统进行有效控火、灭火。

对于数字化演播室，当可燃、易燃的布景和道具材料少，火灾危险性与常规会议厅等场所相当时，可以采用其他类型的自动灭火系统，不是必须设置雨淋灭火系统。

8.1.12 下列建筑应设置与室内消火栓等水灭火系统供水管网直接连接的消防水泵接合器，且消防水泵接合器应位于室外便于消防车向室内消防给水管网安全供水的位置：

1 设置自动喷水、水喷雾、泡沫或固定消防炮灭火系统的建筑；

2 6层及以上并设置室内消火栓系统的民用建筑；

3 5层及以上并设置室内消火栓系统的厂房；

4 5层及以上并设置室内消火栓系统的仓库；

5 室内消火栓设计流量大于10L/s且平时使用的人民防空工程；

6 地铁工程中设置室内消火栓系统的建筑或场所；

7 设置室内消火栓系统的交通隧道；

8 设置室内消火栓系统的地下、半地下汽车库和5层及以上的汽车库；

9 设置室内消火栓系统，建筑面积大于10 000m² 或3层及以上的其他地下、半地下建筑（室）。

【条文要点】

消防水泵接合器是用于连接消防车，供消防车从建筑室外向室内消火栓系统、自动喷水灭火系统、水喷雾灭火系统等水基灭火系统或设施，以及水防护冷却、防火分隔系统的室内消防给水管网加压供水的主要设施。本条规定了应设置消防水泵接合器的建筑及保证其安全使用的性能要求，以便消防车到达火场后能充分利用建筑物内的既有水基消防设施实施灭火，或控制火势扩大。

【实施要点】

（1）原则上，凡是具有室内消防给水管网的建筑，均需要考虑在建筑外设置消防水泵接合器。由于本规范规定的是底线的技术要求，当地上建筑的层数较低、地下建筑的规模较小且仅设置室内消火栓系统时，允许消防救援人员直接敷设水带进入建筑实施灭火，而不强制要求设置消防水泵接合器。而设置本条规定中有关水基消防设施的建筑，利用既有消防设施可以更安全有效地实施灭火和控制火灾蔓延，因而无论建筑大小，均应设置消防水泵接合器。

（2）本条第1款规定的系统均为在灭火救援时可能需要消防车利用消防水泵接合器向室内给水管网加压供水的水基消防设施，主要为自动喷水灭火系统（包括冷却防护系统和防火分隔系统）、水喷雾灭火系统、泡沫灭火系统、固定消防水炮或泡沫炮灭火系统、自动跟踪定位射流水灭火系统。细水雾灭火系统用水量较小，且对水质要求较高，一般采用自备水源。

本条第 6 款规定的地铁工程中设置室内消火栓系统的建筑或场所，包括地铁的地下区间、控制中心、地铁车站、出入口通道、换乘通道、换乘厅和车辆基地等建筑；第 7 款规定的交通隧道包括各类城市交通隧道和公路隧道。

（3）消防水泵接合器一般应直接设置在建筑外墙上，或设置在建筑外墙附近的消防救援场地、消防车道旁边便于消防车停靠和消防救援人员操作的地点。在建筑发生火灾时，由于建筑的外形、外墙装修装饰、设置在外墙上的广告牌的影响，特别是金属幕墙、玻璃幕墙、石材幕墙等建筑外幕墙结构，容易发生燃烧坠落物伤及消防救援人员、消防车辆和装备、割断供水水带等事故。因此，消防水泵接合器与建筑外墙的距离，或在外墙上的具体位置，应结合建筑的外墙装修装饰、广告牌等的设置要求和建筑外形统筹考虑，以满足方便、安全利用消防水泵接合器的要求。当不能避免可能的危害时，应在消防水泵接合器处采取设置防护棚顶等安全防护措施。

## 8.2 防烟与排烟

8.2.1 下列部位应采取防烟措施：

1 封闭楼梯间；

2 防烟楼梯间及其前室；

3 消防电梯的前室或合用前室；

4 避难层中的避难区、避难间；

5 避难走道的前室，地铁工程中的避难走道。

【条文要点】

本条规定了建筑内应设置防烟设施的基本部位，即建筑中在火灾时需保证人员安全疏散和避难、消防救援人员安全的重要区域应具备的基本防烟功能要求。

【实施要点】

火灾烟气中所含一氧化碳、二氧化碳、氟化氢、氯化氢等多种有毒成分，以及高温、低浓度氧环境等都会使人中毒、窒息，或受到灼伤等危害。及时排出火灾产生的高温有毒烟气，对保证人员安全疏散和避难，控制烟气蔓延，延缓较小空间内的火灾发生轰燃，为灭火救援提供更好的条件具有重要作用。当一座建筑中的某部位着火时，可以对着火的局部空间排烟，或在相邻空间加压送风和着火区排烟，使着火的局部空间形成相对负压区，阻止烟气溢出；在非着火的其他空间、疏散走道、楼梯间等部位加压送风，在着火区排烟，可以在防烟空间与着火区之间形成一定压差，阻止烟气侵入防烟空间。

建筑内的封闭楼梯间、防烟楼梯间及其前室、消防电梯的前室或合用前室、避难层中的避难区域与连接走道、避难间、避难走道的前室、专用消防通道等部位，是在建筑着火时需要供人员进行疏散、避难的区域，是保证消防救援人员进出火场的重要通道，必须采取防烟措施，以防止火灾的烟气侵入这些区域，或者被烟气侵入后能在短时间内被排出。

除地铁工程外，其他建筑中的避难走道是否需要采取防烟措施，可以根据避难走道的长度、设置位置、避难走道的用途、连通区域的火灾危险性等因素确定。

本条规定需要防烟的部位，其防烟可以采用自然排烟方式，也可以采用机械加压送风方式。具体采用何种方式以及每种方式应满足的技术要求，可以按照现行国家标准《消防设施通用规范》GB 55036 和《建筑防烟排烟系统技术标准》GB 51251 的规定确定。

8.2.2 除不适合设置排烟设施的场所、火灾发展缓慢的场所可不设置排烟设施外，工业与民用建筑的下列场所或部位应采取排烟等烟气控制措施：

1 建筑面积大于 300m$^2$，且经常有人停留或可燃物较多的地上丙类生产场所；丙类厂房内建筑面积大于 300m$^2$，且经常有人停留或可燃物较多的地上房间；

2 建筑面积大于 100m$^2$ 的地下或半地下丙类生产场所；

3 除高温生产工艺的丁类厂房外，其他建筑面积大于 5 000m$^2$ 的地上丁类生产场所；

4 建筑面积大于 1 000$m^2$ 的地下或半地下丁类生产场所；

5 建筑面积大于 300$m^2$ 的地上丙类库房；

6 设置在地下或半地下、地上第四层及以上楼层的歌舞娱乐放映游艺场所，设置在其他楼层且房间总建筑面积大于 100$m^2$ 的歌舞娱乐放映游艺场所；

7 公共建筑内建筑面积大于 100$m^2$ 且经常有人停留的房间；

8 公共建筑内建筑面积大于 300$m^2$ 且可燃物较多的房间；

9 中庭；

10 建筑高度大于 32m 的厂房或仓库内长度大于 20m 的疏散走道，其他厂房或仓库内长度大于 40m 的疏散走道，民用建筑内长度大于 20m 的疏散走道。

8.2.3 除敞开式汽车库、地下一层中建筑面积小于 1 000$m^2$ 的汽车库、地下一层中建筑面积小于 1 000$m^2$ 的修车库可不设置排烟设施外，其他汽车库、修车库应设置排烟设施。

【条文要点】

建筑火灾往往会产生大量烟气，这不仅加速了火灾的蔓延，而且增加了灭火救援和人员疏散的难度。在建筑内采取排烟措施，尽快排除火灾过程中产生的烟气和热量，对于提高灭火救援的效果、保证人员疏散安全具有十分重要的作用。这两条规定了各类工业和民用建筑、汽车库、修车库内应设置排烟设施等烟气控制措施的场所或部位。本条未规定的其他建筑和场所，应综合考虑排烟系统的功能要求和设置目的、建筑火灾的产烟特性、建筑的空间特性、使用人数和人员安全疏散需要、灭火救援难度等因素，根据现行国家相关标准的要求确定。

【实施要点】

（1）建筑排烟旨在将火灾产生的有毒烟气和燃烧产生的热量尽快排至室外，为人员疏散和消防救援提供有利条件，减轻火灾对建筑结构的危害。这两条规定的场所和部位应采取烟气控制措施防止烟气蔓延。具体是采用排烟方式还是排烟辅以加压送风的方式实现控制烟气蔓延的目的，可以根据建筑的空间条件、火灾烟气生成量等情况确定。正常情况下，需要采取烟气控制措施的场所和部位应尽量采用排烟的方式。排烟是采用设置自然排烟窗，还是采用机械排烟系统，可以根据现行国家标准《建筑防烟排烟系统技术标准》GB 51251 等标准的规定确定。

（2）第 8.2.2 条规定的“丙类生产场所”“丁类生产场所”“丙类库房”均是针对同一个使用空间而言。“疏散走道”，无论是外走道还是内走道，均应采取设置排烟系统等烟气控制措施。当外走道设置符合自然排烟要求的外窗，或为敞开、半敞开外走道时，可以不另外采取排烟措施。例如，一座建筑面积为 1 800m$^2$ 的地上生产厂房，采用防火隔墙划分为两个区域，一个区域的建筑面积为 1 200m$^2$，属于丁类生产场所，另一个区域的建筑面积为 600m$^2$，属于丙类生产场所。根据第 8.2.2 条第 1 款和第 3 款的规定，该建筑的丙类生产区域应设置排烟设施，丁类生产区域可以不设置排烟设施。又如，一座 3 层的丙类仓库，每层建筑面积为 4 000m$^2$，第一层和第二层分别设置 3 间建筑面积均为 1 200m$^2$ 的丙类库房，第三层设置 3 间建筑面积均为 1 200m$^2$ 的丁类库房，每层设置公共疏散走道及疏散楼梯间，疏散走道的长度为 80m。根据第 8.2.2 条第 5 款和第 10 款的规定，该仓库第一层和第二层的每间库房、每层的疏散走道均应设置排烟设施。

（3）具有爆炸危险性的甲、乙类厂房和甲、乙类仓库，应采取加强正常通风、事故通风等预防发生爆炸的技术措施。本规范不强制要求这类建筑设置排烟设施，但可以根据实际情况确定，一些不存在爆炸危险性的场所，也有必要根据建筑排烟的目的设置必要的排烟设施。例如，国家标准《建筑设计防火规范》GB 50016—2014（2018 年版）第 3.1.3 条规定的乙类第 6 项储存物品的库房，即储存漆布、油布、油纸和油绸及上述材料制品的库房。

（4）中庭是建筑贯通多个楼层的共享空间，在火灾时容易产生烟囱效应而使火势和烟气迅速蔓延，可在短时间内使烟气充填或弥散到整个中庭，并通过中庭扩散到相连通的邻近空间。中庭需结合自身及相连通区域的空间特点、火灾荷载和火灾特性等，采取相应的排烟或防烟措施。

（5）对于建筑中上述需要设置排烟系统的场所，当设置气体灭火系统等在灭火剂释放前必须关闭通风系统、防护区开口的灭火系统时，允许将排烟系统改为事故通风系统，当设置排烟系统（包括自然排烟系统和机械排烟系统）时，不应采用火灾自动报警系统联动启动的方式自动开启系统排烟，以保证灭火系统实施有效灭火。

8.2.4 通行机动车的一、二、三类城市交通隧道内应设置排烟设施。

8.2.5 建筑中下列经常有人停留或可燃物较多且无可开启外窗的房间或区域应设置排烟设施：

1 建筑面积大于 $50m^2$ 的房间；

2 房间的建筑面积不大于 $50m^2$，总建筑面积大于 $200m^2$ 的区域。

【条文要点】

这两条主要针对自然排烟条件差，空间处于相对封闭状态的场所，规定了应设置排烟设施的基本条件。这些场所对流和自然通风条件差，可燃物在燃烧过程供氧往往不足，燃烧慢、产烟量大、温升快、能见度低，对安全疏散和灭火救援十分不利，应通过排烟改善火场条件，减少火灾及其烟气的危害。

【实施要点】

（1）交通隧道一般位于山体内、地下和水下，行车空间封闭、狭长，一旦在隧道内发生火灾，排烟、疏散和救援难度大，火灾产生的烟和热会对隧道结构产生较严重的危害。这些情况与隧道的暗埋段长度、通行车辆的流量和车型等密切相关，而城市交通隧道主要根据其封闭段长度和交通情况等因素分类。

根据国家标准《建筑设计防火规范》GB 50016—2014（2018年版）第 12.1.2 条的规定，城市交通隧道分为一、二、三、四类，见表 8–1。从表中可以看出，一、二、三类城市交通隧道属于火灾危险性较大且暗埋段长度较大的隧道，难以只依靠隧道两端的开口实施有效排烟，应设置机械排烟系统实现有组织的高效排烟。

**表 8–1 单孔和双孔城市交通隧道分类**

| 用途 | 一类 | 二类 | 三类 | 四类 |
|---|---|---|---|---|
| | 隧道封闭段长度 $L$/m | | | |
| 可通行危险化学品等机动车 | $L > 1\,500$ | $500 < L \leqslant 1\,500$ | $L \leqslant 500$ | — |
| 仅限通行非危险化学品等机动车 | $L > 3\,000$ | $1\,500 < L \leqslant 3\,000$ | $500 < L \leqslant 1\,500$ | $L \leqslant 500$ |
| 仅限人行或通行非机动车 | — | — | $L > 1\,500$ | $L \leqslant 1\,500$ |

四类城市交通隧道和公路交通隧道的排烟可根据隧道的设置位置、隧道结构的形式、外部救援条件、修复难度及重要性等因素确定。设置在城市交通隧道内的辅助用房，应根据本规范第 8.2.5 条的规定设置排烟设施；设置在地上的隧道辅助用房，可以根据本规范对相应工业和民用建筑中类似火灾危险性场所的要求采取排烟和防烟措施。

（2）各类建筑中无外窗或外窗的窗扇固定且不可开启的房间，其火灾与地下空间的火灾和烟气特性、危害性等相当。这些建筑包括工业与民用建筑、独立的地下和半地下工业与民用建筑、平时使用的人民防空工程、轨道交通等的地下车站、隧道内的辅助用房、城市综合管廊内的辅助用房等。

第 8.2.5 条第 2 款的规定是指在建筑中存在无窗房间的区域，当每间房间的建筑面积小于或等于 $50m^2$，这些房间的总建筑面积大于 $200m^2$ 时，在房间内可以不设置排烟设施，但应在房间外的公共区设置排烟设施。这条规定的总建筑面积不包括房间外的疏散走道等公共区域的面积。当一个区域中既存在建筑面积大于 $50m^2$ 的房间，又存在建筑面积小于或等于 $50m^2$ 的房间时，应分别按照第 8.2.5 条第 1 款和第 2 款的要求设置排烟设施。例如，一个总建筑面积为 $420m^2$ 的地下区域，由 2 间 $75m^2$ 的房间和 4 间 $45m^2$ 的房间、疏散走道及疏散楼梯间组成，房间和走道均无外窗。根据本规范第

8.2.5 条的规定，在这 2 间 $75m^2$ 的房间和疏散走道内应设置机械排烟系统，其他房间可以不设置排烟设施。参见图 8–1。

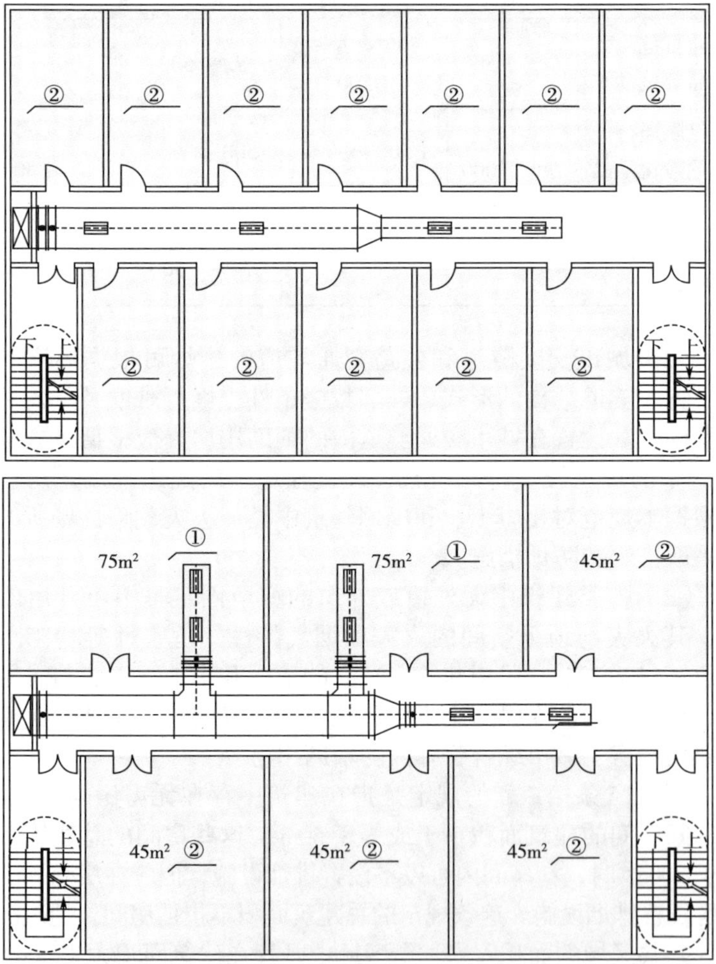


**图 8–1　地下无窗房间机械排烟系统设置示意图**

注：①经常有人停留或可燃物较多且无可开启外窗，建筑面积大于 $50m^2$ 的房间应设置排烟设施。②经常有人停留或可燃物较多且无可开启外窗房间的建筑面积不大于 $50m^2$，但房间总建筑面积大于 $200m^2$ 的区域应在公共区设置排烟设施。

## 8.3 火灾自动报警系统

8.3.1 除散装粮食仓库、原煤仓库可不设置火灾自动报警系统外，下列工业建筑或场所应设置火灾自动报警系统：

1 丙类高层厂房；

2 地下、半地下且建筑面积大于1 000$m^2$的丙类生产场所；

3 地下、半地下且建筑面积大于1 000$m^2$的丙类仓库；

4 丙类高层仓库或丙类高架仓库。

【条文要点】

本条规定了生产厂房、仓库建筑中应设置火灾自动报警系统的基本范围。这些建筑主要为可燃物较多、火灾蔓延迅速、扑救困难，或同一时间停留人数较多、发生火灾及时疏散可减少人员伤亡的建筑和场所。

【实施要点】

（1）火灾自动报警系统由火灾探测器和手动火灾报警按钮等触发装置、警铃和警示灯等火灾警报装置、联动输出装置、电源等组成，具有探测燃烧产生的烟雾、热量和火焰等火灾早期特征，发出火灾报警信号，为联动相关设备提供控制与指示等功能。火灾自动报警系统能够使人们及时发现火情并采取应对措施，可以为人员疏散、防止火灾蔓延争取宝贵的时间，是建筑中重要的自动消防设施之一。

本条规定的建筑或场所，要求其中各个部位均应设置火灾自动报警系统，并且一般要求全部设置火灾探测器。其中火灾危险性低的部位和场所，可以不设置火灾探测器，但仍应设置手动火灾报警按钮、声光火灾警报器、消防应急广播等火灾报警触发装置和警报装置。例如，在一座丙类高层厂房内，其中有的楼层为丁类或戊类生产场所，除使用可燃气体、可能散发可燃蒸气的部位应设置可燃气体探测报警装置外，其他部位或场所可以不设置其他火灾探测器；在一座丙类高层仓库建筑中，其中存放戊类物品的库房可以不设置火灾探测器。但是，这些场所均需要设置火灾警报装置和消防应急广播。

（2）散装粮食仓库、原煤仓库发生火灾以阴燃和无焰燃烧为主，在供氧不足的条件下燃烧速度缓慢，目前尚无能够较准确定位的火灾探测技术及早探测到相应场所的火情。这类场所的火灾探测采取监测燃烧热解特征气体浓度的方式可能更有效，实际工程可以根据物质存放情况、每间库房的建筑面积大小、室内空间高度等情况，设置合适的火灾早期信息探测装置和手动火灾报警按钮等装置。

（3）本条未明确需要设置火灾自动报警系统的工业建筑，可以依据现行国家标准《建筑设计防火规范》GB 50016、《火力发电厂和变电站设计防火标准》GB 50229、《钢铁冶金企业设计防火标准》GB 50414、《飞机库设计防火规范》GB 50284、《纺织工程设计防火规范》GB 50565 等标准的规定设置相应的火灾自动报警系统。

8.3.2 下列民用建筑或场所应设置火灾自动报警系统：

1 商店建筑、展览建筑、财贸金融建筑、客运和货运建筑等类似用途的建筑；

2 旅馆建筑；

3 建筑高度大于 100m 的住宅建筑；

4 图书或文物的珍藏库，每座藏书超过 50 万册的图书馆，重要的档案馆；

5 地市级及以上广播电视建筑、邮政建筑、电信建筑，城市或区域性电力、交通和防灾等指挥调度建筑；

6 特等、甲等剧场，座位数超过 1 500 个的其他等级的剧场或电影院，座位数超过 2 000 个的会堂或礼堂，座位数超过 3 000 个的体育馆；

7 疗养院的病房楼，床位数不少于 100 张的医院的门诊楼、病房楼、手术部等；

8 托儿所、幼儿园，老年人照料设施，任一层建筑面积大于 $500m^2$ 或总建筑面积大于 $1\ 000m^2$ 的其他儿童活动场所；

9 歌舞娱乐放映游艺场所；

10 其他二类高层公共建筑内建筑面积大于 50m² 的可燃物品库房和建筑面积大于 500m² 的商店营业厅，以及其他一类高层公共建筑。

【条文要点】

本条规定了各类民用建筑应设置火灾自动报警系统的基本范围。其中，一类高层公共建筑和建筑高度大于 100m 的住宅建筑，应全部设置火灾自动报警系统。建筑中设置的火灾自动报警系统、火灾报警和警报装置、火灾探测器的类型及系统设计的具体要求，应结合建筑内的环境条件、使用人员情况、可燃物类型、火灾特性、建筑面积大小等因素，根据现行国家标准《消防设施通用规范》GB 55036 和《火灾自动报警系统设计规范》GB 50116 等标准的规定确定。

【实施要点】

（1）本条规定的建筑和场所，包括地上建筑，地下、半地下建筑，地上建筑的地下、半地下室。例如，商店建筑包括地上的商店建筑，地下、半地下的商店建筑，商店建筑的地下、半地下室。

本条规定的建筑和场所，均要求在建筑内的各个部位全部设置火灾自动报警系统，并且一般要求全部设置火灾探测器。其中火灾危险性低的部位，如卫生间、洗浴区、泳池、水池等部位，可以不设置火灾探测器。例如，在一座建筑的地下室设置了汽车库，当汽车库所在建筑按照本条规定应设置火灾自动报警系统时，在该汽车库内也应设置火灾自动报警系统。

对于住宅与非住宅功能合建的建筑，当采用耐火极限不低于 2.00h 的楼板分隔后，因住宅部分和非住宅部分可以分别按各自的功能和建筑高度确定相应的防火技术要求，因此如按照本条规定需要设置火灾自动报警系统时，可以根据相应部分的使用功能、建筑高度分别确定是否需要设置火灾自动报警系统。例如，一座建筑高度大于 80m 的住宅，在住宅建筑的下部地上设置了 3 层商场，地下设置了 2 层汽车库，商场和汽车库每层的建筑面积均为 2 000m$^2$，消防车登高操作场地位于标高为 ±0.000 的设计地面。依据本条规定，该建筑的 3 层商场及 2 层地下车库均应全部设置火灾自动报警系统，而住宅部分可以不设置火灾自动报警系统。

对于建筑中采用耐火极限不低于 3.00h 的楼板与上下完全分隔，且下部承重结构的耐火极限均不低于 3.00h 的区域，可以根据相应部分的使用功能和建筑高度分别确定是否需要设置火灾自动报警系统。例如，地铁的车辆基地采用耐火极限不低于 3.00h 的楼板与上部建筑完全分隔，则车辆基地可以根据本规范第 8.3.1 条和现行国家标准《地铁设计防火标准》GB 51298 的规定，楼板上其他建筑可以根据本规范第 8.3.1 条、第 8.3.2 条和现行国家标准《建筑设计防火规范》GB 50016 等标准的规定设置火灾自动报警系统。

（2）除公共建筑中可能散发可燃气体、蒸气的场所或部位应按照本规范第 8.3.3 条的规定设置可燃气体探测报警装置外，本条未明确规定需要设置火灾自动报警系统的公共建筑、建筑高度小于或等于 100m 的住宅建筑，可以依据现行国家标准《建筑设计防火规范》GB 50016、《人民防空工程设计防火规范》GB 50098、《地铁设计防火标准》GB 51298 等标准的规定设置相应的火灾自动报警系统。

（3）本条第 1 款规定的“客运和货运建筑等”，包括各类交通方式的客运建筑、货运建筑，如地铁车站、国铁车站等轨道交通车站的乘客候车、进出站厅、进出站通道和换乘通道，民用机场航站楼，海运和内河客运码头的乘客进出港建筑，市际和省际公共汽车客运站建筑等。

（4）本条规定的“商店”是为商品直接进行买卖和提供服务供给的公共建筑，包括百货商场、专业商店、购物中心、菜市场、超级市场和商业步行街。根据行业标准《商店建筑设计规范》JGJ 48—2014 的规定，该标准不适用于建筑面积小于 100m$^2$ 的单建或附属商店（店铺）的建筑设计。本条规定的商店包括各类建筑面积大于或等于 100m$^2$ 的单建或附属商店建筑，以及设置在住宅建筑下部且建筑面积大于或等于 100m$^2$ 的小型商业服务设施，即商业服务网点，不包括菜市场、建筑面积小于 100m$^2$ 的单建或附属商店建筑。

（5）托儿所是用于专门照顾和培养 3 周岁以下婴幼儿生活能力的场所。托儿所可以单独建设，但大多数为与幼儿园合并建设，但两部分需要分开。目前我国 3 周岁以下婴幼儿基本上是由家庭看护，很少送到托儿所去看护。幼儿园是供 3~6 周岁的幼儿保育教育的场所，是对幼儿进行德、智、体全面发展的学前教育机构。

托儿所、幼儿园必须具备功能明确的用房和活动场地等条件，相应的建筑应由生活用房、服务管理用房和供应用房等部分组成。因此，本条规定的托儿所、幼儿园应符合国家现行标准《托儿所、幼儿园建筑设计规范》JGJ 39 的规定，不包括设置在家庭内，由家庭看护的托儿场所和托幼或幼教场所。

（6）本条规定的“儿童活动场所”和“老年人照料设施”的范围，详见本指南第 4.1.3 条的【实施要点】。

（7）展览建筑是各类供对临时展品或服务的展出进行组织，通过展示促进产品、服务的推广和信息、技术交流的社会活动的建筑，不包括各类博物馆。展览建筑一般建筑面积较大，本条未明确展览建筑应设置火灾自动报警系统的规模，即符合上述要求的展览建筑均应设置火灾自动报警系统。

（8）旅馆建筑通常由客房部分、公共部分、辅助部分组成，为客人提供住宿及餐饮、会议、健身和娱乐等全部或部分服务的公共建筑，也称为酒店、饭店、宾馆、度假村。根据行业标准《旅馆建筑设计规范》JGJ 62—2014 的规定，该标准适用于至少设有 15 间（套）出租客房的旅馆建筑。本条规定的旅馆建筑是指至少设置 15 间（套）出租客房的旅馆建筑，不包括出租客房数量少于 15 间（套）的旅馆建筑。

（9）重要的档案馆，主要指现行行业标准《档案馆建筑设计规范》JGJ 25 规定的国家档案馆。其他专业档案馆，可视具体情况比照本规定确定。

（10）特等、甲等和乙等剧场的分类标准，应符合现行行业标准《剧场建筑设计规范》JGJ 57 的规定。

（11）歌舞娱乐放映游艺场所，包括独立设置的歌舞娱乐放映游艺场所，设置在其他建筑内的歌舞娱乐放映游艺场所，设置在地下、半地下的歌舞娱乐放映游艺场所。歌舞娱乐放映游艺场所的具体范围见本指南第 4.3.7 条的【实施要点】。需要设置火灾自动报警系统的歌舞娱乐放映游艺场所，没有规模限制，只要是歌舞娱乐放映游艺场所，一律要求设置火灾自动报警系统。

（12）本条规定允许不设置火灾自动报警系统的商店建筑、商业服务网点、博物馆、老年人照料设施、旅馆建筑、剧场和电影院等场所和建筑，应依据国家现行相关技术标准和法规的规定设置火灾自动报警系统。

8.3.3　除住宅建筑的燃气用气部位外，建筑内可能散发可燃气体、可燃蒸气的场所应设置可燃气体探测报警装置。

【条文要点】

本条规定了在各类生产厂房、仓库中存在散发可燃气体、蒸气的场所和部位，在公共建筑中存在散发可燃气体、蒸气的场所和部位等应设置可燃气体探测报警装置的基本要求。本条规定的可燃气体探测报警装置为固定的探测报警装置，不包括便携式可燃气体探测器。

【实施要点】

（1）可燃气体探测报警装置由可燃气体报警控制器、可燃气体探测器、火灾声光警报器等组成。可燃气体探测器主要用于探测烃类、醚类、酯类、醇类、一氧化碳、氢气及其他可燃性气体和蒸气，当在被监测区域内的可燃气体浓度达到报警设定值时，能发出报警信号。

建筑中可能散发可燃气体、可燃蒸气的场所和部位，主要是工业与民用建筑中使用燃油和燃气的锅炉房、储油间、储气瓶间、燃气联用机组间、燃气调压间等。此外，在生产建筑中，主要为天然气液化厂房，液化石油气的气化站、混气站、瓶组气化站、瓶装供应站，电子洁净生产车间内使用可燃气体和可燃液体的机柜间、特种气体和可燃液体的储存间及供应站，空调机组生产车间中使用天然气焊接的部位，可燃液体萃取车间，自行车、汽车、家具、飞机、舰船等生产车间中的喷漆工段，制药车间、胶片等生产车间中使用可燃气体和可燃液体的部位，精细化工和石油化工生产厂房内使用和产生可燃气体、可燃液体的场所和部位，白酒厂房中的勾兑、蒸馏、罐装等车间等。在仓库建筑中，主要为储存各类可燃气体和可燃液体的库房。在公共建筑中，主要为使用燃气的厨房和食品加工部位。

（2）可燃气体探测器的类型应根据建筑中产生可燃气体或蒸气的种类确定，系统的构成应根据需要设置探测器的部位数量等确定，并应符合现行国家标准《消防设施通用规范》GB 55036和《火灾自动报警系统设计规范》GB 50116等标准的规定。

# 9 供暖、通风和空气调节系统

## 9.1 一般规定

9.1.1 除有特殊功能或性能要求的场所外，下列场所的空气不应循环使用：

1 甲、乙类生产场所；

2 甲、乙类物质储存场所；

3 产生燃烧或爆炸危险性粉尘、纤维且所排除空气的含尘浓度不小于其爆炸下限25%的丙类生产或储存场所；

4 产生易燃易爆气体或蒸气且所排除空气的含气体浓度不小于其爆炸下限值10%的其他场所；

5 其他具有甲、乙类火灾危险性的房间。

【条文要点】

为防止因内部空气不断循环使用，导致空间内的空气中所含爆炸危险性物质的浓度不断累积而形成爆炸危险性混合气体，本条明确了不应循环使用空气的场所。这些场所大部分具有爆炸危险性，少数为存放或使用助燃气体和易自燃的物品的场所。

【实施要点】

（1）在甲、乙类生产车间或部位，储存甲、乙类物品的库房中，有的会产生具有爆炸危险性的挥发性可燃蒸气，有的会在生产过程中使用或产生可燃气体，有的会与水等物质发生反应生成可燃气体，还有的会在生产过程中产生可燃的粉尘、纤维等物质。为防止这些可燃蒸气、气体、粉尘等在室内不断累积而与空气混合形成具有爆炸危险性的混合气体，需要设置排风系统并及时将这些物质排出至室外。

正常情况下，在厂房、仓库内可能产生可燃蒸气、气体、粉尘、纤维等物质的空间均应设置独立的通风系统、空气净化系统或具有良好的自然通风条件。因此，无论是净化这些场所的室内空气，还是调节室内空气的湿度和温度，均应将室内空气及时直接排出到室外，并直接向室内送新风，不允许在上述场所的通风系统循环使用室内空气。尽管这样做会增加一定能耗，但可以有效预防发生更严重的爆炸性危害事故。

（2）丙类生产厂房和丙类库房中可能产生可燃粉尘、纤维的场所，主要为部分竹木制品加工部位，制药车间，精细化工车间，面粉加工部位，散装粮食、大豆库仓房的下部（在粮食、大豆等物质的装卸过程中会产生大量可燃粉尘）。丙类生产厂房和丙类库房中的上述部位一般需要局部划分爆炸危险性区域，并采取相应的电气防爆措施。尽管在产生可燃粉尘等物质的部位需要除尘处理和清扫，但空气中仍会存在一定的可燃粉尘，当集中收纳进入通风系统后，通风管道系统内的空气所含粉尘浓度将会升高，仍存在一定的火灾和爆炸性危险。因此，这些场所排出的空气一般不应循环使用；如要循环使用，需要在通风机前设置滤尘器净化空气，确保可燃粉尘等物质在空气中的浓度低于爆炸下限的 25%。

（3）根据国家标准《爆炸危险环境电力装置设计规范》GB 50058—2014 的规定，在存在散发可燃气体或蒸气的场所，符合下列条件之一的区域可以划为非爆炸危险区域：

1）没有释放源且不可能有可燃气体或蒸气侵入的区域；

2）易燃气体物质可能出现的最高浓度不超过爆炸下限 10% 的区域；

3）在生产过程中使用明火的设备附近，或炽热部件的表面温度超过区域内可燃物质引燃温度的设备附近。

在生产、加工、处理、转运或贮存过程中出现或可能出现可燃性粉尘与空气形成的爆炸性粉尘混合物环境中，符合下列条件之一的区域可以划为非爆炸危险区域：

1）装有良好除尘效果的除尘装置，且该除尘装置停车时能联锁工艺机组停车；

2）区域内使用爆炸性粉尘的量不大，且在排风柜内或风罩下进行操作；

3）设置为爆炸性粉尘环境服务，并用墙隔绝的送风机室，其通向爆炸性粉尘环境的风道设有能防止爆炸性粉尘混合物侵入的安全装置。

在建筑中，非爆炸危险区域内的通风系统允许循环使用空气，爆炸危险区域内的通风系统不允许循环使用空气。

（4）除甲、乙类生产厂房或场所，甲、乙类仓库或库房外，还有一些建筑本身不属于甲、乙类生产厂房和仓库，但在建筑内存在使用或储存甲、乙类火灾危险性物品的房间，如洁净电子生产厂房所需特气储存间，某些实验室、制药厂内的部分房间，医疗建筑的氢气或氧气储存间等，这些房间的机械通风系统均不允许循环使用空气，以确保房间内的通风能使具有爆炸危险性的可燃气体、蒸气与空气的混合物的浓度很快稀释到其爆炸下限值的25%以下。

（5）对于具有特殊功能或性能要求的场所，通风系统必须循环使用室内空气时，需要在循环使用前对相应的可燃气体、蒸气、粉尘、纤维进行净化处理，并实时监测场所内、通风系统中空气的可燃物质浓度，确保空气中可燃气体、蒸气等物质的浓度始终低于其爆炸下限的25%。对于空气中不含爆炸性危险物质或不含可燃粉尘、纤维等物质的甲、乙类厂房，通风系统中的空气可以循环使用。

9.1.2　甲、乙类生产场所的送风设备，不应与排风设备设置在同一通风机房内。用于排除甲、乙类物质的排风设备，不应与其他房间的非防爆送、排风设备设置在同一通风机房内。

**【条文要点】**

本条规定甲、乙类生产场所的送风设备与排风设备应分别独立设置在不同的机房内，避免经排风设备排出的含可燃气体、蒸气、粉尘等物质的空气又被送风系统送回甲、乙类生产场所内，防止因此增加场所内的爆炸危险性。甲、乙类生产场所，甲、乙类储存场所和其他建筑中用于排除甲、乙类物质的排风设备应设置在单独的机房内，不允许与其他非爆炸危险性场所内的送风设备、排风设备设置在同一机房内，防止含爆炸危险性物质的空气窜入其他非爆炸危险性场所。

【实施要点】

（1）在甲、乙类生产场所内，空气中通常含有一定的可燃气体、蒸气、粉尘或纤维，排风系统排出的空气一般需要直接排至室外，不能循环使用，即使少数特殊情形需要循环使用，也需要在循环使用前进行专门的净化处理。由于排风系统中的空气含有一定浓度的可燃气体、蒸气、粉尘或纤维，有必要采取措施防止这样的空气被送风系统吸入，并送回甲、乙类生产场所或其他非爆炸危险性场所。

此外，用于排除甲、乙类物质的排风设备及相应的电气设备需要具有相应的防爆性能，在排风系统中需要采取静电导除或静电防护措施。因此，在建造时，要注意将用于排除甲、乙类物质的排风设备设置在单独的排风机房内，不能与本场所的送风机、其他非爆炸危险性场所的送风机和排风机及进出风干管布置在同一个机房内。用于排除甲、乙类物质的排风系统的排风口，其设置位置也要注意与各类场所送风系统的新风进气口保持足够的安全距离，最好设置在不同方位，防止排出的空气被送风或新风系统吸入。

有关送风机房与排风机房的具体设置和防火分隔的要求以及送风口和排风口的设置要求，可以参见现行国家相关技术标准。例如，国家标准《工业建筑供暖通风与空气调节设计规范》GB 50019—2015 第 6.3.5 条规定，机械送风系统的进风口应直接设置在室外空气较清洁的地点；距离进风口较近的范围内存在排风口时，进风口的位置应低于排风口；进风口的下缘距离室外地坪不宜小于 2m，当设置在绿化地带内时，不宜小于 1m；应避免进风、排风短路。第 6.3.11 条规定，排除含有剧毒物质、难闻气味物质、含有浓度较高的爆炸危险性物质的局部排风系统，排出的气体应排至建筑物的空气动力阴影区和正压区外。第 6.4.5 条规定，事故排风的排风口与机械送风系统的进风口的水平距离不应小于 20m；当水平距离不足 20m 时，排风口应高于进风口，并不得小于 6m。国家标准《民用建筑供暖通风与空气调节设计规范》GB 50736—2012 第 6.3.1 条规定，机械送风系统进风口的位置应避免进风、排风短路；进风口的下缘距离室外地坪不宜小于 2m，当设在绿化地带内时，不宜小于 1m。第 6.3.9 条规定，排气中含有可燃气体的事故通风系统排风口距离火源应大于 30m，距离可能火花溅落地点应大于 20m。国家标准《建筑设计防火规范》GB 50016—2014（2018 年版）第 6.2.7 条规定，设置在丁、戊类厂房内的通风机房，应采用耐火极限不低于 1.00h 的防火隔墙和 0.50h 的楼板与其他部位分隔，其他各类建筑中的通风空气调节机房应采用耐火极限不低于 2.00h 的防火隔墙和 1.50h 的楼板与其他部位分隔。通风、空气调节机房开向建筑内的门应采用甲级防火门。

（2）用于排除甲、乙类物质的排风设备，包括用于甲、乙类生产场所，甲、乙类物品储存场所，民用建筑和其他工程中排除甲、乙类物质的正常排风设备和事故排风设备。在民用建筑和其他工程中，常见的场所有：氨制冷机房、直燃吸收式机组机房、燃气锅炉房、液化石油气瓶组间、燃气调压间、散发可燃气体或蒸气的实验室或中试车间等。

9.1.3 排除有燃烧或爆炸危险性物质的风管，不应穿过防火墙，或爆炸危险性房间、人员聚集的房间、可燃物较多房间的隔墙。

【条文要点】

本条规定了各类建筑中用于排除含燃烧或爆炸危险性物质的风管穿越防火墙、防火隔墙的禁止性要求，防止将火灾或爆炸危险引入其他防火分区或其他较高火灾风险的场所。

【实施要点】

（1）排除含燃烧或爆炸危险性物质的风管包括正常通风管道和事故通风管道，主要是各类厂房和仓库内使用、储存和可能产生可燃气体、蒸气、粉尘或纤维等物质场所的排风管道，以及民用建筑和其他工程中使用可燃气体、可燃液体和可能产生可燃粉尘等物质场所的排风管道。这类管道服务的区域具有一定的爆炸危险性，排出的气体可与空气混合形成爆炸性混合物，即使安装防火阀也难以避免火灾或爆炸的蔓延和传播，从而破坏防火墙、防火隔墙分隔的有效性，因此不允许穿过防火墙和本条规定部位的防火隔墙；对于本条规定外的其他场所，当要求采用耐火极限不低于2.00h的防火隔墙与相邻部位分隔时，这类风管也要尽量避免穿过这些防火隔墙。有关防火墙和防火隔墙的作用和设置要求，参见本指南第6.1节和第6.2节的相关【实施要点】。由于本条规定的房间均具有较高的火灾风险，因此房间的隔墙均应为防火隔墙。

（2）人员聚集的房间为同一时间使用人数较集中的房间，如服装加工车间、电子玩具装配车间、教室、会议室、报告厅、多功能厅、观众厅、展览厅、营业厅、证券交易厅、候车厅等。可燃物较多的房间为使用和存放甲、乙类物品、可燃液体、可燃固体较多的房间，或使用过程存在可燃物品较多的房间，如甲、乙、丙类库房，档案室、图书室、资料室、开架图书阅览室，商店营业厅或商铺等。根据《建筑设计防火规范》GBJ 16—87（1995年版）第2.0.2条的规定，可燃物较多的房间用房间内的可燃物数量大于200kg/$m^2$（房间地面面积）代表。但是，这个要求没有明确可燃物的类型，在实际操作中可能会因不同人对此指标的理解不同以及可燃物材质的不同而产生很大差异。因此，采用火灾荷载密度表达更科学。综合*SFPE Handbook of Fire Protection Engineering*①、NFPA的*Fire Protection Handbook*②、*Design guide: structural fire safety*③和*Fire load: Survey data, recent standards, and probabilistic models for office buildings*④等资料的调研数据，民用建

① Morgan J.Hurley,et al.SFPE Handbook of Fire Protection Engineering［M］.5th ed.Springer,2015.

② National Fire Protection Association.Fire Protection Handbook［M］.6th ed.National Fire Protection Association.

③ Thomas P.H..Design guide: Structure fire safety CIB W14 Workshop report［J］. Fire Safety Journal,1986(2).

④ Negar Elhami Khorasani,Maria Garlock, Paolo Gardoni.Fire load: Survey data, recent standards,and probabilistic models for office buildings［J］.Engineering Structures,2014.

筑大致可以采用火灾荷载密度不小于 600MJ/m²，工业建筑大致可以采用火灾荷载密度不小于 1 000MJ/m² 表达“可燃物数量较多”的情形。

（3）爆炸危险性房间可以根据国家标准《爆炸危险环境电力装置设计规范》GB 50058—2014 对爆炸危险区域的规定确定，即有释放源且可能有可燃气体或蒸气侵入、可燃气体或蒸气可能出现的最高浓度超过爆炸下限值 10% 的房间和在生产、加工、处理、转运或贮存过程中出现或可能出现可燃性粉尘与空气形成的爆炸性粉尘混合物环境的房间。根据国家标准《建筑设计防火规范》GB 50016—2014（2018 年版）第 9.1.2 条的规定，存在可燃粉尘的场所，当房间内空气中可燃粉尘的含量低于爆炸下限的 25% 时，该房间可以视为非爆炸危险性房间。

## 9.2 供暖系统

9.2.1 甲、乙类火灾危险性场所内不应采用明火、燃气红外线辐射供暖。存在粉尘爆炸危险性的场所内不应采用电热散热器供暖。在储存或产生可燃气体或蒸气的场所内使用的电热散热器及其连接器，应具备相应的防爆性能。

【条文要点】

本条规定了在甲、乙类生产和储存场所、民用建筑和其他工程中具有甲、乙类火灾危险性的房间、具有粉尘爆炸危险性场所内禁止采用的供暖方式，明确了可燃气体或蒸气爆炸危险性场所内供暖电器的电气防爆要求，以消除爆炸危险性场所内引发爆炸的条件，即消除足以点燃爆炸性气体混合物的火花、电弧或高温。

【实施要点】

（1）点火源或点火能是物质发生燃烧和爆炸的必备条件之一。明火、燃气辐射供暖器的热辐射器、电热散热器等高温热表面，是直接的热源。在甲、乙类火灾危险性的场所内，应禁止使用明火、燃气红外线辐射等高温散热器，以将产生爆炸的条件同时出现的可能性降低到最低程度。

（2）散发可燃粉尘、纤维的场所，主要为木材加工车间、木器加工车间、亚麻的梳麻车间、轮毂抛光等金属制品抛光部位、面粉和淀粉加工场所、砂糖加工车间、玉米等饲料加工的磨粉和包装部位、谷物提升塔、硫黄粉碎车间等丙、丁类生产场所，粮食、大豆、煤粉等仓房的装卸区域。可燃粉尘和纤维容易沉积在各类物体的表面，即使设置除尘系统也难以清除干净，总是会在空气中悬浮，并逐渐沉积在不光滑或凸出的物体表面。例如，散热器、电机和电气开关或插座的表面，建筑构件的凹凸处。尽管大部可燃粉尘的自燃点较高（如木粉约为 430℃、淀粉和麦粉为 470℃、棉纤维为 430℃、赛璐珞粉为 130℃），但一定厚度的粉尘如长时间处于受热状态也会逐步炭化起火，部分金属粉尘（如镁粉和铝粉）受热后还会加速分解而自燃。因此，这些场所的供暖要禁止使用电热散热器等具有高温表面的供暖和取暖设备、器具，避免粉尘或纤维积聚在供暖设备和器具上，防止可燃粉尘或纤维因长时间受热起火引发火灾，甚至引发爆炸事故。

（3）电热散热器具有高温表面，电热散热器的连接器可能因接触不良、长时间使用老化等产生高温、火花或电弧。这些高温、火花或电弧均有可能点燃爆炸性气体或蒸气混合物，在储存或产生可燃气体、蒸气的场所内，要尽量避免使用具有高温表面的电取暖设备、器具；当确实需要使用此类电器时，应满足相应的防爆性能要求。电器的具体防爆性能，可以根据现行国家标准《爆炸危险环境电力装置设计规范》GB 50058 的规定划分爆炸危险性区域的类别，并按照不同类别爆炸危险性区域确定电器的防爆性能要求。例如，在爆炸危险区域 1 区应采用增安型的接线盒和接线箱等电器，使电器在正常运行中不产生火花、电弧或危险温度。

9.2.2 下列场所应采用不循环使用的热风供暖：

1 生产过程中散发的可燃气体、蒸气、粉尘或纤维，与供暖管道、散热器表面接触能引起燃烧的场所；

2 生产过程中散发的粉尘受到水、水蒸气的作用能引起自燃、爆炸或产生爆炸性气体的场所。

【条文要点】

本条规定了建筑中应采用不循环使用热风供暖的基本场所，防止不能完全排除的爆炸危险性物质在场所内逐渐积累，避免形成爆炸性隐患。

【实施要点】

（1）本条规定应采用不循环使用热风供暖的场所，均为具有爆炸危险性的生产车间。这些场所大部分为甲、乙类生产场所，也有少数为丙、丁类生产场所，有时是整座厂房，有时是厂房某个楼层或者楼层上部分区域或房间。在生产过程中散发的可燃气体、蒸气、粉尘、纤维等物质与供暖管道、散热器表面长时间接触会发生燃烧，如二硫化碳气体、黄磷蒸气及其粉尘等；生产过程中散发的粉尘受到水、水蒸气的作用能引起自燃和爆炸的场所，常见的有生产和加工钾、钠、钙等物质的场所；生产过程中散发的粉尘受到水、水蒸气的作用能产生爆炸性气体的场所，常见的有使用和生产电石、碳化铝、氢化钾、氢化钠、硼氢化钠等物质的场所。

（2）热风供暖系统是通过风机、风管和风口把热风强制直接送到需供暖区域的一种供暖系统。在供暖系统中，热风是将经燃气、燃油或煤炭等燃烧加热后的空气直接送入供暖场所，送风管道及风口等部件的表面在供暖期间温度高，在使用和停止供暖过程中则可能会结露。在具有爆炸危险的场所内循环使用热风，不仅会逐渐增加空气中可燃物质的浓度，而且其中的一些物质遇到高温、水、水蒸气时还可能引发燃烧或爆炸事故。这种循环使用热风供暖的系统本质上与循环使用室内空气的通风系统可能产生的危险性一样，有时甚至更高，应严格限制使用。

9.2.3 采用燃气红外线辐射供暖的场所，应采取防火和通风换气等安全措施。

【条文要点】

本条规定了采用燃气红外线辐射供暖的场所的基本防火、防爆要求，以预防此类供暖设施因热辐射部件的表面高温、供气管道和燃烧器的燃气泄漏引发火灾或爆炸。

【实施要点】

燃气红外线辐射供暖是采用天然气、液化石油气等燃气燃烧作为热源，通过燃气燃烧加热辐射金属管、金属板或陶瓷板等辐射器件产生特定波长的红外线，利用红外线穿透空气直接加热人体和设备、建筑结构等固体。这种供暖方式与对流式供暖的主要区别在于不直接加热空气。燃气红外线辐射供暖系统具有多种类型，主要由点火装置、燃烧器、辐射器件、控制系统（如熄火保护、燃气泄漏报警系统、燃气紧急切断和事故通风控制系统等）等构成，大多用于汽车和船舶制造等丁、戊类生产车间、体育场馆、飞机库等高大建筑空间的供暖，也可以用于室外露天场所的供暖。对于管式红外线辐射供暖系统，燃气辐射器金属管中的平均温度为180~650℃，对于高强度陶瓷辐射板式红外线辐射体的表面温度可高达900℃以上。

因此，在使用燃气红外线辐射供暖的场所，应采取防止高温表面引燃可燃物的防火措施。例如，根据燃气燃烧管、热辐射金属管、辐射反射板等高温器件的表面温度高低，在安装时使这些部件与可燃物保持足够的安全距离，不直接安装在可燃物体上。为防止燃烧器熄火引发爆炸事故，采取燃烧器点火失败或熄火自动切断气源等安全措施；为防止燃气管道泄露可燃气体，采取相应的燃气泄漏探测报警系统和自动紧急切断燃气供气管道的系统；设置当燃气供气压力超出辐射器额定值时能自动关闭供气管道的装置；在使用场所设置与燃气探测报警系统联动的事故通风换气设施等。

燃气红外线辐射供暖系统的具体防火安全措施，还应符合现行国家标准《燃气工程项目规范》GB 55009 的规定（如有关燃气输配管道、燃气器具等的安全要求），并根据不同类型产品的技术性能及有关行业的技术标准确定。例如，国家标准《燃气工程项目规范》GB 55009—2021 第 6.2.1 条规定，商业燃具或用气设备应设置在通风良好、符合安全使用条件且便于维护操作的场所，并应设置燃气泄漏报警和切断等安全装置。第 6.2.5 条规定，商业燃具应设置熄火保护装置。国家标准《工业建筑供暖通风与空气调节设计规范》GB 50019—2015 第 5.5.11 条规定，燃气红外线辐射供暖系统应在便于操作的位置设置能直接切断供暖系统、燃气供应系统的控制装置。利用通风机提供燃烧所需空气或排除燃烧尾气时，通风机与供暖系统应连锁。第 5.5.1 条和第 5.5.2 条规定，燃气红外线辐射供暖应用于无电气防爆要求的场所，燃烧器设置在室内时应采取通风安全措施，并应符合现行国家标准《城镇燃气设计规范》GB 50028 的相关规定。燃气红外线辐射供暖严禁用于甲、乙类生产厂房和仓库。国家标准《民用建筑供暖通风与空气调节设计规范》GB 50736—2012 第 5.6.9 条规定，燃气红外线辐射供暖系统应在便于操作的位置设置能直接切断供暖系统及燃气供应系统的控制开关。利用通风机供应空气时，通风机与供暖系统应设置连锁开关。

## 9.3 通风和空气调节系统

9.3.1 下列场所应设置通风换气设施：

1 甲、乙类生产场所；

2 甲、乙类物质储存场所；

3 空气中含有燃烧或爆炸危险性粉尘、纤维的丙类生产或储存场所；

4 空气中含有易燃易爆气体或蒸气的其他场所；

5 其他具有甲、乙类火灾危险性的房间。

【条文要点】

本条规定了建筑中应采取通风换气措施的基本场所，采取通风措施排出场所内产生的可燃性气体、蒸气和粉尘等物质，排出场所内的积热、潮气，防止在场所内形成爆炸危险性条件，或者引发物质自燃。通风换气可以采用设置外窗等自然通风换气、机械强制通风换气，或者联合通风的方式，具体方式应根据场所的建筑条件确定。

【实施要点】

（1）本条规定的甲、乙类生产场所，甲、乙类物品储存场所，空气中含有燃烧或爆炸危险性粉尘、纤维的丙类储存场所和部分丙、丁类生产车间，以及民用建筑内存放易燃物质、自燃物质或爆炸危险性物质的房间，有的存在挥发、泄漏可燃气体或者可能产生可燃粉尘、纤维，并且这些物质能与空气混合形成爆炸危险性气氛（如氢气储瓶间、可产生氢气的蓄电池间、燃气或燃油锅炉房、使用燃气或燃油的商用厨房、建筑内的其他燃气用气部位、氨制冷机房、木器加工与抛光车间），有的遇湿会产生可燃气体（如活泼的碱金属存放间），有的积热不散会发生自燃（如含油脂的邮袋库，木屑、散装粮食、白磷和硝化纤维胶片库）。这些场所均需要通过加强平时的通风换气，使之保持良好的通风条件，尽可能控制或降低场所中可燃物内部的湿度、温度，将可燃气体、蒸气、粉尘等物质经处理后排至室外，避免在室内积聚，保证室内的湿度、温度符合物品存放要求，使场所内的可燃气体或蒸气与空气混合物的浓度始终低于爆炸下限的10%，可燃粉尘或纤维与空气混合物的浓度始终低于爆炸下限的25%。

（2）通风换气按照通风方式分为自然通风、机械通风和复合通风；按照通风系统的作用范围分为全面通风和局部通风；按照系统的工作时间和作用分为正常通风和事故通风。不同通风方式或不同类型的通风的具体设置要求、防爆性能和静电导除措施、通风换气量，除应符合本规范第9.1节、第9.3.2条、第9.3.3条的规定外，还需要按照现行国家相关专项技术标准的规定确定，如现行国家标准《建筑设计防火规范》GB 50016、《工业建筑供暖通风与空气调节设计规范》GB 50019、《民用建筑供暖通风与空气调节设计规范》GB 50736、《锅炉房设计标准》GB 50041、《城镇燃气设计规范》GB 50028。

（3）在生产建筑、仓储建筑、民用建筑和其他各类建筑工程中，具有本条规定情形的房间或区域均应设置通风换气设施。

9.3.2　下列通风系统应单独设置：

1　甲、乙类生产场所中不同防火分区的通风系统；

2　甲、乙类物质储存场所中不同防火分区的通风系统；

3　排除的不同有害物质混合后能引起燃烧或爆炸的通风系统；

4 除本条第 1 款、第 2 款规定外，其他建筑中排除有燃烧或爆炸危险性气体、蒸气、粉尘、纤维的通风系统。

【条文要点】

本条规定了应单独设置通风系统的基本场所，防止易燃易爆物质经通风系统进入其他防火分区，预防在排除有害物质过程中因在通风管道内富集、混合而引发燃烧或爆炸事故。

【实施要点】

（1）要求本条规定的场所按照不同防火分区单独设置通风系统，在同一防火分区内不允许排除的物质性质不相容的通风系统共用，在同一建筑内不允许排除具有可燃气体、蒸气、粉尘或纤维等物质的通风系统与排除不含这些物质的通风系统共用，主要目标是：

1）防止在甲、乙类生产车间和甲、乙类物品储存库房中产生的易燃易爆可燃气体、粉尘等物质经通风系统的风口或管道因泄漏进入其他防火分区、房间，避免增大这些防火分区或房间的火灾危险性。

2）防止不同种类和性质不相容的有害物质混合后引起燃烧或爆炸事故，避免引发次生危害。

3）防止在其他非甲、乙类生产场所和非甲、乙类物品储存场所中具有燃烧或爆炸危险性的气体、粉尘等物质经通风系统引入其他房间，防止这些物质在通风系统中积聚引发的火灾或爆炸蔓延至其他防火房间。

（2）本条规定的通风系统主要针对排风系统。排风系统应按照不同防火分区的系统、排除物性不相容的物质的系统、排除不同火灾危险性的区域的系统分别独立设置。

送风系统也要尽量独立设置。送风系统合用时，应符合现行国家相关技术标准的规定。例如，国家标准《建筑设计防火规范》GB 50016—2014（2018 年版）第 9.3.3 条规定，甲、乙、丙类厂房内的送、排风管道宜分层设置。当水平或竖向送风管在进入生产车间处设置防火阀时，各层的水平或竖向送风管可合用一个送风系统。国家标准《工业建筑供暖通风与空气调节设计规范》GB 50019—2015 第 6.9.8 条规定，甲、乙类厂房、仓库及其他有燃烧或爆炸危险的单独房间或区域，送风系统的进风口应与其他房间或区域的进风口分设，进风口和排风口均应设置在室外无火花溅落的安全处。第 6.9.16 条规定，用于甲、乙类厂房、仓库及其他厂房中有爆炸危险区域的送风设备，当送风出口处设置止回阀时，可与其他房间的送风设备布置在同一个送风机房内。

（3）独立设置的通风系统，包括风机和管道系统均应独立设置，不应与其他通风系统共用。

9.3.3 排除有燃烧或爆炸危险性气体、蒸气或粉尘的排风系统应符合下列规定：

1 应采取静电导除等静电防护措施；

2 排风设备不应设置在地下或半地下；

3 排风管道应具有不易积聚静电的性能，所排除的空气应直接通向室外安全地点。

**【条文要点】**

本条规定了用于排除可燃气体、蒸气、粉尘、纤维的通风系统的基本安全要求，防止产生引发爆炸的静电火花，防止含燃烧或爆炸危险性气体、蒸气或粉尘等物质的空气进入建筑内的其他房间或区域，避免排入窝风的地方、人员集散或经常活动的地方、具有火花或明火的地方，避免因与建筑新风进风口的距离近而引发二次危害或发生进风与排风短路。

**【实施要点】**

（1）可燃气体、粉尘等在排风管道内快速流动，或经过除尘器和过滤器时，粉尘之间、气体或粉尘与管壁或容器壁之间会不断发生碰撞、摩擦而产生静电。气流流动速度越快，产生的静电越严重；控制风管内的流速，可以减少静电，但难以消除产生的静电。静电放电火花的能量足以引起可燃气体、蒸气或粉尘等物质发生燃烧或爆炸，静电放电是这类排风系统应予重视和治理的危害之一。

用于排除含燃烧或爆炸危险性气体、蒸气或粉尘的排风系统，在设置时应充分考虑静电的危害性，采取可靠的针对性措施消除静电，减少因静电而引发爆炸的可能性。消除静电的常用措施有：采用金属等具有不易积聚静电性能的排风管道，在管道的连接法兰上设置跨接导线，在排风管道、连接接头处和相关设备上设置静电接地线等。

本条规定用于排除可燃气体、蒸气、粉尘、纤维的排风系统中的风机、风管、连接接头、防火阀、除尘器和过滤器等设备和部件，均要求采取静电接地等静电防护措施。

（2）地下、半地下场所的自然通风条件较差，主要依靠机械通风换气方式使场所内的空气符合安全和正常使用要求。为防止可燃气体、蒸气、粉尘、纤维在这些场所积聚不散，不仅要限制在地下、半地下设置甲、乙类生产场所和甲、乙类物品储存场所，而且要防止排除含爆炸危险性气体和粉尘等物质的排放系统将这些危险性物质引入地下或半地下。因此，不允许将此类排风设备设置在地下和半地下。对于某些正常运行时火灾危险性较低，又必须设置在地下或半地下的设备用房（如燃气、燃油锅炉房），事故通风系统必须设置在地下时，应采取相应的安全措施，如设置在专用机房内，并采用耐火极限不低于 3.00h 的防火隔墙与相邻区域分隔，机房本身应设置机械通风系统或具有良好的自然通风条件，也可设置在自然通风良好的竖井内等。

（3）用于排除空气中含可燃气体、蒸气或粉尘的排风系统，尽管在排出前需要进行一定的净化处理，但排出的空气中仍难免含有一定的可燃性物质。此类通风系统的排风口要布置在远离明火、人员通过或经常停留的室外安全地点，远离建筑的进风口，避开建筑物外的窝风地带。有关设置要求可参见现行国家标准《工业建筑供暖通风与空气调节设计规范》GB 50019 和《民用建筑供暖通风与空气调节设计规范》GB 50736 等标准的规定。有关进风口和排风口的设置要求还可参见本指南第 9.1.2 条的【实施要点】。

（4）本条规定的通风系统包括正常通风系统和事故通风系统。

# 10 电　气

## 10.1 消防电气

10.1.1 建筑高度大于150m的工业与民用建筑的消防用电应符合下列规定：

1 应按特级负荷供电；

2 应急电源的消防供电回路应采用专用线路连接至专用母线段；

3 消防用电设备的供电电源干线应有两个路由。

【条文要点】

本条规定旨在提高建筑高度大于150m的工业与民用建筑中消防用电设备供电的可靠性。

【实施要点】

（1）高层建筑尤其是超高层建筑的火灾风险和火灾蔓延特性与普通建筑有很大区别，不仅火灾和烟气竖向蔓延迅速，而且人员竖向疏散、外部灭火救援困难。为此，2021年10月22日住房和城乡建设部、应急管理部发布了《关于加强超高层建筑规划建设管理的通知》（建科〔2021〕76号），要求各地严格控制新建超高层建筑。该通知要求：城区常住人口300万以下城市严格限制新建150m以上超高层建筑，不得新建250m以上超高层建筑。城区常住人口300万以上城市严格限制新建250m以上超高层建筑，不得新建500m以上超高层建筑。城区常住人口300万以下城市确需新建150m以上超高层建筑的，应报省级住房和城乡建设主管部门审查，并报住房和城乡建设部备案。城区常住人口300万以上城市确需新建250m以上超高层建筑的，省级住房和城乡建设主管部门应结合抗震、消防等专题严格论证审查，并报住房和城乡建设部备案复核。这一通知正是基于当前我国消防救援能力难以很好地满足建筑高度大于150m的工业与民用建筑的消防救援和火灾控制的现实，需要在建筑的建设和使用过程中尽可能提高建筑自身预防火灾措施的有效性，提高防止和控制火灾蔓延、建筑疏散和避难设施、保障灭火救援的设施的有效性和可靠性。

高层建筑防火既要提高建筑内消防设施扑灭、控制初起火灾的性能和可靠性，提高建筑在竖向和水平方向防火分隔的性能和可靠性，确保建筑内的使用人员在火灾时能尽快安全疏散和避难等方面提高建筑自防自救的能力，也要在建筑中设置可靠的设施，以保障专业消防救援人员进入建筑实施救援。在这几方面，均必须保证建筑中消防用电设备供电的可靠性。消防电源和消防供电线路是高层建筑，特别是超高层建筑的关键消防设施之一。

（2）建筑中的“消防用电”包括消防控制室和消防水泵房等消防设备房的备用照明用电，火灾自动报警系统、消防水泵、消防电梯、机械防烟排烟设施、电动排烟窗、应急排烟窗、应急排烟排热窗、需与火灾自动报警系统联动的自动灭火系统或装置、疏散照明、灯光疏散指示标志、电动防火门、电动防火窗、防火卷帘、有关电动阀门等设施、设备在正常和应急情况下的用电。

（3）用电负荷分级主要是从人身安全和经济损失两个方面确定，分为特级、一级、二级和三级。其中，特级负荷是指中断供电将危害人身安全、造成人身重大伤亡，在经济上可能造成特别重大损失，在建筑中具有特别重要作用及重要场所中不允许中断供电的负荷。根据国家标准《建筑电气与智能化通用规范》GB 55024—2022 的规定，特级用电负荷应由 3 个电源供电。这三个电源应由满足一级负荷要求的两个电源和一个应急电源组成；应急电源的容量应满足同时工作最大特级用电负荷的供电要求；应急电源的切换时间应满足特级用电负荷允许最短中断供电时间的要求；应急电源的供电时间应满足特级用电负荷最长持续运行时间的要求。此外，根据 GB 55024—2022 第 3.1.6 条的规定，建筑高度 150m 及以上的建筑应设置自备柴油发电机组。

（4）应急电源是指用作应急供电系统组成部分的电源，是建筑发生火灾后担负向建筑中的消防用电设备供电的独立电源。因此，应急电源供电回路应自成系统，应采用专用线路连接至专用母线段，不允许将其他非消防用电负荷接入应急供电回路，但不是严格到每个消防用电设备对应一路单独的消防供配电回路。采用专用母线段能够有效避免非消防负荷故障或合用母线段短路等故障的影响，是保证供电可靠性的重要措施。

消防供电回路是指从低压总配电室或分配电室至消防用电设备或消防设备室（如消防水泵房、消防控制室、消防电梯机房、风机房等）最末级配电箱的配电线路。对于按特级负荷供电的建筑，应急电源的供电回路应由一段或两段消防配电干线与自备应急电源的一个或两个低压回路切换，再由两段消防配电干线各引一路在最末一级配电箱自动转换供电。

（5）消防用电设备的供电采用双路由供电方式可以有效提高供电的可靠性，当一个供电路由发生故障时，可通过另一个路由保障正常供电。通常，不同供电路由的供配电干线应设置在不同的竖井内并相互连成环状，防止两个供电路由同时被破坏。按特级负荷供电的消防用电设备供电电源干线应设置两个路由，采用其他等级负荷供电时，可以根据建筑的实际需要确定是否设置两个路由。

10.1.2　除筒仓、散装粮食仓库及工作塔外，下列建筑的消防用电负荷等级不应低于一级：

1　建筑高度大于50m的乙、丙类厂房；

2　建筑高度大于50m的丙类仓库；

3　一类高层民用建筑；

4　二层式、二层半式和多层式民用机场航站楼；

5　Ⅰ类汽车库；

6　建筑面积大于5 000m$^2$且平时使用的人民防空工程；

7　地铁工程；

8　一、二类城市交通隧道。

**【条文要点】**

本条根据建筑火灾的扑救难度、建筑的使用功能及其重要性、火灾后果的严重程度、消防设施的用电需求等情况，规定了建筑中消防用电设备应按照不低于一级负荷供电的基本范围，以保证这些建筑消防用电的可靠性。

【实施要点】

（1）本条规定的建筑不包括本规范第 10.1.1 条规定的工业与民用建筑；除本规范第 10.1.1 条和本条规定的建筑外，当其他建筑中的消防用电设备需要按照一级负荷供电时，供电电源和供配电线路均应符合一级负荷供电的要求。

本条规定的厂房、仓库和民用建筑与建筑高度和规模等有关，与其消防用电负荷容量大小无关，但往往这些建筑的消防用水量较大，火灾延续时间、灭火救援和人员疏散需要的时间均较长。有关建筑的分类，可参见现行国家标准《建筑设计防火规范》GB 50016、《汽车库、修车库、停车场设计防火规范》GB 50067 等技术标准的规定。

（2）一级负荷是指中断供电将造成人身伤害，在经济上可能造成重大损失、影响重要用电机构的正常工作，或可能造成人员密集的公共场所秩序严重混乱的负荷。根据国家标准《建筑电气与智能化通用规范》GB 55024—2022 规定，一级用电负荷应由两个电源供电。这两个电源可以是从城市电网引接的双重电源，也可以是一个城市电网电源和一个自备电源。当一个电源发生故障时，另一个电源不应同时受到损坏；每个电源的容量应满足全部一级、特级用电负荷的供电要求。根据国家标准《供配电系统设计规范》GB 50052—2009 的规定，建筑的电源分正常电源和备用电源两种。正常电源一般直接取自城市低压输电网，电压等级为 380V/220V。当城市有两路高压（10kV 级及以上）供电时，其中一路可作为备用电源；当城市只有一路供电时，需采用自备发电设备、蓄电池组等作为备用电源。一级负荷供电应由两路电源供电。

结合我国的经济和技术条件、不同地区的供电状况、建筑消防用电设备的用电情况，具备下列条件之一的供电可以视为一级负荷供电电源：

1）电源来自两个不同发电厂。

2）电源来自两个区域变电站（电压一般在 35kV 及以上）。

3）电源来自一个区域变电站，另一个设置自备发电设备。

10.1.3　下列建筑的消防用电负荷等级不应低于二级：

1　室外消防用水量大于 30L/s 的厂房；

2　室外消防用水量大于 30L/s 的仓库；

3　座位数大于 1 500 个的电影院或剧场，座位数大于 3 000 个的体育馆；

4　任一层建筑面积大于 3 000$m^2$ 的商店和展览建筑；

5　省（市）级及以上的广播电视、电信和财贸金融建筑；

6　总建筑面积大于 3 000$m^2$ 的地下、半地下商业设施；

7　民用机场航站楼；

8　Ⅱ、Ⅲ类汽车库和Ⅰ类修车库；

9　本条上述规定外的其他二类高层民用建筑；

10　本条上述规定外的室外消防用水量大于 25L/s 的其他公共建筑；

11　水利工程，水电工程；

12　三类城市交通隧道。

【条文要点】

本条规定了除本规范第 10.1.1 条、第 10.1.2 条规定的建筑外，其他建筑中消防用电设备应按照不低于二级负荷供电的基本范围。

【实施要点】

（1）二级负荷是指中断供电将在经济上造成较大损失，将影响较重要用电单位的正常工作或造成公共场所秩序混乱的负荷。对于二级负荷的供电系统，外部电源进线要尽可能采用两回线路供电，即从一个城市区域变电站引出的两个独立的中压配电回路，配电变压器也宜采用独立的两台变压器，即两台变压器不宜在同一变电站。当建筑的消防供电负荷较小或地区供电条件困难时，二级负荷可以采用一回路 35kV、20kV、10kV 或 6kV 专用的架空线路或电缆供电。当采用架空线路时，可以为一回路架空线路供电；当采用电缆线路从建筑外的城市降压站或配电站引出时，应采用两回路电缆组成的线路供电，每回路电缆应能满足100% 的负荷供电要求，且互为热备用。

（2）室外消防用水量大于 30L/s 的厂房和仓库、室外消防用水量大于 25L/s 的公共建筑，可以根据现行国家标准《消防给水及消火栓系统技术标准》GB 50974 的规定确定。例如，《消防给水及消火栓系统技术标准》GB 50974—2014 第 3.3.2 条规定，这些厂房和仓库包括一、二级耐火等级且建筑体积大于 20 000$m^3$ 的甲、乙、丙类厂房，一、二级耐火等级且建筑体积大于 20 000$m^3$ 的丙类仓库，三级耐火等级且建筑体积大于 3 000$m^3$ 的乙、丙类厂房，三级耐火等级且建筑体积大于 3 000$m^3$ 的乙、丙类仓库，三级耐火等级且建筑体积大于 20 000$m^3$ 的单层和多层民用建筑等。

（3）本条第 6 款规定的地下、半地下商业设施的总建筑面积，应按照地下各层商业营业厅及其附属用房的面积之和计算，可以不计入在各层采用防火墙分隔后的汽车库的建筑面积、其他非商业设施功能区域的建筑面积、不专门服务于商业设施的设备用房的建筑面积。

本条第 7 款规定的民用机场航站楼，不包括本规范第 11.1.2 条规定的二层式、二层半式和多层式民用机场航站楼。

本条第 11 款规定的“水利工程”主要为各类水力发电工程、航运及城市供水、排水工程；“水电工程”主要为用于挡水、泄水、进水、调压、通航的水电工程建（构）筑物和水电站枢纽，包括挡水建筑物、泄水建筑物、进水建筑物、引水建筑物、平水建筑物以及安装发电设备和辅助设备的主（副）厂房、主变压器场、开关站等。

10.1.4 建筑内消防应急照明和灯光疏散指示标志的备用电源的连续供电时间应满足人员安全疏散的要求，且不应小于表 10.1.4 的规定值。

表 10.1.4　建筑内消防应急照明和灯光疏散指示标志的备用电源的连续供电时间

| 建筑类别 | | 连续供电时间 /h |
|---|---|---|
| 建筑高度大于 100m 的民用建筑 | | 1.5 |
| 建筑高度不大于 100m 的医疗建筑，老年人照料设施，总建筑面积大于 100 000$m^2$ 的其他公共建筑 | | 1.0 |
| 水利工程，水电工程，总建筑面积大于 20 000$m^2$ 的地下或半地下建筑 | | 1.0 |
| 城市轨道交通工程 | 区间和地下车站 | 1.0 |
| | 地上车站、车辆基地 | 0.5 |
| 城市交通隧道 | 一、二类 | 1.5 |
| | 三类 | 1.0 |
| 城市综合管廊工程，平时使用的人民防空工程，除上述规定外的其他建筑 | | 0.5 |

【条文要点】

本条规定了各类建筑内消防应急照明和灯光疏散指示标志的备用电源应保证的最短连续供电时间，以便确定备用消防电源的容量、供配电线路选型，确保建筑中使用人员疏散和避难的安全，方便消防救援行动。

【实施要点】

（1）本规范规定的“消防应急照明”是为人员疏散和发生火灾时仍需工作的场所提供的照明，包括火灾时的疏散照明和备用照明。不同规模和建筑高度的建筑，人员疏散所需时间不同，救援难度和火灾延续时间也不同，消防应急照明和灯光疏散指示标志的备用消防电源连续供电时间均要根据建筑中使用人员的疏散和救援的难易程度确定。建筑高度越高、单层平面建筑面积越大，备用消防电源的延续供电时间应越长。对于建筑高度大于

100m 的民用建筑，一、二类长大城市交通隧道，地下城市轨道交通工程的区间隧道，大型地下民用建筑，大型的医疗建筑和老年人照料设施，人员疏散的时间都较长，消防救援难度巨大，需要根据建筑的具体情况按照本条规定适当增加备用消防电源的容量，保证建筑具有更长的连续供电时间。根据国内外对超高层建筑的模拟疏散测试结果，疏散时间长者达 2.0h，甚至更长。2004 年在我国台湾地区台北 101 大厦正式投入使用前，曾进行了疏散测试。结果表明，当仅使用疏散楼梯时，总疏散时间需要 2.5h；根据当地消防部门指导采用疏散楼梯和在高区采用电梯混合疏散后，总疏散时间减短到 1.0h[①]。1980 年 11 月 21 日发生在美国内华达州克拉克县美高梅酒店的火灾，火灾事后美高梅酒店管理方、克拉克县消防局和 NFPA 对美高梅酒店的调查表明，发生火灾时人员在楼内避难等待救援的时间最长达 3.5h，参见表 10–1。

**表 10–1　美高梅酒店火灾时人员在不同楼层的聚集的数量和停留时间**[②]

| 楼层 | 时间 /h | 人数 |
| --- | --- | --- |
| 7 | 0.6 | 3 |
| 8 | 1.5~1.75 | 14 |
| 9 | 2.5 | 5 |
| 10 | 1.2 | 53 |
| 11 | 1.5~2 | 30 |
| 12 | 2~3 | 53 |
| 14 | 1.5~2 | 8 |
| 15 | 2~3 | 38 |
| 16 | 2~3.5 | 35 |

① 引自美国 SFPE 和 ICC 的 *Fire Safety for very Tall Buildings Engineering Guide*（第二版，http: //www.springer.com/series/16784）。

② 引自美国消防工程师学会的 *SFPE Handbook of Fire Protection Engineering*（第三版）。

**续表 10–1**

| 楼层 | 时间 /h | 人数 |
|---|---|---|
| 17 | 2~2.5 | 84 |
| 18 | 2~3 | 20 |
| 19 | 2~3.5 | 13 |
| 20 | 2~3 | 13 |
| 22 | 2.5~3.5 | 25 |
| 23 | 2.5~3.25 | 20 |
| 24 | 3.5 | 4 |
| 25 | 3.5 | 不确定 |

此外，消防应急照明还应考虑灭火救援的需要，如灯光疏散指示标志、疏散照明、消防控制室和消防水泵房等用房的照明。

（2）消防应急照明和灯光疏散指示标志的备用电源连续供电时间，主要是保证人员疏散和避难的时间，与设计火灾延续时间不是同一个时间，但有些场所的消防应急照明连续供电时间不应小于相应建筑的设计火灾延续时间，如消防控制室和消防水泵房等用房的备用照明时间。

（3）消防应急照明和灯光疏散指示标志的备用电源，可以采用集中供电方式，或者分散供电等其他供电方式。具体供电方式应根据建筑的规模、消防用电量、保障供电的可靠性等因素确定，确保备用电源在主电源断电后能立即自动投入，功率能满足所有消防应急照明和灯光疏散指示标志在设计供电时间内连续供电的要求。

10.1.5　建筑内的消防用电设备应采用专用的供电回路，当其中的生产、生活用电被切断时，应仍能保证消防用电设备的用电需要。除三级消防用电负荷外，消防用电设备的备用消防电源的供电时间和容量，应能满足该建筑火灾延续时间内消防用电设备的持续用电要求。不同建筑的设计火灾延续时间不应小于表 10.1.5 的规定。

表 10.1.5 不同建筑的设计火灾延续时间

| 建筑类别 | 具体类型 | 设计火灾延续时间 /h |
|---|---|---|
| 仓库 | 甲、乙、丙类仓库 | 3.0 |
| | 丁、戊类仓库 | 2.0 |
| 厂房 | 甲、乙、丙类厂房 | 3.0 |
| | 丁、戊类厂房 | 2.0 |
| 公共建筑 | 一类高层建筑、建筑体积大于 100 000$m^3$ 的公共建筑 | 3.0 |
| | 其他公共建筑 | 2.0 |
| 住宅建筑 | 一类高层住宅建筑 | 2.0 |
| | 其他住宅建筑 | 1.0 |
| 平时使用的人民防空工程 | 总建筑面积不大于 3 000$m^2$ | 1.0 |
| | 总建筑面积大于 3 000$m^2$ | 2.0 |
| 城市交通隧道 | 一、二类 | 3.0 |
| | 三类 | 2.0 |
| 城市轨道交通工程 | — | 2.0 |

【条文要点】

除消防用电设备是按照三级负荷供电的建筑外，建筑中的消防用电负荷是在建筑发生火灾，正常供电电源中断后仍需要保证供电的特殊用电负荷。本条规定了消防供电的基本性能要求，以保证火灾延续时间内消防用电设备的持续用电要求。

【实施要点】

（1）在建筑发生火灾时，建筑中的消防用电设备应能够及时启动、运行和正常发挥作用。消防供电回路的可靠性和备用消防电源的容量及其可靠性，是保证实现上述功能的关键。为此，消防供电回路应采用专用的供电回路，与建筑中的非消防供电回路各自独立，并采取防止消防供电回路被误切断的措施（如将非消防配电装置与消防配电装置分开设置在不同房间或位置），确保在切断生产、生活用电时能保证消防供电需要。同时，消防电源要尽可能直接取自建筑内配电室的母线或低压电缆进线，且采用合理的低压配电系统主接线方案，以保证当切断生产、生活电源时，消防电源不受影响。

对于建筑的低压配电系统主接线方案，目前在国内建筑电气工程中有不分组和分组两种方案。对于不分组方案，常见消防负荷采用专用母线段，但消防负荷与非消防负荷共用同一进线断路器，或消防负荷与非消防负荷共用同一进线断路器和同一低压母线段。这种方案主接线简单、造价较低，但消防负荷受非消防负荷故障的影响较大。对于分组方案，消防供电电源是从建筑的变电站低压侧封闭母线处将消防电源分出，形成各自独立的系统。这种方案主接线相对复杂、造价较高，但消防负荷受非消防负荷故障的影响较小。在建筑建造过程中，可以根据实际情况和安全性要求确定相应的方案。

（2）备用消防电源是指当正常电源断电时，用于维持消防用电设备正常运行的电源。根据国家标准《供配电系统设计规范》GB 50052—2009 的规定，备用电源可以利用供电网络中独立于正常电源的专用馈电线路、独立于正常电源的发电机组、蓄电池组等。当备用电源采用柴油发电机供电且对电源切换时间有不间断要求时，可采用不间断电源装置确保柴油发电机启动投入正常运行前的电力供应。

备用消防电源的供电容量应满足在建筑火灾延续时间内不同消防用电设备的用电量。不同消防设备所需连续供电时间不同，有的也不是需要同时动作。因此，该供电容量主要是火灾时在火灾延续时间内需要同时动作的消防设备所需用电量。

备用消防电源的供电时间要按照建筑内各消防用电设备设计持续运行时间最长者确定，且不应小于建筑的设计火灾延续时间。在实际建筑中，备用消防电源的供电时间，还需要根据特定建筑的类型和国家现行相关技术标准规定的设计火灾延续时间确定，且不应小于本条规定的设计火灾延续时间。

（3）火灾延续时间是建筑发生火灾后可能持续的时间。设计火灾延续时间是一个综合火灾统计、社会经济发展水平、消防救援力量等主要因素确定的，用于确定建筑消防用水量、备用消防电源容量和连续供电时间的时间。因此，该时间与建筑中的火灾荷载大小、火灾类型、建筑的高度或规模、建筑空间形态、室内通风情况、火灾扑救难易程度等因素有关。例如，在甲、乙、丙类厂房和仓库内大多存在易燃易爆物品或大量可燃物品，火灾荷载巨大，火灾燃烧时间一般均较长，这些建筑的设计火灾延续时间就较长。

10.1.6 除按照三级负荷供电的消防用电设备外，消防控制室、消防水泵房的消防用电设备及消防电梯等的供电，应在其配电线路的最末一级配电箱内设置自动切换装置。防烟和排烟风机房的消防用电设备的供电，应在其配电线路的最末一级配电箱内或所在防火分区的配电箱内设置自动切换装置。防火卷帘、电动排烟窗、消防潜污泵、消防应急照明和疏散指示标志等的供电，应在所在防火分区的配电箱内设置自动切换装置。

【条文要点】

本条规定了建筑中设置备用电源的消防用电设备配电的基本要求，以保证消防用电的可靠性。

【实施要点】

（1）三级负荷供电一般为来自终端变电站的单电源单回路供电。按照三级负荷供电的消防用电设备电源由正常市政电源保证，可以不设置备用电源，无主备用电源的切换互投要求。

（2）消防控制室、消防水泵房、加压送风机房、补风机房、排烟风机房的备用照明和消防用电设备的供电，消防电梯、防火卷帘、疏散照明、灯光疏散指示标志及其他消防用电设备的供电，应在消防设备或消防设备室配电线路的最末一级配电箱处设置自动切换装置，以提高这些消防用电设备供电的可靠性。有的消防用电设备的最末一级配电箱就是这些消防设备所在防火分区的消防配电箱，有的用电量大的消防设备，其最末一级配电箱是消防用电设备或直接设置在消防设备室内的独立配电箱，参见图 10-1。

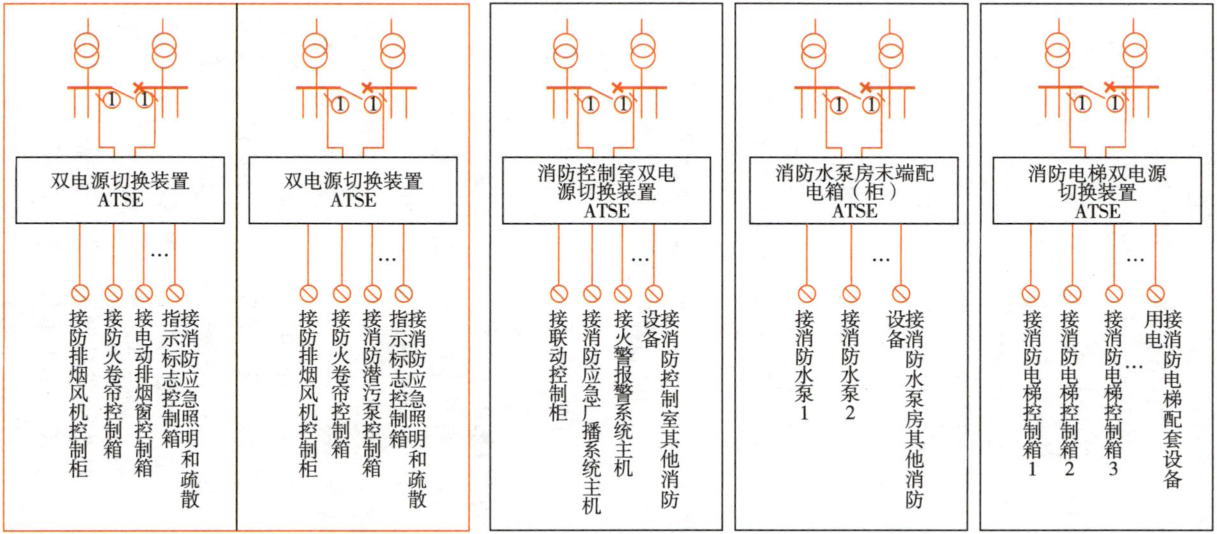


（a）防火分区一　（b）防火分区二　（c）消防控制室　（d）消防水泵房　（e）消防电梯

**图 10-1　消防供配电线路的最末一级配电箱示意图**

注：本图为实际做法之一，仅供参考。

（3）在防火分区的配电箱内设置双电源切换箱供电，能更好地保证向防火卷帘、电动排烟窗、消防潜污泵、消防应急照明和灯光疏散指示标志等设备供电的可靠性，减少双电源切换开关环节，降低电气元件故障风险。各防火分区内的消防用电设备可以分别由双电源切换箱放射式、树干式供电。放射式配电是每一个用电负荷均从电源引出单独的供电回路，每个供电回路对应一个用电负荷，呈放射状布线。一旦引出线发生故障，不会影响其余出线供配电的可靠性，便于管理，但线路和高压开关柜数量多。树干式配电是直线供电，多个负荷由一条干线供电，开关设备数量少，但一旦供电干线发生故障，影响范围大，供电可靠性较低。

10.1.7　消防配电线路的设计和敷设，应满足在建筑的设计火灾延续时间内为消防用电设备连续供电的需要。

【条文要点】

在建筑发生火灾时，保证消防电源能够及时持续不间断地向消防用电设备供电，是消防供配电线路设计、敷设、验收和维护的关键性能要求。本条规定是对消防配电线路选型和敷设，确保消防配电线路在火灾情况下具有正常工作性能的基本要求。

【实施要点】

消防配电线路包括配电干线和配电支线。消防配电干线主要指从配电室或总配电箱至各防火分区分配电箱的输电线路，消防配电支线主要指从分配电箱至最末一级配电箱或消防用电设备的输电线路。消防配电线路的选型是否合理、线缆的耐火和防火性能高低、线路敷设是否安全，直接关系到消防用电设备在建筑发生火灾时能否正常运行。不同建筑、建筑中的不同部位和场所，应根据本条规定的性能要求、消防配电线路敷设的环境条件和可能受到的火灾作用，选择合适燃烧性能、阻燃性能和耐火性能的电线电缆，确定合适的敷设方式，并根据不同敷设方式采取符合防火要求的保护措施，以保证供配电线路在设计火灾延续时间内能够持续供电。设计火灾延续时间应根据本规范及国家相关技术标准的规定确定，且不应小于本规范第 10.1.6 条的规定。

消防配电线路敷设的防火要求应符合本规范第 10.2.3 条的规

定，消防配电线路的布线应符合现行国家标准《建筑电气与智能化通用规范》GB 55024 的规定，消防配电线路的选型和敷设方式、其他布线和敷设的防火要求可以按照国家相关标准的规定确定。例如，国家标准《建筑设计防火规范》GB 50016—2014（2018 年版）第 10.1.7 条规定，消防配电干线宜按防火分区划分，消防配电支线不宜穿越防火分区。第 10.1.10 条规定，穿金属导管、采用封闭式金属槽盒保护明敷的消防配电线路，需要在金属导管、封闭式金属槽盒外采用防火涂料、不燃绝热材料、防火板包覆等方式进行保护；燃烧性能不低于 $B_2$ 级的消防配电线路敷设在电缆井、沟内时，可以直接明敷；对于矿物绝缘类不燃性等燃烧性能为 A 级的耐火电缆，可以直接明敷，不需要采用金属导管或封闭式金属槽盒保护；暗埋在土建结构内的消防配电线路，应穿金属管或塑料管，管道表面的结构层等不燃性保护层厚度不应小于 30mm；消防配电线路宜与其他配电线路分开敷设在不同的电缆井（沟）内；确有困难需敷设在同一电缆井（沟）内时，应分别布置在电缆井（沟）的两侧，且消防配电线路应采用矿物绝缘类不燃性电缆。国家标准《民用建筑电气设计标准》GB 51348—2019 第 8.11.8 条规定，非消防负荷与消防负荷的配电线路共井敷设时，应提高消防负荷配电线路的耐火等级或非消防负荷的配电线路阻燃等级。

10.1.8　除筒仓、散装粮食仓库和火灾发展缓慢的场所外，下列建筑应设置灯光疏散指示标志，疏散指示标志及其设置间距、照度应保证疏散路线指示明确、方向指示正确清晰、视觉连续：

1　甲、乙、丙类厂房，高层丁、戊类厂房；

2　丙类仓库，高层仓库；

3　公共建筑；

4　建筑高度大于 27m 的住宅建筑；

5　除室内无车道且无人员停留的汽车库外的其他汽车库和修车库；

6　平时使用的人民防空工程；

7　地铁工程中的车站、换乘通道或连接通道、车辆基地、地下区间内的纵向疏散平台；

8　城市交通隧道，城市综合管廊；

9　城市的地下人行通道；

10　其他地下或半地下建筑。

【条文要点】

本条规定了建筑应设置灯光疏散指示标志的基本范围、疏散指示标志设置的功能和性能要求，以保证在发生火灾情况下为建筑中的人员安全疏散提供良好的引导。对于本条规定外的其他建筑，可以根据其中使用人员的情况和火灾危险性设置疏散指示标志，具体设置要求应按照相关技术标准的规定确定。例如，汽车制造的装配车间等建筑面积较大的单、多层丁类生产车间，尽管整体火灾危险性较小，但空间大、内部生产线和通道复杂，且存在部分高火灾危险性的区域，仍需在疏散出口和疏散通道上设置必要的灯光疏散指示标志及疏散线路诱导标志。

【实施要点】

（1）疏散指示标志是用于指示疏散方向和（或）位置、引导人员疏散的标志，一般由疏散方向标志、疏散出口（房间疏散门和安全出口）标志，或两者组合的标志，以及楼层指示标志组成。疏散指示标志对于引导人员在建筑发生火灾后快速、安全疏散具有积极作用，能够较好地帮助人员发现最近的疏散路线和疏散出口。原则上，任何有人进行生产、生活活动的场所和相应建筑内的疏散出口、疏散通道、疏散走道、疏散楼梯等设施，均应在便于人员识别的位置设置疏散指示标志。

（2）灯光疏散指示标志有灯光出口指示标志和灯光方向指示标志两种。灯光出口指示标志设置在房间疏散门、疏散楼梯间及其前室等出入口及其他安全出口的上方，灯光方向指示标志设置在疏散通道、疏散走道、疏散楼梯间的地面上，或者这些区域的墙面、柱体上距离楼地面 1.0m 高度以下的位置。

本条规定的是应设置灯光疏散指示标志的建筑。在建筑中的哪些部位以及如何设置（如标志的设置间距、设置高度、标志的大小和文字内容及其标示），需要根据灯光疏散指示标志的设置功能目标要求和本条规定的性能要求，以及现行国家标准《建筑设计防火规范》GB 50016、《地铁设计防火标准》GB 51298 等技术标准的规定确定，并确保灯光疏散指示标志的设置位置醒目，便于人员发现和识别，不易被火灾烟气或建筑内的结构、构件、装修装饰等遮挡，使疏散人员根据标志能够清楚地辨认疏散方向、出口位置、所处楼层位置，快速决定需要采取的行动。

例如，国家标准《建筑设计防火规范》GB 50016—2014（2018 年版）第 10.3.5 条规定，在公共建筑，建筑高度大于 54m 的住宅建筑，高层厂房、高层库房，甲、乙、丙类单、多层厂房中，灯光出口指示标志应设置在安全出口和人员密集的场所的疏散门的正上方，灯光方向指示标志应设置在疏散走道及其转角处距离地面高度 1.0m 以下的墙面或地面上。灯光疏散指示标志的间距不应大于 20m；对于袋形走道，不应大于 10m；在走道转角区，不应大于 1.0m。国家标准《地铁设计防火标准》GB 51298—2018 第 5.6.1 条 ~ 第 5.6.4 条规定，地铁车站的站台和站厅公共区、人行楼梯及其转角处、自动扶梯、疏散通道及其转角处、防烟楼梯间、消防专用通道、安全出口、避难走道、设备管理区内的走道和变电所的疏散通道等，均应设置电光源型疏散指示标志。站台和站厅公共区内的疏散指示标志应设置在柱面或墙面上，标志的上边缘距地面不应大于 1m、间距不应大于 20m 且不应大于两跨柱间距；在这些标志相对应位置的吊顶下宜增设疏散指示标志，其下边缘距地面不应小于 2.2m，上边缘距吊顶面不应小于 0.5m。安全出口和疏散通道出口处的疏散指示标志应设置在门洞边缘或门洞的上部，标志的上边缘距吊顶面不应小于 0.5m，下边缘距地面不应小于 2m。疏散通道两侧及转角处的疏散指示标志应设置在墙面上，标志的上边缘距地面不应大于 1m、间距不应大于 10m，通道转角处的标志间距不应大于 1m；在这些标志相对应位置的吊顶下宜增设疏散指示标志，其下边缘距地面不应小于 2.2m。设备管理区疏散走道内的疏散指示标志间距不应大于 10m。

又如，对于住宅建筑，灯光疏散指示标志主要设置在公共走道、疏散楼梯间和疏散出口，以及屋顶连通相邻单元的疏散路径和进出单元疏散楼梯间的门口上。

（3）有关疏散指示标志的性能要求，应符合现行国家标准《消防安全标志　第1部分：标志》GB 13495.1 的规定；有关疏散指示标志灯具的性能和具体设置要求，还可参见现行国家标准《消防应急照明及疏散指示系统技术标准》GB 51309 的规定。

10.1.9　除筒仓、散装粮食仓库和火灾发展缓慢的场所外，厂房、丙类仓库、民用建筑、平时使用的人民防空工程等建筑中的下列部位应设置疏散照明：

1　安全出口、疏散楼梯（间）、疏散楼梯间的前室或合用前室、避难走道及其前室、避难层、避难间、消防专用通道、兼作人员疏散的天桥和连廊；

2　观众厅、展览厅、多功能厅及其疏散口；

3　建筑面积大于 $200m^2$ 的营业厅、餐厅、演播室、售票厅、候车（机、船）厅等人员密集的场所及其疏散口；

4　建筑面积大于 $100m^2$ 的地下或半地下公共活动场所；

5　地铁工程中的车站公共区，自动扶梯、自动人行道，楼梯，连接通道或换乘通道，车辆基地，地下区间内的纵向疏散平台；

6　城市交通隧道两侧，人行横通道或人行疏散通道；

7　城市综合管廊的人行道及人员出入口；

8　城市地下人行通道。

【条文要点】

疏散照明是保证人员安全疏散，提高人员疏散速度的重要措施之一。本条规定了建筑应设置疏散照明的基本范围，以保证引导火场中人员快速逃生，是建筑有关疏散照明的功能要求。

【实施要点】

根据国家标准《建筑照明设计标准》GB 50034—2013 的规定，疏散照明是用于确保安全出口和疏散通道能被有效地辨认和使用，使人们安全撤离建筑物的照明，是在正常照明的电源失效后而启用的照明。

本条规定应设置疏散照明的部位，是建筑内人员在疏散时必须经过的主要路径和节点，如疏散出口、疏散走道和疏散通道等；应设置疏散照明的场所主要是人员密集的场所和经常有人员活动的公共场所，这些场所是建筑内同一时间可能聚集的人数较多、人员疏散时易出现混乱和拥堵等情况的区域或房间。

建筑的室内疏散楼梯均要求采用疏散楼梯间的形式，因此本条规定的疏散楼梯主要为室外疏散楼梯和室内应急疏散竖梯。在避难层，主要为从疏散楼梯间、消防电梯前室、用于疏散的电梯间通向避难区的走道及避难区。观众厅、展览厅、多功能厅、营业厅、餐厅、演播室、售票厅、候车（机、船）厅的疏散口，包括这些区域或房间的安全出口、通向疏散走道的疏散门。在车辆基地，主要为停车库、列检库、停车列检库、运用库和联合检修库中的疏散口，室内外用于人员疏散的封闭、半封闭式通道，通行消防车的通道。

10.1.10 建筑内疏散照明的地面最低水平照度应符合下列规定：

1 疏散楼梯间、疏散楼梯间的前室或合用前室、避难走道及其前室、避难层、避难间、消防专用通道，不应低于 10.0 lx；

2 疏散走道、人员密集的场所，不应低于 3.0 lx；

3 本条上述规定场所外的其他场所，不应低于 1.0 lx。

**【条文要点】**

疏散照明的照度值高低，对人员疏散所需时间和疏散的安全性有较大影响。本条根据建筑中不同部位或场所的重要性、人员密度等因素分三个层次规定了建筑内相关疏散照明的最低照度值要求，在实际建筑中还需根据疏散设施的设置情况、不同部位的疏散人数，以提高人员的疏散速度、缩短疏散时间为目标适当增大。

**【实施要点】**

（1）根据现行国家标准《建筑照明设计标准》GB 50034、《建筑照明术语标准》JGJ/T 119 和《照度设计手册》(第三版)[①] 有关照度的定义，照度是入射在包含该点的面元上的光通量与该面元面积之商，可采用公式（10–1）计算：

$$E = \mathrm{d}\phi / \mathrm{d}A \qquad (10\text{–}1)$$

式中：$E$——照度 /lx；

$\phi$——光通量 /lm；

$A$——面积 /$m^2$。

1 lx 相当于 1 lm 的光通量均匀分布在 1$m^2$ 的表面上所产生的光照度。

照度与被照面相对应，大致可以分为平面照度和非平面照度。在建筑中多采用工作面或作业面上的平面照度。平面照度可以分为水平面照度、垂直面照度和任意面上的照度。如果照度用矢量大小表示，其方向始终垂直于被照面。其中，水平面照度是水平面上任一点的照度，是光源在水平面上某点法线方向的照度。不同标准对照度的要求不同，国家标准《建筑照明设计标准》GB 50034—2013 对于疏散照明，采用“地面平均水平照度值”的规定。我国消防技术标准均采用“地面平均水平照度值”，例如，现行国家标准《建筑设计防火规范》GB 50016、《消防应急照明和疏散指示系统技术标准》GB 51309。国外相关标准采用“宽度为 2m 的疏散通道，沿通道中心线的地面水平照度值”规定，例如，国际照明委员会标准 CIE S 020/E：2007 *Emergency lighting*、欧洲标准 EN 1838：2013 *Lighting applications—emergency lighting*、英国标准 BS 5266—1：2016 *Emergency lighting—Part 1: code of practice for the emergency lighting of premises* 中都规定疏散照明包含疏散路径照明、开敞区域照明和高风险作业区照明。美国消防协会标准 NFPA 101 *Life safety code* 采用“疏散路径地面上的照度平均值”的规定。

消防疏散照明强调能够使疏散人员有效识别并安全使用整个

① 北京照明学会照明设计专业委员会，照明设计手册：第 3 版［M］. 北京：中国电力出版社，2016.

疏散逃生通道，并且明显识别通道上的障碍物。要使人员在运动过程中能够看清道路，需要满足一定的均匀度要求，不能存在太多的暗影区。不同灯具的最低照度值和平均照度值存在的差别不同，如果只规定平均照度而不限制最低照度，有可能导致一些疏散路径上的“最不利光照点”照度偏低，无法满足人员安全疏散要求。为此，本规范采用“地面最低水平照度值”的规定，并与我国现行相关消防技术标准标准保持一致。

（2）疏散楼梯间、防烟楼梯间的前室或合用前室、避难走道及其前室、避难层、避难间作为建筑中的室内疏散安全区域，在建筑发生火灾后会在短时间内聚集大量人员，人员密度高，使人员的行走速度受到影响，需要具有较高的疏散照明照度，以改善疏散条件，防止人员因拥挤导致挤压、踩踏事故，尽可能提高疏散行走速度和疏散的安全性，缩短在这些区域内的人员疏散时间。本条规定这些区域的地面最低水平照度值不应低于 10.0 lx。消防专用通道是供消防救援人员使用的专门通道，有的为楼梯间，有的为走道式通道，这两个部位的疏散照明均应按照地面最低水平照度值不低于 10.0 lx 设置。

疏散走道主要为建筑中连接房间疏散门至安全出口的通道，是在建筑中人员疏散的重要过渡区，包括兼作人员疏散的天桥和连廊，地铁工程中的疏散用自动扶梯、自动人行道、连接通道或换乘通道、车站出入口通道，地铁工程中地下区间内的纵向疏散平台、联络通道，城市交通隧道两侧的人员疏散走道、人行横通道、人行疏散通道。人员密集的场所主要是在建筑内同一时间聚集人数较多的房间或区域，包括会议室、营业厅、展览厅、放映厅、观众厅、多功能厅、餐厅、演播室、售票厅、候车（机、船）厅、地铁工程中的车站公共区、部分电子产品组装车间、服装加工车间等，在建筑发生火灾时，人员的疏散过程往往需要汇流至疏散通道内。因此，无论是疏散走道，还是人员密集的场所，都是短时间可能汇聚高密度人群的区域。此时，疏散照明的照度对于人员寻找疏散出口和疏散路线、紧急避险和有序疏散、避免拥挤、缓解紧张情绪都发挥着重要的作用，疏散照明的照度值越高，效果越明显。

除上述场所和部位外，按照本规范第 10.1.9 条规定需要设置疏散照明的其他场所和部位，疏散照明的地面最低水平照度值均不应低于 1.0 lx。

（3）疏散照明的地面照度越高，越有利于提高人员的疏散速度，缩短疏散时间。不同建筑或建筑内的不同部位或区域还需要从更好地保障人员疏散与避难安全出发，结合实际疏散环境、空间条件和火灾危险性、疏散路径的复杂程度和长短、使用人员的数量、认知和行为能力、人员构成情况等，尽量按照本条规定的最低值适当提高。

（4）由于疏散照明灯具是分散设置的，因而地面的水平照度不均匀，在相邻两只照明灯具之间必然有一个最低照度区。从保障疏散安全考虑，疏散照明的照度采用地面的最低水平照度值衡量，在测试时，应以其中最低照度区的平均照度值确定。有关疏散照明灯具的选型和具体设置要求，参见现行国家标准《消防应急照明和疏散指示系统技术标准》GB 51309。

10.1.11 消防控制室、消防水泵房、自备发电机房、配电室、防排烟机房以及发生火灾时仍需正常工作的消防设备房应设置备用照明，其作业面的最低照度不应低于正常照明的照度。

【条文要点】

本条规定了建筑内应设置消防备用照明的场所和消防备用照明的基本照度要求，以满足在建筑发生火灾后仍需坚持工作的场所的人员操作要求。

【实施要点】

根据国家标准《建筑照明设计标准》GB 50034—2013 的规定，正常照明是在正常情况下使用的照明，备用照明是用于确保正常活动继续或暂时继续进行的应急照明。应急照明是因正常照明的电源失效而启用的照明。

当建筑发生火灾后，消防救援人员和建筑的消防安全管理人员需要在消防控制室、消防水泵房坚持工作，有时还需要进入自备发电机房、配电室、防排烟风机房等消防设备用房进行操作，以及时启动相应的消防设施，保障消防供电。这些房间是火灾时还需继续保持正常活动的场所，除需要设置疏散照明和灯光疏散指示标志外，还应设置备用照明。其他因正常照明中断影响工作可能会造成火灾爆炸、人身伤亡、重大经济损失或严重社会影响等后果的场所，也需要设置备用照明。

备用照明灯具可采用正常照明灯具，但在建筑发生火灾后应能保持这些房间正常工作所需照度要求；备用照明的电源应由正常照明电源和消防电源专用回路保证，在正常照明电源切断后可以互投转入消防电源。各类消防设备用房备用照明的最低照度值见表 10–2，该表引自国家标准《建筑照明设计标准》GB 50034—2013 第 5.5.1 条的规定。其他场所或部位备用照明的最低照度要求应符合相关专项标准的规定。

**表 10–2　消防设备房备用照明的最低照度值**

| 设置场所 | 参考平面及其高度 /m | 备用照明的照度标准值 /lx |
|---|---|---|
| 消防控制室 | 距地面 0.75m 高的水平面 | 300 |
| 消防水泵房 | 地面 | 100 |
| 自备发电机房 | 地面 | 200 |
| 配电室 | 距地面 0.75m 高的水平面 | 200 |
| 防排烟机房 | 地面 | 100 |

10.1.12　可能处于潮湿环境内的消防电气设备，外壳的防尘与防水等级应符合下列规定：

1　对于交通隧道，不应低于 IP55；

2　对于城市综合管廊及其他潮湿环境，不应低于 IP45。

【条文要点】

本条规定了设置在各类潮湿环境下的消防电气设备的防护等级要求，以确保消防电气设备正常运行。

【实施要点】

（1）交通隧道多处于山岭，部分还位于水下，隧道内的湿度和空气污染程度通常较室外道路和一般建筑室内环境高，城市综合管廊、工业与民用建筑中的部分场所也同样存在多尘、潮湿的环境，设置在隧道等存在粉尘、空气污染较重及潮湿环境内的火灾自动报警系统的设备、灭火器材和灭火设施、排烟设施等消防设施及其控制装置，特别是其中的电气设备，需要能够耐受隧道内恶劣环境的长期影响，应具有良好的防止发生霉变、腐蚀、短路、变质等的性能，以确保消防设施长期正常运行，在隧道等场所发生火灾时能够可靠、有效地发挥作用。根据不同环境条件采用合适防护等级的消防电气设备，可以经济、有效地避免湿度、粉尘、灰尘、污染的空气等因素影响消防设备运行的稳定性和可靠性。

（2）有关消防电气设备外壳防尘与防水等级的规定，应符合现行国家标准《外壳防护等级（IP 代码）》GB/T 4208 的规定。根据国家标准《外壳防护等级（IP 代码）》GB/T 4208—2017 的规定，IP55 具有防尘和在喷水条件下防止水通过外壳进入电气设备的性能，尽管不能完全防止尘埃进入外壳内，但进入的灰尘量不会影响设备的正常运行，也不会影响安全，且当向电气设备外壳的各个方向喷水时无有害影响；IP45 的防尘性能略低于 IP55，可以防止直径不小于 1.0mm 的灰尘或固体异物通过外壳进入电气设备。

（3）本条规定的交通隧道，包括各类城市交通隧道和各类公路隧道中的车行隧道、疏散和救援通道、辅助设备用房、隧道间的横通道等场所。城市综合管廊为建于城市地下用于容纳两类及以上城市工程管线的构筑物及附属设施，不包括在地面上的构筑物和附属设施。在交通隧道外地面上独立建设的设备用房和位于地面上的城市综合管廊的构筑物和附属设施中，消防电气设备外壳的防尘与防水等级可以按照其实际环境条件确定。

本条规定的“其他潮湿环境”，是指除交通隧道和城市综合管廊外，各类工业与民用建筑、平时使用的人民防空工程、城市轨道交通工程等建筑中室内空气湿度经常处于较高状态的场所。

## 10.2　非消防电气线路与设备

10.2.1　空气调节系统的电加热器应与送风机连锁，并应具有无风断电、超温断电保护装置。

【条文要点】

本条规定了在空气调节系统中电加热器的防火功能要求，为预防空气调节系统引发建筑火灾的关键技术措施之一。

【实施要点】

（1）电加热器具有加热均匀、热量稳定、效率高、体积小、调节方便、耗电较大的特点，广泛应用于整体式空调机组中。在集中式空调系统中，有时也在送风支管中安装电加热器，以补偿热量或实现温度分区控制。国家标准《工业建筑供暖通风与空气调节设计规范》GB 50019—2015 第 8.5.10 条规定，当室内温度允许波动范围小于 ±1.0℃时，送风末端宜设置精调加热器或冷却器。国家标准《民用建筑供暖通风与空气调节设计规范》GB 50736—2012 第 7.5.7 条规定，工艺性空调，当室温允许波动范围小于 ±1.0℃时，送风末端的加热器宜采用电加热器。因此，空调辅助电加热器适用于对温度调控精度要求比较高的场所。如用于化工行业中对化工物料提温加热、干燥，石油原油和重油等石油行业中对碳氢化合物、氮氧化合物提温加热，对工艺用水、饱和蒸汽、水煤气类等气液体提温加热，以及对有精确控温和洁净空气需求的医院、数据中心、档案馆等场所的空调。

（2）设置电加热器的空气调节系统主要由控制电路和电加热器组成。控制电路控制电加热器电源的通断，需要加热时，电加热器通电发热，产生的热量被室内风机带走并吹入室内，实现提高室内温度的目的。

设置电加热器的空气调节系统的工作原理可分为双位控制和连续控制，参见图 10–2。其中，双位调节器只能使电加热器处于全部工作或全部停止两种状态，电加热器非连续运行，容易使室温波动较大，但双位调节控制装置比较简单。连续调节系统的电加热器是在连续的变电压条件下工作，空调室内温度波动幅度小，可以达到较高的控制精度要求。

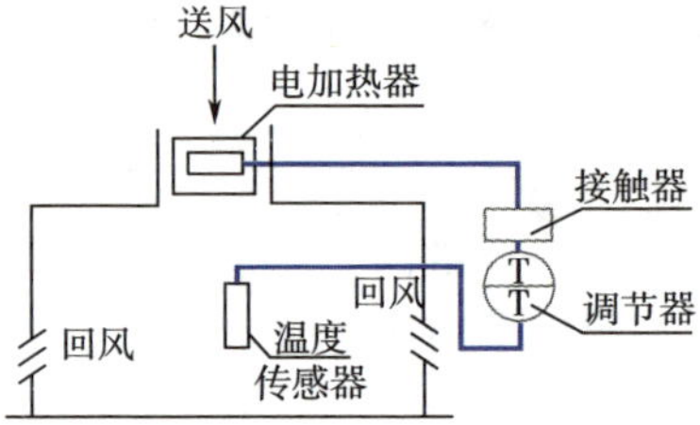

（a）双位控制

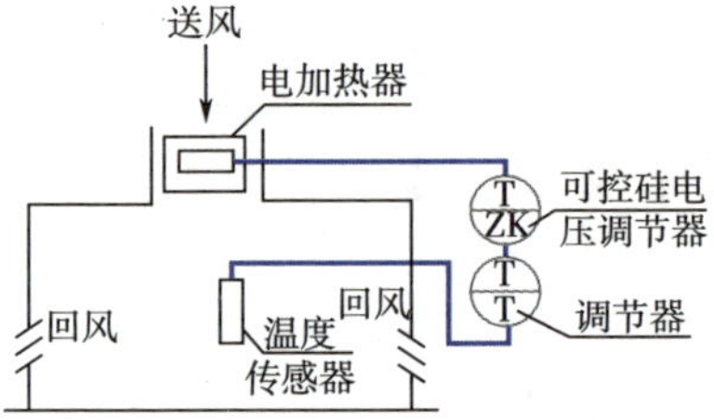

（b）连续控制

**图 10–2　设置电加热器的空气调节系统的工作原理示意图**

（3）根据电加热器的工作原理，使用电加热器的空气调节系统在电气上必须与送风风机连锁，只有风机开动后才允许电加热器通电。此外，金属风道应该接地，以防电加热器断丝后与风道接触发生事故。

空气调节系统的电加热器与送风机连锁是一种保护控制，在风机启动后联动电加热器启动，在风机停止运转的同时联动自动切断电加热器的电源，预防通风机已停而电加热器在无风状态下仍继续干烧、过热引发火灾。同时，为了进一步提高安全可靠性，还要求设置无风断电、超温断电保护装置，如用监视风机运行的风压差开关信号、在电加热器后面设置超温断电信号与风机启停连锁等方式，以保证电加热器安全运行。无风断电应为在风管内无风时，能连锁自动切断电加热器的电源；当电加热器运行温度超过允许的安全温度时，应能连锁自动切断电加热器的电源。

10.2.2　地铁工程中的地下电力电缆和数据通信线缆、城市综合管廊工程中的电力电缆，应采用燃烧性能不低于 $B_1$ 级的电缆或阻燃型电线。

【条文要点】

本条规定是地铁工程、城市综合管廊工程中预防地下火灾和防止火灾蔓延的关键技术措施之一。

**【实施要点】**

（1）地铁工程、城市综合管廊工程中的电力电缆往往数量多、电压高，多因接头处故障引发火灾。地铁工程的地下部分和城市综合管廊，空间较为封闭，发生火灾后不易排烟散热，容易造成火灾及烟气蔓延。电力线缆和数据通信线缆是地铁工程、城市综合管廊工程中的引发火灾和传播火灾的主要火灾危险源，位于地下的电力电缆和数据通信线缆发生火灾往往难以及时发现和探测报警，应适当提高线缆的燃烧性能、阻燃性能，以预防发生火灾，降低火灾的危险性。除本条及国家标准《消防设施通用规范》GB 55036—2022 第 12.0.16 条的规定外，地上建筑和其他地下工程中的电力线缆、数据通信线缆，也要根据本条规定及工程具体情况尽可能提高线缆的燃烧性能、阻燃性能。

（2）电缆或光缆的燃烧性能分级应符合现行国家标准《电缆及光缆燃烧性能分级》GB 31247 的规定。根据 GB 31247—2014 的规定，电缆或光缆的燃烧性能分为不燃电缆（A 级）、阻燃 1 级电缆（$B_1$ 级）、阻燃 2 级电缆（$B_2$ 级）、普通电缆（$B_3$ 级）共 4 级。电线电缆或光缆的阻燃性能可以按照现行国家标准《阻燃和耐火电线电缆或光缆通则》GB/T 19666 的规定确定。根据国家标准《阻燃和耐火电线电缆或光缆通则》GB/T 19666—2019 的规定，阻燃是试样在规定条件下被燃烧，在撤去火源后火焰在试样上的蔓延仅在限定范围内，具有阻止或延缓火焰发生或蔓延的特性；电线电缆或光缆按阻燃特性可以分为阻燃 A 类（ZA）、阻燃 B 类（ZB）、阻燃 C 类（ZC）、阻燃 D 类（ZD）共 4 个类别。

10.2.3　电气线路的敷设应符合下列规定：

1.　电气线路敷设应避开炉灶、烟囱等高温部位及其他可能受高温作业影响的部位，不应直接敷设在可燃物体上；

2　室内明敷的电气线路，在有可燃物的吊顶或难燃性、可燃性墙体内敷设的电气线路，应具有相应的防火性能或防火保护措施；

3　室外电缆沟或电缆隧道在进入建筑、工程或变电站处应采取防火分隔措施，防火分隔部位的耐火极限不应低于2.00h，门应采用甲级防火门。

【条文要点】

建筑中的电气线路应根据线路的供电电压等级、用电设备的功率、敷设环境条件、敷设方式等采取相应的防火保护措施，避免因电气线路敷设不当导致线路老化、破损、过载、短路等故障引发火灾。本条规定的电气线路，包括消防供电线路、非消防供电线路、数据通信线路、控制传输线路等各类电气线路，主要针对各类供电线路。为预防电气线路因敷设不当而引发火灾，本条规定了建筑内电气线路敷设的基本防火要求。当其他标准有更严格的防火要求时，还应符合相关标准的规定。

【实施要点】

建筑内敷设的电气线路因漏电、短路、过负荷、接触电阻过大或绝缘击穿产生高温、电火花和电弧，是电气线路引发火灾的主要原因。电气线路引发的火灾在初期往往难以及时被发现，存在较大安全隐患。当在建筑内敷设电气线路时，应采取多种措施预防其引发火灾，防止产生更严重的火灾危害。

（1）电气线路敷设应与建筑内的炉灶、明火部位、厨房内的灶台、热加工部位等高温作业部位保持一定的空间间隔，不应与建筑内的烟囱、烟道、排油烟管道、温度较高的排气管道等物体直接接触，并保持一定的空间间隔，或采取隔热措施，预防长期受热发生老化、破损等原因引发火灾。当电气线路确需经过上述部位时，不允许在可燃物上直接敷设电气线路，在电气线路的周围应采取防火保护措施或隔热措施，如采用导热性能差的不燃材料隔热等。

（2）在木质吊顶、塑料吊顶、具有可燃或难燃内保温材料或制品的闷顶等存在可燃物的吊顶、闷顶内，在难燃性和可燃性墙体（如木构件，木龙骨组合墙体，难燃、可燃材料的夹芯板，采用难燃、可燃保温材料或制品的保温系统）内敷设电气线路时，应采取穿金属导管、采用封闭式金属槽盒保护等防火措施，不应使用塑料导管或阻燃塑料导管，不允许明敷设。当电气线路确需穿越或敷设在采用难燃、可燃保温材料或制品的保温系统中时，还应在金属电线管周围采用不燃隔热材料隔离等防火措施。

（3）在电缆沟、电缆隧道内，一般存在大量电力线缆，经长期使用后绝缘老化引发的短路、安装不合理、过负荷运行等产生的电弧、电火花、局部过度发热等，都可能引发火灾。电缆沟、电缆隧道空间狭小，火灾发生后烟气和热量不易散发，火灾易蔓延，不易扑救。

本条第3款规定主要为有效阻止电缆沟、电缆隧道内的火灾和烟气向建筑内各连通空间蔓延。在室外电缆沟、电缆隧道进入建筑、工程或变电站处，需要采取防火分隔措施。防火分隔的具体方法和技术要求，应根据开口的尺寸大小和线缆情况确定，可以是防火墙、防火隔墙、甲级防火门与防火封堵材料的组合。防火分隔部位墙体和防火封堵组件的耐火极限不应低于2.00h；当该防火分隔部位需要采用防火墙时，防火封堵组件的耐火极限还应根据防火墙的耐火极限要求确定，且不应低于防火墙的耐火极限。

10.2.4 城市交通隧道内的供电线路应与其他管道分开敷设，在隧道内借道敷设的10kV及以上的高压电缆应采用耐火极限不低于2.00h的耐火结构与隧道内的其他区域分隔。

【条文要点】

为控制隧道内的火灾危险源，降低隧道的火灾危险性，本条规定了在城市交通隧道内敷设保证隧道使用需要的供配电线路、城市借道敷设的其他电气线路应采取的关键防火措施。

【实施要点】

（1）城市交通隧道内一般不允许敷设与隧道使用无关的其他管道和电力线缆，当受条件限制下必须利用交通隧道借道敷设高压电缆穿越江、河、湖泊、山体等障碍时，需要采取可靠的防火分隔措施，以保障输电线路和交通隧道的安全。本条规定是在此情况下应采取的基本防火分隔措施及技术要求。对于借道敷设的10kV以下的电线电缆，可以按照隧道内自用电线电缆敷设的防火要求与其他管道、隧道内的其他自用线路分开敷设；对于借道敷设的 10kV 及以上的高压电缆，应采用专用电缆通道敷设，并用耐火极限不低于 2.00h 的结构体与隧道车行空间、人员疏散、救援通道、设备用房等区域分隔。

本条规定的防火分隔用耐火结构的耐火极限，尽管耐火时间都是不小于 2.00h，但不同类别的城市交通隧道，其实际火灾测试条件和判定标准不同，因而实际耐火性能有所区别。有关隧道和防火分隔结构的耐火极限，应按照现行国家标准《建筑设计防火规范》GB 50016 对不同类别城市交通隧道结构体的耐火极限火灾测定要求确定。

（2）为避免交通隧道发生火灾危及隧道供电线缆的安全，保证隧道内非消防负荷和消防负荷用电持续可靠，供城市交通隧道内各类消防用电设备用电的供电线路一般应敷设在耐火线槽、耐火结构体内，线槽的耐火极限不应低于隧道内消防用电的持续供电时间要求，电缆线槽应与其他管道分开敷设；当采用不燃性电缆时，可以不采用线槽保护。

（3）本条规定的“分开敷设”，要求尽可能采用不同的独立管沟，但不限制利用同一管沟敷设。当在同一管沟内敷设时，应将供电线路与其他管道分别敷设在管沟的不同侧，或根据管道的输送介质、材质、输送压力等分别敷设在隧道内的不同高度。

10.2.5　架空电力线路不应跨越生产或储存易燃、易爆物质的建筑，仓库区域，危险品站台，及其他有爆炸危险的场所，相互间的最小水平距离不应小于电杆或电塔高度的 1.5 倍。1kV 及以上的架空电力线路不应跨越可燃性建筑屋面。

**【条文要点】**

本条规定旨在防止架空高压电力线路因断杆、倒杆、断线等原因产生电火花、电弧引起附近存放易燃易爆物品的建筑、爆炸危险性场所和可燃物发生火灾或爆炸。

**【实施要点】**

（1）架空电力线主要为高压输电线路。架空高压线路因短路故障、雷击、大风等原因发生倒杆、断线后存在产生高压电弧引发火灾或爆炸的隐患。架空电力线路应与存放易燃易爆物和可燃物的场所保持足够的安全距离，使高压线即使在发生意外断线、倒杆等情况时也不会接触到可燃易燃材料或场所，产生的火花、电弧不会直接掉落在可燃物上，不会进入爆炸危险性区域。

（2）架空电力线路跨越的区域不应位于甲、乙类生产厂房和仓库建筑、危险品站台投影的正上方，以及爆炸危险性场所的正上方；架空电力线与上述这些建筑投影边界、爆炸危险性场所边界的水平距离，不应小于电杆或电塔高度的 1.5 倍。

（3）本条规定的“电塔高度”是自地面算至电塔上最高一路调设线路吊杆的高度，“电杆高度”是自地面算至电杆上最高一路电线的高度。可燃性建筑屋面是指在建筑屋面板的上表面为可燃材料的屋面，可以是屋面全部区域均为可燃材料的整个屋面，或者建筑屋面上具有可燃材料的局部屋面。例如，在屋面板上全部铺设无外防火保护层可燃防水材料的屋面。

# 11 建筑施工

11.0.1 建筑施工现场应根据场内可燃物数量、燃烧特性、存放方式与位置，可能的火源类型和位置，风向、水源和电源等现场情况采取防火措施，并应符合下列规定：

1 施工现场临时建筑或设施的布置应满足现场消防安全要求；

2 易燃易爆物品库房与在建建筑、固定动火作业区、邻近人员密集区、建筑物相对集中区及其他建筑的间距应符合防火要求；

3 当可燃材料堆场及加工场所、易燃易爆物品库房的上方或附近有架空高压电力线时，其布置应符合本规范第10.2.5条的规定；

4 固定动火作业区应位于可燃材料存放位置及加工场所、易燃易爆危险品库房等场所的全年最小频率风向的上风侧。

【条文要点】

本条从保障施工现场消防安全出发，规定了建筑施工现场施工所需各类设施、用房、材料等的场地布局原则。不同规模、不同类型的建筑，以及地下、地上的施工现场，还应根据本条规定进一步深化、细化实现施工现场消防安全目标的具体保障措施及要求。

【实施要点】

建筑施工现场队伍多，材料和器具多，人员管理复杂，导致火灾的因素多。施工现场的防火措施，除要规范人员的不安全行为外，还应重点控制引发火灾或爆炸的点火源和可燃物，并有效防止火灾的蔓延扩大。施工现场使用和存放的油漆、稀料、乙炔等易燃易爆危险品以及氧气储瓶的场所，动火和用气作业场所，可燃保温材料或制品、防水材料、装修材料和制品、竹木脚手架等可燃物质存放与加工场所，变电站、消防水泵房等，均是施工现场防火的重点场所和部位，这些场所和部位均应在场地平面布局中通过合理设置消防车通道、建筑之间的防火间隔，科学确定用火、用气加工场所和存放可燃物质场所的方位，尽可能降低引发火灾的概率，有效限制火灾的过火范围。

（1）建筑施工现场的消防安全主要包括：施工现场露天加工作业和露天物品存放场所的防火和火灾控制，施工临时用房的防火、火灾控制和人员疏散，在建建筑的防火、灭火和人员疏散。不同施工现场的客观条件千差万别，施工临时用房、临时设施的现场布置常受现场气象、地形地貌、水文地质等环境条件，地上、地下管线及周边建筑，场地大小及周边道路等的制约，施工现场的总平面布局应综合考虑场地邻近的公共消防基础设施设置情况和城市消防救援的响应能力，在建工程的规模、作业面、作业场地等情况，因地制宜确定，不仅要符合临时用房及临时设施占地面积少、场地内材料及构件二次运输少、施工生产及生活相互干扰少、临时用房及设施建造费用少，满足节能环保、文明施工等需求的原则，而且应满足有利于组织现场人员安全疏散、降低引发火灾的危险、快速开展现场灭火控火和专业消防救援队伍进入展开救援、延缓和阻止火势蔓延扩大的消防安全要求。

（2）施工现场使用的易燃易爆物品，如竹木模板及脚手架料，难燃和可燃的装饰材料、保温材料和制品、防水材料，树脂类防腐材料，油漆及其稀释剂，焊接或气割用的氢气、乙炔、氧气等。存放这些物质的库房要充分考虑施工现场的风向、场地形状和大小、周边地理和消防水源条件，确定库房与相邻建筑、区域的防火间距和通行消防车的道路，避免相邻建筑、区域的火灾或火种引发施工现场易燃易爆物品燃烧或爆炸，尽可能降低易燃易爆物品库房火灾或爆炸事故对相邻建筑、区域的危害。施工现场内不同建筑、设施之间的防火间距和施工现场内的建筑、设施与施工现场外相邻建筑的防火间距以及通行消防车的道路，可以根据本规范和现行国家标准《建设工程施工现场消防安全技术规范》GB 50720、《建筑设计防火规范》GB 50016 等技术标准确定。

例如，《建设工程施工现场消防安全技术规范》GB 50720—2011 第 3.2.1 条规定，易燃易爆危险品库房与在建工程的防火间距不应小于 15m，可燃材料堆场及其加工场、固定动火作业场与在建工程的防火间距不应小于 10m，其他临时用房、临时设施与在建工程的防火间距不应小于 6m。

（3）施工现场的建筑和设施设备布置，应注意处理与附近架空高压电力线的关系。相关情况参见本指南第 10.2.5 条的【实施要点】。

（4）固定动火作业区属于散发火花的地点。在施工现场布置固定动火作业区时，要考虑现场风向、作业产生的火花对集中存放的可燃、易燃易爆物品的影响，尽量将固定动火作业区设置在施工现场或可燃、易燃易爆物品集中存放区域的全年最小频率风向的上风侧。

11.0.2 建筑施工现场应设置消防水源、配置灭火器材，在建高层建筑应随建设高度同步设置消防供水竖管与消防软管卷盘、室内消火栓接口。在建建筑和临时建筑均应设置疏散门、疏散楼梯等疏散设施。

**【条文要点】**

本条规定了施工现场加工与作业场地、临时建筑、在建建筑等场所应配置的基本消防设施、器材等，以及应配置的基本疏散设施，以保证火灾初起时能有效灭火、控火和疏散人员等。

**【实施要点】**

（1）在建筑施工现场，应配置扑救初起火、初期火的基本灭火设施和器材。在施工现场中，可燃易燃物品多、动火用电作业多、人员流动性大，易引发火灾事故。施工现场的临时建筑规模大多较小且分散，火灾类型以可燃固体火灾为主，在火灾现场大多数情况下有人员在场，可以采取灭火器、消防软管卷盘、消火栓等器材和设施有效扑救。因此，在施工现场设置充足的消防水源，在临时用房、加工场所、固定动火点、存放可燃材料的区域等部位配置足够的灭火器材，基本能够满足施工现场火灾扑救需要。地下施工现场、部分存在特殊类型火灾的施工现场，可以综合可能的火灾类型、施工现场的环境条件等因素配备相适应的灭火器材、人员救生与个人防护器材。

消防水源应确保供水稳定、可靠，容量应根据施工现场的规模、消火栓的最小要求流量和火灾延续时间确定。消防水源可以采用市政给水管网或天然水源。当采用天然水源时，应采取确保冰冻季节、枯水期最低水位时顺利取水的措施，并应满足临时消防用水量的要求。临时消防用水量应按照临时室外消防用水量与临时室内消防用水量之和计算，临时室外、室内消防用水量应分别按照临时用房和在建工程的临时室外、室内消防用水量的较大者确定，施工现场的火灾次数可以按照同一时间发生 1 次确定。

在施工现场配置的常见灭火器材主要有：灭火器、灭火沙、灭火铲、灭火毯等。灭火器的配置类型、每具灭火器的最小配置级别、配置点的位置和数量等，应根据防护对象的火灾危险性和火灾类型确定，可以按照现行国家标准《建筑灭火器配置设计规范》GB 50140 的规定配置。

（2）在建建筑应配备扑救初起火和控制初期火的基本灭火设施、器材。对于在建的高层建筑，应随工程进度同步配置相应的消防给水管道，并在疏散楼梯和人员出入口处等便于安全取用的位置设置室内消火栓接口和消防软管卷盘。对于埋深大的工程、封闭段长度长的隧道工程、体量大的建筑，也需要根据工程实际情况随施工进度配备相应的消防给水管道、室内消火栓接口和消防软管卷盘。

（3）在施工用临时建筑、在建建筑中，应设置疏散楼梯、坡道等满足人员安全疏散要求的基本设施。无论是单层建筑，还是多层和高层建筑，无论是地上建筑还是地下建筑，均应随施工进度设置足够数量的疏散出口和疏散楼梯。疏散出口、疏散楼梯、疏散通道等要尽量利用在建筑本身需要设置的疏散设施，并结合脚手架和在建建筑室外的临时施工通道设置。

临时建筑应根据建筑每层的建筑面积、层数、用途设置相应的疏散楼梯、通道和疏散出口，并尽量利用室外廊道、室外楼梯疏散。

（4）有关建筑施工现场、施工临时建筑、在建建筑的消防水源设置、灭火器材配置、安全疏散设施设置的具体要求，可以参见现行国家标准《建设工程施工现场消防安全技术规范》GB 50720 的规定。例如，国家标准《建设工程施工现场消防安全技术规范》GB 50720—2011 第 4.2.1 条规定，宿舍、办公用房建筑层数为 3 层或每层建筑面积大于 200$m^2$ 时，应设置至少 2 部疏散楼梯，房间疏散门至疏散楼梯的最大距离不应大于 25m。单面布置用房时，疏散走道的净宽度不应小于 1.0m；双面布置用房时，疏散走道的净宽度不应小于 1.5m。疏散楼梯的净宽度不应小于疏散走道的净宽度。房间内任一点至最近疏散门的距离不应大于 15m，房门的净宽度不应小于 0.8m；房间建筑面积超过 50$m^2$ 时，房门的净宽度不应小于 1.2m。

11.0.3 建筑施工现场的临时办公用房与生活用房、发电机房、变配电站、厨房操作间、锅炉房和可燃材料与易燃易爆物品库房，当围护结构、房间隔墙和吊顶采用金属夹芯板材时，芯材的燃烧性能应为 A 级。

【实施要点】

本条规定了施工现场主要临时用房建造材料和建筑制品的燃烧性能，以尽量提高施工现场建筑的防火性能。有关施工现场临时用房的具体防火技术要求，可以参见现行国家标准《建设工程施工现场消防安全技术规范》GB 50720 的规定。

施工现场的规模和持续时间差异大，大部分需要在施工现场建设满足施工需要的管理用房、施工和管理人员的生活用房、存放施工所需材料和设备的用房、加工用房和场地、施工所需动力用房、现场消防和安防所需用房等。这些用房根据其规模、用途、使用时间、地区的气候条件等可以采用竹木结构、砌体结构、钢筋混凝土结构、轻质复合板材或夹芯板材、集装箱等建造。其中，采用金属夹芯板材建造的用房比较普遍。采用易燃、可燃材料芯材的金属夹芯板（俗称彩钢板），不仅燃烧蔓延迅速，而且分解物的毒性大，火灾难以控制和扑救。因施工现场用房采用易燃、可燃材料芯材的金属夹芯板引发了大量火灾事故，造成了严重的人员伤亡。在施工现场临时建筑的建造中，应吸取相关火灾事故的教训，禁止在经常有人使用的施工临时用房、容易发生火灾的设备用房、火灾难以扑救的库房中采用燃烧性能低于A级的夹芯板材，特别是不应使用芯材的燃烧性能低于A级的金属夹芯板材。

11.0.4 扩建、改建建筑施工时，施工区域应停止建筑正常使用。非施工区域如继续正常使用，应符合下列规定：

1 在施工区域与非施工区域之间应采取防火分隔措施；

2 外脚手架搭设不应影响安全疏散、消防车正常通行、外部消防救援；

3 焊接、切割、烘烤或加热等动火作业前和作业后，应清理作业现场的可燃物，作业现场及其下方或附近不能移走的可燃物应采取防火措施；

4 不应直接在裸露的可燃或易燃材料上动火作业；

5 不应在具有爆炸危险性的场所使用明火、电炉，以及高温直接取暖设备。

【条文要点】

本条规定了未全部停止正常使用的既有建筑在改建、扩建或局部改造期间的基本防火要求，以防止施工现场火灾蔓延至建筑中仍处于正常使用的非施工区域。对于整体改造的既有建筑施工现场，应符合既有建筑改建施工现场的防火要求。

【实施要点】

既有建筑在改建、扩建或改造时，一般应停止该建筑全部区域的正常使用；但对于局部改造的既有建筑施工，在采取防火分隔等措施后，也可以根据建筑中施工范围的大小和建筑的总体规模，只停止施工区域正常使用，其他区域仍可以保持正常使用。在既有建筑的改建、扩建或局部改造的施工现场，引发火灾的危险因素多、火灾危险性高，且相应的消防设施往往已经拆除、改变、关停或受到限制，不能在火灾时正常发挥作用。因此，当建筑中的非施工区域仍需正常使用时，必须采取完善和严格的防火措施，以避免因施工现场或正常使用区域发生火灾造成重大人员伤亡和财产损失。有关防火措施主要有以下几方面：

（1）在施工区域与非施工区域之间，采用耐火极限不低于3.00h的防火隔墙和楼板完全分隔，在防火隔墙和楼板上不设置连通门、窗和其他任何开口，不采用防火卷帘、防火分隔水幕等方式替代防火隔墙。当前，有些既有建筑在施工区域与正常使用区域之间采用防火石膏板，甚至采用帆布分隔，这些做法具有很高的危险性，不符合标准和管理规定。

施工区域与正常使用区域的疏散出口、疏散楼梯等疏散设施，要尽量分开独立设置；当竖向难以完全独立时，应采取设置防火隔间等方式，确保疏散楼梯在火灾时的安全性。

（2）为保障施工人员安全，方便施工操作，在建筑外搭设的脚手架、防护网等多紧贴建筑外墙。因此，需要注意以下要求：

1）在首层留出供消防救援的出入口、在其他各层预留可供消防救援人员方便进出建筑的开口和通道。

2）在消防车道上部的脚手架，通道的净宽度和距离地面的净空高度应满足消防车通行需要，即分别不应小于4.0m。

3）脚手架自身应设置施工人员逃生和疏散的通道和楼梯。

4）防护网和脚手架的设置不应影响施工区域和正常使用区域的人员安全疏散。

例如，在建筑的安全出口和人员疏散路径上方，应在脚手架上设置防护板等；在安全出口和疏散路径上的脚手架，支架固定和支撑的宽度与高度应满足大量人员疏散的要求，不能减小疏散宽度而导致拥挤等情况发生，一般净高度应大于2.1m，宽度不应小于出口门的宽度。

（3）施工现场的动火作业是指在施工现场进行的明火、爆破、焊接、气割作业，采用酒精炉、煤油炉、喷灯、砂轮、电钻等工具进行的可能产生火焰、火花和赤热表面的临时性作业。

施工现场动火作业多，因动火作业不慎引燃可燃、易燃建筑材料是引发火灾的主要原因。在动火作业前和作业后，需要注意以下要求：

1）严格按照施工现场消防安全管理要求和操作规程及时清

理作业现场的可燃物、垃圾和火种等残留高温物体。

2）电焊焊渣引燃建筑的外保温材料、电焊焊渣引燃下方的聚氨酯床垫、防水烘烤作业引燃可燃防火卷材，都曾引发过像上海胶州路教师公寓火灾、洛阳东都商厦火灾等重特大火灾事故。对于动火作业现场及其下方或附近不能移走的可燃物，需要采取在动火作业部位设置围挡，在可燃物上覆盖防火布、防火板等不燃材料防护，在作业期间配备灭火器材和专人看护等防火措施。

（4）大量的施工现场火灾是由电气焊、切割、烘烤等作业引燃可燃或易燃材料所致，如济南奥体中心火灾、杭州冰雪大世界火灾。在施工现场，不应直接在裸露的可燃或易燃材料上进行切割、电焊、气焊等动火作业。

（5）施工现场的爆炸危险性场所主要是指存放和使用易燃易爆危险品的场所。例如，使用和存放天然气、氢气、液化石油气、乙炔气等可燃气体的场所，存放和使用油漆、稀料的场所。在这类场所使用炭盆、煤炉、电炉、高温辐射采暖器等明火和高温直接取暖设备，相当于直接提供了引发爆炸所需点火源，应该禁止。某些采用特殊生产工艺的厂房，还可能用到多种其他可燃气体和可燃液体，在工艺调试时均应注意预防可燃气体泄露或产生可燃蒸气，不应使用可能产生点火源的供暖方式，避免引发爆炸事故。

11.0.5　保障施工现场消防供水的消防水泵供电电源应能在火灾时保持不间断供电，供配电线路应为专用消防配电线路。

【条文要点】

本条规定了建筑施工现场消防水泵供电和配电的基本性能要求，以保证火灾情况下消防水泵能够正常使用。

【实施要点】

建筑施工现场的消防供水对扑救施工现场火灾十分重要，大部分施工现场的消防用水是依靠市政消防给水系统保障。但是，在城市消防基础设施覆盖范围以外，以及城市内的大型建设工程的施工现场，需要利用天然水源或设置专门的消防水池、消防水泵房、室外消火栓等建立施工现场临时消防给水系统。对于高层建筑、大体量的地上或地下建筑、长大隧道、地铁工程，还需要随建筑高度、建筑深度、地下的建设进度敷设消防供水竖管和室内消火栓系统，以保障施工现场的灭火需要。

在施工现场设置的消防水泵可以采用正常供电电源保障，但应同时设置自备应急电源。消防应急电源的容量应根据施工现场的设计供水时间和消防水泵等用电设备的负荷确定，保证在确定的火灾延续时间内能够持续供电。有关施工现场的火灾延续时间，可以根据现行国家标准《建设工程施工现场消防安全技术规范》GB 50720 的规定确定。

消防水泵的配电线路应采用消防专用配电线路，并从施工现场总配电箱的总断路器上端接入。自备应急电源一般采用柴油发电机组，消防水泵的供配电线路应与自备应急电源的配电箱连接。

11.0.6 *施工现场临时供配电线路选型、敷设，照明器具设置，施工所需易燃和可燃物质使用、存放，用火、用电和用气均应符合消防安全要求。*

**【条文要点】**

施工现场动火用电、用气频繁，可燃物种类多且在不同施工阶段的可燃物的类型和数量有所差异，导致火灾的原因复杂。根据火灾统计，电气故障和电焊等动火作业是施工现场火灾的主要原因。本条规定了各类建筑施工现场临时电气线路和照明器具的选型、敷设和安装，以及易燃、可燃材料和物质的使用与存放的消防安全要求。各类建筑的施工现场，特别是既有建筑改造和拆除的施工现场，由于条件受限、现场情况复杂，应注意施工中用火、用电和用气的消防安全。

**【实施要点】**

（1）施工现场使用电气线路多、用电量大，大多使用大功率照明灯具，容易因电气线路破损发生短路或漏电、过载、故障，接触电阻过大产生高温、电火花、电弧，以及照明灯具表面高温等，引燃或烤燃可燃物造成火灾。在施工现场，要根据不同地区的气候条件、施工现场的作业环境和条件，以及施工用电负荷情况等因素，选择足够线径和相应性能外护套的配电线缆；根据施工现场规划和总平面布局设计，以及施工现场作业面布置情况，采取可靠的防护方式敷设线路，固定照明灯具；通过制度落实施工现场用电的消防安全管理和定期巡查，及时消除消防安全隐患。建筑施工现场的照明灯具、开关和插头等电器使用的消防安全要求，还可参见本指南第 12.0.7 条的【实施要点】。

（2）施工现场的用火主要有电焊、气焊、金属切割、屋面防水烘烤用火等动火作业和生活用火。在动火作业过程中，存在炙热焊渣或高温金属颗粒四处飞溅及作业产生的高温经热传导引燃可燃保温材料或装修材料、竹木脚手架、油漆、稀料等可燃物，以及作业用明火直接点燃防火卷材等危险。在施工现场，应制定完善的动火管理和监护制度，配备相应的灭火器材，实施专人监护；在动火作业前应清除作业范围内非施工必需的可燃物，对作业范围内的可燃物采取覆盖防护层等措施保护；作业后及时清理可燃物，打扫和清查现场火种；禁止在施工现场划定的安全地点外吸烟或使用明火、炭火和电炉等取暖、烧水。

（3）施工现场使用的氧气、乙炔、天然气或液化石油气等气体，应按照根据施工进度要求进场，并按规划要求分类存放在安全的地点，避免日光暴晒或长时间接触高温。在使用可燃气体前，应检查连接管路和阀门的密闭性，确定连接牢固，禁止使用老化的橡胶管道；在使用可燃气体过程中，应遵守操作规程，不应滚动、敲打、用火烘烤气瓶，气瓶应直立存放，并采取防倾斜的固定措施等。

（4）施工现场使用的可燃保温材料和制品、可燃装修装饰材料和制品、可燃脚手架和防护网、防水卷材、油漆及稀料、生活用可燃材料，以及这些物质的数量，应根据施工进度要求进场，存放在规划的安全地点，并根据现场条件采取相应的防火保护措施，设置防火警示标志。

# 12 使用与维护

12.0.1　市政消火栓、室外消火栓、消防水泵接合器等室外消防设施周围应设置防止机动车辆撞击的设施。消火栓、消防水泵接合器两侧沿道路方向各5m范围内禁止停放机动车，并应在明显位置设置警示标志。

【条文要点】

本条规定了室外消防设施的防护要求，避免市政消火栓、室外消火栓和消防水泵接合器等室外消防设施被机动车撞坏，防止供消防车停靠的场地被占用，保证消防车能在灭火救援时方便、安全地利用这些消防设施及时向火场供水。

【实施要点】

（1）室外消防设施主要包括市政消火栓、室外消火栓、消防水泵接合器、室外固定消防炮、消防水鹤、室外火灾报警装置、配置在室外的灭火器材或器材箱等。

市政消火栓是城市公共消防基础设施之一，有地上式和地下式市政消火栓两种形式，一般沿城镇道路一侧或两侧交错设置。室外消火栓、消防水泵接合器是设置在建筑外为特定建筑服务的室外消防设施，是设置在建筑外供消防车消防取水和供水的主要设施。室外消火栓有地上式和地下式市政消火栓两种形式，沿建筑周围的消防车道或灭火救援时供消防车通行的道路一侧设置；消防水泵接合器一般设置在建筑的外墙上，或建筑附近便于消防车安全供水的位置。市政消火栓和室外消火栓距离道路路缘通常不应小于0.5m，且不应大于2.0m，距离建筑外墙通常不应小于5.0m。

（2）沿城镇道路、建筑周围设置的室外消防设施，存在被机动车冲撞损坏的危险，且现实中这些消防设施被机动车撞坏的事故时有发生。在这些消防设施建成后，应及时设置防机动车冲撞的防护栏、防护桩等设施围护，并设置明显的警示标志。

（3）在设置市政消火栓的城镇道路和建筑周围设置室外消火栓的道路沿消火栓一侧、在建筑外墙或附近设置消防水泵接合器处，应沿消防车辆停靠的场地留出至少一辆消防车车位的空间，以满足消防车快速停靠和展开取水、供水操作的需要。供消防车停靠的区域应为消火栓、消防水泵接合器两侧沿道路方向各不小于5m，该区域应采用符合国家相关规定的标线规范标示，并设置禁止停放机动车，禁止被占用的警示标志，提示该区域在任何时候均不允许被非消防救援作业车辆临时或长时间占用。

**12.0.2 建筑周围的消防车道和消防车登高操作场地应保持畅通，其范围内不应存放机动车辆，不应设置隔离桩、栏杆等可能影响消防车通行的障碍物，并应设置明显的消防车道或消防车登高操作场地标识和不得占用、阻塞的警示标志。**

**【条文要点】**

本条规定了保障建筑周围的消防车道和消防车登高操作场地随时可用的基本要求。

**【实施要点】**

（1）建筑周围的消防车道、消防车登高操作场地，是在建筑发生火灾时用于保障消防车快速通行、展开并进行灭火救援的道路和场地，是保障消防救援的基本设施。在建筑施工期间，需要在施工现场规划可供消防车通行的道路和必要的消防救援场地，高层建筑施工还需要在施工时随建筑的施工高度留出消防车登高操作场地；在建筑投入使用后，需要始终保持建筑周围的供火灾时通行消防车的道路和消防车登高操作场地畅通、不被占用、不被阻挡。例如，在进出居民住宅小区、厂区等企事业单位的道路和消防车通道上，不应设置限高栏杆、隔离柱、隔离墩、水马以及不满足消防车快速通行的天桥或连廊；竖立在道路上方的大型标志牌或广告牌、架空通信线路和电力线路等不应影响消防车的通行。

在现实中，由于一些人员对消防法律不了解、消防安全意识不强，有关单位管理不到位等原因，堵塞、占用消防车道和消防车登高操作场地的现象比较普遍，在火灾中因消防车道被占用、堵塞而延误灭火救援、影响消防救援行动和效果，并造成人员伤亡的情况时有发生。因此，有必要明确标示建筑外的消防车道和消防车登高操作场地，警示不得被占用和阻塞，以培养公众依法保护公共消防设施的意识和自觉性，建立有效防止消防车道、消防车登高操作场地被停放的机动车、室外摊位等占用、阻塞的长效机制。此外，还应加强日常的管理和监督，及时纠正影响消防车道和消防车登高操作场地正常使用的不良行为。

（2）在消防车道或消防车登高操作场地上的警示性标识文字，颜色应醒目、耐久，字迹应清晰，书写和图形符号应规范、简明，文字大小应便于人员识别。通常，应在相应用途的地面上明确标明“消防车道　禁止占用”“消防救援操作场地禁止占用”等字样，并用黄色标线标示道路和场地的地界范围。

为畅通消防车通道，应急管理部消防救援局于 2019 年 12 月 12 日发布了《关于进一步明确消防车通道管理若干措施的通知》（应急消〔2019〕334 号），明确了消防车通道标识的设置要求，建筑周围的消防车道和供灭火救援时消防车通行的道路应按照该通知的要求标示；消防车登高操作场地可以参照此要求设置相应的标识。该通知的具体要求如下：

1）在消防车通道路侧缘石立面和顶面应当施划黄色禁止停车标线；无缘石的道路应当在路面上施划禁止停车标线，标线为黄色单实线，距路面边缘 30cm，线宽 15cm。

2）消防车通道沿途每隔 20m 距离在路面中央施划黄色方框线，在方框内沿行车方向标注内容为“消防车道　禁止占用”的警示字样，示例参见图 12-1、图 12-2。

3）在单位或者住宅区的消防车通道出入口路面，按照消防车通道净宽施划禁停标线，标线为黄色网状实线，外边框线宽 20cm，内部网格线宽 10cm，内部网格线与外边框夹角 45°，标线中央位置沿行车方向标注内容为“消防车道　禁止占用”的警示字样，示例参见图 12-3 和图 12-4；同时在消防车通道两侧设置醒目的警示牌，提示严禁占用消防车道，违者将承担相应法律责任等内容。

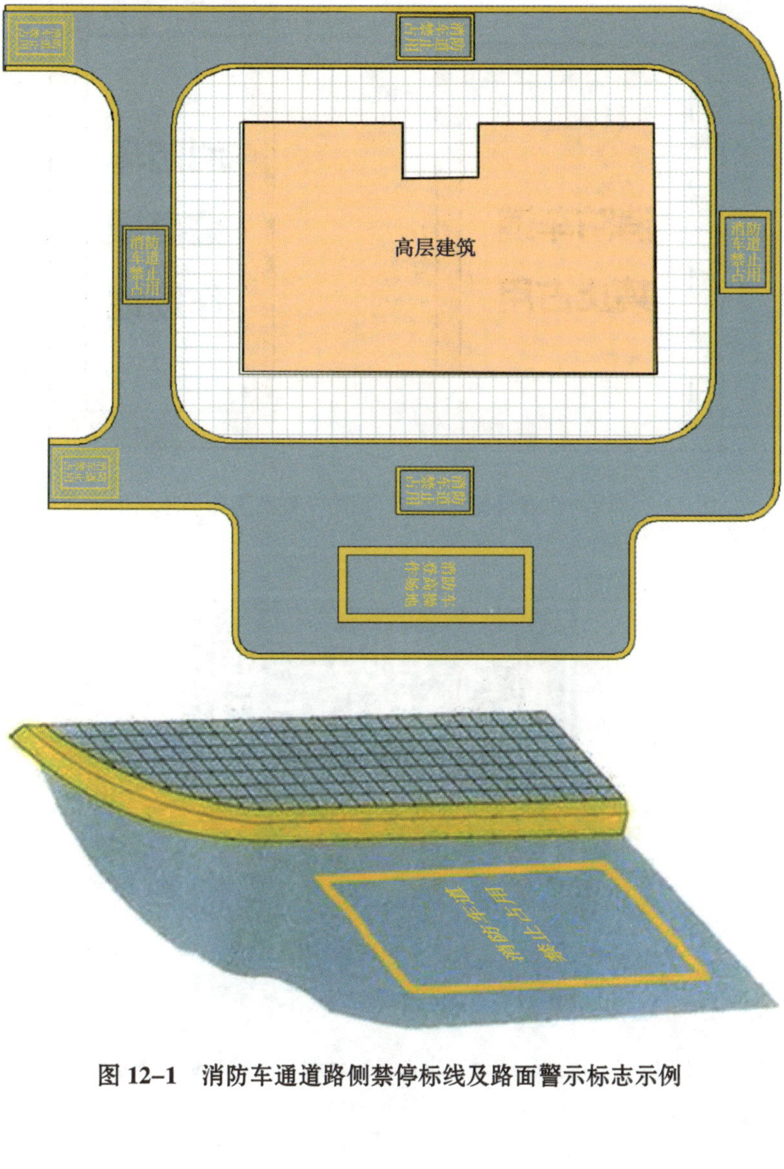


**图 12–1 消防车通道路侧禁停标线及路面警示标志示例**

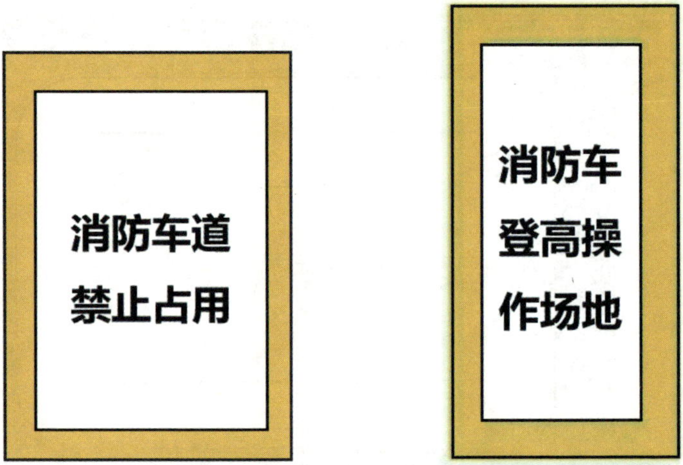


图 12-2　消防车通道警示标志、消防车登高操作场地标识示例

图 12-3　消防车通道禁止占用警示牌，消防车道标牌示例

**图 12–4　消防车通道出入口禁停标线及路面警示标志**

12.0.3　地下、半地下场所内不应使用或储存闪点低于60℃的液体、液化石油气及其他相对密度不小于0.75的可燃气体，不应敷设输送上述可燃液体或可燃气体的管道。

**【条文要点】**

本条规定禁止在地下、半地下场所内使用和储存甲、乙类可燃液体以及密度较大的可燃气体，防止因可燃气体或蒸气泄漏、积聚而引发爆炸事故。

**【实施要点】**

（1）根据国家标准《燃气工程项目规范》GB 55009—2021、《建筑设计防火规范》GB 50016—2014（2018 年版）、《液化石油气供应工程设计规范》GB 51142—2015 等标准的规定，不允许在地下、半地下场所内使用或储存闪点低于 60℃的液体、液化石油气及其他相对密度不小于 0.75 的可燃气体，不允许在地下、半地下场所内敷设输送闪点低于 60℃的液体、液化石油气及其他相对密度不小于 0.75 的可燃气体的管道。因此，在按上述规定建成的建筑中的地下、半地下场所内不存在使用相对密度大于或等于 0.75 的可燃气体的设施、设备和输气管道，以及使用或存放闪点低于 60℃的液体及上述可燃气体的房间。在建筑建成投入使用后，仍应严格遵守，不应违反这些规定在地下、半地下使用和储存可燃液体、可燃气体。

（2）本条规定的场所包括各类工业建筑的地下、半地下室，各类民用建筑的地下、半地下室，平时使用的人民防空工程，地下商业设施等其他独立的地下、半地下工业与民用建筑。例如，设置在这些场所中的柴油发电机组和燃油锅炉，不允许使用闪点低于 60° 的轻柴油；在住宅建筑的地下车库内不应存放汽油；设置在地下或半地下的厨房不应使用罐装液化石油气或煤气；不应将液化石油气调压装置设置在地下或半地下；不应在地下或半地下作坊内使用乙炔气体等。闪点低于 60° 的常见可燃液体主要有汽油、煤油、轻柴油、樟脑油、松节油、乙醇、乙醚、醇基液体燃料；相对空气的密度大于 0.75 的常见可燃气体主要有液化石油气、煤气、乙炔、丙烷等。

12.0.4 瓶装液化石油气的使用应符合下列规定：

1 在高层建筑内不应使用瓶装液化石油气；

2 液化石油气钢瓶应避免受到日光直射或火源、热源的直接辐射作用，与灶具的间距不应小于 0.5m；

3 瓶装液化石油气应与其他化学危险物品分开存放；

4 充装量不小于 50kg 的液化石油气容器应设置在所服务建筑外的单层专用房间内，并应采取防火措施；

5 液化石油气容器不应超量罐装，不应使用超量罐装的气瓶；

6 不应敲打、倒置或碰撞液化石油气容器，不应倾倒残液或私自灌气。

【条文要点】

本条根据液化石油气的火灾危险性规定了瓶装液化石油气的使用要求，防止因使用不当导致火灾或爆炸事故。除本条规定外，在建筑内使用液化石油气还应符合本规范第 12.0.3 条和国家相关标准、管理规定的要求。

【实施要点】

液化石油气是饱和烃类物质与不饱和烃类物质的混合物，主要组分有丙烷、丙烯、正异丁烷、正异丁烯等烃类物质，是一种具有爆炸危险性的可燃气体，爆炸极限为 2%~10%。液化石油气闪点低，易挥发、易燃、易爆，具有一定的腐蚀性和毒性，在常温常压下吸热立即挥发成为气体，体积骤然膨胀 250~300 倍并急剧扩散蔓延，与空气接触后可被微小火星点燃，能使橡胶软化、能使油漆和脂膏溶解，长时间接触浓度较高的液化石油气会对神经系统产生不良影响，当空气中的液化石油气浓度超过 10% 时会使人窒息。

（1）在建筑中使用瓶装液化石油气不仅可能产生液化石油气泄漏，而且在使用过程中如不按照安全规程操作、检查和维护还会因泄漏的液化石油气燃烧迅猛、爆炸威力大而导致严重后果。在存放和使用瓶装液化石油气中，容易导致事故的常见问题有：超过规定使用年限继续使用气瓶、不定期检验气瓶、液化石油气充装量超过规定、阀门失灵、胶管老化、野蛮装卸、储气瓶防晒措施不到位等。高层建筑因灭火救援难度大、竖向疏散困难等特点，要求建筑在建造和使用过程中尽可能减少和控制各类火灾危险源，提高建筑自身的防火能力，以尽可能预防发生火灾，减少火灾的危害。鉴于瓶装液化石油气的危险性，应禁止在高层建筑中使用瓶装液化石油气。

（2）由液化石油气的成分可以看出，当其遇其他化学物品时，容易发生聚合反应并产生大量的热量，从而引发火灾或爆炸事故。在使用和存放过程中，要注意将瓶装液化石油气与其他化学危险物品分开存放。

（3）根据现行国家标准《危险化学品重大危险源辨识》GB 18218—2018，液化石油气被列为重大危险易燃物质。在使用液化石油气的过程中，应加强安全管理，防止液化石油气泄漏，避免发生危险。

1）液化石油气钢瓶与热源太近会引起内部温度升高，气体急剧膨胀而致瓶体破裂。在建筑中使用瓶装液化石油气时，要将气瓶置于阴凉处，远离热源，防止高温作用或日光照射，禁止用火烤、开水烫或让太阳暴晒气瓶。正常情况下，气瓶存放的环境温度不应大于45℃。气瓶与灶具的间距要求不小于0.5m，以有效减少炉灶火的热辐射作用。

2）液化石油气钢瓶是压力容器，钢瓶的最高工作压力取决于其最高使用温度和充装量。钢瓶的使用温度和充装量过高，会使钢瓶内压超高发生破裂。在使用中，应按规定充装量充装，严禁过量充装。液化石油气最大充装量是液化石油气充装系数与钢瓶公称容积的乘积，根据《气瓶安全技术监察规程》TSG R0006—2014附录C表C-2的规定，液化石油气的充装系数为0.42kg/L或应符合相应的标准，严禁过量充装。根据国家标准《液化石油气钢瓶》GB/T 5842—2022的规定，液化石油气的充装系数均控制在0.42kg/L以内，见表12-1。

**表 12-1　常用钢瓶型号和参数**

| 型号 | 参数 | | | | 备注 |
|---|---|---|---|---|---|
| | 气瓶外直径－公称外径 /mm | 公称容积 /L | 最大充装量 /kg | 封头形状系数 *K* | |
| YSP4.7 | 204 | 4.7 | 1.9 | 1.0 | — |
| YSP12 | 249 | 12.0 | 5.0 | 1.0 | |
| YSP23.5 | 320 | 23.5 | 9.8 | 0.8 | |
| YSP26.2 | 300 | 26.2 | 11.0 | 1.0 | |
| YSP28.6 | 320 | 28.6 | 12.0 | 0.8 | |
| YSP29.8 | 300 | 29.8 | 12.5 | 1.0 | |
| YSP35.5 | 320 | 35.5 | 14.9 | 0.8 | |
| YSP118 | 407 | 118 | 49.5 | 1.0 | |
| YSP118－Ⅱ | 407 | 118 | 49.5 | 1.0 | 用于气化装置的液化石油气储存设备 |

3）根据国家标准《液化石油气钢瓶》GB/T 5842—2022 的规定，液化石油气常用钢瓶型号和参数如表 12-1 所示，单个钢瓶的最大充装量为 49.5kg。为有效控制和减少火灾危害，最多允许 1 个钢瓶放置在建筑内使用，当宾馆、饭店等用气量较大的建筑所需使用量大于 50kg 时，气瓶不允许全部放置在建筑内，而需要在建筑外单独设置一个气瓶存放间，该房间在气源布置、管道选型和敷设、供气设施、室内环境和安全装置等方面均应采取相应的安全防护措施。

4）在使用中，禁止违反操作程序敲打、倒置，碰撞钢瓶，倾倒残液，私自灌气，私自拆卸钢瓶部件，倒（卧）放置钢瓶等，避免外泄的液化石油气汽化后遇明火或火星等引发火灾或爆炸事故。

12.0.5　*存放瓶装液化石油气和使用可燃气体、可燃液体的房间，应防止可燃气体在室内积聚。*

**【条文要点】**

本条规定了存放瓶装液化石油气和使用可燃气体、可燃液体的房间，在使用时应保持良好的通风，或采取加强通风等防范措施，防止可燃气体在室内积聚，避免形成爆炸性气氛而形成爆炸性隐患。

**【实施要点】**

（1）本条规定的房间包括工业与民用建筑中的地上房间和地下、半地下房间。

（2）防止可燃气体在室内积聚的主要措施为保持室内具有良好的自然通风条件，或者采取机械强制通风的方式加强室内排风。存放瓶装液化石油气的房间、建筑中使用可燃气体和可燃液体的房间，主要为燃油或燃气锅炉房，燃油发电机组，燃气热电联产机组室，使用燃油或燃气的厨房，生产车间内使用燃油、燃气或其他可燃气体的作业部位（如空调生产车间的烘干、钎焊部位，电子洁净厂房内使用可燃气体的部位，食品加工车间内使用燃气的工段），均需要在建筑使用过程中利用建筑本身设置的预防可燃气体或蒸气在室内积聚的措施（如排气窗、机械排风系统等）保持室内的正常通风状态，及时将逸漏出来的可燃气体或蒸气直接排出到室外的安全地点。

（3）在爆炸危险性区域使用的通风设备、电气设备或装置的防爆性能要求、防护等级选型、设备安装，要根据该区域的防爆等级和现行国家标准《爆炸危险环境电力装置设计规范》GB 50058、《爆炸性环境　第1部分：设备　通用要求》GB 3836.1等标准的要求确定。

12.0.6　*在建筑使用或运营期间，应确保疏散出口、疏散通道畅通、不被占用、堵塞或封闭。*

**【条文要点】**

本条规定旨在保证建筑在使用期间，各类疏散出口和疏散通道在火灾时可供安全利用。

**【实施要点】**

（1）疏散出口包括各类建筑中的安全出口、房间的疏散门，以及城市综合管廊工程或其他管廊工程中的人员疏散出口等。疏散通道包括各类建筑（包括平时使用的人民防空工程）中的室外疏散楼梯，房间或区域内规划用于人员通行和疏散的通道、疏散走道、疏散坡道、避难走道和疏散楼梯间，地铁车站的出入口通道、地铁区间隧道间的联络通道及其出入口、疏散平台，隧道内的疏散通道及其出入口。

（2）火灾中因疏散出口、疏散通道被占用、锁闭、堵塞等原因导致人员伤亡的事故屡见不鲜，教训深刻。在建筑使用或营运期间，要加强日常的消防安全管理，落实相应的消防安全责任，使建筑的疏散出口门、疏散指示标志和疏散照明等设施处于完好状态，出口门处于正常启闭状态，并可以灵活启闭；应保持疏散出口和通道畅通，不应在通道上存放物品，不应减小疏散通道和疏散门的宽度，或设置其他影响疏散安全的物体、设施；应定时巡查，防止疏散门被锁闭、疏散通道被占用或被堵塞，防止应保持常闭的门未关闭。对于建筑中需要在使用期间实施人员出入管控（如门禁系统、出入口闸机等）的疏散出口，应具有相应的技术措施保证疏散出口在火灾时能够自动释放或解禁，并在室内一侧的门扇上或门口附近的显著位置设置提示门的开启方法、开启方向和明显的门禁系统标识。例如，建筑中设置门禁系统的疏散门应具备与火灾自动报警系统、安防系统或其他应急控制系统联动控制解禁的功能和措施，确保疏散门在火灾时能自动解禁，不需要使用钥匙等其他任何工具即能容易从内部打开。

12.0.7 照明灯具使用应符合消防安全要求，开关、插座和照明灯具靠近可燃物时，应采取隔热、散热等防火措施。

**【条文要点】**

电气线路、电器和电加热器具及其电气设备引发的火灾，在我国建筑火灾中一直占主要比例。国家消防救援局发布的火灾数据显示，2021 年，电气火灾占火灾总数的 28.4%；2022 年 1~10 月，电气火灾占火灾总数的 30.7%。本条规定了各类建筑和建筑施工现场中常用用电器具的防火要求，以预防和减少因安装或使用不当等原因引发火灾。

**【实施要点】**

（1）照明灯具是建筑内最常用的电器。在建筑使用期间，照明灯具使用不当引发火灾的主要原因有：灯具与可燃物间距过小、灯具表面温度高，且长时间烘烤可燃物；灯具安装和接线不符合要求；灯具质量不合格或缺乏维护等；表面温度高的灯具破碎并坠落在可燃物上等。

白炽灯、高压汞灯、钠灯、卤钨灯等在工作时都会使灯具表面发热，灯具功率越大、连续使用时间越长，温度越高。碘钨灯和溴钨灯等卤钨灯的石英玻璃表面温度很高。例如，1 000W 的灯管温度高达 500~800℃，很容易烤燃靠近的纸、布、木构件等可燃物。吸顶灯、槽灯、嵌入式灯等，当采用功率不小于 100W 的白炽灯泡的照明灯具和功率不小于 60W 的白炽灯、卤钨灯、荧光高压汞灯、高压钠灯、金属卤灯光源等灯具时，如长时间使用，引入线及灯泡的温度会上升，甚至达 100℃以上。当灯具表面接触或靠近可燃物时，如散热不良，累积的热量也会烤燃可燃物。这些现象在商铺、施工现场和住宅建筑中比较普遍，是引发这些场所火灾的主要原因之一，应予以重视。

在建筑内使用的照明灯具要尽量避免使用易形成高温表面的灯具。若在建筑中使用上述易使灯具表面形成高温的灯具，要注意与可燃物体保持一定的安全距离，或者在灯具与可燃物之间采用导热性能低的不燃材料隔热，并留有必要的散热间隔。例如，高温照明灯具与可燃物保持不小于150mm的间距，当灯具功率高时，还应增大此间距；在仓库的高温照明灯具正下方不要堆放可燃物品，或者采用具有防护罩的灯具；不应采用纸、布或其他可燃物遮挡可产生表面高温的灯具；暗装灯具及其发热附件的周围要保持良好的散热和通风条件。近些年，在英国，针对木结构建筑中安装的开关、插座，采用在其周围包覆阻燃隔热海绵的方式隔离防火，是一种可供借鉴的有效防火方法。

（2）开关、插座等电器的型号和规格多，设置部位和防护要求也各不相同。在建筑使用时应注意以下要求：

1）不要在可燃物体上直接安装开关、插座等电器，在与可燃物之间要采用导热性能低的不燃物体隔开。

2）在生产车间和施工现场容易引发火灾、高压或大功率用电场所的部位，将开关设置在箱柜内。

3）对于仓储建筑和库房，尽量将开关设置在具有可燃物的仓库外。

4）在建筑内和施工现场，临时用电应采用安全插座或带有漏电保护等措施的插接头。

5）使用电气设备时，避免一个插座连接多个同时工作的电器。

6）在专门的场所进行电动机动车和电动自行车充电，在办公室、住宅、商铺、仓库等建筑内不设置充电设施，也不在办公室、住宅、商铺、仓库等非专门的充电场所充电。